宴会设计与管理

（第六版）

叶伯平 编著

清华大学出版社

北京

内 容 简 介

本书阐述了宴会基础知识、宴会场境设计、宴会物品设计、宴会格局设计、宴会菜单设计、宴会餐台设计、宴会服务设计、宴会组织管理、宴会运营管理与宴会文化知识十个方面的内容,论述了圆桌围餐式宴会、位上式宴会、自助餐宴会与工作餐宴会的运行管理。

本书以职业素养为导向、以能力培养为核心、以目标任务为驱动、以项目模块为结构进行编写,紧密追踪餐饮管理与宴会管理发展的前沿,在课程教学体系使用模块构建、项目导向、案例导入、任务驱动、流程结构、思维训练等体例,实行教、学、做一体化模式,注重创新意识和实践能力的培养。全书理论体系系统完整,知识阐述条块结合,逻辑结构严密清晰,操作程序规范明确,文字表述简明扼要,汇集了近两百个典型宴会案例,既体现了理论的先进性,又体现了实践的可操作性。

本书可作为应用型本科酒店管理专业、高职高专餐饮管理专业与烹饪管理专业的专业教材,也可作为餐饮业管理人员和资深餐饮服务员的业务学习用书和中等职业学校的餐饮管理专业教学参考用书。

图书在版编目(CIP)数据

宴会设计与管理 / 叶伯平编著. —6版. —北京:清华大学出版社,2024.1(2025.7重印)
ISBN 978-7-302-65335-6

Ⅰ. ①宴… Ⅱ. ①叶… Ⅲ. ①宴会—设计—教材 ②宴会—商业管理—教材 Ⅳ. ①TS972.32 ②F719.3

中国国家版本馆CIP数据核字(2024)第036397号

责任编辑:邓 婷
封面设计:刘 超
版式设计:文森时代
责任校对:马军令
责任印制:沈 露

出版发行:清华大学出版社
　　　　网　　　址:https://www.tup.com.cn,https://www.wqxuetang.com
　　　　地　　　址:北京清华大学学研大厦 A 座　　　　邮　　编:100084
　　　　社 总 机:010-83470000　　　　　　　　　　邮　　购:010-62786544
　　　　投稿与读者服务:010-62776969,c-service@tup.tsinghua.edu.cn
　　　　质量反馈:010-62772015,zhiliang@tup.tsinghua.edu.cn
印 装 者:三河市天利华印刷装订有限公司
经　销:全国新华书店
开　本:185mm×260mm　　　印　张:18.25　　　字　数:467千字
版　次:2007 年 2 月第 1 版　　2024 年 2 月第 6 版　　印　次:2025 年 7 月第 2 次印刷
定　价:65.00 元

产品编号:096674-01

前　言

　　2022 年年底，清华大学出版社的邓婷编辑希望我修改本教材，出版第 6 版，我十分欣喜，感恩读者的认可与厚爱。自 2017 年第 5 版出版以来，我持续关心和研究宴会经营管理中的有关理论和实践问题，收集了近十万字的新资料。在二十余年的宴会研究中，我深感餐饮界宴会案例丰富、经验积累很多，但在理论层面的系统分析、提炼升华较为缺乏；许多概念的内涵、外延不甚确切；不少知识点结构不完善、理论体系不系统；等等。囿于自己教学管理的经历和年龄的局限，很难再到酒店一线从事田野调查，行业中也鲜有人全面深入地研究宴会，使我缺少能头脑风暴的良师益友。2019 年 9 月，我受上海市黄浦区文旅局委派赴云南普洱旅游扶贫支教一周，结识了同去讲学的上海食文化研究会副会长张桂生老师。张老师几十年从事五星级酒店管理的经历，使他积累了大量丰富的餐饮管理经验，尤其是大型宴会运行管理经验。我与他多次研讨有关宴会的许多理论与实践问题，也参阅了他的《大型宴会运行管理》的讲课笔记，受益匪浅。我们思考与探讨了许多宴会的理论与实践问题，如：宴会有哪些类型，其特点如何？现在经常运行的宴会形式有哪些（传统圆桌式的围餐式宴会、中西合璧的位上式宴会、自助餐宴会与工作餐宴会等），特点如何？如何科学管理宴会？宴会菜单有哪些形式，其特点如何？宴会菜单有哪些形式（零点式、销售式、定制式）？布置自助餐宴会餐台的理论依据有哪些？宴会餐台的台型设计（单桌型台形设计与多桌型台型布局）有哪些？宴会服务形式有哪些，特点如何？侍酒服务程序与规范有哪些？大型宴会的翻台程序与规范有哪些？等等。在本次教材的修订中，我把这些年来思索、分析、梳理、汇总的研究成果都撰写了进去，供感兴趣者参考。

　　2020 年新年伊始，万象更新。可是这个新春不平静，突如其来的新型冠状病毒感染疫情改变了人们的生活方式，激发人们重视养成健康卫生的生活习惯。为配合形势，我研究了进食惯制的两种方式：合餐制与分餐制的沿革、特点、利弊和践行，撰写了七千余字的《分餐进食，健康你我》的宣讲稿，向两千多名离退休老干部做了云上宣讲，普陀区委老干部局又在公众号刊发了图文并茂的文章。经系统研究后，我得出了科学的结论：分餐制起源于中国本土文化，其渊源可上溯到史前；合餐制是中国历史发展的产物，诞生于唐代，流行于宋代，鼎盛于清代。现代分餐制扬长避短、融汇贯通了中西饮食文化的长处，创新了具有中国特色的现代分餐制，概括起来有三类：分盘、分菜与分筷。为此，我在项目七中专门撰写了一节"分餐与分餐制"，论述了用餐方式和分餐方法，从理论上加以阐述和规范。

　　第六版全书逻辑框架基本未动，但注重条块的有机结合。全书侧重于从宴会基础知识、宴会场境设计、宴会物品设计、宴会格局设计、宴会菜单设计、宴会餐台设计、宴会服务设计、宴会组织管理、宴会运营管理与宴会文化知识十个方面，除在"条"的层面分类系统阐述，还从"块"的层面综合阐述了大型圆桌围餐式宴会、位上式宴会、自助餐宴会与工作餐宴会的运行管理。因许多内容在"条"与"块"中都必须进行阐述，根据内容仅在一处重点阐述，但在另一处我做了明确标注，请读者自己查阅。因为增加了不少新内容，为了控制教材总篇幅，对原有的内容做了较大的简化改写。

　　本教材的设计思路是：以职业素养为导向、以能力培养为核心、以目标任务为驱动、以项目模块为结构进行编写，力争使本教材理论体系完整，知识阐述条块结合，内容结构严密清晰，操作程序规范明确，文字表述简明扼要。希望执教老师在教学中注重实践、实训和实习，综合采用如课堂讲授（创设问题情境，使用案例教学）、互动研讨（组织学生小组讨论，组织辩论、知识竞赛）、田野调查（赴酒店调研、考察、实习）、实践教学（模拟实训，组织志愿者服务活动，撰写论文或感想）、多媒体教学（观看宴会图片、录像）等多种形式和途径，形成理论与实践互动、课堂和酒店互通的教学模式，达到教学之目的。

　　本教材是我四十多年来从事旅游高等教育理论研修的汇总成果之一，是参与酒店管理实践的经验结晶，在此谨向有关文献的编著者与资料的提供者表示感谢。由衷地感谢从事酒店管理工作几十年的林敏、曲文玉、解海渊、易宏进、邸琳琳、鲍严峻、郑静总经理，他们丰富的职业生涯、生动而鲜活的管理实践与经验给了我许多理论上的启迪与实践上的支撑，我与他们结下了深厚的友情。感谢张桂生老师对本教材项目九的内容提出了许多宝贵的修改意见。近二十年来，我的多本教材在申报"十二五""十三五"职业教育国家规划教材过程中，清华大学出版社的邓婷编辑给了我许多帮助和支持，在此一并表示感谢。

　　因本人能力有限，书中难免存在不妥或疏漏之处，诚望业内同人和广大读者赐教。

叶伯平

于上海寓所

目 录

项目一 宴会基础知识 /1

    模块一 宴会基础知识 3

        任务一 宴会的内涵 3

        任务二 宴会类型及主要特点 10

    模块二 宴会设计知识 19

        任务一 宴会设计内涵 22

        任务二 宴会设计要素 23

    思考训练 25

项目二 宴会场境设计 /27

    模块一 宴会场境知识 28

        任务一 宴会场境构成 28

        任务二 宴会的场境设计 30

    模块二 宴会厅房形象设计 31

        任务一 宴会厅房空间设计 32

        任务二 宴会厅房气氛设计 38

        任务三 宴会厅房背景设计 48

        任务四 宴会厅房娱乐设计 52

    思考训练 56

项目三 宴会物品设计 /57

    模块一 宴会物品管理 58

        任务一 宴会物品概述 58

        任务二 宴会物品的管理 59

    模块二 宴会物品配备 62

        任务一 家具类物品配备 62

        任务二 布件类物品配备 65

        任务三 餐具类物品配备 68

    思考训练 75

项目四　宴会格局设计 /77

　　模块一　筵席出品格局 79

　　　　任务一　中式筵席出品格局 79

　　　　任务二　西式筵席出品格局 83

　　　　任务三　中西合璧筵席出品格局 84

　　模块二　筵席菜点设计 85

　　　　任务一　筵席菜肴设计原则 85

　　　　任务二　筵席面点设计原则 98

　　模块三　筵席酒水设计 98

　　　　任务一　筵席酒水知识 98

　　　　任务二　筵席酒水选用 106

　　思考训练 108

项目五　宴会菜单设计 /110

　　模块一　宴会菜单设计制作 111

　　　　任务一　菜单设计程序 111

　　　　任务二　制定宴会菜单 120

　　模块二　各类宴会菜单案例 123

　　　　任务一　各类中式宴会菜单案例 123

　　　　任务二　各类西式宴会菜单案例 128

　　　　任务三　中西合璧宴会菜单案例 129

　　思考训练 130

项目六　宴会餐台设计 /132

　　模块一　筵席台面设计 133

　　　　任务一　台面设计知识 133

　　　　任务二　筵席摆台程序 135

　　　　任务三　台面美化艺术 141

　　　　任务四　宴会座位排序 144

　　模块二　宴会台型设计 149

　　　　任务一　中式宴会台型布局 149

　　　　任务二　西式宴会台型布局 154

　　思考训练 156

项目七　宴会服务设计 /158

　　模块一　分餐与分餐制 159

　　　　任务一　用餐方式 159
　　　　任务二　分餐方法 161
　　模块二　中式宴会服务设计 162
　　　　任务一　中式宴会服务程序 163
　　　　任务二　宴间侍餐服务规范 170
　　模块三　西式宴会服务设计 177
　　　　任务一　西式宴会服务方式 177
　　　　任务二　西式宴会服务程序 178
　　　　任务三　西式宴会与酒会酒水服务程序 181
　　思考训练 187

项目八　宴会组织管理 /188
　　模块一　组织建设 189
　　　　任务一　建置组织机构 189
　　　　任务二　设置各类岗位 192
　　　　任务三　配置合适人员 196
　　模块二　员工管理 199
　　　　任务一　严字当头、科学管理 201
　　　　任务二　爱在其中，心本管理 204
　　思考训练 208

项目九　宴会运营管理 /209
　　模块一　宴会销售管理 210
　　　　任务一　接洽宴会预订 210
　　　　任务二　实施宴会计划 214
　　模块二　宴会成本管理 216
　　　　任务一　宴会产品定价 216
　　　　任务二　宴会成本控制 218
　　模块三　宴会生产管理 221
　　　　任务一　宴会出品管理 222
　　　　任务二　宴会服务管理 224
　　　　任务三　宴会安全管理 225
　　模块四　大型宴会运行管理 228
　　　　任务一　大型自助餐宴会运行管理 229
　　　　任务二　大型工作餐宴会运行管理 240
　　　　任务三　大型宴会翻台 241

思考训练 243

项目十　宴会文化知识 /245

模块一　中国宴会文化 246

任务一　源远流长，博大精深 246

任务二　自信自强，守正创新 254

模块二　宴会习俗礼仪 259

任务一　中国饮食习俗 259

任务二　中外宴会礼仪 262

模块三　中国名宴简介 265

任务一　中国古代名宴简介 265

任务二　中国文化名宴简介 272

任务三　中国地方特色宴简介 277

思考训练 281

参考文献 /283

项目一　宴会基础知识

学习目标

知识目标：
1. 认知宴会、筵席的含义、特征、作用、类型和异同点。
2. 认知宴会设计的作用、内容、要素和设计程序。
3. 认知各类宴会的特点。

能力目标：
1. 掌握各类宴会的特点，做好宴会的各种设计工作。
2. 根据宴会基础知识和宴会设计知识，掌握宴会设计的主要内容。

导入案例

走进 G20 峰会欢迎宴会[①]

2016 年 9 月 4—5 日，第十一次二十国集团领导人峰会（简称 G20 峰会）在我国杭州国际博览中心举办。这是 G20 峰会首次来到我国，也是近年来我国主办的级别最高、规模最大、影响最深远的国际峰会。此次欢迎二十国集团领导人的国宴也格外引人注目，让我们走进 G20 峰会欢迎宴会的现场，一探究竟。

时间：9 月 3 日 20:00—21:30。

地点：西子宾馆。该宾馆位于杭州"西湖十景"之一的"雷峰夕照"山麓，与"苏堤春晓""三潭印月""柳浪闻莺"等著名景点隔湖相望，湖光山色尽收眼底。

主会场：漪园宴会厅。巨型铜雕壁画《遥望》出自杭州铜雕工艺大师朱炳仁及其团队之手，是杭州国际博览中心的标志。《遥望》选取江南水乡徽派建筑的轮廓线，以代表杭州历史与文化的胡雪岩故居建筑为原型，选取马头墙、小青瓦、砖雕屋瓴等建筑特色为主题，希望通过作品，让人遥望历史，牢记传统根基；展望未来，看到"中国梦"在这里起航。主场馆的门套、门楣、屋檐、立柱等均运用了大量的铜材，一系列铜橡子吊门、铜窗、铜隔断、壁画极具江南特有的含蓄、内敛风貌以及东方文化魅力。白岩松在《新闻 1+1》揭秘该次峰会主场馆时谈道："大门远看像红木，近看是古铜，门把手是玉。这样的场馆非常'中国'，非常'江南'。"杭州"铜雕技艺"已列入"国家级非物质文化遗产代表性项目名录"。漫步西子湖畔，最让人难忘的是那些大大小小的桥。此次 G20 峰会会标图案用 20 根

---

① 彭亮. 最忆是杭州：走进 G20 峰会欢迎宴会[EB/OL]. (2016-09-05). http://finance.people.com.cn/n1/2016/0905/c1004-28692865. html.

线条描绘出一个桥形轮廓，同时辅以"G20""2016""CHINA"和篆刻隶书"中国"印章的文字和图案。由 20 根线条构成的桥梁寓意 G20 为全球经济增长之桥、国际社会合作之桥、面向未来共赢之桥。这些线条形似光纤，寓意信息时代的互联互通。G20 的"0"体现了各国团结协作的精神，印章彰显了中国传统文化内涵，与英文"CHINA"相呼应。宴会大厅的背景画与主桌台面以淡青绿色为主基调，寓意"绿水青山道情意"，来源于"绿水青山就是金山银山""历史与现实交汇的独特韵味"这两句话。宴会大厅有一幅长 20 米、高 4.8 米的巨幅丝绸壁画，描绘了西湖全景，体现了宴会举行地西子宾馆。与之相呼应，这幅"西湖全景图"同样被印在了欢迎晚宴主桌宾客的邀请函上，洋溢着浓浓的杭州味道。

宴前合影：新华社如此描述拍摄各国领导人集体合影时的场景——"雨后的西湖，烟波潋滟，秀美端庄，雷峰塔下一座江南古典风格的中式建筑内，习近平主席和夫人彭丽媛热情迎候贵宾们，与他们一一握手，互致问候。"

菜单：G20 峰会开幕前夕，中国杭帮菜博物馆举办了杭帮菜菜品及服务技能大赛，推选出了 20 道最具杭州特色的菜点，包括 16 道菜肴与 4 道点心，并昵称为"峰菜"。晚宴菜单有 14 道美食：1 道复合式冷菜——八方宾客（富贵八小碟）；9 道融合了中西方美食特色的热菜——大展宏图（鲜莲子炖老鸭）、紧密合作（杏仁大明虾）、共谋发展（黑椒澳洲牛柳）、千秋盛世（孜然烤羊排）、众志成城（杭州笋干卷）、四海欢庆（西湖菊花鱼）、名扬天下（新派叫花鸡）、包罗万象（鲜鲍菇扒时蔬）、风景如画（京扒扇形蔬）；1 道主食——携手共赢（生炒牛松饭）；1 道甜点——共建和平（美点映双辉）；1 道汤——潮涌钱塘（黑米露汤圆）；1 道果盘——承载梦想（环球鲜果盆）。富有内涵的全新菜名彰显了我国博大精深的厨艺文化，也代表着我国与各国携手发展的美好愿望。

酒水：菜品有浓郁的江南风情，酒是百年张裕的经典之作——张裕爱斐堡国际酒庄 2012 年份赤霞珠干红和 2011 年份霞多丽干白。葡萄酒是正式宴会的通用佐餐酒，霞多丽干白适合搭配清汤松茸、松鼠鳜鱼、龙井虾仁、膏蟹酿香橙，东坡牛扒更适合搭配赤霞珠干红。

餐具：来自上海玛戈隆特的国宴餐瓷点亮了"西湖盛宴"，展现了"上海创意"。整套餐瓷体现了"西湖元素、杭州特色、江南韵味、中国气派、世界大同"的 G20 国宴布置基调。国宴餐瓷图案主题为"西湖盛宴西湖韵"，采用"绿青山水"工笔带写意，布局含蓄、严谨，意境清新。茶与咖啡的瓷器用具的造型灵感来源于西湖的荷花、莲蓬，壶盖提揪也酷似雨滴。餐具的主题设计紧紧围绕整体摆台布置效果展开。第一道冷菜拼盘半球形的尊顶盖引人注目，顶端提揪的设计灵感源于"西湖第一胜境"——"三潭印月"，尊顶盖上半部分图案的创意来源于"满陇桂雨"，以杭州市市花——桂花与江南翠竹自然相互依偎展开，寓意美丽的杭州喜迎各国贵宾，体现了 G20 成员同舟共济、携手合作的精神；下半部分是以国画写意手法绘制的西湖美景。汤盅采用双层恒温方式，确保热汤能保持温度。汤盅的外形设计灵感来源于海上丝绸之路的宝船，汤盅盖的提揪则采用了简约的桥孔造型。骨瓷餐具釉色温润通透，采用含 45% 天然骨粉的高级骨瓷制成。每件精美餐瓷都要经过至少 81 道工序才能制成，绘制图案的颜料均达到了 FDA 药物食品检测标准，确保了餐具的洁净、安全与卫生。

宴会礼宾用品：① 菜单。主桌菜单设计了由 8 片圆花瓣组成的"八方圆和"的造型图案，犹如我国传统团扇，寓意团圆、和美。菜单框架和底座采用环保可再生的竹木制作而成，框架上覆以丝纸，图案暗纹取西湖美景。菜单的一面印有宴会菜单，另一面印有现场曲目单。菜单顶部小巧精致的装饰物造型取自西湖"三潭印月"里的石塔。② 席签。竹木做成的小小方形框架上裱以仿丝，上部镶嵌金属雕刻而成的国徽，下部印有嘉宾姓名。底座用竹木采用"八方圆和"的图案精雕而成，还嵌有一个寓意"绿水青山道情意"的青瓷烧制的群山造型。③邀请函。由丝绸制作而成，采用我国传统卷轴造型，轴头设计取型"三潭印月"里的石塔。打开卷轴，左边是用被邀请国文字书写的邀请函，底部辅以"百鸟朝凤"暗纹。卷轴中间是一幅缩小版的西湖全景图，与欢迎晚宴大厅里的那幅巨幅丝绸壁画呼应。卷轴右边是中文版邀请函，底部辅以"喜上眉梢"暗纹。邀请函放在精致的竹木盒内，内衬图案"八方圆和"贯穿始终，盒盖上嵌有黄杨木雕的荷花图案，上方嵌有国徽，最后配以简洁的丝绸护套，呈现给与会领导人浓浓的中国文化和泱泱大国的国家礼仪风范。副桌邀请函虽采用简洁的设计，但同样别具一格。④其他。桌子的号码牌是丝绸质地的，菜单、节目单也被印制在丝绸上……令人不由得联想起中国传统文化，想到丝绸之路。

音乐：在经典名曲《喜洋洋》的欢快旋律中，G20峰会欢迎晚宴正式开始。由浙江交响乐团和浙江音乐学院演奏了8组共26首外国乐曲，包括意大利的《重归苏莲托》、法国的《天鹅》、德国的《乘着歌声的翅膀》、加拿大的《红河谷》、美国的《温情诉说》、俄罗斯的《祖国从哪里开始》、韩国的《阿里郎》等，荟萃了所有出席宴会的领导人所属国家的经典音乐，最后以中国名曲《花好月圆》圆满结束。

晚会：峰会晚宴后，各国领导人欣赏大型水上情景表演交响音乐会《最忆是杭州》。

西湖美景、江南风韵、丝竹声声、美酒佳肴，把全世界的目光聚焦于杭州的绝美夜色。

模块一　宴会基础知识

任务一　宴会的内涵

（一）宴会的含义

（1）宴会。宴会是指人们为了实现一定的社会交往目的举行的集饮食、社交、娱乐于一体的饮食聚会活动。"宴，安也"，本义是安逸、安闲、安乐，引申为宴乐、宴享；"会"的本义是聚合、集合，在"宴会"中衍化成了"众人参加的宴饮活动"（《说文解字》）。从古至今，宴会虽然有多种不同称谓，如筵宴、燕饮①、筵席、宴席、酒席、酒宴、酒会、招待会和茶话会，但含义大体相同。

（2）筵席。筵席是指人们为了达到某种社交目的用来款待客人的一定规格的一整套酒菜食品和宴饮礼仪。筵席又称宴席、酒席。"筵席"是大众称谓，讲究礼节、仪式的筵席是"宴会"。由于"筵席"是"宴会"的核心，因而可将这两个词视为同义词②。现代宴会来源于古代筵席。殷、商时期没有桌椅，宴请时主宾席地而坐。筵与席是铺在地上的坐具，用芦苇或竹子编织而成，比较粗糙的称为筵，铺在地上；编织得精致小巧的称为席，铺在筵上；酒菜放在席上，每块席就是一个餐位。筵与席的区别是：筵大、席小，筵长、席短，筵粗糙、席精致，筵铺在地上、席放置于筵上。铺席是为了体现宴会的等级与规格，若席与筵同设，既表示主人的富有，又体现对客人的尊重。此后，"筵席"一词逐渐由宴饮的坐具演变为宴席的专称。由于筵席必备酒水，所以又称酒席。

（3）筵席与宴会的区别如表1-1所示。

---

① 古时，宴与燕有所区别。一般性聚饮谓之宴，私亲故旧聚饮谓之燕；燕必举乐，侑食还在其次，而宴不一定有娱乐活动。
② 注：本书凡特指一桌整套菜点时均用"筵席"一词，其余则用"宴会"一词。

表 1-1　筵席与宴会的区别

区　别　点	筵　席	宴　会
内涵侧重点不同	❑ 概念外延窄，是大众称谓 ❑ 强调"席"，是具有一定规格、质量的一整套菜品，引申为整桌酒菜的代称 ❑ 仅指丰盛菜肴的组合，强调菜品内容	❑ 概念外延广，是一个大范畴 ❑ 强调"会"，是众人参加的宴饮聚会 ❑ 既注重菜品内容，又注重聚餐形式 ❑ 注重礼节和仪式
人数规模不同	单桌、人数少，传统筵席为 8 人方桌，圆桌筵席 10 人一桌，西式单桌筵席最多数十人	❑ 多桌，人数多、规模大 ❑ 类型有小型、中型、大型、特大型和超特大型
场面安排不同	❑ 注重席位座次（代表就餐者不同的身份、辈份或职位）的排序，设主位 ❑ 席位身份有主人、陪同、主宾、随从	❑ 强调场境设计 ❑ 强调多桌台型设计，突出主桌
经营环节不同	经营管理仅需涉及筵席预订、菜单设计、台面设计、菜点制作和接待服务等环节，相对简单	经营管理环节复杂。除涉及筵席经营环节外，还包括宴会场境、台型、程序、礼仪、娱乐策划、宴会运行管理等内容，相对复杂

（二）宴会的特征

1. 宴会的基本特征

（1）聚餐式——宴会的理念特征。它体现了中国儒家文化"和为贵"的理念，一般采用圆桌，10 人围桌而坐，含有平等、团圆之义，意味着"十全十美"。赴宴者有主人、陪客，主宾、随从之分，全场又有主席、二席之别，人们在愉悦、欢快、祥和的气氛中亲密交谈、共同进餐。现在也采用西式酒会、自助餐宴会等形式。就餐方式有围餐式的合餐制，使用公筷公勺，或位上式的各吃，或自助式的分餐制。

（2）规格化——宴会的形式特征。① 礼仪程式。如迎宾送客、主人致辞、倒茶斟酒、上菜撤盘，包括铺台摆位和场景布置等都有一整套的礼仪规范。② 菜点规格。从宴前小食、冷菜热菜、点心甜品、主食水果，包括菜点的色香味形、器皿使用与上菜程序等，都有一套规范与格式。③ 场景布置。由舞台、背景墙、横幅展示宴会主题与目的。在宴会场景布置、宴会节奏掌控、员工形象选择、服务程序配合等方面考量周全，会使宴会环境优美、形式典雅、气氛祥和。④ 娱乐助兴。普通宴会可自娱自乐，辅以背景音乐；高档宴会、大型宴会，尤其是庆典宴会会搭建舞台邀请专业团体演出。

（3）社交性——宴会的内容特征。人们为各种社交目的：或为公、或为私、或为情、或为事，如国家庆典、国际交往、亲朋聚会、欢度佳节、红白喜事、饯行接风、酬谢恩情、疏通关系、乔迁置业、商业谈判等而欢聚一堂，设宴畅饮，为共同主题，聚亲朋好友，品佳肴美味，满口腹之福，谈心中之事，增人际之情感，达社交之目的。

案例 1-1　"汪辜会谈"的"特殊文件"——宴会菜单①

1993 年 4 月 27 日，大陆海协会会长汪道涵为庆祝举世瞩目的"汪辜会谈"签署的海峡两岸 4 份文件，假座新加坡著名的董宫酒店，宴请台湾海基会董事长辜振甫伉俪及其一行。酒店进行了精心设计，在新颖别致的菜单上列着 9 道别出心裁且"前所未闻"的菜谱，把大陆、台湾两岸同胞骨肉情深、欢聚一堂的气氛烘托出来，令主客兴趣与食欲俱增：情同手足（系乳猪与鳝片。烤乳猪是广东名菜，以炸鳝片配之）、龙族一脉（大龙虾，原菜为

---

① 资料来源：邵万宽. 现代餐饮经营创新[M]. 沈阳：辽宁科学技术出版社，2004.

乳酪龙虾）、琵琶琴瑟（以形似琵琶的名贵海鲜蛤为原料，贝壳中塞入虾茸、芹菜末与奶酪）、喜庆团圆（酒店名菜董宫鲍翅的别名，其喜庆之名有口皆碑）、万寿无疆（宫廷菜，又名宫燕炖双皮奶。宫燕，即燕窝。满汉全席把一品宫燕列为头道菜，其祝福之意尽现）、三元及第（以新加坡3种名贵鲜鱼搓成鱼丸氽汤，其味美不胜收）、兄弟之谊（系木瓜素菜，取诗经"投之以木瓜，报之以琼瑶"之意）、燕语华堂（荷叶饭）、前程似锦（水果拼盘）。宴后，两岸出席宴会的22个人在菜单上签名留念，台湾海基会秘书长说："我们又签署了一份共同文件。"

2. 筵席的基本特征

（1）菜肴品种繁多，讲究搭配顺序。筵席被称作"菜品的组合艺术"。选用山珍海味和名蔬佳果为食材，重视刀口错落、原料调配、色泽变换、工艺精湛、味型层次、质地差异、餐具组合与品种衔接。菜品组合讲究冷热、荤素、咸甜、浓淡、酥软、干湿的调和。菜点上席讲究顺序，使筵席气氛犹如一部乐章，抑扬顿挫，丰富多彩。

（2）酒为筵席之魂，菜为酒水而设。酒可刺激食欲，助兴添欢。宴请自始至终都在互相祝酒、敬酒中进行。"无酒不成席""酒食合欢"，所以筵席又称酒席。人们称办宴为"办酒"，请客为"请酒"，赴宴为"吃酒"。从筵席编排程序来看，先上冷碟意在劝酒，跟上热菜意在佐酒，辅以甜食和蔬菜意在解酒，配备汤品和果茶意在醒酒，安排主食意在压酒，随上蜜脯意在化酒。筵席以利于佐酒的松脆香酥、调味偏淡的菜肴和汤羹占较大比重，既可使客人快乐饮酒，活跃气氛，又避免了客人酒醉伤身，不欢而散。

（3）讲究筵席礼仪，彰显饮食文化。"设宴待嘉宾，无礼不成席"，中国筵席既是酒席、菜席，也是礼席、仪席，讲究气势，注重铺排，强调礼仪，彰显文采。餐室雅丽，餐具华美，菜点精美，服务周到，气氛隆重。现代筵席保留着许多古代礼节与仪式，如发送请柬、车马迎宾、门前恭候、问安致意、敬烟献茶、专人陪伴、入席彼此让座、斟酒杯盏高举、布菜"请"字当先、退席"谢"字出口等。同时，也引进并融合了许多国际礼仪，形成了具有中国特色的宴饮礼仪。

3. 宴会的文化特征

（1）精品追求：宴会文化的内在品质。孔子"食不厌精，脍不厌细"的宴饮精品意识作为一种文化精神，越来越广泛、深入地贯彻到了整个宴会活动过程中。原料精选、切配精细、工艺精到、烹制精湛、餐具精美、菜点精致、酒水精醇、氛围精雅、服务精良、人员精心、礼仪精进……无不追求精益求精。宴会全方位、全过程地尽善尽美地体现着一个"精"字。

（2）美轮美奂：宴会文化的审美特征。中国"中和为美"的美学思想是在总结了美食中的"味之和"、音乐里的"乐之和"、政治伦理上的"中庸之和"等基础上升华出来的。宴饮文化的美，味美是核心，孙中山先生说"辨味不精，则烹调之术不妙"，味是烹调的第一要义。菜点的味美、色美、形美、嗅觉美、质地美、意境美，以及器皿美、席面美、装饰美、氛围美、环境美、人员形象美等诸多方面的美构成了中华宴饮文化的魅力。宴会追求精食、佳茗、盛器、可人、良辰、美景、韵事等多方面美的完美统一。近代，学习、借鉴西方宴会文化的长处，创新了宴会的内容与形式，充分体现了各国宴饮文化之间的"各美其美，美人之美，美美与共，天下大美"的美好境界。

（3）情感交融：宴会文化的社会心理功能。"饮和食德、万邦同乐"的哲学思想使宴饮具有"抒情"功能，吃喝活动成为人际情感交流的媒介，人们边吃边喝边聊天，交流信息，沟通情感。朋友离合、送往迎来，可在餐桌上表达惜别与欢迎的心情；感情风波、人际误解，可借酒菜平息。宴会是一种极好的心理"按摩"。

（4）礼仪隆重：宴会文化的伦理道德体现。"夫礼之初，始诸饮食"，食礼成为中华民族礼仪文化与饮食文化的组成部分。宴会礼仪内容广泛，餐厅布置、台面美化、箸匙排列、上菜顺序、菜肴摆放、菜品命名、待客迎往送来、坐席方向位次、就餐方式、敬酒规范、席上服饰、动作与言语等，都体现着礼仪文化。

"精、美、情、礼"四大文化特征分别从不同角度概括了宴会所蕴含的餐饮品质、审美体验、情感沟通和人伦关系等独特的文化意蕴，也反映了宴会文化与中华文化的密切联系。精与美，侧重于筵席的形象和品质；情与礼，则侧重于饮食的心态、习俗和社会功能。它们相互依存、互为因果。唯其精，才能有其美；唯其美，才能激发情；唯有情，才能生出符合时代风尚的礼。四者环环相生、完美统一，形成中华宴会文化的最高境界。

4. 筵席的菜点特征

一桌丰盛筵席的菜点构成要求形式丰富多彩、富于变化，色、香、味、形、器、声要合理搭配，做到荤素、咸甜、浓淡、干稀、质地、色泽相辅相成，浑然一体。这样，筵席菜点才会有节奏感和动态美，既灵活多样、充满生气，又能增加美感、促进食欲。

（1）选料广博多样，如鸡、鸭、鱼、肉、豆、菜、果等。原料是菜肴风味多样化的基础，还可提供多种不同的营养素。原料不同，口味各异。

（2）切配精细各异，如丝、条、块、片、丁、球、整只，刀法精妙，刀功精湛。

（3）烹法考究多种，如炒、烧、烩、烤、煎、炖、拌等。菜肴在口味上有浓、有淡，色彩上有深、有浅，质感上有脆、有嫩，既丰富多彩又不落俗套。

（4）造型美观精致，制成各种优美的象形形态，如葡萄形、玉米形、荔枝形、松鼠形、飞燕形、青蛙形、蝴蝶形等各种形态。菜形清丽，与宴会主题有机组合，给人栩栩如生的感觉，起到美化菜肴、烘托气氛、显示技艺、增进食欲的作用。

（5）色彩搭配协调，如赤、橙、黄、绿、青、蓝、紫等原材料的天然色泽与经过烹饪后所产生的色泽合理组合，使菜肴既鲜艳悦目，又层次分明。

（6）味型丰富多彩，如酸、甜、辣、咸、鲜、香、复合味等调理得当，菜式丰富多彩，滋味醇正多样，口味变化起伏，"五滋六味，滋味无穷"。

（7）质感富于变化，如软、烂、嫩、酥、脆、滑、糯、肥等。随菜选料、因料施艺，使每个菜形成不同的质感，宴席才显得富于变化，食乐无穷。

（8）器皿配备统一，如盘、碗、杯、碟、盅、钵、象形等，使菜肴与器皿合理搭配，美食美器，相得益彰；扬菜之长，补菜之短，起好陪衬作用。

（9）品种衔接配套，如菜、点、羹、汤、酒、果、甜品。宴会菜肴的种类包括冷盘、热炒、大菜、点心、饭汤、水果等，各品种相互搭配，均衡统一。

（10）营养成分合理，如脂肪、蛋白质、淀粉、维生素、矿物质、纤维素、水、微量元素等营养成分全面合理，满足客人生理需求，保证客人身心健康。

（三）宴会的作用

中国被世界誉为"烹饪王国"。中国餐饮是取之不尽、用之不竭的深不可测的宝藏。饮食不仅可解渴充饥、维持生命，更是待人处事、人际交往之必需。中国人爱吃、善吃，更会吃。中国人讲的"三把刀"第一把就是厨刀，开门七件事（柴、米、油、盐、酱、醋、茶），件件都与吃相关。家庭最繁忙的事是一日三餐，街市最多的店是饮食店，最难调的是口味。人们见面要问吃，客人来了要留吃，红白喜事要吃，逢年过节要吃。食材范围广泛：天上飞的、地上爬的、河里游的、地里长的，什么都吃；制作方法多样：烧、煮、烘、焖、炸、烤、烩、爆、蒸、炖、煨等多达近百种。吃的引申义也极为丰富：谋职业为"吃某某饭"、被人欺负说"吃亏"、被人捉弄称"吃药"、打巴掌叫"吃耳光"、诉讼叫"吃官司"、中枪弹为"吃花生米"、非分之想比喻为"吃天鹅肉"，还有"吃生活""吃排头"……

中国自古就有"民以食为天""食以礼为先""礼以筵为尊""筵以乐为变"的说法。宴会是餐饮皇冠中的明珠。宴会起源、形成与发展取决于一定的物质基础（基本解决了衣不蔽体、食不果腹的窘况）和一定的先决条件（如祭祀、礼俗、宫室、器具与节庆等硬软件条件），同时又有主观社会交往的需要。宴会是经济发展的必然产物，深涵着政治、文化、心理等社会意义，成为人类文化、社会交往活动不可或缺的重要组成部分，蕴含着中国人认识事物、理解事物的哲理。在人的一生中，在社会活动中，迎来送往、谢师答恩、升迁换位、求助于人、开张择业、商务洽谈，各种政治、外交活动中都要办宴，这种宴请是"醉翁之意不在酒"，它借"吃"的形式表达了丰富的心理内涵与社会功能。吃的文化超越了"吃"的本身，获得了更为深刻的社会意义。2013年《今日文摘》刊登许杰的文章说得好：中国人的饭，叫饭局。"局"原本是下棋之术语，引申出"情势、处境"，再引申出"赌博、聚会、圈套"的意思。吃饭事小，设局事大。久负盛名的"鸿门宴""煮酒论英雄""火烧庆功楼""杯酒释兵权"等，每一个饭局都是人与人之间的较量。饭局之妙不在饭而尽在局。饭局在中国是一个人的社会身份认同体系。设饭局和赴宴请，都是为了关系。心理学家总结出饭局中人的各种心理，我请你吃饭/我来吃你的饭，是为了满足我的心理需求，如：获得别人的赞赏或称赞；维持我们的和谐关系；维护我的面子；使比我强的人对我留下良好印象；使比我弱的人依附于我；得罪了人用以化解冲突；找到解决困境的途径；等等。其实不用心理学家总结，我们也知道谁也不会把饭局当成吃饭的地方。宴会上要干的事太多太多，件件都比吃饱饭更重要。欧洲外交界的俗谚"世间万物定于餐桌，而支配人类的是宴会"，生动而形象地说明了宴会的作用与意义。

案例1-2 香港前途谈判里的餐桌交锋[①]

英国剑桥大学解密的档案中，披露了1982年首相撒切尔夫人访华谈判香港前途的文件。英方坚持当年与清政府签订的割让协议有效，除新界之外，中国无权收回香港岛及九龙半岛。邓小平坚持3条不平等条约全部无效，中国将不惜一切代价收回香港。会谈气氛很僵。除了这些严肃话题外，文件又披露了一些与宴会有关的趣闻轶事。

撒切尔夫人计划在人民大会堂举办答谢晚宴，她精打细算，在4款分别人均50元、75元、100元、140元人民币的菜单中，打算选用最便宜的50元的那份菜单。时任英国驻华大使柯利达认为太过寒酸，建议选用75元的菜单，并使用银餐具。铁娘子接纳了建议。台湾中大历史系逯耀东教授撰写的探讨大陆、香港、台湾三地饮食文化的文集《出门访古早》中记载了这次宴会的菜单：冷盘、熏马哈鱼、三丝鱼翅汤、富贵鱼唇、彩贝藏珠壳鲍鱼、烤羊肉串、奶油龙须莱、鸽脯海参、草菇丝瓜、燕窝京凤凰、煨水果、点心、冰激凌。有鱼翅和海参，还有燕窝和鲍鱼仔，难怪柯利达认为可以过关。可惜英方如此煞费苦心，却碰上了朝鲜金日成访华，中方领导人都参加了朝鲜的晚宴，而出席英方晚宴的只有一位中方领导人。

在国际外交舞台上，每一个细节都被视为饶有深意，吃什么菜、吃得好不好，也会惹来无限联想。据逯耀东记述，谈判期间，双方还因晚宴菜品而闹出一场小风波。那是1983年9月的第6次会谈，气氛不佳，会后中方也没在门口送客。中方在北京饭店设晚宴，吃得很一般，菜单是冷盘、黄苴曲汤、三丝鱼肚、干烹大虾、香酥鸡腿、海米烧白菜、脆皮瓦块鱼、黄焖鸭块、冰糖雪耳、点心2道，餐标估计500元/桌。消息传回香港，大家都意会到中英双方在谈判上触礁，人心惶惶，甚至导致了"九月风暴"金融震动。北京方面

---

① 资料来源：蔡子强. 香港前途谈判里的餐桌交锋[J]. 南方人物周刊，2013（10）：106.

见状，立即出手补救。其中之一，就是在 11 月第 7 次会谈时，选了北京最著名的粤菜馆"大三元"宴客，请从广州专程来京的特级厨师掌勺。菜点丰盛，包括：脆皮乳猪全体、鲜菇扒带子、玉兰花鸡球、鸡丝烩三蛇、茄汁煎牛排、名牌太爷鸡、红烧鲜水鱼、上汤焗禾花雀、翡翠鳜鱼球、点心 2 道。这是一桌达标的粤式筵席，虽没有鱼翅，但代之以太史蛇羹、禾花雀、水鱼等三味野味来进补，富有时令特色。宴会结束，港督尤德爵士向中方首席代表握手道谢时说了一句意味深长的话："终于吃了一席很好的广东菜。"作为一个老练的外交官出身的港督，想必他已经察觉到中方想通过一席较为豪华的粤式筵席所带出的政治信息，又怎能不投桃报李，美言几句呢？

（四）宴会（筵席）的命名依据

（1）菜品风味。以菜肴地方风味为特征，配有地域特征的环境布置，体现中国饮食文化的博大精深、品种繁多、风味各异的鲜明特色。如川菜风味宴、粤菜风味宴等；每种风味又可细分，如川菜可分为成都菜席、重庆菜席、自贡菜席等。著名的地方风味宴有运河宴、长江宴、长白宴、岭南宴、巴蜀宴等。

（2）原料大类。选用同一大类原料为主料，配以不同的辅料与烹法，做到"主料不变中有变，变中主料不能变"，充分发挥一物多吃的神韵，每只菜品所变的仅是配料、调料、烹法和造型，因而风味谐调、情趣盎然，如山珍宴、海鲜宴、野味宴、云南百虫宴。

（3）专一用料（全席宴）。所有菜品均为一种原料烹制而成，如全鸡席、全鸭席、全猪席、全牛席、全羊席、全鱼席、全蟹席、全素席等。全席宴有时特指"满汉全席"，如北京烤鸭宴、安吉百笋宴、海南椰子宴、烟台海参宴、东莞荔枝宴、漳州柚子宴、长江刀鱼宴、江南河蟹宴、山区菌菇宴、淮南豆腐宴等。

（4）头道主菜。食材用料名贵、烹制精美，是筵席的台柱菜，体现筵席的规格档次，如燕菜宴、鱼翅宴、海参宴。其他菜品"云从龙、风从虎"，鱼贯而行。

（5）菜品数目。从菜肴的数量反映筵席的规格，数量越多档次越高，在乡镇民间较为流行，如八大席、重九席、三扣九蒸席、五福捧寿席、六六大顺席、八仙过海席等。

（6）烹饪技法。根据不同食材原料与调料的特点，用不同的烹法制作不同的菜肴风味，如铁板系列宴、砂锅系列宴、烧烤系列宴、火锅系列宴等。

（7）食品功能。以食品原料、菜点营养与功能特色作为筵席主题，如延年益寿宴、滋阴养颜宴、美容健身宴等。

（8）席面布置。利用台面艺术化的布置，偏重台面与菜点组合。席名典雅，寓意吉祥，象征意义强，人情味浓厚，如孔雀开屏席、万紫千红席、百鸟朝凤席等。

（9）风景名胜。用著名景区的风景名胜命名，通过多种艺术形式布置宴会场景，与菜点一起突出旅游景观，如长安八景宴、洛阳八景宴、洞庭君山宴、西湖十景宴等。

（10）宴会场景。充分利用宴会周边环境，营造特殊用餐氛围，如田园风光席、皇家宫廷席、山城景色席、湖上船舫席等。

（11）时令季节。春天来临，万物复苏，举办春回大地宴、寒食宴、端午宴；夏日炎炎，推出系列清凉食品，举办盛夏夜宴；秋天硕果累累，推出金秋硕果宴、重阳宴；冬季举办冬至宴，哈尔滨曾推出过冬季冰花宴。

（12）节日欢庆。在国家或民俗的节假日举行主题新颖、风格各异的宴会，如除夕宴（即团年饭，俗称年夜饭）、元宵花灯宴、情人节的情人宴、迎春宴、端午粽子宴、中秋赏月宴、欢度国庆宴、圣诞平安宴等。

（13）生日寿辰。突出喜庆祝贺、健康长寿、延年益寿的意义与气氛，如满月喜庆宴、百天庆贺宴、周岁快乐宴、十岁风华宴、二十成才宴、花甲延年宴、百岁高寿宴等。

（14）文化传承。① 依据古今名人命名，如西施宴（无锡水秀饭店）、东坡宴、包公宴（合肥梅山迎宾馆）、（郑）板桥宴（江苏兴化宾馆）、乾隆御膳宴（无锡湖滨饭店）、孔府宴、宫保席、谭家席、梅兰宴（江苏泰州宾馆）、（张）大千席、马祖宴（福建莆田）等。② 根据古代名著设计，如红楼宴、三国宴、水浒宴、射雕（金庸《神雕英雄传》）宴等。③ 依据名城命名，如荆州楚菜席、开封宋菜席、洛阳水席、成都田席等。

（15）历史渊源。继承我国历代名宴的形式、礼仪、菜品制作的精华，进行改进与创新，如秦淮明菜宴（挖掘明代菜谱与民间传说、诗词典故，研制而成），随园宴（根据清代袁枚《随园食单》创作而成），盛唐皇宴（西安饭庄在研制仿唐菜点基础上历经数年而成）。

（16）民族特色。从就餐环境、原料构成、烹调方法等角度突出民族特色，体现民族风情，如蒙古族全羊席、朝鲜族狗肉宴、白族乳扇宴、傣族昆虫宴，最为著名的是满汉全席。

（17）宗教信仰。在宴会厅、台面布置上，尤其是在原料与制作技法上严格按照宗教要求配制的宴席，如清真宴、全素宴。

（18）喜庆纪念。① 民间宴，如：百年好合宴、龙凤呈祥宴、珠联璧合宴、金玉良缘宴、永结同心宴、百年好合宴、山盟海誓宴、花好月圆宴等婚宴，乔迁之喜等庆祝宴，纪念××周年宴。② 公务宴，如国家、政府重大节日或事件举办的国庆招待宴、庆祝香港回归十周年宴、庆祝西藏铁路通车竣工宴等。

（19）迎来送往。给亲朋好友接风洗尘或欢送话别而举办的宴会，围绕友谊、祝愿和思念的主题来设计，强调人际礼仪与情感沟通，规模小、喜安静、重叙谈、讲面子，如欢迎××先生接风洗尘宴、欢送××先生话别宴等。

（20）酬谢感恩。为了表示感谢曾经得到过或即将得到的帮助而举行的宴会，有谢师宴、升迁宴、酬谢宴等。

（21）举办时辰。有早茶、午宴、晚宴，西方的宴前鸡尾酒会、宴后酒会。早茶和午宴是带有工作性质的餐会，交谈、会谈是这类宴会中的主要内容之一。

（22）宴会出品。宴会（有菜有酒有水果，以菜点为主）、酒会（有菜有酒有水果，但较为简单，以酒水为主）、茶话会（无菜无酒，以茶水为主，略备茶点与水果）。

（23）举办地点。在酒店内举办的宴会、不在本酒店举行的外卖式宴会。

（24）有否座位。设座式酒会、不设座式（站立式）酒会。

（25）改革创新。如中西合璧宴、游船水产宴、山珍野味宴等，给客人新、奇、特的感觉，深受客人的欢迎。

（26）外来菜肴。聘请外国名厨料理，打造国外风味菜式，如法式宴、日式宴、泰式宴等。可作套餐、零点，也可用作中西合璧宴会与自助餐。

案例 1-3　毛泽东主席回乡宴①

1959 年 6 月 25 日，毛主席回到了阔别 32 年的家乡，按照当地习俗，游子回乡，族人应该给毛主席摆宴席接风洗尘。但在 26 日，毛主席却自己掏钱在韶山宾馆故园一号楼设宴 8 桌，邀请家乡的老共产党员、自卫队员、烈士家属、亲属等数十人。宴席上没有山珍海味，都是韶山夏令家常菜。菜单是：风味碟 6 道：紫油姜丝、豆豉油渣、油辣河虾、青椒苦瓜、炸盐辣椒、酥红薯片；热菜 12 道：家乡红烧肉、韶山全家福、红烧土水鱼、红煨黑山羊、云耳辣仔鸡、农家香辣肉、荷香粉蒸肉、砂锅鳙鱼头、油焖烟笋丝、火烧擂青椒、冰糖湘莲汤、冬菇生菜心；面点 4 道：葱油脆饼、老面馒头、手工米粉、糖油粑粑；故园

---

① 资料来源：由韶山宾馆提供。

果拼 1 道。毛主席在韶山的那场回乡宴铭刻在韶山人的心中。从那时起，菜式虽有些许演变，但回乡宴所寄予的那个年代的追忆与情怀，却一直保留至今，代代传承。

任务二　宴会类型及主要特点

（一）按饮食风格（使用餐具、菜式组成、就餐方式和环境氛围）分类

1. 中式宴会

以中式菜品和中国酒水为主，圆桌，10 人合座围餐，中式台面布置，筷子为餐具，背景音乐播放民乐，就餐方式为合餐制，中国式的服务程序、服务礼仪和环境气氛布置等[①]。

2. 西式宴会

广义的西餐不仅包括欧洲国家，也包括美洲、大洋洲、中东、中亚、南亚次大陆以及非洲等国的饮食。狭义的西餐有法式、英式、意式、俄式、美式等几种。

（1）注重环境氛围。宴会，中国人重视"宴"，西方人重视"会"。宴会气氛活泼、和谐、轻松、愉快，环境洁净雅致，菜品讲究色彩、注重点缀，注重展台装饰，播放西洋背景音乐。正式宴会程序隆重，晚宴分 3 个阶段举行：第一阶段为 18:00—20:00 鸡尾酒会，第二阶段为 20:00—23:00 正餐，第三阶段为餐后酒会（舞会）。

（2）西式餐台摆台。采用欧美菜式和酒水，长方形餐桌，刀叉为餐具，面包为主食，西式台面布置，餐台配有鲜花、蜡烛等饰物。宴会形式多样，有正式宴会（以菜点为主）、鸡尾酒会（以酒水为主）、冷餐会（以冷菜为主）等，其形式、菜品、服务不一。

（3）菜点规格别致。食材鲜嫩，少用或不用动物性的内脏及肥膘，荤素搭配格外分明。原料切配多以块、饼、条状迎合刀叉，烹调方法简单，菜肴多是半生不熟。所有菜品去骨去刺，便于食用。食物味道清淡，多数不放调料，由客人自己调味；多带奶油味。酒水要与菜肴、汤匹配。西方的饮食观念首先是果腹与营养，其次才是好吃与美感。高度重视营养平衡，菜点只有三五道，水果不能少。

（4）进餐方法各吃（详见项目七的内容）。分餐制，方式有每道菜按人装盘，或上菜展示后由服务员分菜，或自助。位上式上菜，吃完一道，再上一道。

（5）服务规范细致（详见项目七的内容）。服务方式有法式、英式、俄式与美式，操作细致具体，严格规范。员工要掌握菜肴与酒水知识，对操作技能的要求很高，不少服务带有"表演"成分，如客前烹制或现场表演及派菜。

（6）精心核算成本。正式宴会头盆（含色拉）成本占 20%，汤、主菜占 65%，甜点、水果占 15%。大型冷餐会的每个菜品的总量要精心计算。展示台的物品都要纳入宴会成本。

3. 鸡尾酒会、酒会（18 世纪流行于欧美的传统宴会形式，是冷餐会的一种特殊形式）

（1）形式灵活，无拘无束。可在任何时间、地点举行。宴会请柬应注明活动延续时间，其间宾客可在任何时间到达或退席，如表 1-2 所示。

表 1-2　鸡尾酒会类型及特点

类　型	特　点
餐前鸡尾酒会	宴前举行，续宴时间 45 分钟左右。用于举办记者招待会、新闻发布会、签字仪式等，便于客人相互认识与交流。地点安排在靠近宴会厅附近的中厅、会客室、大宴会厅的门口。使用纯软饮料、纯葡萄酒、开胃酒及开胃鸡尾酒，可用小三明治、炸薯片、小吃等食品。托盘式服务，人数较多时适当放些小圆桌

① 本教材的主要内容是围绕中式传统圆桌围餐式宴会这条主线来撰写的。

续表

类　型	特　　点
餐后鸡尾酒会	宴后举行，可与舞会结合。西式宴会用餐时不谈公务，工作是在餐后酒会上谈。交谈时男女分开，男宾们谈生意、谈政治，女宾们拉家常。时间较长。可在宴会厅或会客室内进行，可设吧台。酒水用咖啡、红茶、白兰地、力娇酒；食品用硬果类、巧克力、西式甜品。自助式或托盘式服务
纯鸡尾酒会	酒水、食品可简可繁。简单的纯鸡尾酒会仅饮一杯饮料，时间为半小时；复杂的纯鸡尾酒会食品有二十余种，时间在两小时左右

（2）以饮为主，以吃为辅。酒水有鸡尾酒、低度酒、啤酒、果汁，少用或不用烈性酒。餐台略备小吃与冷菜，菜品可简可繁，如布丁、三明治、串烧、炸薯条等。现场调制鸡尾酒，气氛活跃。

（3）自由选食，站立进餐。不设主宾席、不设座椅，仅置小桌或茶几，有的周边设少量桌椅，供年老者或愿坐者使用。客人自由选取酒水和食品，站立进餐，方便客人随便走动，广泛接触交谈。

4. 借鉴西餐的长处

（1）由人定量，绝少浪费。每客所配菜点数量适合就餐者的食量，基本吃完。

（2）荤素分明，营养平衡。一盘荤菜边总配有蔬菜，保证营养平衡。

（3）菜、汤、酒搭配规范。强调吃什么菜喝什么汤，如鱼菜用鱼汤，牛肉菜用牛肉汤，能很好地增强食物的原味；吃什么菜喝什么酒，以酒助菜之美味。

（4）进食各吃，清洁卫生。分餐制。

（5）重视环境布置，气氛活泼愉快，宴会形式多样。

（6）尊重客人，服务规范。服务富有特色，专业规范。

5. 中西合璧宴会

（1）中西合璧，别具一格。在宴会环境布局、厅堂氛围、台面设计、筵席摆台、餐具用品、菜式格局、菜点制作、菜肴风味和服务方式等各方面，融合中西宴会之长，使人耳目一新。餐具有筷子、刀叉；就餐方式为分餐各吃。

（2）风味独特，风格各异。菜品在原料、烹法及口味上，发扬中西菜品各自优势。菜肴风味有中式、西式和中西混合式，花式品种多样，可使客人享受到异国饮食情调。

（3）气氛活跃，形式多样。有中西合璧的圆桌位上式宴会、自助餐宴会、酒会等。

（二）按宴会规范分类

1. 正式宴会

正式宴会也称正餐。在正规场合举行，礼仪程序严格，气氛热烈隆重，就餐环境高雅，设施设备高档，台型设计完美，菜单设计精美，菜品规格高调，员工形象愉悦，席间服务细腻，注重礼貌礼节（特别讲究宴会服饰，从服饰规定体现宴会的隆重程度，在请柬上注明对客人的服饰要求），如国宴、地方政府宴，民间的婚宴、高档商务宴、公司大型宴会等。

2. 非正式宴会

非正式宴会也称便宴，用于非正式场合的日常友好交往宴请。形式简化，不讲究聚餐场所与布置，不讲究礼仪程序与接待规格，不拘形式，不排席位，不作正式讲话，气氛轻松、活泼、亲切、自由。摆台简单，菜单随意（根据宾主爱好确定，可临时换菜、加菜），肴馔不求配套，菜品经济实惠，可自行服务。

（三）按接待规格和隆重程度分类

1. 国宴

（1）主题都为国事，庆典形式多样。① 庆典类国宴。在国庆纪念日，由国家元首或政府首脑举行国庆招待会，党和国家主要领导人、党政军各部门负责人、各群众团体、民主党派负责人、无党派人士和社会各界知名人士、人民群众代表等出席。邀请届时在北京的国宾、重要外宾、各国驻华使节、港澳台同胞、外国专家和记者等参加。场面宏大，主桌人数较多。② 迎送类国宴。国家元首或政府首脑为欢迎来华访问的国宾而举行的正式宴会。邀请外国的国家元首或政府首脑、主要随行人员、有关国家驻华使节等出席。③ 接待类国宴。为国际或国内的重大活动，如为在我国举行的大型国际峰会、大型国际体育赛事的重要与会代表，为表彰全国劳动模范、科技界精英而举行的宴会。④ 迎春茶话会。在中国传统节日春节，由国家元首或政府首脑邀请各界人士同欢同庆，相互拜年，气氛轻松欢快、随意，伴有演出，以茶水、点心、小吃、水果为主。

（2）主宾多为政要，接待规格特高。主人、主宾都是本国或外国的国家元首或政府首脑，内容都为国家重大庆典或重大国事活动，是接待规格最高、礼仪最隆重、气氛最热烈友好、程序要求最严格、政治性最强的一种宴会。自 20 世纪 60 年代至今，中国国宴经过缩小规模、菜肴和礼仪一系列的"瘦身"变革，逐渐走向一种简约却彰显内涵的独特风格。

（3）显示国家形象，体现民族尊严。国宴设计既要体现民族自尊心、自信心、自豪感，又要体现各国家和各民族之间的平等友好、和睦气氛。在环境布置、筵席台面、菜单设计、宴会程序与席间服务上突出本国的民族特色，又要考虑宾客的宗教信仰和风俗习惯。

（4）环境高贵典雅，气氛热烈庄重。20 世纪 50 年代，国宴大多由北京饭店承办。人民大会堂建立后，多数由人民大会堂承办，规模可达 5000 人。钓鱼台国宾馆建立后，部分国宴也由钓鱼台国宾馆承办，规模大的仍在人民大会堂举行。有时到访的国宾因日程安排不到北京，也会在地方举行国宴，其要求与在首都一样。宴会场所悬挂国旗，安排乐队演奏双方国歌及小型文艺节目等，双方元首或政府首脑席间致辞、祝酒等。宴会场面宏大，主桌突出，人数较多，台面大于其他桌。国宴一般在晚上举行，宴会时间通常掌握在 45～75 分钟以内，对上菜的时间要精确到秒。

（5）菜品、餐具精致高雅。国宴汇集了全国各地菜系精华，以淮扬菜为主。最近几年，国宴有"堂菜"和"台菜"之分。1984 年出版的《人民大会堂国宴菜谱集锦》，首次为"堂菜"正名，使其成为八大菜系之外的新品种；"台菜"是指钓鱼台国宾馆烹制的菜品。台菜博采国内八大菜系之长，广纳世界各国菜肴之精华，上至宫廷肴馔谱录，下采民间风味小吃，外及各国元首口味、习俗，构成了其特色风味：清鲜淡雅、淳和隽永。国宴餐具绝大多数采用瓷器，高规格的釉中彩骨瓷器是中南海、人民大会堂、钓鱼台国宾馆专用瓷器。

（6）服务要求严格，服务程序细微。态度热情、程序细致、服务周到。精细化、极致化的服务融合在服务的各个环节，如为了保证菜点温度质量，掌握上菜时机和速度，承接国宴的宾馆会安排一名厨师、一名传菜员和一名服务员组成一个上菜小组，精心研究并落实每个服务环节。

2. 政务宴

（1）内容政务。由地方政府或部门因交流合作、庆功庆典、祝贺纪念等有关重大政务事项接待国内外宾客而举行的正式宴会。主客方都以公务目的出现，接待活动围绕宴会公务活动主题安排。

（2）注重规格。除不挂国旗、不奏国歌以及出席规格不同外，其余安排大体与国宴相同。环境布置气氛热烈，放置或悬挂宴请方和被宴请方的标志或旗帜等。接待规格与宾主双方的身份一致，按身份排位就座。宴会程序相对固定，如开宴前的祝酒致辞、席间祝酒，有时也安排乐队演奏席间乐，宴会结束后的安排等都有相应的惯例。

（3）形式多样。按照政务活动从简的原则，菜肴道数为1冷菜、4热菜、1汤、2点心、1水果、1主食，菜肴以地方特色菜与时令菜为主。形式可以是正式宴会，也可以是鸡尾酒会、冷餐会、茶话会或中西合璧式的宴会。

3. 庆贺宴

一类是公务宴，政府部门、企事业单位、社会团体因交流合作、庆功庆典、祝贺纪念等有关活动事项而举行的宴会。另一类是个人、家庭、朋友间具有纪念、庆典、祝贺意义的私人宴，如乔迁之喜宴、庆功封赏宴、婚宴、金榜题名宴、毕业庆典宴，有浓郁的喜庆气氛。

4. 便宴

详见非正式宴会内容。

5. 家宴

在家中由家人或厨师烹调、家人共同招待客人的筵席，是最随意、应用最广泛、最能增进人际情感的一种宴会形式。如是国家领导人以私人名义招待外国客人的宴会也称涉外家宴或称私人宴会，不拘泥严格的外交礼仪，宾主可以自由交谈，但一定要营造出家庭的氛围，菜式要有当地特色。

（四）按服务方式分类[①]

1. 围餐式宴会

中式传统宴会的范式。设置圆桌，中间摆放转盘，众人围桌而坐、同桌而食。保存、继承了中国传统的家庭式用餐方法和气氛融洽的特点。就餐方式为合餐制。所需服务较少，技术要求不高。由于所有菜肴都上餐桌，用餐到后半段时，如撤盘不及时，台上会杯盘狼藉。现在倡导分餐制，可实行公筷公勺、双筷，高规格宴会可由服务员分菜或位上式服务。

2. 位上式宴会

（1）采用分餐制。餐台可为圆桌或长桌。按中式烹调制作菜点，每人各一盆，位上式上菜，客人各吃。详见项目七的内容。

（2）菜点道数少。围餐式宴会有十几道菜点，而位上式宴会为6～8道。

（3）菜肴份量多。围餐式宴会菜点是一桌一份，单个菜点平均份量为400～600克/桌（10位）；位上式宴会菜点是一人一份，单个菜点平均份量100～150克/位。同样，如在台面分菜，该菜肴配制的份量是不分菜时份量的1.5～2倍。

（4）菜品装盘美。围餐式宴会是大盘菜，位上式宴会是小份菜，用小餐具盛装，菜点的刀工与装饰比大盘菜精致，除主料外，都会有辅料来配色点缀，显得靓丽美观，既显示中餐菜肴的整体精美，又使客人对食用菜肴的卫生放心。

（5）菜品制作精。菜品要求每人规格一致，但有的菜品原料不能达到要求，如清蒸鱼，鱼尾部肉少刺多，就要用两条鱼来烹制配份；红烧肉每块要基本一致，必须去掉较多的边角料。菜品精致了，成本就上去了，这是位上式宴会餐标高的原因之一。

（6）服务规格高。适用于正式高档宴会服务，或大型宴会的主桌服务，使客人感觉倍受关照，倍感亲切。

3. 自取式（自助餐）宴会

（1）就餐方式自由。自助餐来源于西方的冷餐会、酒会。设置台型多样的餐台，服务

---

① 服务方式详见项目七的内容。

人员将厨房烹制好的各种热菜、冷菜、点心、水果等食品按类摆放在餐台上，整齐、美观、丰满。客人自己随意取用，多次取食，气氛轻松愉快。西方冷餐会、酒会一般不设客人就餐餐桌，仅摆放几个高台，供放置用过的酒杯和餐盘。中国客人不习惯无座位的用餐形式，于是安排桌椅，逐渐演变成设置餐桌的中国式自助餐宴会；除主桌外无固定席位。

（2）办宴形式灵活。举办场地灵活（既可在室内，也可在户外；既可在正规餐厅，又可在花园举行），规格可高可低，菜点品种可多可少，赴宴人数可多可少（少则近百人，多则数千人，但必须确保一个最低客流量），程序可繁可简，就餐时间可长可短（只需在规定时间内进餐），服务可多可少。适应范围广泛，常为政界与民间举行人数众多的盛大活动所采用。

（3）菜品丰富多彩。菜点品种丰富，形象一目了然。食材选用客人喜食的、易于运送、存放和取食的，反复加热后仍能保持色、香、味、形特点的菜品。口味多样，不宜太甜、太酸、太苦、太刺激。有些高档或特色菜品不应一次全部装盘上桌，根据客人进餐情况决定添加与否，既保证菜肴供给，又控制菜肴成本。

（4）就餐速度较快。客人进餐无须点菜和等待，餐位周转率高。菜肴可事先准备，能缓和高峰时期厨房的忙碌，服务员配备也非常节省。

（5）气氛热烈隆重。根据主题布置餐厅，布置造型优美、丰富多彩的展示台，菜品可做点缀或造型。烤鸭、烤牛排等特色菜肴可由厨师或服务员在现场进行客前切配、派送等表演，既增加就餐气氛，又缓解餐台拥挤。

（五）按宴会主题与内容分类

1. 商务宴

（1）目的皆为商务。各类企业、营利性机构为了商务目的（如交流商业信息、建立业务联系、加强沟通合作、商讨某种协议、达成某种共识）而举行的宴会。

（2）消费档次较高。宴请价格较高，菜单设计精美，菜品规格高调，就餐环境高雅，服务细腻礼貌。

（3）营造洽谈气氛。在环境布置、菜品选择上突出与迎合双方共同喜好，表现双方友谊；环境要安静不受干扰，便于客人沟通；及时与厨房沟通，根据客情掌握上菜节奏，使商务洽谈在良好的气氛与环境中进行。

随着我国改革开放程度的加强、社会主义市场经济的繁荣，商务宴在社会经济交往中日益频繁，越来越成为我国酒店餐饮的主营业务之一。

2. 亲情宴

以体现情感交流为主题的私人宴请，目的有亲朋相聚、洗尘接风、红白喜事、添丁祝寿、逢年过节等。以下为生日宴（寿宴）的特点。

（1）人生纪念意义。人们为纪念出生日和祝愿健康长寿而举办的宴会。一般在50岁前称为生日宴，50岁之后称为寿宴。一般生日宴规模较小，主要是家人庆贺；人生节点如逢十的生日宴，尤其是50岁寿宴，邀请亲朋好友的人数就多了。

（2）突出健康长寿。环境布置、菜点出品要突出健康长寿，如冷菜拼盘采用松鹤延年，主食配寿桃、寿面等。随着中西文化的不断交流，人们在生日宴会上配以生日蛋糕，庆祝程序也中西合璧，如点、吹蜡烛，唱生日歌等。

（3）菜式老少皆宜。菜式安排中必有数款主人平时最喜爱的菜肴，或程式中必备庆贺菜点。因全家出席，菜式要老少兼顾，众人皆宜。

3. 婚宴

（1）氛围喜庆热闹。婚宴是新人在举行婚礼时为宴请亲朋好友的祝贺而举办的宴会，是人生中最讲排场、仪式感最强的宴会之一。宴会厅布置富丽堂皇，气氛喜庆热闹，气派时尚新潮。大红"囍"字悬挂中央，两旁布满鲜花，红色地毯铺满主道，突出新郎、新娘主桌，背景音乐喜气洋洋。赴宴人数众多。人数多，规模大，规格高，要按照大型宴会的特点来操办。

（2）菜式突出婚庆。菜点原料新鲜，颜色好看，加工方便（因为批量大，如果加工繁复会影响上菜的速度），档次高，避免特殊口味。菜肴之间口味要有起伏，这道是清淡的，下道就是浓郁的。菜式选料与道数上要符合喜庆风俗习惯，"喜事排双，丧事排单，庆婚要八，贺寿须九"。菜名要吉祥，菜肴原料应有红枣、莲子、百合，寓意"早生贵子""百年好合"，菜名用"鸳鸯鲑鱼""早生贵子""知音丝萝"等来突出婚庆主题。

（3）菜单类型多样。不同文化层次、不同出身的客人，对宴会有不同的要求。一是传统型婚宴：菜式丰富实在，菜名吉祥如意，菜品道数较多，追求吃剩有余。二是排场型婚宴：菜式既有传统菜，又有流行名贵菜，道数较多，追求豪华排场。三是浪漫型婚宴：菜式组合随意，喜欢流行菜点，道数不讲究，追求过程享受。四是玫瑰型婚宴：菜式爱好自己做主，喜欢流行菜点，常规道数，价格中低档。五是华丽型婚宴：菜式传统与豪华结合，讲究规格大气，追求排场。六是知识型婚宴：菜式精制细巧，编制讲究，菜肴命名高雅，透出文化品位。七是海归派婚宴：菜式实用、简洁、清淡，色彩素雅，讲究仪程，中西合用。八是简约式婚宴：菜式家常实用，流行普通，价格实惠，数量适当。

（4）选择酒店心理。第一，要选定婚宴日期，大多以选节假日为主，方便亲朋好友参加，但由于大家想法类同，往往比较好的日子一般在一年前基本预订，所以下手要早。第二，要选知名品牌大酒店，这类酒店不仅装修豪华气派，更重要的是有安全感，让宾客吃得放心、开心。第三，酒店要在繁华和标志性地段，停车、地铁、公交要便捷。第四，要让宾客吃好，口味适合老少大众，菜品样样正宗地道，味美量足。第五，头3道菜必须在8分钟内上完。因为现今婚宴仪式都很隆重，第一场走完，基本都是晚上7点了，客人肚子早就饿了，仪式中不好意思也不方便动筷子，这边仪式一结束当然希望立刻吃到热菜了。第六，价格必须公道。

4. 节日宴

（1）举家团聚设宴。逢年过节赴酒店设宴团聚的宾客越来越多，尤其是团年饭（俗称年夜饭）是一年节日里最重要的团聚。针对不同节日的特点及所处季节，推出既传承习俗又新颖独特的菜单。一家人的年龄、喜好、身份状况均不同，对饮食的种类、口味要求也不尽相同，菜单既要照顾全面，又要兼顾少数。

（2）突出节庆氛围。选用具有节日特点的装饰物来布置宴会厅，如春节张贴春联、悬挂彩灯、摆放金桔树等；圣诞节用圣诞树、彩灯、彩球、圣诞老人画像，员工戴圣诞小红帽，圣诞老人为来宾发放圣诞礼物，同客人合影留念，等等。菜肴名称要突出节庆、祥和的喜气，表达人们良好的祝愿，增添浓厚的文化氛围。注意出菜程序，通常香的、炸的菜肴要先上，接着是软的、酥的菜肴，后面再跟着炒的、硬的菜肴，最后甜的菜点收尾。

5. 欢聚宴

（1）目的为相会团聚。志同道合的朋友相会、团聚，强调共同的情谊。宴请频率高、次数多、要求多，主人身份不明确，客人身份差异较大，但是很平等。菜式随意，氛围轻松，菜肴档次高低差异很大。就餐环境以小包房为主，追求就餐环境、氛围和情趣。

（2）气氛平等轻松。聚宴次数多、要求多，主人身份不明确，客人身份差异较大，但是很平等。菜式随意，氛围轻松，菜肴档次高低差异很大。就餐环境以小包房为主，追求就餐环境和氛围。服务上尽量不要打扰客人。

6. 感恩宴

感恩宴是为了表示感谢曾经得到过或即将得到的帮助而举行的宴会，高档豪华，环境优美清静。

（1）谢师宴。学生毕业、学徒满师，新生活将要开始，为表达对老师、师傅的感激，并再次聆听老师的临别赠言而举办的宴会。要求环境清静优雅，菜式清淡秀丽，道数不多，选料讲究，上菜速度不快，服务规范。

（2）答谢宴。为表示对他人的帮助或请求他人帮助而设宴感谢。菜肴和服务要让客人感受到主人的殷勤与诚意。

（3）升迁宴。因职务变化、工作变迁，原共事的同人相聚相送，新单位同事的欢迎而举行的聚会。氛围轻松愉悦，菜式随意，饮酒较多，用餐时间较长。

（六）按宴请形式分类

1. 招待会

招待会是灵活简便、经济实惠的宴请形式。以饮为主，以吃为辅；自助选食，站立进餐（也有设座）。便于广泛接触、交友，发布消息，收集信息。形式有冷餐会和酒会。近年来，庆祝各种节日、欢迎代表团访问或各种开幕、闭幕典礼以及文艺、体育招待演出前后，都会采用酒会形式。

2. 茶话会

茶话会是最简单的招待形式，为社会团体纪念和庆祝活动所采用。通常在会议厅或客厅内举行，厅内设茶几、座椅，周围摆设花卉。不排席位，但有贵宾出席时可考虑将主人与贵宾安排坐在一起，其他人随意就座。饮品以茶为主，略备茶点、水果，不设酒馔。茶叶、茶具的选择，应考虑季节、茶会主题、宾客风俗与喜好等因素。一般用陶瓷器皿，不用玻璃杯，也不用热水瓶。外国人出席，一般用红茶、咖啡和冷饮招待。茶会期间，宾主共聚一堂，品茶叙谈，气氛和谐轻松，席间会安排一些短小的文艺节目助兴。

3. 工作餐（详见项目九大型工作餐宴会的内容）

工作餐是现代国际交往中经常采用的一种非正式宴请，适用于举行各种会议与活动的就餐，也适用于公司内部领导利用进餐时间（早、中、晚均可）与员工交谈，省时简便。纯属工作性质，不请配偶。形式有圆桌围餐式工作餐与自助式工作餐（详见项目九大型自助餐宴会的内容）。

（七）按宴会价格档次分类

1. 豪华宴会

高档、稀有特产精品为原料，山珍海味达 60% 左右，工艺菜比重大，常以全席形式出现，菜名典雅，盛器名贵，配置知名美酒，席面雄伟壮观。多接待显要人物或贵宾，礼仪隆重，价格昂贵。

2. 高档宴会

多取原料精华，山珍海味约占 40%，配置知名度较高的风味特色菜品，花色彩拼和工艺大菜占较大比重，餐具华美，命名雅致，席面丰富多彩，环境豪华，服务讲究，礼仪隆重，文化气质浓郁。多接待知名人士或外宾、归侨，价格较高。

3. 中档宴会

原料为优质的鸡鸭鱼虾肉、时令蔬果与精细粮豆制品等，配置 20% 的山珍海味。地方名菜为主，重视风味特色，餐具整齐，席面丰满，格局较为讲究，餐厅环境和服务较好。常用于较隆重的庆典和公关宴会，价格一般。

4. 普通宴会

原料以常见的鸡、鸭、鱼、肉、蛋、蔬菜等为主，10%左右的低档山珍海味充当头菜，菜肴制作简单，注重实惠，讲究口味，菜名朴实。多用于民间的婚寿喜庆以及企事业单位的社交活动，价格较低。

（八）按宴会桌数赴宴人数分类

1. 单桌宴会

人数少则十人之内，围坐在标准餐桌旁；多则可几十人，都围坐在一个拼接成圆形、长形或异形的组合餐桌旁。

2. 多桌宴会

台面为直径 1.8 米的 10 人标准圆餐桌。小型宴会 10 桌以下，中型宴会 11～30 桌，大型宴会 31～50 桌，超大型宴会 51～100 桌，特大型宴会 100 桌以上，超特大型宴会 200 桌以上（大型宴会的特点详见项目九的内容）。

（九）按客人是否组团分类

1. 散客零点宴

（1）人。临时分散来店，人员数量不定，人流较难控制。要求内容各异，需求较难预测，服务变数较大。

（2）时。就餐时间交错，服务时间较长。餐期、餐别忙闲淡旺不均。

（3）菜。事先没有预订，随机按单点菜。筵席格局不完善，菜品种类多而散。

（4）产。厨房按单出菜，一锅一盆，菜点数量多，烹饪密度高。

2. 团队包餐宴（有会议包餐、旅游包餐及其他类型包餐）

（1）菜点组配成套。菜单又称公司菜单、和菜菜单或定食菜单。由酒店根据市场需求设计制作，将客人一次消费所需菜点组配在一起，制定有高、中、低不同价格与不同人数的多种系列菜单，增加顾客选择机会。能满足目标顾客一般需要，对有特殊需要的顾客针对性不强。

（2）方便快捷，实惠。菜品结构完整，菜式品种有限，以热菜为主，一般 8 菜 1 汤，主食不限量，不备酒水（也可自理酒水）。烹制材料普通，制作工序简洁，能小批量生产，节省人力成本。价格固定，档次分明，售卖方式以套为单位。

（3）要求事先预订。因为人数多，口味差异大，菜点要照顾大多数人口味，而对特殊宾客如佛教徒、伊斯兰教徒、素食者可另行供餐。

（4）统一包餐开席。以统一餐标、统一菜式、统一时间进行集体简易就餐。进餐时间相对固定，进餐速度较快，一般没有席间服务。

（十）按宴会特色（食材、主题、烹法、风味、情趣等）分类

1. 主题宴会

（1）专一特色宴。凭专一取胜，用料专精，技法规整，风味谐调，情趣盎然，席面以精纯、严密、整齐、高雅著称。一是主料特色宴。荟萃某类主料的高档宴会，如满汉全席、全羊宴、全鱼宴、全鸭宴、全素宴等。二是技法特色宴。以烹调技法为重点，如"烧烤宴""药膳宴"等。三是风味特色宴。荟萃某类风味名馔，给人以鲜明的印象，如"孔府特色宴""粤味特色宴"等。四是情趣特色宴。追求某种审美理想，展示特有情韵和风采，如"西湖十景宴""秦淮景点宴"等。五是文化主题宴，如以文化名人做主题的孔府家宴、梅家宴；以文化名著做主题的红楼宴、水浒宴等；以民俗习惯为主题的宴会。

（2）多元特色宴。融专博之长，汇中西之优，集各家之特色、创新于一席，如"中西合璧沙文鱼宴""西味花卉宴"。主题特色既有美食又有美境，原料特色既要专又要广，烹调特色既要精又要异，菜品特色既要雅又要新。

2. 烧烤宴

（1）突出当地烤品。如江苏"叫化鸡"，北京"烤鸭"，新疆、内蒙古"烤全羊""烤羊肉串"，广东"烤乳猪"，山东"烤海鲜"等；日式"煎烤鱼""煎烤虾"，欧式"鱼排""牛排""猪排"扒烤，土耳其"牛肉糜""羊肉糜饼"烧烤，韩国"铁板扒鸡""扒鱼"，巴西烧烤"火鸡腿""巴西香肠""巴西羊腿"等。

（2）注重口味变化。通过各类调料如番茄酱、辣椒酱、咖喱、孜然、黑胡椒粉、XO酱、卡夫奇妙酱等新型的调味品及复合味，通过利用如明炉烤、暗炉烤、叉烧烤、挂炉烤、整形整只烤、切割烤、串烧烤等烧烤加热的不同方法，通过如先腌渍后烤或先烤制再用调味蘸食的不同调味方法，通过刀工处理及包、卷、捆等不同手法，使菜肴的脆、鲜、嫩、酥、软等口味各异，形态一菜一形，富有变化，色泽五颜六色，丰富多彩。

（3）上菜风格多样。宴会厅设置烤炉现烤现吃；厨房烧烤后装盘上桌；厨师或服务员把已烧烤成熟的菜品当着客人的面进行分割、装盘，使切割与服务成为别具一格的操作表演技艺。

（4）营造独特氛围。烧烤宴必须在菜品制作、服务方式、餐厅环境等方面有独特之处。有些烧烤餐厅在外环境中设有游泳池或野外自然风光等，使烧烤餐厅富有特色和风格，成为环境幽雅、风味独特的饮食天地。

3. 火锅宴

（1）客人自烹自食。火锅是炉、炊、餐具三位一体的食具，客人根据自己的饮食爱好，自行调味，自烹自食。由于使用方便，气氛热烈，深受顾客青睐，因此广泛流行。

（2）火锅种类多样。① 按结构组成分，有单体火锅、分体火锅、鸳鸯火锅、多格火锅、各客小火锅等。② 按使用燃料分，有木炭、煤炭、液化气、酒精、煤油、电火锅等。③ 按制作材料分，有铜质、铝质、陶质、搪瓷质和不锈钢材质火锅等。④ 按经营形式分，有自助餐会火锅、套餐宴会火锅、零点火锅等。可以按每人消费标准，或包餐自助或套餐的形式食用。⑤ 按大小分，1 号为大型火锅，2 号、3 号为中型火锅，4 号为小型火锅。⑥ 按食材原料分。⑦ 按调料口味分，有白汤火锅（咸鲜味）、红汤火锅（麻辣味）、鸳鸯火锅（一边白汤、一边红汤）、三味火锅（白汤、红汤、酸辣汤）等。

（3）原料运用广泛。凡能用于制作菜肴的原料几乎都能用作火锅原料，根据就餐人数及费用标准配置原料的多少及品质的高低。原料要新鲜卫生，无泥沙、污染物；要少骨无筋，形状大小适宜。自助餐火锅在餐台不宜一次性提供太多高档原料，应分时分批供应，既能控制成本，又能防止因餐厅温度高原料变质。

（4）汤料富有变化。汤料又称火锅底料、底汤。不同的汤料有不同的口味。白汤通常用老母鸡、肥鸭、猪蹄或猪骨头、火腿、肘子、瘦猪肉、葱姜、料酒、精盐等熬制而成。还有各种酸辣汤、药膳汤、奶酪汤、鱼香汤、怪味汤、咖喱汤、番茄汁汤等，加上各种蘸料味碟，使口味富于变化。

（5）蘸料多滋多味。调味蘸料是决定火锅菜品口味变化的关键。品种要多，口味要好，有蒜泥味、酸醋味、麻酱味、OK汁味、美极鲜味等。

（6）操作安全第一。有的用液化气、煤气、汽油、酒精等易燃易爆的燃料，有的用木炭、煤炭等易污染环境的燃料，还有的用电来加热等，一旦操作不当，易危及人身安全。应选择安全性能好的火锅、比较安全的燃料，操作时火焰不宜太大，火锅中的汤汁不宜太多太满，应及时添加汤水，防止火锅中汤水烧干。

其他分类标准可参照宴会、筵席命名的内容。

模块二 宴会设计知识

案例1-4 2002年5月10日亚洲银行行长会议晚宴计划书

时间地点：2002年5月10日19:30—20:30；上海科技城2楼宴会厅。

人数桌数：出席亚洲银行行长会议共计212人。主桌1桌16人；普通桌20桌，每桌10人（其中2桌8人），共计21桌。

服务：每人每，各吃（位上式详见项目七的服务方式的内容）。

特殊要求：____人不吃蒜，____人不吃牛肉，____人全素，____人水果宴。

1. 场地布置

（1）台型排列如图1-1所示。餐桌排号：1～21。

（2）台面布局如图1-2所示。

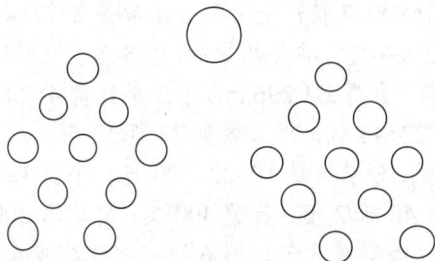

图1-1 宴会台型

图1-2 台面布局

（3）席位摆台如图1-3所示。

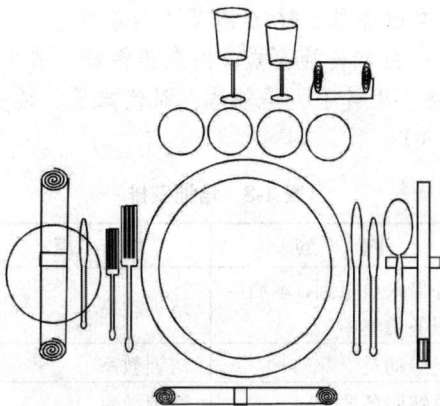

图1-3 席位摆台

（4）桌面布置。① VIP主桌：台面直径为3.60米，白台布、黄台裙、米色口布、灰筷套，银圈，中心铺花台。活动工作台4只。② 普通桌：台面直径为2.3米，米黄台布、黄台裙、米黄椅套、米色口布、灰筷套、黄口布圈，中心装饰鲜花。③ 工作台：12只。

（5）中心台饰。方型白玫瑰，西方园林式插花。

（6）舞台背景。中心为古董摆件，两边为投影幕，宴会中放映上海新貌影片。

2．晚宴菜单

迎宾海鲜盆、风味四小碟（瑶柱辣椒酱、橄榄仁、橄榄菜、三丝卷）、龙井炖血燕、锦江脆皮鸡、蟹膏溜塘鲤、蚝皇鲜鲍鱼、水果粟子粉。

3．餐具准备

（1）主桌摆台。11寸①银看盆、11寸编边盆、水杯、红酒杯、6寸编边面包盆、白脱刀、每人每匙、银头筷（穿筷套）、筷架、小刀叉、大刀叉、银毛巾碟、小方巾等，数量配备全部为16。银席位卡20只、牙签20根。工作台水果叉20把、点心匙40把、派羹10套、毛巾40块、圆托4只、酒刀1把、冰水壶2只、咖啡杯、碟20套，糖、奶盅4套、备用口布4块。

（2）普通桌摆台。每桌按10人数量配11寸银看盆、10寸金边盆、水杯、红酒杯、6寸金边面包盆、白脱刀、每人每匙、筷架、漆筷、小刀叉、大刀叉、银毛巾碟、小方巾、银席位卡、牙签，共计20桌。

（3）工作台。水果叉10把，点心匙20把，派羹1套，毛巾10块，圆托1只、酒刀1把，冰水壶1只，咖啡杯、碟10套，糖、奶盅1套，备用口布3块，按20桌配备。

4．酒水与调料准备

可乐：分桌数量5×22=110听，准备数量168听/7箱；七喜：分桌数量2×22=44听，准备数量96听/4箱；龙徽（红）：分桌数量3×22=66瓶，准备数量96瓶/8箱；麒麟矿泉水：分桌数量10×22=220瓶，准备数量288瓶/12箱；金青岛（296 mL）：分桌数量4×22=88瓶，准备数量144瓶/6箱；麒麟橙汁：分桌数量2×22=44瓶，准备数量72瓶/12箱；白脱：分桌数量10×22=220只，准备数量400只/箱；白糖：分桌数量10×22=220包；牛奶12桶/1箱；龙徽（白）24瓶/2箱；依云72瓶/3箱；巴黎水48瓶/2箱；黄糖400支；健怡糖200小包；绿茶（新茶）半斤；红茶1盒；咖啡粉10包；咖啡豆3包；醋6瓶；大红浙醋6瓶；盐4袋；胡椒粉1包；酱油2桶。

5．服务人员（宴会女服务员、男跑菜员）配备

（1）人数。主桌：服务员、跑菜各4名。副桌：每桌服务员、跑菜各1名。机动：服务员、跑菜各2名。共26名服务员、26名跑菜（名单略）。

（2）仪表。女服务员：白色长袖旗袍、肉色连裤袜、长发用黑色蝴蝶结网、黑皮鞋；男服务员：白衬衫、黑马夹、黑裤子、黑领结、深色袜子、黑皮鞋。

6．培训安排（见表1-3）

表1-3　培训安排

日　　期	时　　间	内　　容	地　　点	负责部门	备　　注
5月8日	9:00	外借人员报到、本酒店服务员集中	培训教室	人事部	员工出入口进出
	9:30	集中动员	培训教室	酒店领导	
	10:30	讲解服务要求	培训教室	现场总指挥	
	13:00—17:00	准备餐具	二楼宴会厅	管事部经理	

---

① 为英寸，1英寸=2.54厘米。

日　　期	时　　间	内　　容	地　　点	负 责 部 门	备　　注
5月9日	13:30—14:00	服务员报到	科技城5号门	人事部	员工出入口进出
	14:10—17:30	准备工作、现场演练	科技城2楼宴会厅	现场总指挥	

7. 5月10日时间安排

9:00服务员报到（从科技城5号门进）。9:30摆台。11:30午餐。16:00检查，全部餐具到位，负责人×××。16:30补课。16:30晚餐。17:00更衣，仪表仪容准备。17:30服务员到岗，检查仪表仪容，负责人×××。17:40仪表仪容不合格者补课。17:50值台服务员进入岗位，做最后检查；将同声传译设备放在椅子上。18:10分发酒水，负责人×××。18:15上冷菜、面包。18:30倒葡萄酒；值台服务员站在指定位置面向大门迎候客人。18:45打开宴会厅4个入口大门，客人入场。19:00市领导进入宴会厅入座。19:15领导致辞。19:30致辞结束，收取同声传译设备放入工作台下筐内，开始倒饮料。19:45上燕窝，每人每，跟瓷匙，6寸垫盆。20:00上烤鸡，每人每。20:10上鱼，每人每。20:20上鲍鱼，每人每。20:35上点心，每人每。20:45上水果。20:50上茶、咖啡。21:00结束。

8. 上菜要求

详见项目七的宴会服务设计中的上菜内容。

9. 晚宴结束收尾工作

人员分工、任务、操作程序、工具与要求详见项目九的大型宴会收档工作的内容。

10. 厨房工作安排

（1）人员分工。总负责：行政总厨。厨师共23名（炉灶5人、切配3人、冷盆7人、中点2人、西点2人、雕刻4人）。厨房餐具由管事部负责，由切配大厨督导。排菜由切配大厨负责，行政总厨督导。消毒水、毛巾、筷子、调羹、小汤碗、口罩、一次性手套、白大褂等，由炉灶大厨负责，行政总厨督导。

（2）餐具准备。5月10日上午与管事部联系，落实全部厨房餐具。14:00前全部清洗完毕，清点数量、消毒、存封。主桌餐盆全部用白盆。宴会餐具种类：迎宾海鲜盆，10寸金边盆220只；风味四小碟，2.75寸金边、黄边碟850只；龙井炖雪燕，黄小汤碗（连盖、带底座、带汤勺）220套，双格碟220套；锦江脆皮鸡，10寸金边盆220只；蟹膏溜塘鲤，10寸金边盆220只；蚝皇鲜鲍鱼，10寸白盆220只；水果栗子粉，10寸金边盆220只。以上所有餐具于10日晚在食品检验人员的督导下启封，放入保暖箱内保洁保温。

（3）厨房操作。食品联系由行政总厨与采购部统一协调，保证一流的调料、食品、蔬菜。5月8日上午10:00到科技会馆，各厨房做消毒卫生工作；下午准备好用具、调料，由炉灶大厨负责。9日在酒店做各种准备工作。10日上午9:00到科技会馆进厨房加工。

（4）菜肴操作。① 迎宾海鲜盘（风味四小吃）：由冷菜大厨负责，行政总厨督导。9日在东锦江大酒店做各种准备工作，10日9:00到科技会馆进厨房加工。17:50装盆，准备出菜。② 龙井炖雪燕：由行政总厨负责。9日上午进货，10日9:00到科技会馆进厨房加工。18:00准备出菜（以通知出菜时间为准）。③ 锦江脆皮鸡：由行政总厨负责。9日上午进货，送至冷库（冷冻）。10日13:00加工准备，入冰箱冷藏。18:25出菜（视具体情况出菜）。④ 膏蟹溜塘鲤：由行政总厨负责。9日上午进货，送至冷库（冷冻）。10日13:00加工后入冰箱冷藏。18:35出菜（视具体情况出菜）。⑤ 蚝皇鲜鲍鱼：由行政总厨负责。9日9:00到货。10日14:00加工。18:40出菜（视具体情况出菜）。⑥ 水果栗子粉：由行政总厨负责，西点大厨负责装盆。9日上午栗子磨成粉，准备黄油薄片，巧克力刮出然后冷藏保存。⑦ 杂粮面包、软面包和法棍面包：10 日 12:00 准备，组装到科技馆完成。⑧ 水果：10 日 9:00 前到货。12:00 前清洗消毒完毕。18:00 进入专间准备工作。18:40 上席。

（5）收尾工作。宴会菜上完后，厨房立即进行整理清洁工作，将剩余的每道菜点归纳整理，由管事部辅助。未动用的原料保鲜装好，以备继续利用。已经加工但未上席的菜点保鲜装齐，酌情给其他厨房使用，并做好登记。借用的器皿、用具清点归类送还管事部。白大褂、口罩收齐，送布件间洗涤。做好各工种的清洁卫生收尾工作。

（6）注意事项。10 日 9:00，全体人员出发到达科技会馆。菜点运输途中，由保安部派人押运。任务期间饭店必须确保运输车辆运行状况良好。

任务一　宴会设计内涵[①]

（一）宴会设计要求

宴会设计是根据客人要求和酒店物质条件、技术条件等多种因素，对宴会场景、宴会物品、筵席台面、宴会台型、宴会菜单、宴会服务与宴会流程等诸多方面进行精心设计、统筹规划，制定具体实施方案的管理活动过程。宴会设计要求主题突出、特色鲜明、安全舒适、美观和谐、核算科学。对酒店管理来说，宴会设计具有计划作用、指挥作用与保证作用。

（二）宴会设计内容

（1）场景设计，包括环境选择、场地布置、艺术品陈列、餐厅美化和桌椅摆放等。

（2）台面设计，包括餐具设计、餐台设计，大型宴会还需进行台型设计。

（3）菜单设计，包括菜点构成、营养、味型、色泽、质地、原料、烹调方法、数量、酒水以及菜单的形式、外观等内容。

（4）程序设计，包括接待程序、宴会议程、席间乐曲与娱乐杂兴、赠送礼品。重大宴会的时间设计要落实到以分为单位。

（5）服务设计，包括服务方式、服务程序，员工服饰、行为举止与礼仪规范，人员培训、组织调配与协调。

（6）安全设计，是指对宴会进行中可能出现的各种不安全因素的预防和设计，包括顾客人身与财物安全、食品原料安全、服务过程安全设计和意外事件处置预警设计等。

（三）宴会设计程序（见表 1-4）

表 1-4　宴会设计程序

程　序		要　求
获取信息	信息内容	准确、详细地收集办宴主题、时间、价格、对象、出品、条件、特殊要求等方面的信息
	获取途径	一由顾客提供，二靠酒店主动收集
分析研究	认真分析	选用富有经验的宴会设计人员全面、认真地分析并研究信息资料，了解宴会的特点和作用
	精心构思	突出宴会主题，满足顾客要求，具有独特个性，富有创新精神

① 资料来源：方爱平. 宴会设计与管理[M]. 武汉：武汉大学出版社，1999.

程　序		要　求
起草方案	专人起草	综合多方面的意见和建议，由专人负责起草设计草案，可制定 2～3 套可行性方案供选择讨论。设计方案既要切合实际，又要富有创意
	初步审定	由相关领导初步审定草案
修改定稿	倾听意见	倾听酒店相关部门与办宴单位的意见与建议，对草案进行反复修改，尽量满足其合理要求
	审批定稿	由酒店主管领导或宴会举办单位负责人最后定稿
贯彻执行	下达方案	召集各部门负责人开会，以书面形式向有关部门和个人下发设计方案，交代任务，明确职责，分工负责
	坚决执行	根据设计方案，敦促落实执行
	及时调整	执行中如果情况发生变化，及时予以调整
总结提高	总结经验	宴会结束后，诚实地总结工作经验与教训，以利再战
	立卷归档	把宴会设计方案、总结材料等文件立卷归档

（四）宴会设计人员文化底蕴

（1）菜点酒水知识。了解各类菜系特点，知晓名菜点知识和酒水知识，掌握本酒店的菜品格局，熟知每道菜的主料、辅料及调味品的产地、特点与制作原理、烹调方法、味型特点、营养成分、价格等知识，掌握不同菜点的组合以及搭配效果。

（2）成本核算知识。掌握每个菜点和一桌筵席的成本核算。根据客人宴会价格标准，对菜点直接成本和宴会的间接成本做出精确核算，确保毛利率和盈利。

（3）营养安全知识。掌握食品营养卫生与安全知识，了解食品原材料的营养构成、烹调对各营养素的影响，菜肴各类营养素的合理搭配和科学组合，各种身体状况和各营养素之间的关系，等等。

（4）心理民俗知识。"十里不同风，百里不同俗。"掌握不同国家、不同地区、不同民族、不同职业、不同人群的饮食风俗和习惯知识，懂得顾客餐饮消费心理需求，投其所好，避其所忌。

（5）美学文学知识。宴会厅房的空间与环境布局、员工的礼仪与风度、食品与器具、菜肴的色彩与装盘，菜品的命名、菜单的设计与制作、宴会的时间与节奏、菜肴的创新等方面，都需要设计人员具备较强的审美观念和一定的文学修养。

（6）服务管理知识。宴会设计与实施是一个完整的管理过程，必须有丰富的餐饮服务与管理的经验及技能。掌握宴会服务规律与流程，懂得餐饮管理运行规律，熟悉本酒店内部管理程序和业务流程，掌握领导艺术，严格管事、理人、安心。

任务二　宴会设计要素

（一）时间要素

（1）订餐时间。客人来酒店订餐的时间。订餐至开宴这段时间，要做好宴会预订、确认、跟踪和准备工作，避免发生意外，确保宴会如期进行。当订餐与开宴间隔时间较长时，可安排一些工艺复杂、耗费时间的工艺菜、功夫菜；如临时预订宴会，如零点宴会则首先确保及时开餐，可安排制作一些工艺简单的菜肴。

（2）办宴时间。举办宴会的日期要落实到年、月、日、星期×，用餐时间要明确到时、分。根据餐饮业的淡旺季、节假日与平时的不同时段，早茶、午餐与晚宴的不同餐别等因素和特点来设计宴会菜单和宴会程序。季节不同，菜点用料有别；餐别不同，准备条件有异。

（3）持续时间。宴会程序的繁简、宴会规模的大小、宴会档次的高低决定了宴会持续的时间，而宴会举办时间的长短又决定了不同服务方式和服务内容的安排，以免影响下一场宴会的举行。重要宴会活动内容的安排与上菜时间要以分钟为单位，保证前后紧密衔接。

（4）生产时间。生产时间包括原料初加工的时间，冷菜的生产与装盆时间，热菜的烹饪时间，传菜上席时间，服务时间，各部门、各岗位、各环节的生产与协调时间，等等。要合理安排各菜点的烹饪时间、上菜时间、服务时间与协调时间，保证在既定的时间内按时出菜。

（二）人员要素

（1）办宴意图。客人办宴意图就是宴会主题。在环境布置、宴会程序、台面设计、菜点风格、服务方式等方面，设计符合宴会主题的富有特色与风格的产品。

（2）客人身份。① 主人：宴会的东道主，宴会中的一切计划活动及安排均由主人决策与决定。② 主宾：宴会的中心人物。主人与主宾常安排在宴会、筵席最显要的位置，宴饮中的一切计划与活动都要围绕主宾来进行。③ 陪客：主人请来陪伴客人、有"半个主人"身份的人，在奉酒敬菜、交谈交际、烘托宴会气氛、协助主人待客中起着积极作用。④ 随从。随从是主宾带来的客人，伴随着主宾。关键在于确认主宾的身份和需求。

（3）赴宴人数。赴宴人数决定宴会规模与管理，直接影响宴会在场地安排、整体布局、菜点制作、服务方式等方面的差异。有些工艺菜如拔丝菜，单桌单份烹调尚能保证质量，但人数多了就无法满足要求。

（4）饮食习俗。必须充分考虑客人尤其是主人与主宾的职业、职位、性别、年龄、地区、民族以及宴饮目的、饮食习俗、消费习惯，激其所欲，供其所需，适其所向，补其所缺，投其所好，避其所忌。

（三）价格要素

（1）宴会餐标。宴会消费标准决定了宴会规格、原料档次、菜肴品质、烹调方法及服务方式。方法：① 筵席价。按一桌筵席价格来设计。② 人均价。按每人平均消费价格乘以总人数来设计。③ 宴会价。按这场宴会的消费总额来设计。

（2）成本核算。酒店菜单成本核算必须在确定消费价格与执行酒店毛利率的前提下进行。仔细核算各种原料、人工、管理、每桌筵席、每个菜点等的直接成本与间接成本，保证酒店能获得预订的毛利率和正常利润。

（四）出品要素

（1）菜点酒水。这是宴会设计的重点。根据客人需求与价格，设计出品构成，明确菜点道数，设计菜肴的营养、味型、色泽、质地和厨房的原料、烹调方法、装盆艺术等内容。

（2）操作流程。① 宴会程序，包括宴会接待程序、宴会内容程序（如讲话致辞、席间娱乐安排）、宴会安全的预警机制（大型宴会这一点尤其重要）。② 服务流程。根据宴会档次、服务方式、服务技能、上菜顺序等要素设计服务流程与服务方式。

（五）条件要素（限制性因素）

（1）生产条件——宴会设计的硬件因素，是宴会设计的前提与基础。生产条件包括五类：场地类（有无举办不同类型宴会的场地）、设施类（有无有各种不同功能的中西式厨房与厨房炊具）、家具类、餐具类与原料类（食材、调料须考虑时令季节与产地及酒店库存的有无与多少），可根据酒店已有条件或创造条件进行设计。

（2）人力资源——宴会设计的软件因素。宴会设计者与宴会管理者的学识水平、工作经验、专业技能是宴会设计与管理成功与否的关键；厨师是宴会菜品的生产者，是高质量菜点成功的关键；服务员是一线对客服务的实施者，构成了宴会的人文环境，包括员工强烈的服务意识、积极的职业心态、良好的职业习惯、娴熟的职业技能和愉悦的职业形象。

思考训练

研讨分析 ●

案例 1-5　山西京都黄河大酒店"辞虎迎兔群英会京都"宴会设计[①]

山西京都黄河大酒店为运城地区领导、企业家设计辞旧迎新群英宴会。运城没有大菜，当地筵席多以水席为主，而为了保留这一浓郁的地域文化特色，酒店在菜单设计上煞费苦心。酒店多方挖掘运城的饮食文化与地方风味特色，精心定制了菜单。其菜单是：群英荟萃（冷头盘）、河东三味（风味小炒）、步步高升（酥盒海鲜）、晋南三杰（风味小炒）、喜气洋洋（西北羊肉）、运城三想（风味小炒）、一片丹心（虫草辽参）；主食：宰相面胡卜、馍稷山麻花、风味油饼、酥香菜卷；水果：精美什果拼盘。为更好地打造出具有运城风味主题的菜点，如炒凉粉、小酥肉、晋糕、花馍、闻喜煮饼、稷山红枣、醪糟汤、丸子汤等，别出心裁地选择精致小巧的盛器，使本来普普通通的风味小吃立显尊贵，令人品之饶有兴味，在不经意中透出一股温馨的家园气息，使与会客人感受到了浓浓的乡土文化和乡情。

精心设计宴会程序，包括上菜顺序、服务进程设计、宴会音乐设计等。要求把握上菜时机，控制进食速度，既要使席面不空，又要让宾客吃得从容。对迎客、介绍、致辞、表演等环节进行安排时，防止走过场或拖泥带水，要恰如其分。根据宴会主题选择背景音乐，起到烘托气氛的效果。按照运城宴会俗成的两菜一汤次序上菜，背景音乐选用蒲剧来烘托气氛。挑选运城的服务员以浓浓的乡音为贵宾们服务。

精心设计宴会氛围。紧扣群英会的主题，在造景上选用了各种怒放的鲜花，配以布偶老虎、兔子，暗合辞虎迎兔之意。在怒放的鲜花丛中，活泼可爱的小兔子跃然其间，为人们展现了生机勃勃的美好前景。为此，还专门谱写了一副对联——"辞虎迎兔群英会京都，含英咀华美味缘河东"，并利用中国传统的剪纸文化做"席珍"，使宴会具有了一种雅致情调，宴会整体气氛令人有春回大地、万象更新之感。

席间宾主趣谈万荣笑话，气氛热烈、欢快……贵宾们对宴会菜品非常满意，认为其中的"河东三味""晋南三杰""运城三想"既做到了将运城饮食风味浓缩进来，又在形式上对其做了很大的提升。

通过上述案例，讨论该宴会的特征、性质与宴会设计的内容、要点与程序。

---

① 资料来源：由山西黄河京都大酒店执行总经理解海渊提供。

操作实训 ···

1. 组织学生分别访问几家不同类型、不同规模、不同档次的酒店，了解各酒店的宴会产品，分析其特点。

2. 采用小组交流、材料展览等方式对不同类型的宴会产品做对比，分析其各自的特点。

3. 深入酒店，请酒店职业经理人介绍设计宴会的经验与流程。

4. 根据教材里的案例，分析每个宴会的类型、特点，熟练掌握各类宴会的举办要点。

项目二 宴会场境设计

学习目标

知识目标：
1. 认知宴会场境构成要素与宴会场境设计的基础知识。
2. 认知宴会厅场地、气氛、背景、娱乐设计知识。

能力目标：
1. 掌握宴会厅房、动线通道面积指标。
2. 掌握宴会厅色调与灯光知识、温湿度知识与音响知识。
3. 基本懂得正确选择、悬挂陈设宴会厅房的艺术品。
4. 懂得室内绿化的各种方法和花台制作的流程。
5. 懂得宴会厅舞台背景的搭建与布置知识。
6. 懂得设计、播放宴会厅背景音乐知识。

导入案例

国宴上的军乐团[①]

我国唯一的国家礼仪乐团——中国人民解放军军乐团有一项基本任务，就是在国家庆典与外国元首来访的迎宾仪式和欢迎宴会上演奏。军乐团演奏的串串音符，凝聚着全国人民的心声，传递着与各国人民发展友谊的真诚。1972 年 2 月 21 日晚，周恩来总理在人民大会堂举行欢迎美国总统尼克松总统宴会。伴着悠扬的乐曲，两国领导人进行着友好的交谈。突然，尼克松的话语停住了，优美熟悉的旋律让总统脸上露出了惊讶而又喜悦的神色，他把目光投向了乐队，原来乐队演奏的是来自尼克松总统家乡的乐曲——《美丽的阿美利坚》《牧场上的家》和《火鸡在草堆里》。周总理随即亲笔书写了一张字条："请乐队把 3 首美国乐曲再演奏一遍。"优美的旋律再次在宴会厅响起。1993 年 12 月 2 日下午，在欢迎来访的乌拉圭总统的仪式上，当演奏完乌拉圭国歌后，准备演奏中华人民共和国国歌的那一刻，来宾队伍中爆发出了热烈的掌声和欢呼声。乐团指挥赶忙示意乐队暂停，待来宾欢呼停止后，乐队又奏响了中华人民共和国国歌。事后，一位乌拉圭来宾特地对乐团指挥说，由于乌拉圭国歌是世界上最长的国歌之一，在外交场合，很多国家的乐队常常只是演奏其中的一部分，没想到中国的乐队这样完整、准确地演奏了全曲，这是中国人民对乌拉圭人

---

① 资料来源：王建柱. 国宴上的军乐团[N]. 解放日报，2013-10-02.

民最大的尊重。乐队指挥手中的那根指挥棒虽然短小，但一棒重千钧，这短短的指挥棒仿佛闪烁着情感的火焰，引领着乐队和听众。就是这根普通的指挥棒，为中国赢得了许多赞誉。有些外国元首在乐队演奏后也忍不住要接过来"比画"几下，这根指挥棒曾经被美国前总统克林顿、英国前首相布莱尔等5位外国元首"使用"并赞赏过。

模块一　宴会场境知识

任务一　宴会场境构成

宴会场境是指客人赴宴就餐时由宴会的外部四周环境和内部厅房场地的陈设布置而形成的氛围情境。随着体验经济、感性消费时代的到来，宴会场境氛围对客人就餐心情、员工工作心境以及企业形象等越来越显示出特有的作用。

（一）周边环境

宴会环境包括外部环境和内部环境、宏观环境与微观环境、物理环境和人文环境。周边环境是天成的，要靠人合理地选择和利用，这就是"借景"。名山胜水的景观、古风犹存的市肆、车水马龙的街景、别具一格的建筑群等，都可成为"借用"的宴饮环境。

案例 2-1　宴会摆到白洋淀边[①]

上至千人，下至 30 人以上的宴会外卖服务，北京长城饭店都可提供。某公司要求在白洋淀温泉城举办千人中外宾客就餐的外卖宴会，为此长城饭店运到白洋淀的食品、饮料及物品"数量空前"：各种肉类 1290 千克，蔬菜 500 千克，鸡蛋 150 千克，水果 150 千克，各式蛋糕 4000 个，饮料 13 种共 120 箱（2800 多听/瓶），餐具共 8040 多件套，加上餐桌椅、工作台以及其他设施设备等，这对饭店餐饮部实在是不寻常的考验。由于室外宴会受天气变化影响很大，因此事先要向气象部门咨询，举办时间一般选在春、夏、秋三季的天气晴朗的日子。如是晚宴，要布置灯光，并有专门电工及保卫人员负责安全。在宴会外卖服务过程中，长城饭店的五星服务也被"搬"到了户外，客户无论是烧烤，还是酒会，或是各国风味美食，甚至是舞台布置、条幅装饰、文艺表演，饭店都能够满足客户期望。

（二）建筑风格

（1）宫殿式。以中国特有的古代皇家建筑风格为模式，外观雄伟庄严，金碧辉煌，色彩多以金黄、古铜色为基调，斗瓦角檐、雕梁画栋、彩绘宫灯甚是精美，如北京仿膳饭庄、天津登瀛楼龙宴厅。

（2）园林式。"廊亭池榭流光景，朱门金漆画栋梁"是我国独具特色的园林式宴会厅形式。① 风格。皇家园林雄伟壮观、金碧辉煌；江南私家园林小桥流水、曲径通幽、清淡优雅；岭南商界园林琳琅满目、五颜六色。宴会厅房融合在亭台楼阁、假山飞瀑之中，以幽、雅、清、静为特征。宴会厅与园林风格协调，讲究借境扬境，突出幽雅僻静。主色调以中国绿、灰色为主，以宁静雅致为布置特色。② 形式。一是园林中的餐厅。餐厅坐落在园林之中，似有"开窗面秀色，把酒话春秋"之惬意。以北京颐和园"听鹂馆"、扬州个园

---

① 资料来源：饶勇. 现代饭店营销创新 500 例[M]. 广州：广东旅游出版社，2000.

"宜雨轩"为代表。二是餐厅中的园林。餐厅中有假山真石、亭台楼阁、悬泉飞瀑，使客人仿佛置身于园林之中。以杭州"天香楼"为代表。三是园林式餐厅。园林与餐厅浑然一体，如大型生态园餐厅。

（3）民族式。采用中国各地域、各少数民族的不同文化习俗元素，突出民族特色，体现地域特征，如具有不同地域特征的楚文化、吴文化、齐鲁文化等餐厅，具有少数民族特色的傣族风味餐厅、伊斯兰风味餐厅等。北方突出浑厚质朴，南方蕴含乡间情趣。

（4）现代式。以现代工业化产品材料为基础，以几何形体和直线条为特征，色彩鲜艳、线条流畅、简洁明快，给人以干净利落、舒适豪华的感受，符合现代人，尤其是年轻人的审美心理。讲究功能和经济，布置余地比较大。

（5）乡村式，也称农舍式。以天然材料装饰，用有乡土特色的工艺品装潢，布置简洁，充满乡土气息，充分体现中国某个地区或世界某个国家的乡村传统文化和习俗，如江南水乡民居、黄河沿岸窑洞、云南傣族竹楼、沿海渔乡渔船、草原蒙古毡包等。

（6）西洋式。采取西欧风格装饰，展现异域民族风情。一是古典式，如罗马式、哥特式、文艺复兴式、巴洛克式、洛可可式、英国式、法国式、意大利式。二是现代式，如新艺术风格、现代主义风格、后现代主义风格等。

（7）特殊式。为满足人的猎奇心理和情感体验，设计具有独特魅力的宴会厅房，如高空旋转餐厅、空中餐厅、石头餐厅、列车餐厅、飞机或航母豪华餐厅，书报餐厅、信息酒家、垂钓餐厅、木偶餐厅、绘画餐厅、运动餐厅、足球餐厅、拳击餐厅、野草餐厅、怪味餐厅，甚至有冰屋餐厅、鬼屋餐厅、监狱餐厅、恐怖餐厅、海盗餐厅、吃喝打砸餐厅、绿林好汉餐厅等。

（三）宴会场地

（1）固定不变部分包括宴会厅空间面积的大小、形状和虚实，天顶、墙壁、地面与宴会厅整体色彩，场地布置格局，室内家具陈设，灯具和灯光，工艺品等装饰和陈设部分，无特殊情形，短期内不会随意改变。因此，在设计、建造、装饰宴会厅前要根据酒店经营风格与目标市场精心周到地考量。

（2）临时布置部分包括室内清洁卫生、空气质量、温度高低、灯光明暗、艺术品与移动绿化的布置，以及根据宴会主题临时布置的展台、背景墙、活动舞台等内容，是宴会场地布置的重点部分。酒店要根据季节、节日、主题营销活动临时设计氛围，如在餐厅门口布置圣诞老人像或圣诞树，橱窗贴上雪花、气球等烘托圣诞节气氛的装饰。

（四）宴会氛围

（1）外部氛围。由宴会厅所在的位置、名称、建筑风格、门厅设计、周围环境和停车场等要素构成。外部氛围设计要反映该酒店的种类、档次、经营特色，对顾客具有吸引力。外部氛围通常在决策建造时由设计师、建筑师决定，是既定事实，一般很难改变。

（2）内部氛围。由宴会厅内的装潢陈设、家具选用、场地布置、餐台美化、花台布置、员工形象与服务设计等各种要素构成。内部氛围要创造一个舒适、优雅、整洁、方便的顾客就餐环境，使客人身心愉悦。内部氛围设计是宴会氛围设计的核心部分。

（3）有形氛围。客人感官能感受到的宴会厅各种硬件条件（以上已做阐述），依靠设计师的精心设计与员工的精心维护和日常保养。

（4）无形氛围。由员工的服务形象、服务态度、服务语言、服务礼仪、服务技能、服务效率与服务程序等营造，其构成了动态的宴会人际氛围，使客人愉悦、满意、温馨。

案例 2-2　酒店饮食对联倾倒文化客人①

某饭店周边是有名的文化区，各主要报社、电台、高等学府云集于此。饭店精心策划构思，极力营造浓厚的对联文化氛围。饭店大门口的对联是"烹煮三鲜美，调和五味香"。各厅堂、各包间门口都有对联："饭好菜香早晚便，茶热汤美老人宜""美味可待云外客，香气能引洞中仙""饭菜飘香引来顾客万千，鱼肉有味出自庖师二三""南北烹调闻香下马，东西饭菜知味停车""店有佳肴但可随心拣几样，客爱名酒不妨就此喝一杯""饭菜花样多顾客停留谁肯去，茶酒味道香行人虽走欲重来"等。菜单上有对联："自饮自酌只要随时方便，小餐小吃何须频繁成席""喝一碗糖冲米酒豆浆养血，吃个油炸面窝糍粑提神""菜包糖包肉包包您满意，炸饼酥饼月饼饼俱甜心"。餐具上有对联：筷套上用清秀的小楷写着"李白借问谁家好，刘伶还言此处佳"；陶瓷酒杯上则是绝妙的"酒对"："竹叶杯中万里溪山闲送绿，杏花村里一帘风月独飘香"；打包盒上写着"处处通途何去何从？求两餐分清正邪；头头是道谁宾谁主？吃一碗各自东西"。这些寓意深长、启迪人生的对联经文化人在报刊、电台上一番点评，酒店名气广传四方。

任务二　宴会的场境设计

（一）宴会场境设计内容

（1）宴会场境设计含义。宴会场境设计是按照宴会特性和餐饮美学、人体工程学、环境心理学等基本原理对宴会场所的空间、色彩、灯光、音控、空气质量、温湿度、陈设布置、绿化等因素所进行的整体设计规划与布置管理，综合考虑安全、舒适、方便、经济、美观等因素，使宴会场境的物理形态和人的心理感受达到和谐统一。

（2）宴会场境设计内容。① 空间功能设计。对宴会厅空间和比例进行规划，满足宴饮实用功能。② 装潢装饰设计。使用不同装饰材料对宴会厅空间的门面、顶面、墙面、地面等界面进行造型和装饰，以及相关设备的配置和安装。③ 物理环境设计。对宴会厅室内的照明、通风、体感温湿度进行的设计。④ 陈设饰品设计。对宴会厅内的绿化、饰品与背景展台等方面进行的设计和布置。⑤ 音乐娱乐设计。对宴会的背景音乐、文化表演、娱乐活动等氛围进行的设计。

（二）宴会场境设计原则

（1）艺术雅致。宴会厅从环境布置、色彩搭配、灯光配置、饰品摆设等方面营造出一种风格独特、优雅别致的用餐环境，如异国情调、民族风情、乡土风格或现代风格。宴会氛围要体现宴会主题和内涵，如婚宴要求喜庆、隆重、热闹，以中国红为主色，通过大红"囍"字、龙凤呈祥雕刻、鸳鸯戏水图等布置渲染气氛。注重情趣，办宴过程中与文化艺术有机结合，如：观看歌舞、时装表演，欣赏相声、杂技演出，融食、乐、艺于一体；创造条件进行客前烹制，上海"红仔鸡"酒店的溜冰传菜把静态的场境与动态的服务结合起来，给人以新奇之感。

（2）安全清洁。确保客人与员工的人身财产安全，使客人产生安全感、方便感、舒适感与美感。设置安全通道，便于宾客疏散。家具、装修材料等必须使用环保材质。吊灯、灯罩、墙面挂件要牢靠，地砖不能打滑。环境清洁卫生，窗明几净。装饰与陈设格调高雅，井然有序。餐具洁净，没有水迹和指痕。员工服饰干净，手部、脸部清洁等。

---

① 资料来源：饶勇. 现代饭店营销创新 500 例[M]. 广州：广东旅游出版社，2000.

（3）舒适愉悦。创造安静轻松、舒适愉快的环境氛围，以颐养性情、松弛神经、消除疲劳、增进食欲。环境氛围的感官要求如表 2-1 所示。

表 2-1　宴会厅氛围舒适愉悦的感官要求

	硬 件 要 求	软 件 要 求
眼观美	① 形态：各种设施设备的造型、结构必须符合人体构造规律，形态美观；② 色彩：丰满和谐；③ 光照：灯光明亮，造型美观；④ 清洁：一尘不染	员工要长相美、服饰美、化妆美（淡妆上岗）、举止美、语言美和心灵美，让客人获得美感与愉悦感
耳听乐	① 杜绝噪声：各种设施设备杜绝嘈杂声；② 增加乐音：播放优雅的背景音乐，背景音乐要轻，内容符合宴会主题	① 员工上岗要做到"四轻"：说话轻、走路轻、操作轻和关门轻；② 要使用轻柔的语言与礼貌用语
鼻闻香	① 杜绝异味：重点做好公共卫生间、厨房、下水道、垃圾桶、库房等处的清洁卫生；② 增加香味：空气清新、流通，略带香味。可以喷洒空气清洁剂，多种一些绿植	① 员工上岗前做个人清洁卫生，不能有浓重的体味；② 不能吃有刺激味道的食物，若吃过要漱口
体触适	① 空间：宽畅，便于顾客站、坐、行；餐桌、座位摆设适宜；② 温湿度：符合人体要求；③ 接触面：客人使用的家具所接触皮肤的面积要多	员工为客人服务时要掌握正确的人际距离，既有亲切感，又不侵犯客人的隐私

（4）便捷合理。处理好两个关系：一是人与物的关系，以人为本。如餐桌之间的距离要适当，桌、椅的间距要合理，以方便客人进餐敬酒和员工穿行服务。二是人与人的关系，要讲尊重、讲礼仪。如席位、台型布置要突出主位与主桌，其他餐桌摆放要对称、均衡。如一厅之中有多场宴会，用屏风或活动门相隔，让每一家相对独立，绝对不能在同一包房里安排两个不同单位（或客人）共同设宴。

（5）协调统一。整体空间设计与布局规划要做到统筹兼顾，合理安排，和谐、均匀、对称。酒店形象设计如名称、标识、标语、文字、标准色、广告文案等规范统一，宴会厅内部的空间布局、装潢风格与外观造型、门面设计、橱窗布置、招牌设计要内外呼应，浑然一体。内部各部分从天顶、墙面、地毯、灯具到壁画、挂件等艺术品的陈设要与经营特色协调一致。若有多个餐厅，可有不同风格，如：大餐厅豪华高雅、富丽堂皇；小餐厅小巧玲珑、清静雅淡。就餐环境应与筵席菜点协调。典雅精致的高档酒店或豪华包间菜点应精巧雅致，不能上粗鱼笨肉；怀旧色彩浓厚的"黑土地""红太阳"饭庄、乡镇公路边的餐馆，与"梅兰宴"之类的高档筵席是不协调的。

（6）经济可靠。用较少的投资获取最大的收益。最大限度地采用自然采光或高效节能照明；与酒店大堂共享喷泉流水等室内景观，以充分利用宴会厅营业空间；充分利用餐厅面积，各种设计布置既能为顾客提供舒适的环境，又不应占据太多营业空间；设备设施维修方便。

模块二　宴会厅房形象设计

案例 2-3　APEC 会议"中华第一桌"宴会场境设计①

2001 年 10 月 21 日在上海举行的亚太经合组织第九次领导人非正式会议（即 APEC 会

① 资料来源：鞠志中，叶伯平. 宴会设计[M]. 长沙：湖南科技出版社，2004.

议），是一次旷古未有的世纪盛会。这次大会各种宴会很多，共有 19 次重大宴请，50 多次非正式宴请，其中规格最高、要求最严的是"中华第一桌"，20 位世界政坛领袖人物同聚一桌，在我国的宴会史上是绝无仅有的。宴会由上海锦江集团承办。

（1）宴会厅布置。宴会安排在新落成的上海科技馆四楼近 800 平方米的宴会厅内。该宴会厅气度非凡，雍容华贵，大气中透着洋气。宴会厅主色调为绿色，既独具匠心，又细致入微。墙面为绿色软包，配以浅柚木色的门与框，青绿色的玻璃屏风把宴会厅隔离成过渡区与用餐区，豌豆绿色的地毯与餐桌布，墨绿色丝光绒裙边上再间隔缀以墨绿色中国结，筷子套上和西式口布圈上带有绿色中式盘钮。为适应表演，宴会厅整体灯光较暗，而用餐区域为展现菜肴特色，每桌选用 3 盏十分精美的银烛台灯照明。灯高 12 厘米，底座直径为 7 厘米，铜质镀银，灯罩由一个葡萄酒杯镶嵌其中。浮在水面的蜡烛亮度适中，确保至少燃烧 2 小时，无烟味。为此，酒店买来各种蜡烛逐一试验，最后选中的蜡烛燃烧时间能够确保 3 小时。

（2）餐桌设计与台面布置详见项目六导入案例的内容。

（3）文艺演出。文艺演出云集了中国在奏乐、声乐、舞蹈、戏曲、杂技及少儿艺术的顶级优秀人才，整台文艺节目参加演员达 800 人之多。节目既有小荧星和春天合唱团的《好一朵茉莉花》，也有舞蹈明星杨丽萍的独舞《雀之灵》；既有中国民乐《丝竹月韵》，也有富有独创色彩同时融合西方风格的杂技芭蕾《东方的天鹅》，是一台精品荟萃、可视性强、欣赏性强的文艺晚会。舞台上，由超大型屏幕放大几十倍组成的荧屏画面清晰、亮丽，具有很强的视觉冲击力。

任务一　宴会厅房空间设计

（一）宴会厅房[①]空间设计依据

1. 人体尺度因素

宴会场境、设施物品等硬件都以人为本，运用人体生理、心理计测手段和方法，研究人体结构功能、生理等方面与环境之间的合理协调关系，以适合人的身心活动要求，获得最佳使用效果，其目标是安全、健康、高效和舒适。

2. 酒店条件因素

（1）酒店档次。酒店星级越高，宴会档次越高，所需厅房面积越大。

（2）厅房特点。不同经营形式、不同餐饮风格的厅房面积指标各不相同，主题酒吧、主题餐厅面积指标较高，小型餐厅由于出入口多、雅间包房受四面墙壁约束，面积指标较高。厅房的形状，门窗位置、数量、大小、开启方向，柱子多少与柱子位置、间距等因素都会影响宴会厅面积。

（3）餐座形式。餐桌摆放形式不同，人均座位占用面积就不同。台型的布局要根据餐厅的形状和有效营运面积来定。圆形餐台比方形餐台的面积指标高。

（4）服务方式。采用托盘式派菜服务要使用服务台或活动工作车，所占空间较大；采用圆桌围餐式或分盆位上式的服务只需较小的服务台就够了。

3. 心理感受因素[②]

物理环境的各种因素对人的心理会产生一定的影响。① 色彩。详见本项目的色彩基础知识的内容。② 线型。水平线使空间向左右方向"延伸"，垂直线则增强高耸感。狭窄空

---

① 宴会厅、宴会包房简称宴会厅房、厅房。

② 资料来源：周明扬. 餐饮美学[M]. 长沙：湖南科学技术出版社，2004.

间可选水平线型花纹的墙布或窗帘；高度偏低的房间则用垂直线型。③ 图案。墙面图案花饰大，可使墙面"前提"，空间感觉小；而花饰小则可使墙面"后退"，空间感觉大。④ 材质。质地粗糙的界面使人感觉往前靠，光滑界面感觉离人远；透明材料使空间显得开阔；大镜面增加室内空间深度感。⑤ 照明与灯具。直接照明使空间紧凑，间接照明使空间宽敞；吊灯使空间降低，吸顶灯使空间增高。⑥ 陈设。色彩淡雅、具有景深感的墙上绘画或相片会增加墙面的深度，而色彩浓重、层次单一的画面会使墙面"前提"。⑦ 区域。人的活动具有私密性和趋合心理倾向，希望选择包间、雅座就餐，选择靠墙、靠角上的卡座以及相对独立的半高隔断的座位，而不愿选择近门处、通道附近及人频繁经过的座位。

4．空间分隔因素

（1）分隔依据。① 经营要求。零点餐厅和宴会厅区域须分隔；包间越多，总餐位数越少。② 厨房特点。设在餐厅的开放式厨房或明炉明档需要较大面积。

（2）分隔方式。① 隔断性分隔。可利用遮挡视线的推拉式活动墙、帷幔、矮墙、垂珠帘、屏风、高橱柜家具、车厢席、大型植物、山石、水体、悬垂物等分隔空间。② 象征性分隔。采用通透隔断、栏杆、花格、框架、玻璃，通过人的联想与"视觉完形性"来感知分隔空间。

（3）分隔艺术。① 大小适宜。宴会厅在餐桌数量较少时，空旷面积不能太多，可用上述方式来加以隔断。同一宴会厅举行多场宴会，则必须隔断，以免互相干扰；小宴会厅、小型餐厅可采用开窗借景、悬挂风景壁画、放置山水盆景等方式营造扩大空间的视觉效果。② "围""透"结合。"围"指封闭紧凑，"透"指空旷开阔。有围无透，压抑沉闷；有透无围，空虚散漫；有围有透，相得益彰。

（二）宴会厅房空间面积指标[①]

1．酒店餐饮面积指标

（1）星级酒店餐饮总面积指标。该指标与酒店规模、等级、类型及所在地餐饮市场密切相关。商务性酒店按每间客房 0.5～1 的比例配备餐位，当地餐饮市场良好按 1.2～1.5 配备；会议型酒店按 1～1.5 配备；度假型酒店按 1.5～2 配备；酒吧、咖啡吧按 0.25～0.5 配备。

（2）餐饮各功能区域面积指标。就餐区域（中、西餐厅，宴会厅或多功能厅，雅间，又称包间、包房、包厢）占 50%；公共区域（门厅、迎宾区、候餐区、客人休息区、通道、走廊、楼梯、电梯、公共卫生间等）占 7.5%；厨房占 21%；辅助生产区（配餐间、分菜工作区、清洗间）占 7.5%；库房占 8%；员工设施（更衣室、休息室）占 4%；办公室占 2%。

（3）宴会厅房面积指标。包厢为 50～100 平方米，中型宴会厅为 200～500 平方米，大型宴会厅、多功能厅为 500～1000 平方米。大宴会厅净高应在 4～5 米，小宴会厅净高为 2.7～3.5 米。宴会厅房型以 1.25∶1 比例的长方形使用率最高，正方形、圆形次之。出入门的净宽度不小于 1.4 米，严禁使用推拉门、卷帘门、转门和折叠门。包厢采用软性区隔的方法，将用餐区域和外边过道一分为二。内设卫生间，要离客席稍远，如设沙发休息区，宜放在入口附近一侧。厅内电视音响设备布置：电视悬挂在距最近的餐位大于 2 米的距离，收视范围以收视设备为圆心的 75 度角 8 米长的扇形收视区；扬声器功率不低于 3 瓦，音量适中，分布均匀，两个相邻扬声器间距 15 米左右。

（4）人均餐座面积指标（见表 2-2）。宴会厅内的圆桌间距不小于 2.4 米，特殊情况下，至少有一边的间距不小于 2.4 米，其他间距不小于 1.2 米。包厢若摆放 1.8 米直径的 10 人圆台，至少要有 5 米以上的宽度，以免顾客感觉局促，降低了包厢的舒适度。有些包厢为

① 资料来源：朱承强. 饭店管理实证研究：从投资决策到经营管理[M]. 上海：上海交通大学出版社，2013.

了弥补内宽度的不足，在墙上开传菜窗口，在备餐台上方设置一个可以上下拖拉活动的窗门，方便传菜员通过窗口将菜品放在备餐台上，既节省了空间，又不影响就餐。宴会厅可摆放的圆桌数量=宴会厅总面积÷每圆桌面积（人均餐座面积指标×10）。

表2-2　不同用途、不同档次餐厅的人均餐座面积指标（平方米/人）

	宴　会　厅	小　餐　厅	包　　间	自助餐餐厅	咖　啡　厅	酒　　吧
高档	2.0～2.5	2.2	2.5	1.2	1.8	2
中档	1.5～2.0	2.0	2.2	1.0	1.6	1.8
低档	1.2～1.5	1.8	2.0	0.8	1.4	1.6

（5）服务区域面积指标。① 序厅。餐厅入口要满足接待、等候、穿衣等功能，应该宽敞整洁，避免人流阻塞。按总面积的 1/6～1/3，或者按每人 0.2～0.3 平方米来计算。设置收银台。② 贵宾室（包间可布置会客休息区）。紧靠宴会厅，配置沙发、茶几、电视机、报纸、杂志等，有条件的可设小酒吧；如空间较宽敞，可作小型会议室。③ 衣帽间。存储客人的厚重衣物和帽子、手杖等用品，设在靠近餐厅进口处，由专门服务人员管理。面积按每人 0.04 平方米计算，容量以可寄存 75%客人的衣架为宜。

2. 动线、通道面积指标[1]

动线是顾客、服务员、服务车等在餐厅内流动、行进的方向和路线。通道是客人、服务人员在餐厅中的行走流动路线的空间以及物品动线空间。通道应流畅、便利、安全，切忌杂乱，从视觉上给人以统一的感觉。

（1）顾客动线（见图2-1）。要求具备舒适性、伸展性、易进入性。以大门为起点，走向任何一张餐桌或包间的通道畅通无阻。采用直线，避免迂回曲折绕道或从他人身后绕过，能以最快时间到达。通道净宽度不小于 0.8 米，各楼层的宽度按通过人数每 100 人不小于 1 米计算，楼梯最小宽度不小于 1.2 米（如按同时通过人数计算：1 人为 0.8 米、2 人为 1.1～1.3 米、3 人为 1.8 米）。大宴会厅要有主、辅通道，主通道宽度不少于 1.10 米，辅通道宽度不少于 0.7 米。要严格执行国家防火规定，任何厅室到最近疏散口的直线距离不超过 30 米。应设有疏散指示标志，其间距不超过 20 米，高度为 0.2～0.3 米，指示箭头应与疏散方向保持一致。

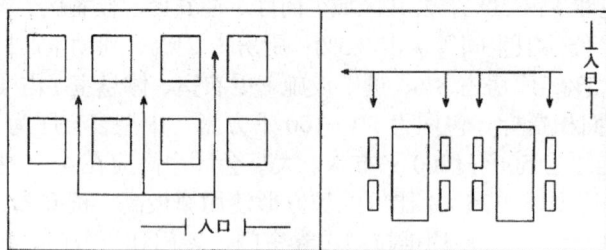

图 2-1　顾客动线

（2）员工动线（见图2-2）。员工动线有服务动线、传菜动线、收餐动线，要求具备便利性、安全性、服务性。严格区分顾客动线与员工动线，减少与客人相互交叉的路线。餐厅与厨房应尽量在同一楼层，传菜通道不应超过 40 米，直线设计，避免曲折前进与往复路线。一个方向的作业动线不要太集中，通道均应考虑工作车的通行宽度。传菜口与收餐口分离。可设置"区域服务台"，既可存放餐具，又可缩短员工行走路线。

① 资料来源：周明扬. 餐饮美学[M]. 长沙：湖南科学技术出版社，2004.

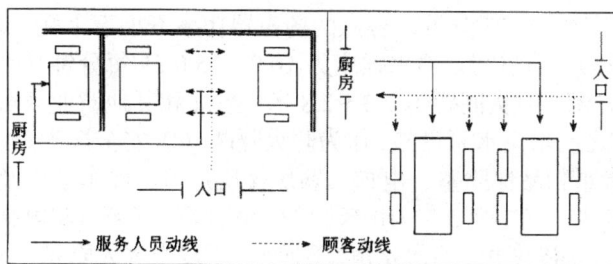

图 2-2 员工动线

（3）物品动线。要求具备隔离性、专用性、便利性。要另辟专用进出口及动线空间，靠近厨房和储藏室，能在最短时间内将物品及原料做最适当的处置，既节省人力、物力，又不影响客人就餐。

3. 公共设施面积指标

（1）公共卫生间。公共卫生间的标志要明显醒目，符合 GB/T 10001.1—2000《标志用公共信息图形符号》规定。位置要靠近排水方便的地方，与餐厅同层，切忌与厨房连在一起。位置隐蔽又易于找到，避免视线直观，在任何公共部位都不应看到（无论直接看到还是从镜子中反射）卫生间的隔板与厕位。卫生间男左女右。空间至少能容纳 3 人，分为前室、洗手、厕所 3 部分；室内过道宽度为 1.2～1.5 米。工具间面积为 1～2 平方米。设施配置标准如表 2-3 所示。应使用节水型、低噪声恭桶，冲洗出水噪声不超过 55 分贝，峰值不超过 65 分贝，无抽水时特别的声音和回气声。高级恭桶规格为加长型、连体、喷射虹吸式恭桶。

表 2-3 公共卫生间设施配置标准

性 别	恭 桶	小 便 器	洗 手 盆
男	1 个/100 人	前厅卫生间：1 个/25 人 宴会厅卫生间：1 个/40 人	前厅卫生间：1 个/15 人，2 个/16～35 人，3 个/36～65 人，4 个/66～200 人；每增加 100 人增加 3 个
女	1 个/50 人		宴会厅卫生间：1 个/150 人

（2）残疾人服务设施。① 专用厕位或专用卫生间。卫生间门不小于 0.9 米，采用双向弹簧门，空地尺寸必须保证轮椅 360 度旋转时需要的面积，为 1.5 米×1.5 米。洗脸盆高度不得超过 0.8 米，镜面中心点高度为 1～1.2 米。恭桶前有不小于 0.8 的空间，恭桶高度为 0.45 米，安全抓杆由墙面计算不短于 0.75 米，采用双抓杆的配置形式，抓杆距地面高度为 0.7 米。② 出入坡道。在门厅及主要公共区域应设有残疾人出入坡道，规格如表 2-4 所示。

表 2-4 关于每段坡道坡度、最大高度和水平长度规定

坡道坡度（高/长）	1/8	1/10	1/12
每段坡道允许高度/米	0.35	0.60	0.75
每段坡道允许水平长度/米	2.80	6.00	9.00

（3）消防安全设施。① 烟感器。安装间距不应超过 15 米，温感器不超过 10 米，宽度小于 3 米的走道要居中安装探测器，其到墙壁、横梁的水平距离不小于 0.5 米，至空调送风口不小于 1.5 米。② 消防应急广播。扬声器额定功率不小于 3 瓦，数量按每个消防区内任何部位到最近扬声器的距离不大于 25 米设置，走道内最后一个扬声器至走道末端的距离不超过 12.5 米。歌舞厅、娱乐场所、会议厅、餐厅的环境噪声大于 60 分贝的场所，扬

声器的播放声压应高于噪声 15 分贝，客房的扬声器功率不小于 1 瓦。③ 喷淋设施。适用于室内环境温度 4~70℃的空间，喷水强度为 10.0~15.0 升/每分钟每平方米，每个喷头保护面积为 5.4~8 平方米，喷头间距为 2.3~2.8 米。餐厅和其他营业区域有隔离消防钢门加以区隔，餐厅与厨房之间增设水幕设施，作为防火隔断。④ 安全探头。设置在饭店出入口、前厅、总服务台、贵重物品保险室、电梯、客房楼层走道、停车场以及所有收银处。安装高度：室内为 2~2.5 米，室外为 3.5~10 米；电梯轿厢置于顶部，与电梯操作面板成对角，与电梯两壁及天花板成 45 度角，不留死角、不逆光、不侵害客人隐私，具有一定的隐秘性。⑤ 消防灯具。疏散指示灯的地面最低照度不低于 0.5 勒克斯，间距不大于 20 米；应急照明灯安装在墙面或顶棚上；安全出口指示灯应设在出口处的顶部。消防灯具应设用玻璃或其他不燃材料制作的保护罩。

（4）停车场与回车线。① 车位面积。小车车位面积为 2.5 米×5.0 米，大车车位面积为 3 米×12 米，停放车辆的横向净距不能小于 0.8 米。② 净空高度。地下停车场净空间高度不小于 2.2 米。③ 回车线宽度。单车道不小于 4 米，双车道不小于 7 米，入口车道的坡度为 1∶8~1∶12。

（三）超大型宴会工作场地面积指标（均以 100 桌的特大型宴会为标准）①

1. 宴会厅辅助场地面积指标

（1）宴会厅备餐间。备餐间是宴会上菜前的准备工作场所，备有开水器、微波炉、电磁灶、制冰机及工作台与物品柜，存放上桌前的热菜、点心的保温车柜。面积以满足宴会厅承办最多桌数或接待人数来设计。有的酒店限于空间条件，无法设置宴会备餐间，可把厨房出菜区作为宴会厅备餐间使用。

（2）宴会厅库房。靠近宴会厅，便于翻台运送。① 布草房。存放台面桌布、餐椅椅套、口布毛巾、会议桌台布、宴会专用布草（如为婚宴、寿宴等特定宴会制作的台布、椅套、围裙等）。② 物品库。存放台号牌、立牌、指示牌、席位卡、菜单等印刷品，备用的水壶、不锈钢餐具、宴会装饰品等。③ 设备库。存放周转的餐桌餐椅、台面转台、会议条桌、特大桌子与异型桌子等，运送宴会桌、条形会议桌、宴会椅与转盘的各种回收车，平板推车、小推车等工具车，垃圾桶，等等。

2. 宴会厨房场地面积指标

餐饮厨房面积标准以酒店就餐人数为系数设计，如表 2-5 所示。宴会厨房是酒店厨房的一部分，只进行热菜加工、冷菜切配与烧烤切割，其设计面积要根据各酒店厨房的实际情况来决定。

表 2-5　饮食建筑设计规范规定的厨房面积系数表

厨房供餐人数/人	厨房面积设置系数	所需的厨房面积/平方米
100	0.690	69
250	0.480	120
500	0.460	230
750	0.370	277
1000	0.348	348
1500	0.309	463
2000	0.279	558

宴会厨房包括以下几个区域。

---

① 资料来源：张桂生的备课笔记。

（1）热菜烹调区。摆放工作台（围餐式宴会，一个菜摆放 100 个盘；位上式宴会要摆 1000 盘。为减少占地面积，可设计成多层立体式摆菜盘的工作台）、货架、保温车与盘架车、固定炉灶等设备，面积至少在 80 平方米以上。有条件的可在热菜区附近设置相应规格的冷藏库（立柜），将配份好的菜肴冷藏存放，等宴会开始前取出烹调。

（2）冷菜切配区。面积为 30～40 平方米。

（3）蒸菜保温区。部分菜肴与点心需要蒸制，如同时蒸制，要用 4～5 台大型推入式蒸车，面积为 15～20 平方米。

（4）汤羹菜煮制区。使用旋转汤锅，蒸汽加热，锅身双层，能旋转，便于清洗，用来煮菜、制羹或保温。100 桌使用 1～2 台旋转汤锅，面积为 6～10 平方米。

（5）烧烤切割区。烧烤菜品一般在烧烤房烹制，切割装盘在宴会厨房进行。面积要有一张工作台和 2 辆保温车（箱）的空间，约 6～8 平方米。

（6）点心区。点心在酒店厨房点心间制作，蒸制点心在宴会厨房蒸菜区蒸制，甜羹可在汤锅烧制，宴会点心间只需装盘上桌。设置储藏半成品的冰箱和熟制设备炉灶与烤箱，面积为 15～20 平方米。

（四）宴会厅房空间立面设计

1．门面（店面）设计

酒店门面具有辨认功能、美观功能与商品特征。门面要有独特醒目的餐厅标志，展现餐厅经营风格。临街餐厅，门面可采用落地玻璃大门和落地窗。大门高度不低于 2.2 米，宽度不小于 2.0 米；若有侧门，宽度应达到 1.0～1.8 米；若设有双道门，门厅深度不小于 2.44 米。正门前有行车道，宽度应大于 5.5 米；若采用台阶连接大门，台阶与大门之间必须有 2 米以上的过渡平台；门上方设置独立结构或悬挑结构的雨棚。大门外和庭院布设草坪、花坛、喷泉、水池、雕塑，使客人觉得清新优美、心旷神怡。

2．墙面设计

墙面是宴会厅主题和格调的重点，必须温暖、精致、舒适。墙面的色彩、图案与形式及装饰艺术陈列品要与宴会厅房特色协调一致。要选用符合消防要求、便于清洁维护的材质，如木质、石材、软包造型涂料、墙纸等装饰墙面。墙面齐腰位置采用木饰、玻璃、镜子等耐磨材料做局部护墙处理，采用丰富的木制品做墙饰、窗饰、墙顶木饰线与踢脚板。面积较大的墙面可竖立客户企业的标志板作为装饰，也可设置不同颜色的立体灯，布置装饰物，摆放大型绿色植物。

3．顶面设计

（1）"高技派"顶面处理。在室内暴露梁板等结构、构件以及风管、线缆等设备和管道，以强调工艺技术和时代感，现代式的餐厅使用较多，造价较低。

（2）"吊顶"造型处理。在色彩、质地和明暗处理上要上轻下重，以素雅、洁净材料做装饰，要有层次感，反光与吸音效果要好。吊顶高度：雅间为 2.7 米左右，餐厅为 3.1 米左右，宴会厅越大吊顶要越高。灯具、空调、通风口、自动报警与喷淋装置的位置，避免与设备的位置冲突。选用合适的吊灯作衬托，强调灯光效果。

4．地面设计

要求防滑、防磨、防污，既美观艺术，又便于清洁。铺设物有地毯、地板、地砖、大理石等材质。木地板应采用经过脱水、脱脂、烘干处理的优质木地板，品种应是硬度较高的柏木、榉木、橡木、胡桃木等。大理石、地砖要表面光洁、易清洁，选择暖色调，避免使用冷色，纹理搭配要美观。也有的局部用玻璃下面有光源，便于制造浪漫气氛和神秘感。

豪华宴会厅一般使用地毯。地毯具有吸音、保暖、防滑和有弹性等优点，给人以温暖、愉悦、祥和、华丽的感觉，并能以自身的图案、色彩和质地来美化环境和渲染气氛。

（1）色彩。明度偏深，彩度略低。如是单色地毯，地面与天顶的色彩关系必须和谐；如是花色地毯，图案中的几种色块最好是室内其他陈设物几种色彩的概括，彼此产生呼应。

（2）花色。使用亮色和暖色搭配，以创造对比强烈、特色明显的图案，不宜采用淡色、冷色或土灰色，不可采用抽象的或简单的几何形状图案；宜采用较小的图案，且至少包含两种颜色。卧室和其他要求环境安静的厅室适合布置单色地毯和素凸式地毯；会客区域和休息区域宜采用综合式图案或花式图案的宽边式地毯，使客人产生聚拢和亲切之感；走廊和大厅宜采用连续性图案的条状地毯（又称走廊地毯）；铺满宴会厅的地毯大多采用散花图案的、四方连续的宽幅成卷地毯，这种散花图案很细小，对就餐时掉下来的食物、汤汁有一定的掩饰作用。

（3）质地。地毯分为机织和手织两类。手织均为羊毛地毯，采用波斯结织法，花纹精细，艺术性强，价格昂贵，用于贵宾区域和高级宴会厅，并以小块方式散铺于机织地毯上。优质地毯以长纤尼龙及尼龙与其他纤维混纺为主要材料，耐磨、抗压、易清洗、抗静电、耐火，图案、色彩均佳。

（4）铺法。一是散铺法。按室内地面形状剪裁或定制，整体感强，方便使用吸尘器，并能掩饰地面本身的外观缺陷。二是满铺法。按需有选择、有重点地灵活铺设，产生聚拢感和区域感，具有装饰效果；处理得当也可调整某些不规则地面带来的视觉不完整性。

任务二　宴会厅房气氛设计

（一）色调（色环境）

案例 2-4　北京长城饭店宴会厅布置将主色调融入会场氛围[①]

北京长城饭店宴会厅面积大，装潢豪华，设施完备，颇受顾客青睐。1995年，美国商会借长城饭店大宴会厅举办年会，由于客人众多，筹办者对同声翻译、冷餐酒会、休息室提出了要求，经实地考察均很满意，于是签订了合同，预付了部分款项。年会开幕那天上午，客人们一到会场就为宴会氛围所折服。酒店所有的会议用品、环境氛围的色彩均以星条旗的蓝、红、白为基本色彩，色彩柔和、明快悦目。商会主席、美国驻华大使连连称赞："将星条旗溶入会场氛围，这是个创举，我们并没有提出这个要求，但长城饭店想到并做到了，还做得如此之好，真令人感动。"这是酒店公关人员精心策划、锐意创新和日以继夜、连续奋战的结果，从会议条幅、文件、文具到鲜花盆景，无一不认真挑选、精心组合，力求从色彩、感官上寻找客人的认同点和兴奋点。

1996年秋，京港拉力赛组委会在长城饭店召开记者招待会和盛大宴会，在提供标志、图案及相关文字资料后，要求长城饭店协助设计布置方案。饭店公关部注意到大赛图案由蓝、黄两大色调组成，因此在会场、宴会厅、休息室及客人所到之处，如指示牌、徽标、横幅、主席台及资料袋、餐厅席号卡等均以蓝黄相间为底色，受到了主办方、与会者的欢迎。拉力赛的主要赞助商说："我们主办赛事到过不少国家，住过不少酒店，还没有一家像你们这样认真观察、仔细揣摩客人的心理，将客人的主色调融于会场、餐厅的布置之中。"

1. 色彩基础知识
（1）色彩概念。① 原色（母色）。原色包括红、黄、蓝。② 间色（二次色）。原色两

① 资料来源：甘华蓉. 餐饮管理与实务[M]. 北京：对外经济贸易大学出版社，2009.

两混合产生二次色：橙（红+黄）、绿（黄+蓝）、紫（红+蓝）。③ 复色（再间色、三次色）。由一种原色和一种复色混合的色：黄橙、红橙、红紫、蓝紫、蓝绿、黄绿。④ 色轮。由原色、间色、复色的 12 色组成。黑、白、灰等色不列入色谱，是无彩色，但却不能等闲视之。独立色是金、银色。⑤ 邻近色。色轮上相互靠近的色彩，相配容易调和，产生一种和谐美。⑥ 对比色（互补色）。色轮上相对的色彩，相配对比效果强烈，增加明快感。色彩组合是有规律的，否则会产生不平衡感，俗话说："红配黄，亮堂堂；红配紫，恶心死。"

（2）色彩三要素。① 色相。色相又称色调，是各类色彩的相貌称谓。由原色、间色和复色构成，以红、橙、黄、绿、蓝、紫为代表色。② 明度。明度指色彩的明暗程度。白色明度最高，黑色明度最低。明度由黑到白的等差分成 9 个色阶，1～3 为低明度色阶、4～6 为中明度色阶、7～9 为高明度色阶。不同色相的明度也不同，黄最明、紫最暗，偏于黄的色为明色，属于明调；偏于紫的色为暗色，属于暗调；偏于绿的色为中间色。以白色或明度高的色相组成的色调，称为"高调"。任何颜色加白色的量越多越明，加黑色的量越多越暗。③ 纯度。纯度也称彩度、饱和度或浓淡，指颜色的纯粹纯度，是区分色彩鲜艳浓淡的程度。

（3）色彩的物理效应与心理感受（见表 2-6）。① 温度感。温度感指颜色在心理上的冷热感。据测试，色彩的冷暖差别主观感受可差 3～4℃。缺少阳光的房间，或北方气候寒冷的室内，或为使空荡的室内变得小一些，可选暖色调；反之，可选冷色调。② 距离感。暖色系和明度高的色彩具有前进、凸出和接近的效果，从而使空间变小；冷色系和明度低的色彩具有后退、凹进和远离效果，从而使空间变大。③ 重量感。明度越高，感觉越轻；反之，明度越低，感觉越重。④ 体量感。明度越高，膨胀感越强；明度越低，收缩感越强。暖色具有膨胀感，冷色具有收缩感。实验表明，色彩膨胀的范围约为实际面积的 4%左右。浅色能使房间"变大"，深色则使房间"变小"。顶面深色使人感觉空间降低，浅色感觉空间增高。明色调使小餐厅产生宽敞感，偏暖色调使大餐厅产生亲切感。

表 2-6　色彩的物理效应与心理感受

类　型	特　点
视觉的心理感受	暖色调：前进色（凸）——红、黄、橙，有温暖、兴奋、光明、扩大、前进等感受
	冷色调：后退色（凹）——青、蓝、紫，有寒冷、沉静、寂寞、收缩、后退等感受
	高明度：面积大，有扩大的效果
	低明度：面积小，有收缩的效果
触觉的心理感受	轻色：（软）高明度色
	重色：（硬）低明度色
	干：暖色系——红、黄、橙
	湿：冷色系——青、蓝、紫
听觉的心理感受	高音：高明度色
	低音：低明度色
味觉的心理感受	食欲色：桃色、橙色、茶色、黄色、绿色、纯红色。详见食欲色的内容
	色恶不食：不吃颜色难看的食物
情绪的心理感受	积极色（欢乐）：暖色系——红、黄、橙
	消极色（忧伤）：冷色系——青、蓝、紫
	华丽：彩度高——高明度色
	朴实：彩度低——低明度色

（4）色相的心理感受。

① 红色。象征热情、激昂、愤怒、危险，有兴奋、亢扬、鼓舞的效果。餐饮中给人以艳丽、芬芳、饱满、成熟和富有营养的印象。"中国红"表示吉祥喜庆，意味着幸运、幸福和婚姻喜事，为传统节日的常用颜色。举办喜庆宴会时，在餐厅布置、台面和餐具的选用上多体现红色，如红灯笼、红对联、红米饭。在欧洲，即使是相同的红色，由于其颜色的深浅不同，其寓意也不尽相同：深红色意味着嫉妒，粉红色意味着健康。心理学认为，红色可刺激和兴奋神经系统，增加血液循环。喜欢红色的人性情易冲动，富有进取心，遇事热情奔放，不易向挫折屈服。

② 橙色。象征温暖、活泼、欢乐、兴奋、积极、嫉妒。橙色的同类色有橘红色和橘黄色，以成熟的水果为名，能诱发人的食欲，给人以香甜、略带上口的酸味色，使人感到充足、饱满、成熟，是烹饪造型中使用较多的颜色。橙色又是霞光、鲜花和灯光的颜色，给人以明亮、华丽、健康、向上、兴奋、愉快、辉煌和动人的感觉。在佛教中，橙色给人以庄严、渴望、贵重、神秘、疑惑的印象。心理学认为，喜欢橙色的人性格外向、善良，思维敏锐、判断力强。

③ 黄色。象征光明、快活、温暖、希望、柔和、智慧、尊贵，使人兴高采烈、充满喜悦。黄色具有最高的明度，它醒目、大方，给人以光明、辉煌、灿烂、轻松、柔和和充满希望的感觉。餐饮中给人以丰硕、甜美、香酥的感觉，其中柠檬黄给人以酸甜的感觉，是能引起食欲的颜色，应用广泛。在我国封建社会，黄色被作为皇帝的专用色，以辉煌的黄色作为服饰、家具和宫殿的装饰用色。黄色也为宗教所专用。这无形中加强了黄色的崇高、智慧、神秘、华贵、威严和神圣的感觉。心理学认为，黄色可刺激神经和消化系统。喜欢黄色的人性格开朗、活泼而豪爽，好奇心强、乐观、勇敢、对人坦诚。

④ 绿色。象征和平、健康、宁静、生长、清新、朴实。在大自然中，绿色是生命力的象征，给人以明媚、清新、鲜嫩、自然的感觉，又象征着春天、青春、生命、希望、和平。在菜肴中，保持绿叶的色泽尤为重要。绿色有淡绿、葱绿、嫩绿、浓绿、墨绿之分，再配以淡黄则更觉突出。如"炝芹菜"晶莹翠绿、清淡醒目；又如"鸡油菜心"，色泽以鲜绿、白亮为主，让人觉得格外清新。心理学认为，绿色有镇静的作用，使人感到平静，有助于消除疲劳，有益于消化。喜欢绿色的人文静、开朗、热爱生活。

⑤ 蓝色。象征优雅、深沉、诚实、凉爽、柔和、广漠，给人以清洁、素雅、卫生的感觉。蓝色华而不艳，贵而不俗，是极好的衬色，使人联想到蓝天、大海、远山、空间、宇宙，具有神秘之感。纯洁的蓝色常表示单纯、幻想。蓝色是不能引起食欲的色，但运用恰当，同样可以使人感到清静、凉爽、大方。在中国的瓷质餐具中，以蓝、白双色构成的青花瓷盘是陪衬菜肴的最佳餐具之一。如用白底蓝色的鱼盘，盛装青灰、嫩白的醋椒鱼，在吃了冷荤、热炒和饮酒之后，看到它令人有清爽、冷静之感。心理学认为，蓝色有降血压、使脉搏减慢的作用，有助于消除紧张情绪，可减轻头痛、头晕等症状。喜欢蓝色的人性格稳重、冷静、理智，但内心保守而忧虑。

⑥ 紫色。象征富贵、壮丽、宁静、神秘、抑郁，给人以高贵、优越、奢华、幽雅、流动和不安的感觉。明亮的紫色好似天上的霞光、原野上的鲜花、情人的眼睛，使人感到美好。紫色属于忧郁色，常会损害味感，但运用得好，能给人以淡雅、内在、脱俗之感。心理学认为，喜欢紫色的人艺术创作能力强，思维敏捷、善于观察，但情绪不稳定，波动较大。

⑦ 黑色。象征严肃、安静、深思、稳健、庄重、坚毅、沉默、寂静、肃穆、烦闷、悲哀，同时还表示阴森、烦恼、忧伤、消极和痛苦。黑色在菜肴中虽有糊苦之感，但应用得好，能给人味浓、耐人寻味之感。"麒麟鳜鱼"一菜，较好地运用了黑色来增强美感，黑得令人喜爱。黑色被誉为"色中之皇后"，具有很好的衬托作用，与其他颜色相配时能收到很

好的效果，与红色相组合效果最佳。黑色还能使不相协调的色彩融为一体。漆器餐具就以黑色为主调，衬托出菜肴的新鲜美味。心理学认为，黑色给人以压抑感及凝重感，会增加病人的痛苦和绝望心理。

⑧ 白色。象征明快、洁净、朴实、纯真、清淡、刻板，使人感到明亮、爽快、寒凉、轻盈。心理学认为，白色有镇静作用。喜欢白色的人办事细心，一丝不苟，注重自我形象，洁身自好。

⑨ 灰色。灰色属于中性色，彩度低，故能减少色味的刺激，产生柔和感，象征温和、坚实、舒适、谦让、中庸、平凡。

人对色彩的爱好受到民族、年龄、性别、生活习惯、经济地位、职业、个性、情绪、爱好等因素的制约。

（5）食欲色。色彩的味觉感受是一种生理-心理效应。食欲色是能引起食欲的色彩，有桃色、橙色、茶色、不鲜亮的黄色、温暖的黄色、明亮的绿色。高明度色彩中，最佳的食欲色是橙色；纯红色不但能引发食欲，还能给人"好滋味"的联想；粉红色和奶油色给人以"甜"的味觉；橙色或柠檬色带有"酸"的味觉；鲜红色的尖形给人以"辣"的味觉；暗绿色或黑色给人以"苦"的味觉；灰色和灰褐色给人以"咸""涩"的味觉；绿色易给人好感，但不能用于食品外包装，否则不易畅销；暗红色稍带紫色系会降低食欲，暗黄绿色能引人注目；深蓝色与淡紫色不宜出现在食品的外观上，但蓝色可作为食品的背景色。古人曰"色恶不食"，色彩美感与食欲密切相关，在配菜时必须考虑色彩因素。

2. 宴会厅色调

（1）主色调。宴会厅主色调由厅房、布草、家具与餐具等因素综合构成。主色调应以暖色为主，避免使用墨绿色、暗紫色、灰色及黑色。主色调颜色不宜太多，两种为宜，多了有凌乱之感。辅助色应是主色调同一色系的深浅变化，或是在色谱中相邻的颜色。色彩要与餐厅的主题相吻合，如海味餐厅用冷色的绿、蓝和白，巧妙地表现航海主题。若想延长顾客就餐时间，应使用柔和的色调、宽敞的空间布局、舒适的桌椅、浪漫的光线和温柔的音乐渲染气氛。纬度较高地带的餐厅，使用暖色调，给人温暖；反之，则使用绿、蓝等冷色调。家具的形状与色调不宜与宴会厅基色太接近，不然颜色会"同化"，也不能太突出。餐具以选用中间色调为宜，加上白色台布，显得明亮，并能衬托出桌面上的菜肴。宴会厅内的装饰物，如盆景、艺术画、窗帘、花卉等饰品，不可太刺眼。

（2）配色方案。① 华丽色调。主色为酒红色和米色。沙发为酒红色，地毯为同色系的暗土红色，墙面用明亮的米色，局部点缀金红色和蓝色，如镀金门把手、壁灯架、蓝色花瓶等。② 娇艳色调。主色为粉红色和白色。墙面装以粉色为主色的碎花仿丝绸壁纸，局部装镜面，家具为仿路易十五式的弯脚家具，油饰白色、雕饰金线，沙发与墙面用同一色调的华贵丝绸罩面，地毯用深粉红色，饰品中点缀一些橘红和翠绿色。③ 硬朗色调。主色为黑白两色。黑面抛光大理石地面、白色墙面、黑色真皮沙发、白色家具，点缀些红色、蓝色饰品，黑白分明、红蓝对比，具有刚毅气质。④ 轻柔色调。主色为奶黄色、白色。奶黄色地面与墙面、象牙白色家具，室内配以大面积轻薄适当的提花洗涤纶做垂地窗帘、帷幔，点缀少量嫩绿色、天蓝色饰品。阳光透过纱窗射入，整个气氛显得轻柔淡雅。⑤ 高贵色调。主色为玫瑰色和灰色。玫瑰色地毯和沙发、粉灰色墙面与银灰色家具，配以深紫色点缀品和绿色植物。⑥ 清爽色调。主色为淡蓝色。蓝灰色地面，白墙、蓝色沙发及窗帘，局部用深蓝色、紫色衬托。⑦ 喜庆色调。主色为红、橙等暖色。深红色地毯、橘红色墙面，华贵的暖色织锦缎床罩和台布，挂上红纱宫灯，摆上金色烛台，贴上绚丽的剪纸。⑧ 质朴色调。主色尽量用材料质朴的本色。黄褐色的地板、棕色显木纹的家具，用棉布与亚麻织物，点缀一些具有乡土特色的粗陶器皿。⑨ 青春色调。主色为绿色。橄榄绿地面、草绿色墙面、浅绿色家具、天蓝色窗帘，点缀些粉红色、橘红色饰品。

（3）各类宴会厅色调设计。① 豪华宴会厅。为增加宴会热闹气氛，宜使用较暖或明亮的颜色，光线明亮、柔和，以金黄和红黄光为主。灯具豪华、美观，富有民族特色，一般用吊灯和宫灯配合使用，并与宴会厅整体风格相吻合。地毯使用红色，增加富丽堂皇感。② 中餐宴会厅。以橙色、水红色为主色调，辅以其他色彩，以创造温暖热情、欢乐喜庆的气氛，迎合进餐者热烈兴奋的心理要求。③ 西餐宴会厅。环境照明应适当偏暗、柔和，显示幽静、安逸、雅致的迷人情调；餐桌照度稍强于餐厅照度，使餐桌空间在视觉上变小并产生亲密感。可采用咖啡色、褐色、红色，色暖且较深沉，以创造古朴稳重、宁静安逸的气氛；也可采用乳白、浅褐之类的颜色，使环境明快，富有现代气息。④ 快餐厅。以鲜艳明快为基调，因此以乳白、黄色等暖色调为宜，配以紧凑的座位、窄小的桌子、明亮的灯光、快节奏的音乐和人的嘈杂声，使得顾客无暇交谈，给人清新畅快、舒适的感觉，能在就餐后快速离开。

（4）宴会厅各部分的色彩调配，如表 2-7 所示。

表 2-7　餐厅各部分的色彩调配

餐厅部位	墙　壁	门、窗帘	地毯、家具	心理感受
门厅	白色系列、浅黄色系列	浅黄色、浅红色及明亮色	浅红色系列、金色等明亮色	有迎客的温暖之感
大堂、休息厅	白色、极浅灰色	浅雅蓝色、淡雅绿色、淡雅红色系列	蓝绿色、雅红色	创造高雅、华贵的氛围
中餐厅、西餐厅	奶油色、浅粉红色系列	鹅黄色、雅浅红色及明亮颜色	茶色、雅红色	提供增加食欲的环境
舞厅	红色系列、紫色系列	浅紫色系列、宝石蓝、绿色	玫瑰红色、玫瑰紫色	使人有兴奋热烈的感觉
多功能厅	极浅灰色	银色、浅蓝灰色	灰色系列、蓝色系列	能满足各种活动的需要

3. 特殊设备的标志颜色（见表 2-8）

表 2-8　特殊设备的标志颜色

类　别	标志颜色	文字颜色	中文代字
消防设备	红色	白	消防
危险物料	黄色	黑	危险
安全物料	绿色	黑	安全
防护物料	浅蓝色	白	防护

（二）光照（光环境）

1. 饭店各功能区域照明设计标准[①]

"光是色之母，色是光之子。"光照具有保障活动进行、改善空间关系、渲染空间气氛、体现风格特色、影响身心健康的作用，既有实用意义，又有装饰和感官意义，是一种创造舒适、优美环境的艺术形式。饭店各功能区域有不同的照明要求，同时，须符合《建筑照明设计标准》（GB 50034—2004）的规定，如表 2-9 所示。

---

① 资料来源：朱承强. 饭店管理实证研究：从投资决策到经营管理[M]. 上海：上海交通大学出版社，2013.

表 2-9 饭店各部位照度参考指标

类 别		照度标准值/勒克斯	类 别	照度标准值/勒克斯
前厅		500	主餐厅	200
总服务台		750～1000	西餐厅、酒吧区、舞厅	50
门厅、休息厅		200	大宴会厅、主餐厅柜台	300
客房	起居区域	75	会议室	300
	床头	150	厨房、洗衣房	200
	写字台	300	理发室	200
	卫生间	150	美容室	500
公共区域走廊、厕所		100	健身房、形体室、桑拿、游泳池	75
公共区卫生间洗面台		50		
电梯间		75		

2. 宴会厅房照明

（1）光色。取决于光源的色温（光源的颜色温度，温度单位为开尔文，用 K 表示），色温小于 3300 K 为暖色，3300～5300 K 为中间色，大于 5300 K 为冷色。色温低的光源带红色，使环境产生一种稳定的感觉；随着色温升高，逐渐给人一种从白到蓝的感觉，让人觉得爽快、清凉，同时带有一种动感的气氛。在同一空间环境中，如使用两种色差很大的光源，则光色的对比会出现层次的效果。如果光色对比小，仅靠亮度层次而又必须取得最佳效果时，要使用更高亮度的聚光灯。

（2）光源。有天然光源（阳光，利用天然光的技术叫采光）、人工光源（电灯光源和烛光光源，利用人工光的技术叫照明）和混合光源（自然光源与人工光源混合）等形式。选用光源的原则是节能、舒适和适用。不同档次、装潢风格、经营形式与建筑结构的酒店有不同的灯饰系统。例如，中餐厅，灯饰以金黄和红黄光为主，使用暴露光源，产生轻度眩光，营造热烈、辉煌的气氛；咖啡厅、快餐厅采用明亮的自然光源，有活跃之意；西餐厅要求相对独立及较隐蔽的环境，灯饰系统以沉着、柔和为美，同时使餐桌照度稍强于餐厅照度，创造出静谧、浪漫、雅致的情调。一般餐厅多用混合光源照明，高档宴会厅和法式餐厅用人工光源较多。宴会厅常用光源如下。

① 烛光。暖色调，源于西餐餐台布置，体现宴会浪漫、温馨的情调。墙上挂上杜甫的"今夕复何夕，共此灯烛光"、李商隐的"君问归期未有期，巴山夜雨涨秋池。何当共剪西窗烛，却话巴山夜雨时"等富有情调的诗句，触发客人怀旧情怀，使聚会者难忘今宵。适用于朋友集会、恋人会餐、节日盛会、西式冷餐会、节日盛会、生日宴会等。

② 白炽光。暖色调，色温为 2300 K 左右，光色偏于红黄。优点是显色性（即在某种光源的照明下，以显示各种颜色在视觉上的失真程度）好，食品颜色看上去最为自然；缺点是发光率低、寿命短、玻壳温度高、受电压和机械影响大。白炽灯是宴会厅的主要光线，能突出豪华气派，食品和人不易失真，形态自然。如果调暗光线，还能增加舒适感，营造朦胧美，延长客人就餐时间。适宜于高档餐厅的营业厅、包间、雅间、情侣座。

③ 荧光。显色指数较低，如果荧光中蓝色和绿色居于主导地位，那么人的皮肤会显得苍白、食品呈现灰色，会缩短顾客的就餐时间。档次高的宴会厅不要采用荧光灯；中低档的餐厅采用荧光灯既可节约能源，又能显示平和气氛；快餐厅采用荧光灯是提高客人流动率的一种策略。荧光可与白炽光混合使用，荧光照射在餐桌的外围部分，白炽光照射在餐桌的中心部分。

④ 彩光。红色光对家具、设施和绝大多数的食品都是有利的；桃红色、乳白色和琥珀

色光线可用来增加热情友好的气氛；绿色和蓝色光不适于照射在顾客身上。彩光会影响人的面部、衣着，也会影响菜肴色彩，使用要谨慎。大型宴会厅要合理地使用吊在天顶的舞台彩色射灯，按不同的时机改变光线颜色，能起到烘托氛围的作用。

⑤ 自然光。自然采光节约能源，符合人的视觉习惯。宴会厅如果临街、靠窗，可采用落地玻璃门窗，自然光将人与外景联系在一起，可以扩张并丰富酒店空间。但要有遮阳措施，避免阳光直射所产生的眩光和过热的不适感。安装窗帘既可起到装饰点缀作用，又可让阳光透过窗帘产生漫射光，使光线柔和舒适。如果餐厅外有大阳台、草坪，可让客人在大自然光线的沐浴之下就餐，客人会有"开轩面场圃，把酒话桑麻"的感觉，悠闲自得。

（3）亮度。亮度是光线的明暗强弱度，其照度单位为勒克斯（lux，法定符号 lx），被光均匀照射的物体，在 1 平方米面积上所得的光通量是 1 流明时它的照度是 1 勒克斯。1992 年执行的《工业企业采光设计标准》规定：特别精细工作为 250 勒克斯，很精细工作为 150 勒克斯，精细工作为 100 勒克斯，一般工作为 50 勒克斯，粗糙工作为 25 勒克斯。太阳光相当于 100 000 勒克斯，月亮光相当于 0.21 勒克斯，一般电灯泡为 60～300 勒克斯，高色温的白色荧光灯在 500 勒克斯以上。各类餐厅、餐厅内的各空间部分亮度不同。宴会厅要光线明亮，灯火通明。宴会厅亮于餐厅，餐厅亮于过道走廊，餐桌亮于其他区域，主灯灯光应集中于筵席菜肴上。餐座周转率较高的餐厅光照度较强。

3. 灯具装饰

（1）灯具风格。灯具既是照明工具，又是装饰设备，能营造宴会气氛。灯具风格有古典西式（如蜡烛式、油灯式）、古典中式（如灯笼）、日本式（如框式顶灯、竹木架式灯具）与现代式。

（2）灯具样式。灯具样式有吊灯（常使用于大厅、宴会厅和雅间，雅间要安装在餐桌的正上方）、吸顶灯（固定于顶棚上）、筒灯（镶嵌于顶棚中，简洁明快，无累赘）、壁灯（常用于走廊、门厅、大厅的墙壁上）、射灯（光线局部集中在某些重要部位，如点名招牌、照片、字画、装饰品、景观等）、投光灯、消防灯、落地灯、艺术欣赏灯等。

（3）灯具规格。① 豪华灯具。专为酒店前厅、宴会厅定向设计，采用镀金、贴金、水晶等贵重材料，制作工艺精良，体型较大，造型美观新颖，具有时代感，现场组装，有很强的装饰效果。② 高级灯具。用料考究、加工精细、装饰性强。③ 普通灯具。市场批量生产，是在一定时期内普遍流行的时尚装饰灯具。

（4）灯具选配。灯具的档次高低、规格大小、比例尺寸、质地造型要与餐厅风格、档次协调。随着餐饮业的发展，涌现出一些个性餐吧、主题餐厅，颠覆了传统的餐厅布置格局，灯饰设置也与传统习惯不同，但都服务于餐厅的主题和经营定位。

（三）空气（气环境）

除视觉外，触觉、听觉、嗅觉和味觉等都是影响客人就餐舒适度的重要因素。触觉方面，主要是室内温湿度的高低、空调风力强弱，地毯品质、地胶厚薄，桌椅高低、接触面与工艺，进餐用具的分量手感等。嗅觉方面，主要是空气清新程度，有无异味（包括大多数人不喜欢的特殊食物气味）等。

1. 空气质量指标

（1）温度与湿度。空气环境关系到人的健康和体感舒适性。人的体感在 18～25℃为舒适，18℃以下为冷和寒冷，高于 25℃为热和酷热。外部环境局部温度过高或过低会使人感到不舒服，工作效率降低，食欲受抑制，身体甚至产生病理变化。湿度小、空气干燥利于人体表面汗液蒸发，但过于干燥，会使人心绪烦躁，从而加快人员流动；反之，湿度大，汗液蒸发困难，会感到潮湿胸闷。宴会场所温湿度最佳值为：冬季室温为 20～22℃，湿度为 30%～50%；夏季室温为 22～25℃，湿度为 50%～65%。

（2）风速。在人体感到舒适的温度下，空气流速为零时，人体周围会形成饱和空气层，阻止体表汗液蒸发，使人产生"闷"的感觉。0.1～0.2 米/秒是人体感到舒适的风速氛围，0.2～0.25 米/秒是用于冷却目的而感到舒适的风速氛围，大于 0.3 米/秒时会使人感到不适。

（3）纯度。厅房里弥漫着轻微的芳香，能使人愉悦、增强食欲，然而污物的气味或一些异味，如油腻味、汗酸味会降低人的食欲。根据国家规定：厅内一氧化碳含量不超过 5 毫克/立方米，二氧化碳含量不超过 0.1 毫克/立方米，可吸入颗粒物不超过 0.1 毫克/立方米，新风量不低于 200 立方米/人·小时，用餐高峰期与就餐人多时，不低于 180 立方米/人·小时。

2. 空气质量保持方法

（1）"绿色"材质。选择对环境污染少的装修材料，购置品牌好的电器设备。植物是环境的美容师，具有吸收二氧化碳、释放氧气、吸附粉尘、净化空气、美化环境的重要作用，必须很好地利用。详见绿化的内容。

（2）通风换气。保证每天开窗至少半小时，或安装空调、排风扇等通风换气设备，排出余热、余湿、有害气体及粉尘。谨慎使用空气清洁剂（因许多空气清洁剂含有化学添加剂）。高级宴会厅房可用"香薰"。厨房采取阻隔措施，使其无油烟溢出。

（3）员工卫生。保持个人身体与服装的清洁卫生。上班前不能喝酒、吃味道很重的食物（如葱、姜、蒜、韭菜等）。适当化妆既有利于形象美，又可增加芳香气味。

（四）声音（声环境）

1. 杜绝噪声

（1）噪声危害。人长时间生活在 65 分贝以上的噪声环境里，轻则会注意力分散、思维迟钝、情绪烦躁不安、易感疲劳；重则会发怒、多疑，甚至出现攻击性行为；85 分贝以上的高噪声会影响人的听力，大于 130 分贝会导致耳聋。噪声对宴会产品舒适度会造成极大的影响。餐厅噪声应控制在 45 分贝以下。

（2）控制噪声的方法。① 硬件。酒店噪声源于店外环境与店内的楼层走道、管道、空调送风口、冰箱、卫生间排风扇、烹调操作、顾客走动与喧哗声、杯碟碰撞声、音量过高的背景音乐以及大型设施设备等因素。因此，酒店选址应避免周围噪声过大，建筑材料隔音性能要良好，可采用双道门、双层窗等方式尽量减少外部噪声传入店内。店内各房间的隔墙要用隔音材料，防止楼层之间、房间之间互相"串音"；相邻房间的管线口要做隔音处理；客房走道应铺设地毯，房门框加设隔音胶条；选用低噪声冰箱，卫生洁具不能漏水，排风扇音量要低；娱乐场所要远离住宿与就餐区域；客房与宴会厅附近不能有声响过大的机器（如洗碗机、离心脱水机、锅炉等）；厨房与餐厅之间的过道要设双道门，形成声锁来降低噪声。② 软件。员工服务要做到"四轻"：走路轻、说话轻、操作轻、关门轻，这样不仅能减少噪声，而且能使人产生文雅感、亲切感；同时还可暗示那些爱大声说笑的客人自我克制。员工要使用柔声语言与礼貌用语。

2. 增加乐音

和悦的背景音乐是营造安静、幽雅、温馨氛围的好方法。背景音乐音量应控制在 50 分贝以下，频率为 1100～6000 赫兹，不宜播放动态范围大的乐曲。采用口径为 16～20 厘米、功率为 5 瓦的纸盆扬声器，均匀安装在顶棚上，间距为 5～7 米。背景音乐播放内容以及音乐佐餐的各种形式，详见本项目宴会娱乐设计的内容。

（五）饰品（形环境）

1. 饰品作用

饰品也称摆设品、陈设品，不仅具有观赏玩抚作用，还有怡情遣兴、陶冶情操的效果，可以增强室内空间视觉效果，提高艺术品位，如陈设于前厅、宴会厅、雅间或走道、休息区域的品位高雅的装饰品。

2. 饰品类型

（1）按实用性分类。① 观赏性饰品。一是艺术品，如书法、绘画、摄影、雕刻、塑像、陶器、古玩、玉器等；二是纪念品，如纪念章、纪念像、纪念服饰等。② 实用性饰品。一是织物类，如壁毯、挂毯、窗帘、台布、靠垫等；二是实物类，如装饰灯具、乐器、玩具、猎具、烟斗、扇子、瓶罐、蜡台、农具、书籍、食品、服饰等。

（2）按陈设方式分类。① 挂件类饰品。一是字画，有国画、油画、水彩画、装饰画、以名词佳句为内容的书法条幅或横幅；二是挂屏，有瓷板画、刺绣、木雕画、螺钿镶嵌画、漆雕画、壁画等；三是壁饰，有壁毯、陶瓷挂盘、砖雕、民间艺术品、生活日用品、刺绣绒绣、竹雕、木刻、漆绘等壁挂工艺品。② 摆件类饰品。古董、古玩、瓷器、玉雕、木雕、玩石、雕刻制品、盆景、工艺摆件、屏风及其他工艺品等。这些饰品因高雅的色彩、造型、风格、质地和文化内涵，使空间弥漫着一种浓郁的文化氛围。

3. 饰品陈设方式

（1）空中悬吊。为营造节日喜庆气氛，可在空间较大的宴会厅中悬挂某些绿色植物、装饰性灯具、织物、气球、彩带等饰物。

（2）墙面悬挂。悬挂要求：① 突出主题。根据墙面艺术和经济实力来选择品种，质量和数量要突出行业特色和民族风格，画面内容要考虑宾客的风俗习惯和宗教信仰。② 风格协调。饰品的材质、图案、色彩、样式等要与宴会厅房整体美学风格相一致。饰品的种类和内容应有穿插，不宜雷同。③ 高雅精致。饰品宜少而精，素而雅，品位高，品相好。④ 大小得体。饰品应与厅内墙壁面积，家具陈设的大小、高低相适应。⑤ 高低适宜。为便于欣赏，国画可挂得略高一些，西洋画挂得略低一些；笔墨淋漓的高山飞瀑、层峦叠嶂、古木参天等山水画，或大刀阔斧的写意花卉和宜于远看的绒绣花要挂得高一些；而宜于近看的工笔画可挂得低一些。⑥ 美观安全。挂件要结实牢固，绳子要隐蔽在画框背面，不能外露，以免影响美观。

（3）落地摆放。表现餐厅主题的大型饰品如雕塑、瓷瓶落地布置在最引人注目的位置，品种要少而精，应有照明光源配合，并配置必要的文字说明。

（4）橱架陈设。中小件饰品摆放在专用的琴几或古董架上，正面要留有让客人驻足观赏的空间，摆件底座、罩子等附配件要精致。

（5）台面装饰。详见项目六宴会台面设计的内容。

（六）绿化（形环境）

1. 绿化作用

绿化有丰富的形象美、色彩美和风韵美，具有美化环境、增强气氛，净化空气、调节温度，分割空间、连接内外、提高规格、表达情意等作用。绿化装饰区域一般在前厅、宴会厅外两旁、厅室入口、楼梯进出口、厅内边角或隔断处、话筒前、舞台边沿等处，以及宴会餐台上的鲜花造型或花台、花坛和展台。

2. 绿化原则

（1）适应环境。不同植物对光照、温湿度有不同要求，一般植物的适宜温度为 15～

34℃，理想生长温度为 22~28℃。因室内温度稳定，光照不足，二氧化碳含量高，因此要选择新陈代谢较慢、消耗水分营养较少的耐隐蔽的阴生观叶植物或半阴生植物。

（2）适合氛围。不同植物的形态造型能表现不同风格、情调和气氛，所选植物应和室内氛围一致，如现代感较强的餐厅宜用引人注目的宽叶植物，而小叶植物宜用于古典传统的餐厅。花卉色彩要与室内色彩协调。

（3）比例适度。植物体积大小和高度取决于室内空间的面积及高度。植物高度应控制在厅房空间高度的 2/3 以内。① 短小植物。30 厘米以下的、一年及多年生的花卉与蔓生植物，如景天、常春藤等，适宜于桌面、台几或窗台上的盆栽摆设。② 中型植物。0.3~1 米的草花及小落木，如君子兰、天竺葵等，用于雅间或大厅屋顶相对较低的地方。③ 大型植物。1~3 米的大型草花、灌木及小乔木，如锦葵、棕竹、茶花等，用在大厅。④ 特大型植物。3 米以上的南洋杉、榕树，用在有多层共享空间的餐厅中庭。

（4）摆放适宜。绿植摆放应不影响客人行走、不遮挡客人视线。布置花卉时，要将塑料布铺设于地毯上，以防水渍及花草弄脏地毯。保持花卉清洁，及时擦拭叶子上的灰尘，摘除凋谢花草；塑料花每周要水洗一次，纸花每隔两三个月要更新。尽量不要将假花、假树摆设在客人伸手可及的地方，以免让客人发现是假物而大失情趣。

3. 绿化方法

（1）盆栽盆景。① 花草盆栽。品种有盆花、盆草、盆果、盆树等。依不同季节摆设不同观花盆景，如秋海棠、仙客来；阔叶类植物如马拉巴栗、橡树、棕榈、葵树与苍松、翠柏等大型盆栽。选用盆花要考虑各国花卉忌讳习俗，如日本忌荷花、意大利忌菊花、法国忌黄花。② 艺术盆景。艺术盆景是用植物、石块等材料在盆中再现自然景色的一种艺术，既是绿色饰品，又是民间工艺品。树桩盆景。用以观赏植物的根、干、枝、叶、花、果的神态、色泽和风韵的景致。山水盆景。通过栽枝点石仿效大自然的风韵神采、奇山秀水，塑造逼真小景，给人以"一峰则太华千寻，一勺则江湖万里"之感。

（2）艺术绿化。① 照明绿化。将植物设在暗处，通过在适当位置布置灯光照明增强植物的观赏效果，丰富室内空间的层次感和含蓄性。② 镜面绿化。在较为局促的空间环境，在花草植物的后面配上镜子，通过镜面影像，扩大空间感。若在天棚同时设置反射玻璃，空间效果将变得更为离奇。③ 立体绿化。通过植物墙布置"垂直花园"，利用天棚悬吊绿色明亮的柚叶藤等藤类植物及羊齿类植物等，组成立体式的绿化。④ 花坛花池。用山石水色构成假山，配以各种花卉植物，组成各具特色的花坛花池。

（3）室外借景。通过室外造园手法，移植花草树木，设置奇山异石，将店外的湖光山色与绿化渗透引进室内，内外相通，相得益彰，形成另一番风景。

（4）宴会装饰。席面插花、展台花台详见项目六台面美化的内容。

4. 室内宜养绿化植物列举

（1）按功能分类。① 吸收有毒物质的植物，如芦荟、吊兰、虎尾兰、龟背竹等。② 净化空气的植物，如紫薇、玉兰、仙人掌、昙花、常春藤、铁树、菊花、石榴花、仙人球等。③ 抗辐射植物，如仙人掌、宝石花、景天等多肉植物。④ 驱虫杀菌植物，如除虫草、野菊花、紫茉莉、柠檬、紫薇、薄荷等。

（2）按形态分类。① 木本植物，如假槟榔、垂榕、蒲葵、印度橡皮树、苏铁、诺福克南阳杉、三药槟榔、棕竹、金心香龙血树、银线龙血树、象脚丝兰、山茶花、鹅掌木、棕榈、广玉兰、海棠、桂花、栀子等。② 草本植物，如斑背剑花、海芋、金皇后、银皇后、广东万年青、白掌、火鹤花、菠叶斑马、金边五彩、龟背竹、非洲紫罗兰、文竹、棋叶秋海棠、虎尾兰、白花吊竹草、水竹草、兰花、吊兰、水仙、春羽等。③ 藤本植物，如大叶蔓绿绒、绿萝、薜荔、绿串珠等。④ 肉质植物，如彩云阁、仙人掌、长寿花等。

（七）山石（形环境）①

1. 艺术标准

"山因水活，水随山转。"山石置于室外庭院，室内山石以玲珑奇特为之秀。山石与水相辅相成，互为补充、互为交融、相得益彰。艺术标准：一"瘦"，即细长苗条，鹤立当空，孤峙无依；二"透"，即多孔洞而玲珑剔透；三"漏"，即有坑有洼，轮廓丰富，上大下小，呈倒挂状；四"皱"，即纹理明晰，起伏多姿，呈分化状态。

2. 造型形式

（1）立体式。① 假山。室内假山不宜占据太多空间，以免造成局促感。假山前，必须留出一定距离的观赏空间。② 峰石。峰石是单独砌筑的山石，要求上大下小，富有动感，保持平衡，不留人工痕迹。③ 石壁。要挺直、峭拔，壁面要有起伏，上大下小，有悬崖峭壁之势。④ 石洞。能增加室内自然情趣，位置适宜，恰到好处。观赏性石洞以小而有趣为佳，通过式石洞则要做得相对大些。

（2）平铺式。铺散石作为小品点缀，设置于溪岸两边，嵌入土内，半露出水面或立于草坪之上，三五聚散、疏密得体、大小相间、错落有致，起到烘托气氛的作用。

（八）水景（形环境）

1. 水景作用

水景具有增加空间活力、改善空间感受、增强空间意境、美化空间造型的作用，用于室内外的过渡空间和内庭空间。水景有动静之分。动水或奔腾而下、气势磅礴，或蜿蜒流淌、欢快温情，具有较强的感染力；静水犹如明镜，清澈见底，具有宁静平和之感。结合现代科学技术，创造多姿多彩的水体造型，如雕刻喷水池、音乐喷水池、彩色喷水池等。厅房设置水景应注意体量和位置，不能影响厅房区域通道的流畅性，减少水流噪声、滴水外溢对厅房的影响，材质应便于保洁。

2. 水景形式

（1）静态水景。水池常与绿化、山石共同构成建筑景观，置于庭中、楼梯下、路旁或室内外中界空间处。室内水池能丰富和扩大空间，室外水池能使周围景色在水中交相辉映。

（2）动态水景。① 涌泉。从地面、石洞或水中涌出的泉水，使静态的景观略增动感，起到丰富景观效果、调节动静关系的作用，常用于美食广场、大堂的装饰设计中。② 喷泉。结合声、光、电效果，使喷泉显得更为新奇、更为好看。③ 落泉。将水引向高处，自上而下层层跌落下来，常和石级、草木组合造景，也可与山石、石雕相配合，构成有声有色的美妙场景，常用于广场中心及宾馆大堂内。④ 瀑布。采用水幕形式，配以山石、植物，构成组合景观，动感强烈，飞流直下，在潺潺的水声配合下，成为环境中的主题和趣味中心。⑤ 涧溪。水体呈线状形态，多与山石、小品组合置景，溪水蜿蜒曲折、时隐时现、时宽时窄，变化多姿，常作为联系两景点的纽带，形式细腻而富有情感。

任务三　宴会厅房背景设计

（一）背景布置

背景设计属于宴会场地临时性布置，是表现宴会气氛的重要组成部分，它能通过颜色，字体，单位的标志、口号、照片反映宴会的主题。背景布置方法：① 简易布置。如喜宴贴个"囍"字，寿宴安个"寿"字。② 大型背景墙布置。如花台背景、屏风背景、绿色植物

---

① 资料来源：周明扬. 餐饮美学[M]. 长沙：湖南科学技术出版社，2004.

背景、造型背景、可变灯光背景等，需要搭建背景墙，有临时性的木架、固定性的铁架和可移动的铝合金架等几种，配上蒙布，做上各类装饰内容。现在更多使用大屏幕投影仪或电视幕墙集合背景板，用高科技手段丰富多彩地表现宴会主题，效果更好。

（二）舞台搭建

1. 舞台搭建要求

（1）切合主题。针对客户预算、各种不同宴会类型和宴会主题，设计不同类型、不同风格、不同种类的舞台造型。

（2）新颖独特。每场宴会都要设计出独特新颖的舞台造型，创造独特的宴会气氛。可用计算机绘图方式制作设计图，增加顾客对实际布置的了解。

（3）便于观看。把舞台设置在宴会厅中央，四周安排餐桌；或将舞台设置在宴会厅一侧，在对侧安置餐桌。

（4）设施配套。如有演出须布置相适应的后台与舞池、灯光音响配套设备。

2. 舞台结构规格（见表 2-10）

表 2-10　舞台结构规格

舞台项目	规 格 要 求
舞台宽度	舞台大小根据客人的要求、餐厅的大小、活动的内容决定。如有演出，舞台要大一点。舞台宽度通常占背景墙的 60% 左右。临时搭建的宴会舞台，尺寸规格为两片，打开后为 2.4 米×1.8 米。舞台板数量按背景墙的宽度÷2.4×2 计算
舞台深度	舞台宽度的 60% 左右
舞台高度	0.4～0.6 米或 0.6～0.8 米。应按照厅房的高低、舞台的使用要求确定。演出、时装表演可适当高一点
舞台台阶	每 0.15～0.17 米安排一级台阶
舞台位置	面向大门或根据厅房形状安排在左右一侧，但不能紧靠主要通道的入口处
灯光音响	酒店要提供搭配常规舞台的基本设备；如果所需器材超出范围，如特殊音效设备、电视墙、干冰等，可采用外包方式，由专业公司进行设计布置

（1）主台。用于主人与主客的讲话，配有讲台与话筒，置于舞台正中；舞台右侧（面向台下）设有两只立式话筒，供主持人与译员使用。不设舞台的宴会，可在主桌的右侧置放两只立式话筒，供主人与主客祝酒时使用。舞台与主桌应有一定的距离，主人的椅背离舞台边缘不小于 1.5 米，演出用的舞台则不小于 2 米。

（2）副台。副台供宴会伴宴乐队使用。如果有中、西两支乐队，可在主台两侧各搭建一个副台；如果是一支乐队，可在主台的对面搭建副台。副台应小于、低于主台。配备演奏员的座椅、演出话筒。

（三）花台制作

花台是在大型宴会中用鲜花堆砌而成以渲染主题气氛、供人观赏的豪华艺术装饰，具有很高的观赏性与艺术性。

1. 花台造型要求

（1）主题突出。根据宴会主题，运用花卉的种类、色彩及形状的对比、配合增强韵律效果，创作不同类型、不同风格、不同意境的花台，使主题更加完美鲜明。例如，祝寿宴反映寿比南山的主题；新婚宴可用艳丽的红玫瑰拼成大红"囍"字体现爱情、喜庆，突出花好月圆的主题；欢迎或答谢宴则用友谊花篮的图案体现和平、友好。

（2）构图艺术。① 高低错落。花材的穿插定植应高低起伏，前后错开，不应插在同一直线或横线上。② 疏密有致。花材的色彩、材质、种类、形状、大小及配件之间的构成要协调统一，变化太多会零乱，平铺直叙太单调、呆板。花与叶的安插应做到点、线、面相结合，空间安排得当。③ 虚实结合。以鲜花为实体，姿态鲜明，个性突出，绿叶和填充花作陪衬，不能喧宾夺主。④ 仰俯呼应。围绕整体中心，相互呼应，保持整体性与均衡性的统一。⑤ 上轻下重。枝叶小的、花朵小的、淡色的在上，枝叶大的、花朵大的、深色的在下，保持均衡稳定。花台与台面、花器要比例协调。花材宽度是花器的 1.5～2 倍，高度为 0.3 米，以不遮挡对面客人的脸部为宜。⑥ 上散下聚。基部花材安插聚集，不宜分散，上部可适当展开。

2. 选择合适的花材

（1）花卉寓意。重视花卉本身所隐含的象征性、季节性、民族性的特点。尊重民族与宗教习惯，选用客人喜欢的花材，避免使用忌讳花材。

（2）花材形状。① 线状花。呈细长形，茎上生着无数小花，如蛇鞭菊、菖兰等，适合用来架构外形。② 块状花。花瓣大而聚集，单朵形式，如向日葵、康乃馨、玫瑰等，外形近似圆形，适合做主花。③ 造型花。花型大，有一定特征，如火鹤、白掌、天堂鸟等，适合用于突出主题。④ 点状花。花小且密集，茎分成无数细枝，如满天星、情人草等，适合补足空间。

（3）花卉色彩。根据宴会主题选择主色调，配置辅色，重视青枝绿叶的衬托作用。

（4）花材品种。① 铺垫花。选用价格便宜的如山草、箭兰等草本植物，杜鹃花、小山茶花等花型较密的盆花作为花台打底，匀密地排列在台阶上。② 图案花。选用玫瑰、石竹花等花卉搭拼。先将图案、字体画在聚酯泡沫上，然后将剪成同样长度的鲜花插在聚酯泡沫上。

（5）花材品相。选择新鲜整洁，生长茂盛，花期较长，水分充足持久，色彩鲜艳，形态优美，香气幽雅，花朵含苞欲放，花枝挺拔粗壮、长短适中、无显露锐刺的花材，避免使用垂头萎蔫、脱水干枯、虫咬烂边、残缺病斑等花材。

（6）花材选用。不同宴会选用不同的花卉：川味宴用杜鹃花、红叶、竹子、芙蓉花，江南宴用玉兰花、月季花、茉莉花、兰花、桂花、梅花，南粤宴用木棉花、紫荆花、石榴花，云南边寨宴用山茶花、杜鹃花，乡土风味宴用狗尾草、波斯菊、蓬莱松、野草，婚宴用玫瑰花、勿忘我、情人草、扶郎、铁树叶、百合，中国春节宴用银柳、腊梅、山茶、水仙、天竹果、金橘、红掌，情人节宴用粉红色玫瑰、波斯菊、熊草，母亲节宴用康乃馨、香水百合、蝴蝶兰，父亲节宴用文心兰、石斛兰、天门冬、菠萝蜜，端午节宴用斑叶百合、海棠、红掌，中秋节宴用红掌、康乃馨、斑纹万年青、狗尾草、麒麟草，重阳节宴用黄色菊花，复活节宴用水仙、毛茛、常春藤、黄杨木，圣诞节宴用圣诞红、松果、香榧叶。

3. 配置适宜的花器

（1）花器作用。花器是盛放、支撑和保持花材形状，能容纳一定水分，并起衬托装饰作用的容器。可根据宴会主题的人文背景以及实用性选择花器。花器不应鲜艳华丽，以免喧宾夺主。如艳美的大丽花，应配釉色乌亮的粗陶罐；素朴的细花瓷瓶，应配淡雅的菊花；等等。

（2）花器类型与特点。① 按材质分。有陶瓷、银制、黄铜、紫砂、竹藤、玻璃、大理石、塑料等，各有其独具的纹理、色彩、质感。② 按形状分。有杯状型（花器呈奖杯状且有底脚，适合插球形花型）、低矮型（花器不高，适合插三角形、L 形、倒 T 形等花型）、碗状型（花器底部呈圆顺弧状，适合插丰盛花型）、浅盘型（适合插水平花型）、变化型（各种不规则外形，极富个性，适合创作独特花型）。③ 按功能分。有盘、筒、瓶、篮等。④ 按风格分。有东方花器（以传统的陶瓷器皿、漆器皿见长，外形轮廓力求小巧流畅，色彩花纹讲究素雅简洁，纹饰以平面为主。正式宴会，花器以扁平规则为宜，并用花枝将花泥、花器遮挡或覆盖。现在餐桌流行摆设纤细的金属质感强的高耸花器）、欧洲花器（装饰性、立体感强，带人形或实物造型的花器颇受欢迎，如小天使、维纳斯雕像、胜利女神、公鸡形、船形等花器，纹饰以浮雕为主，体现纤巧典雅的氛围。银制花器配高贵的花材，在摇曳的烛光的映衬下，与精美的艺术大餐一起熠熠生辉。提篮式花器插上娇嫩多姿的野花，最适宜户外的美食活动）、美洲花器（如铜水罐、铜水盅、铜花钵等黄铜花器，配上艳花，使人联想起牛仔的生活，将豪放与柔美融合在一起）。

4. 讲究插花技法

（1）遵循造型规律。花台造型要有整体性、协调性。插配中任何花卉要有主有配，才能使花台成为有机的整体。

（2）规范操作步骤。① 先插主花，用主花将花台的骨架搭起来。② 再插配花，使花台初显生动丰满的造型。③ 点缀枝叶，使整个花台充满活力、富有韵味。④ 检查改进，检查制作完毕的花台，改进不足之处，收拾洁净桌面。

（3）弥补花材不足。① 枝干。花的枝干较短时，可将其他枝杆用金属丝绑在较短花枝的下方，增加其长度；花的枝干较细软时，可以与其他粗枝固定在一起，增强其支撑力。② 花朵。花朵未开或太小时，可向花朵吹气或用手帮助其打开，适用于玫瑰、石竹等。

5. 搭建花台台阶

充分发挥想象力和创造力，根据宴会厅的环境，餐桌的大小、形状设计出合时、合意、合适的花台，新奇独特、与众不同，富有吸引力。花台位置醒目，或在主桌后面，或在入口处，或在宴会厅的中堂，或在主人迎客处。花台宽度是背景宽度的 65%～80%，高度是背景高度的 70% 以上。每阶台阶的深度能容下花盆的直径，台阶高度是花盆的高度。

（四）展台（又称展示台、观赏台、看台）布置

1. 展台作用

展台多用于高档大型宴会，设置在宴会厅大门入口处或中央处，供客人欣赏观看，以烘托宴会气氛、显示规格档次、展示服务工艺，愉悦客人身心。台面较大，根据宴会的性质、内容，用各种小件物品和各种花卉、盆景、食品雕刻、大型冰雕、面塑、彩灯、标花大蛋糕等装饰物品摆设成各种图案造型。

2. 展台类型

（1）观赏型。展台由冰雕、黄油雕、巧克力雕、果蔬雕、食品模型、名贵餐具、中外名酒、个性插花等相互配合组成，体现大型宴会或美食节活动的规模和场面。作品创作的原型可以来源于生活及乡土民情，散发出温馨的人情味并流露出情感的寄托。如海鲜宴会展台以悬挂五颜六色三角旗的小渔船为载体，小渔船上方垂下坠有海螺的鱼网，美人鱼跃上船头奉上海底珍品，大龙虾、黄油雕跃跃欲试，栩栩如生。

（2）节日型。展台是为中西方传统节日平添喜庆气氛而布置的，是为了激发人们的消费欲望。例如，春节展台以大红色和金色为主色调，装饰物件有金童玉女拜年彩瓷像，贴有"满"字的金坛、金钱鞭炮串、生肖玩具、金橘盆景、桃符对联、民间年画、钱袋、小红灯笼、年糕、饺子、馒头、糖果盒、红鲤鱼等；"年年有余""恭喜发财""恭贺新禧""黄金万两""招财进宝""万事如意""福"字等吉祥图案和文字是必不可少的。圣诞节展台以红色、白色、绿色、蓝色为主色调，装饰物有圣诞树、圣诞花环、圣诞小屋、小天使、圣诞礼物、圣诞烛台、麦秆编织、太阳月亮面具、玩具兵、松果、榛子、核桃、幸运星和琳

琅满目的圣诞礼篮等。

（3）促销型。内容多为食品商、酒商赞助的样品和反映美食之乡的特产和纪念品等，展台规模较小，效果简洁明了，用于以某类特色菜肴、饮品为主题的美食促销活动。

（4）作品型。展台为举办厨艺交流、比赛、新闻发布会而设，旨在弘扬饮食文化，展现名厨风采，领导餐饮潮流，推动菜肴开发创新。

3. 布展要求

（1）突出主题，表现主题。例如，婚宴的"龙凤呈祥"、寿宴的"松鹤延年"、钱行宴的"鲲鹏展翅"、洗尘宴的"黄鹤归来"、庆功宴的"金杯闪光"等。装饰物必须围绕主题展开，摆放层次分明，高低错落有致，切忌铺张杂乱。

（2）注重展台基座布置。展台基座要铺台布、围桌裙，并考虑装饰布的色彩、质感的搭配和衬托效果。

（3）强调展台光照设计。展台光照明亮，突出主装饰物。

（4）凸显展台最佳朝向。根据餐厅和正门的位置特征，设计展台的朝向和观赏面，可设计成四面观赏型、三面观赏型或一面观赏型，以达到最佳视觉效果。

任务四　宴会厅房娱乐设计

案例 2-5　京城饭店餐厅流行表演风[①]

表演之风在京城各餐馆流行起来，如基辅餐厅的俄罗斯民族风情表演、凯瑞酒店的民俗表演、巴国布衣的变脸表演、蕉叶餐厅的泰国舞蹈表演、"红色经典"餐厅的革命样板戏、"一千零一夜"的阿拉伯肚皮舞、"向阳屯"地道的东北"二人转"、老舍酒家的传统曲艺等。记者用"餐厅+有表演"在大众点评网上搜索，发现仅北京地区有表演的餐厅就达144家。该网站相关人士告诉记者，2009年春节年夜饭预订过程中很多消费者已经开始对有表演的餐厅表现出了浓厚兴趣，在吃到可口年夜饭的同时，消费者的需求已经开始提高。

进食之余，能够欣赏到精彩的歌舞演出，绝对是一件惬意的事。现如今，各种表演之风流行于京城的餐饮行业，或成为人们怀旧的去处，或成为人们聚会的场所，渐渐地为消费者所钟爱。这种表演大多在饭店大厅里举行，并不单独收费，是商家吸引消费者眼球的一项免费服务。但是如果顾客要点名表演什么节目，就要单独收费了。记者调查了几家有特色演出的餐厅，餐厅负责人对安排演出的目的直言不讳：在激烈的市场竞争中，不做出点特色来，要想立足不是一件容易事儿。

大众点评网业内专家在接受记者采访时表示，餐厅之所以会推出形式多样的表演，主要和餐厅的定位有关。菜品是一方面，表演则可以吸引更多的消费者，营造一种氛围，迎合不同的消费群体。同时，也与饮食文化有很大关系，比如川剧的变脸表演一般都是川菜馆，蕉叶餐厅则是东南亚风情表演，在不同的氛围要配合相应的表演才能更吸引消费者。

（一）音乐佐餐

1. 音乐作用

音乐对人有刺激、调节、镇静等作用，能调整心理情绪、舒缓精神压力、解除身心疲劳、恢复精力体力。宴会厅中优美、优雅的背景音乐让客人心情愉快，食欲增强；同时，轻柔美妙的背景乐曲还可掩盖一些噪声。音乐佐餐形式一是背景音乐，二是乐队演奏、歌

① 资料来源：佚名. 京城饭店餐厅流行表演风[N]. 中国消费报，2009-02-25.

舞表演等。

2. 乐队演奏

（1）国宴。仪式乐曲有《中华人民共和国国歌》《团结友谊进行曲》，欢迎来宾步入宴会厅时演奏《欢迎进行曲》，欢送主宾退席时演奏《欢送进行曲》；为外国政府首脑访华举行的宴会上，仪式乐曲中还应奏客方国歌。席间演奏的乐曲有《祝酒歌》《步步高》《友谊中的欢乐》《在希望的田野上》《歌唱社会主义祖国》等；外事宴会席间乐曲则交替演奏宾主两国乐曲。

（2）民宴。民间高档大型宴会可请流行乐队、爵士乐队、摇滚乐队、管弦乐队等演奏，内容有轻音乐、古典音乐、爵士乐、摇滚乐、流行乐等，表演形式灵活多变，要与宴会主题吻合。中餐厅宜选用由古筝、扬琴、琵琶、二胡、笛子等组成的民乐队演奏有中国传统特色的广东音乐、江南丝竹，在《春江花月夜》《花好月圆》等名曲中营造一番闲情逸致和良辰美景。法式餐厅通常由小提琴、中音提琴、吉他等组成乐队，可在宾客餐桌边即兴演奏，音乐题材以小夜曲、风情音乐为主。咖啡厅钢琴演奏最为普遍，清新亮丽的旋律在琴师富于变化的手指间静静地流淌、弥漫，格调高贵典雅。酒吧及餐饮娱乐场所，流行音乐、爵士乐、摇滚乐等富有现代感和震撼感的音乐节奏给人一个宣泄情感的空间。

3. 背景音乐播放艺术

（1）配合宴会主题。根据宴会主题选择背景音乐，如生日宴播放《祝你生日快乐》，迎宾宴播放《迎宾曲》，婚宴播放《婚礼进行曲》；如"红楼宴"播放《红楼梦》音乐，"毛氏菜馆"播放的是《东方红》《浏阳河》。

（2）符合宴饮环境。根据餐厅主题、经营风格、营业时间选播背景音乐。古典式餐厅配古典名曲，如《阳关三叠》《春江花月夜》给人以古诗一般的意境美；民族式餐厅，如云南傣族风味餐厅配上云南笙笛、葫芦丝乐曲，使人感受到神秘的西双版纳气息；九寨沟宴会厅以《神奇的九寨》《神鹰》等歌曲营造了神秘、美妙的餐饮氛围；粤菜餐厅用广东民乐做背景音乐十分协调；主题餐厅应配特殊主题风格的音乐。西洋式、中西结合式餐厅播放西方古典音乐。

（3）和合身心节律。心理学研究表明：节奏明快的音乐会加快客人进餐，而节奏柔和的音乐会给顾客一种放松、舒适的感觉，从而延长就餐时间。据此，可利用进餐者人数的多少与营业高峰、低谷的关系，变换采用节奏不同的音乐，调节客流量。快餐厅播放节奏较快音乐，加快客人就餐速度，增加客流量；咖啡厅、正餐厅与宴会厅选用舒缓的抒情音乐。旋律应以欢快、轻松为宜，忌播节奏快且强烈的音乐或过于严肃悲哀的乐曲，与人进餐时的生理节奏"反差"太大，不利于饮食健康。

（4）适合欣赏水平。要根据客人的音乐欣赏水平编排背景音乐。如在一场以农民为主的宴会上播放海顿的交响曲或莫扎特的钢琴协奏曲，与宴者不会产生情感共鸣，而换上一段中国传统名曲或地方戏曲，与宴者会情不自禁地哼上几句。接待外宾的宴会安排吕剧、沪剧、豫剧等地方戏曲音乐，外宾肯定会被这陌生的音乐搅得心绪不宁、不知所云。从客情角度分析，青年人喜欢节奏稍快的曲调，中老年人则喜较慢节奏的音乐，社会地位高、文化修养好的顾客喜欢欣赏柔和优美的音乐。

4. 宴会背景音乐宜选曲目列举

（1）国外。意大利曲目：《我的太阳》《重归苏连托》《小夜曲》《黎明》《倾心》《美丽的乡村姑娘》。美国曲目：《老橡树上的黄丝带》《故乡之路》《德州的黄玫瑰》《红河谷》《高高的落基山》《苏珊娜》。欧洲大陆曲目：《蓝色的多瑙河》《维也纳森林的故事》《皇帝圆舞曲》《溜冰圆舞曲》《拉德斯基进行曲》《春之声》《杜鹃圆舞曲》。

（2）中国。江浙沪曲目：《紫竹调》《茉莉花》《采茶舞曲》《拔根芦柴花》《太湖美》《姑苏行》《杨柳青》《小小无锡景》《月儿弯弯照九州》《欢乐歌》《云庆》《三元》《慢三元》《慢六板》《四合如意》等江南丝竹。岭南曲目：《雨打芭蕉》《旱天雷》《鸟投林》《双声恨》《赛龙夺锦》《小桃红》《平湖秋月》等广东音乐。巴蜀曲目：《太阳出来喜洋洋》《康定情歌》《槐花几时开》《尖尖山》《采衣》等。北方曲目：《小放牛》《走西口》《小白菜》《放风筝》《对花》《蓝花花》《绣金匾》《山丹丹花开红艳艳》等。闽南台湾曲目：《丢丢铜》《天乌乌》《牛犁歌》《杵歌》《爱拼才会赢》《浪子的心情》《朋友情》《外婆的澎湖湾》《乡间的小路》《橄榄树》《踏着夕阳归去》《三月里的小雨》《春天的故事》《小茉莉》。老上海曲目：《天涯歌女》《何日君再来》《夜来香》《夜上海》《给我一个吻》《花好月圆》《四季歌》等怀旧歌曲。

（3）民族。维吾尔族曲目：《吐鲁番的葡萄熟了》《阿拉木汗》《掀起你的盖头来》《送你一枝玫瑰花》《花儿为什么这样红》《达坂城的姑娘》等。傣族曲目：《呀腊呵》《划龙船》《弥渡山歌》等。彝族曲目：《阿细跳月》《彝族舞曲》《阿诗玛》等。藏族曲目：《阿妈勒俄》《埃马木机》《当哩哦》等。

（4）节日。中国春节曲目：《春节序曲》《步步高》《喜洋洋》《新春乐》《金蛇狂舞》《娱乐升平》等。圣诞节曲目：*Silent Night*（平安夜）、*When A Child Is Born*（伟大的时刻）、*White Christmas*（白色的圣诞）、*We Wish You A Merry Christmas*（圣诞快乐）、*O Holy Night*（神圣之夜）、*Jingle Bells*（铃儿响叮当）、*Silve Bells*（银铃）等。情人节曲目：*Can You Feel The Love Tonight*、*I Will Always Love You*、*Casablanca*、*As Time Goes By*、*My Heart Will Go On*、*Without You*、*The Power of Love*、*Love Me Tender*、*My Funny Valentine*、*I Swear* 等欧美经典爱情歌曲。

（二）观赏表演

（1）歌舞表演。大型宴会歌舞表演重在增添文化气息，渲染宴会气氛。要设专门舞台，由专业人员演出，节目编排、灯光音响、舞台设计等要经过精心组织和排练。形式多样：有民族歌舞，如西安的唐朝歌舞、拉萨的藏族歌舞、云南的少数民族文艺表演等；有时装表演，如"云南风情食品节"和"淮扬歌舞美食节"上，客人能够伴着云南省旅游艺术团表演的民族舞蹈，观赏新潮摩登的时装，同时品尝昆明饭店名厨主理的"滇菜"，情景交融，融食、乐、舞为一体。

（2）民俗表演。① 曲艺。曲艺是民间宴会娱乐活动的最佳选择，项目有桌边魔术、木偶戏、皮影戏、小型杂技、武艺、相声、说书、鼓书、滑稽戏等。② 民俗。传统民俗活动如吹糖人、捏面人、刻图章、剪人头像等，内容健康活泼，短小幽默，富有吸引力，形式采取古今结合、传统与现代结合，在宴会上为宾客刻一枚图章，剪一张人头像，吹一个小糖人，现场气氛热烈。

案例 2-6　看上海风情戏，品弄堂家常菜①

你尝试过在餐厅边看情景剧边吃饭吗？沪上特色餐厅海上阿叔将本帮菜与情景剧相融合，打造一部美食与老上海爱情故事结合的情景剧盛宴。《食色魔都》将餐饮界与戏剧界巧妙结合，使"吃"与"看"以一种全新的方式出现在大众面前。戏剧讲的是 20 世纪 30 年

---

① 资料来源：张静. 看上海风情戏，品弄堂家常菜[N]. 上海新闻晨报，2014-07-14.

代的上海滩，卖馄饨的阿苏爱上百乐门舞女阿莲，在江湖、战乱中两人爱恨交织的悲欢离合。以四季歌为主线，随戏剧走过四季，剧情发展到哪里，和剧情息息相关的 4 道菜就会同步上桌：阿婆千层酸黄瓜、阿叔私房黑熏鱼、草鸡汤焖三酷（苦）三鲜、爱心八宝年糕。味蕾随着剧情尝遍酸甜苦辣，内心随着人物感受悲欢离合，以此满足戏剧爱好者和吃货的双重爱好。这场饕餮盛宴让观众感受到视、听、嗅、味、触的 5D 情景剧的无限的魅力。

（三）自娱自乐

（1）唱歌。唱歌是我国民间宴饮助兴最常见的一种方式，尤其在一些少数民族地区更是不可或缺的一项内容，如蒙古族有专门的酒宴歌，而且因席而异，婚嫁席上唱《天上的风》《乃林道》《远嫁歌》；会友席上唱《四海》《查干诺尔》《我的骏马》等。现代都市宴会包间有的设置卡拉 OK，让客人酒足饭饱以后自娱自乐，放松身心。唱歌应掌握好时间，一般在宴会进入高潮时为佳。同时，掌握好音量，歌声大小、音量高低要视宴饮环境而定，尽量不要造成刺耳的效果。

（2）跳舞。民间宴饮时，与宴者在就餐过程中或即兴歌唱，或即兴跳舞，或边歌边舞，对丰富宴饮活动内容、渲染宴饮热闹气氛起着重要作用，如广州艺星宾馆傣家楼餐厅，在竹桥流水、孔雀开屏的餐厅正中，一棵大榕树下，每到晚上 8:00，在傣族演员的带领下，人们唱着跳着将宴会气氛推向高潮。环顾四周，摆满丰盛菜肴的餐桌边几乎没有了主人。该餐厅天天爆满，座无虚席。

（3）酒令。酒令孕育于春秋，演化于魏汉，是民间宴会增添情趣、活跃气氛、促进宾主情感交流的一种佐饮侑酒的助兴游戏，小说《红楼梦》里有详尽而生动的描述。考之历史，有 3 种形式。① 雅令。文人佐饮助兴的酒令，即席构思、即兴创作的诗词曲文、分韵联句，咏诵古人诗词歌赋，有字令、词令、诗令、花鸟虫令等。② 筹令。行令时轮流从筒中抽取酒筹，筹子用竹或木片制作，上刻饮法，按酒筹上的要求进行活动或饮酒，典型的如"觥筹交错令"。③ 俗令。大众通行的通俗酒令，如猜拳、猜子、击鼓传花等。少数客人有时也玩划拳行令游戏，但大多数人已经不选择这种古老的娱乐方式了。

（四）厨艺展示

（1）作用多重。① 渲染活跃餐厅气氛。② 方便顾客选用食品。在制作现场可直接向厨师提出烹制要求，如早餐煎蛋是单面煎还是双面煎、成熟度是嫩点还是老点、配调料是放酸黄瓜还是配腌火腿、是加盐还是放醋等。③ 弘扬宣传饮食文化。④ 吸引注意，扩大销量。一些玲珑精美、色形诱人、香气四溢的菜点能很快激起客人的消费欲望。⑤ 便于控制出品成本。在自助餐设档采取现场制作、现场分派的方式，让需要同类菜点的客人自觉排队，依次限量（应需供应）服务，起到控制出品数量、控制食品成本的作用。

（2）形式多样。一些餐厅创造条件，把菜点的现场制作、技能展示与挂牌献艺作为餐厅创新表演项目。① 客前烹调切割。由传统的中餐服务糅合西餐法式"桌边表演服务"而来，把菜点烹制过程与客前表演展示结合起来、融为一体，满足客人既要美食又要欣赏表演的雅兴，如上海锦江饭店的片皮鸭。② 餐厅明炉亮灶。烹饪从后厨走向餐厅，使菜肴后台制作的部分过程前台化，如上海、北京等大城市兴起的"透明厨房"工程。餐厅配有厨房，厨房与餐桌仅用一面玻璃墙隔开，可观看厨师烹饪菜肴的全过程，既产生安全感，又能欣赏厨师的烹饪技艺，或许还能学上几招，如北京的"抻龙须面"、山西的"刀削面"、广州的"铁板烧"和"醉虾"烹饪展示。

思考训练

案例 2-7 "量身定制"的"丝绸之路"主题宴会①

初春，一位美国老先生来到长城饭店宴会部，自称刚从中国西部考察数月回到北京，回国前想在酒店宴请 160 多位同行及贵宾。他愿支付很高的餐价，但希望酒店能将宴会厅装饰出中国西部风情的氛围，因为他留恋新疆的天山和草原的骆驼。酒店认真地策划，经过多个方案的比较优选，终于决定为客人举办以"丝绸之路"为主题的晚宴。两天后，当老先生及其随从人员在宴会前一小时出现在宴会厅时，他们的惊喜无法用语言表达。眼前展现的宴会厅宛如一幅中国西部优美的风景画。从宴会厅的 3 个入口处至宴会的 3 个主桌，用黄色丝绸装饰成蜿蜒的丝绸之路；宴会厅背板上，蓝天白云下一望无际的草原点缀着可爱的羊群，背板前高大的骆驼昂首迎候着来宾。宴会厅东侧，古老的长城碉堡象征着中国五千年文化的沧桑，西侧有一幅天山图的背板。舞台上，一对新疆舞蹈演员已开始载歌载舞。16 张宴会餐台错落有致地散立于 3 条丝绸之路两侧，金黄色的座椅与丝绸颜色一致，高脚水晶杯和银质餐具整齐地摆放在白色的台布上，餐台上的艺术插花高雅别致。面对文化氛围强烈的宴会厅，老先生激动地说："你们做的一切大大超过了我的期望，你们是最出色的，真令我永生难忘。"

讨论：酒店从硬件与软件的哪些方面着手，给客人创造了一个美的宴会氛围？

1. 举行宴会厅房场境氛围的图片影视展览。让学生通过互联网、专业杂志搜索、收集各具独特风格的宴会厅的环境布置与场境设计案例的图片与影视，评论其长处与不足。

2. 教育学生养成职业习惯，到饭店就餐时拍摄餐厅的装潢布置，对空间布局、光线色彩、温度湿度、声音音响、家具、布草、艺术品陈列、绿化、山石、水体等方面进行分析。

3. 观察大型宴会的舞台、花台和展台的制作过程，了解制作要求与流程。

4. 学生到酒店实习时，组织每位学生参与一项宴会厅房的场境设计活动，并提交小论文进行交流。

5. 观摩大型宴会演出的组织工作。

---

① 资料来源：李任芷. 旅游饭店经营管理服务案例[M]. 北京：中华工商联合出版社，2000.

项目三　宴会物品设计

学习目标

知识目标：

1. 认知宴会固定资产与低值易耗品的管理原理与方法。
2. 认知宴会家具类与布件类用品的配备要求与方法。
3. 认知宴会餐具知识和筵席餐具、酒具的配备要求与内容。

能力目标：

1. 能识别宴会家具、布草、餐具、酒具和炊具的种类、规格和使用方法。
2. 能根据酒店的档次、规模选购一定数量的符合要求的宴会家具、布件用品与餐具。
3. 能配备一桌高档筵席的餐具与酒具。
4. 能编撰酒店宴会固定资产与低值易耗品的规章制度。

导入案例

"世界上最拥挤的奢华晚宴"——2012年"诺贝尔晚宴"[①]

北京时间 2012 年 12 月 11 日凌晨，2012 年诺贝尔奖颁奖仪式在瑞典斯德哥尔摩音乐厅隆重举行，随后在著名的"蓝厅"举行盛大的"诺贝尔晚宴"。参加晚宴的 1300 多位嘉宾济济一堂，晚宴主角是各位"诺奖"得主及其家人，还有瑞典王室成员、政府要员以及其他嘉宾。由于赴宴者众多，还要留出走道供数百位服务员服务穿梭，有些餐桌被挤到蓝厅外面。据说每个人活动的空间宽度只有 60 厘米，皇族才有 80 厘米宽的座位，宴会被称为"世界上最拥挤的奢华晚宴"。

餐桌上摆放了为了纪念诺贝尔奖 90 周年而制作的诺贝尔餐具，会上准备了 7000 件瓷器、10 000 件银器和 5400 个酒杯。全套餐具包括十几把镀金刀叉、10 多件镶金边的碟碗，还有全手工制作的十几种酒杯，上面有各种颜色的图案和"诺贝尔"标志。这些餐具只在一年一度的颁奖宴会上使用，平时被锁在市政厅的保险柜里。

负责诺贝尔晚宴菜单的是 Audreas Hedlund（2002 年最佳瑞典厨师）和 Conrad Tyrsen（2009 年最佳瑞典糖果制造人），他们从 4 月就开始设计菜单，内容到晚宴开始前才公开，就连烹制菜肴的厨师也能到开宴前 3 天才拿到菜单，并且绝不能透露一个字。菜单为：

前菜：腌红点鲑配菜花冻，佐瑞典鱼子酱与莳萝蛋黄酱；主菜：雉鸡肉配鸡油菌、糖

---

① 资料来源于网络并经作者加工整理。

水梨、当季时蔬和杏仁土豆泥，佐红酒酱；甜点：开心果碎意式奶酪、黑樱桃冰糕和一枚大樱桃。

负责晚宴的工作人员包括餐饮经理、宴会厅经理、厨师长各 1 人，40 名厨师，8 名侍者领班，210 名男女侍者，5 名专司酒水服务的侍者，以及负责清洁和运输工作的约 20 名清洁人员。这场千人豪华盛宴进行了 3 个小时，中间安排了"诺奖"得主演讲和杂技表演，形式丰富多彩。按照程序，晚宴之后举行舞会。瑞典电视台全场直播了诺贝尔晚宴，这场景仿佛穿越到了古代西方，人们聚在城堡里庆祝。

模块一　宴会物品管理

任务一　宴会物品概述

（一）宴会物品种类与特点

宴会物品除了建筑和装修材料外，酒店运营所需要的物品有两千多种，其中与宴会经营相关的物品多达上千种，可分为固定资产与低值易耗品两大类，十多小类。

1. 固定资产系列

固定资产系列的特点是价值大、品种多、分布广，技术要求高、使用时间长、维修费用高。

（1）宴会厅设备。电器设备（如空调、电视机、电冰箱或冰柜、蛋糕柜、制冰机、咖啡机）、音像设备（如投影仪、音像播放设备、收视设备）、清洁系统设备（如洗地毯机，真空吸尘器，地板打蜡磨光机，清洁机械，洗衣、整烫设备和清洗用品设备等）、地毯。

（2）厨房设备。加工设备（如切片机、食品切碎机、锯骨机、多功能搅拌机、擀面机）、冷冻冷藏设备（如冰箱、冰柜、小型冷库、全自动制冰机等）、加热设备（如煤气炉灶、汤炉、蒸汽夹层炉、扒炉、电面火烤炉、西式煤气平头炉连焗炉、电磁炉、微波炉）、洗涤设备（如洗碗机、洗杯机、消毒柜、银器抛光机）。

（3）家具设备。餐桌椅（各种方桌、长条桌、圆桌、转盘，服务柜，椅子）、运输设备（工作车、烹调车）。

（4）其他设备。机电系统设备（如酒店供配电系统、空调系统、给排水系统等）、消防报警系统设备（如自动火警报警系统、自动喷淋系统、消火栓系统、必备的灭火器材等）、智能系统设备（如计算机管理系统、点菜系统、收银系统、电子防盗系统和磁卡门锁等）、办公用品设备（如复印机、扫描仪等）。

2. 低值易耗品系列

低值易耗品系列的特点是数量大、品种多、易损耗、易丢失，容易造成自然损耗和非正常流失。

（1）餐具系列。餐厅餐具（客用食具与饮具）、厨房餐具（盛装菜点出品）。

（2）布件系列。就餐用布件（台布、口布、小毛巾、筷套）、装饰用布件（窗帘、帷幔、椅套、沙发披巾、垫巾等）。

（3）一次性低值易耗品。如餐巾纸、酒精、筷套、牙签等。要注意节约，减少浪费。

3. 艺术品系列

艺术品系列的特点是种类多、数量大、价格高，有挂件、摆件等美术品、工艺品等（详见项目二的内容）。

（二）宴会物品选配标准

（1）国家标准与行业标准。电器、音像、家具、厨房、消防、餐具等各类用品都有其国家与相关行业的质量标准。在计划选购、配置之前要认真学习、仔细研究，选择适合自己酒店档次、特色的用品。

（2）企业标准。为了保证产品质量与维护酒店形象，可以制定本酒店经常使用的大宗用品的选配标准。选配标准的依据，一是目标市场顾客的期望，二是与饭店的星级档次相匹配。

（三）宴会物品采购

（1）采购方法。① 公开招标。招标人以招标公告的方式邀请不特定的法人或其他组织投标。② 邀请招标。招标人以投标邀请书的方式邀请特定法人或其他组织投标。③ 询价采购。对多个供货商的价格进行比较，以确保价格具有竞争力。④ 直接采购。采购人向供货商直接购买。饭店大多数物品要通过招标采购，但艺术品、装饰类等可直接采购，或直接按样定制。鲜货物品、食品等采取自行采购、定点采购、限价采购或合同供货的方式。

（2）采购要求。在努力降低采购成本、控制预算的前提下，要保证所购物品的质量、数量、风格与饭店星级和文化氛围相匹配。

任务二　宴会物品的管理

（一）固定资产设备管理

1. 制定、执行固定资产管理制度

（1）验收制度。所有购入设备必须严格执行验收制度，由工程部技术人员与采购部门共同开箱，检查其质量是否合格，并在收货单上签字。首次试机必须有专职工程师指导，测试工作应有文字记录，并作为验收合格证书的附件妥善保管。验收合格证书必须由指定的授权人审核签字。设备的备件与各种文件由专人妥善保管。

（2）入账制度。分类设置各种账册，按三级账的方式进行账册登记：酒店财务部为一级账，餐饮部为二级账，使用部门为三级账。

（3）登记制度。所有固定资产要一物、一卡、一号、一账进行登记，粘贴金属材料制作的标牌，注明本件固定资产的编号和名称，粘贴在易观察、易检查、不显眼处。

（4）盘点制度。定期盘点，确保账实相符。

（5）档案制度。各类固定资产必须建档立案，可用单独的卡片或表单详细记录：序号，每项资产的简要说明，使用摆放地点，购入或建造日期，保修期的时间，相应的凭单或工作单号码，资产的价值，折旧计算方法，残值估计，每年应提折旧，累计已提折旧金额，维修保养责任人，日常维修或大修理的时间、内容和费用等。

（6）保养制度。详见固定资产日常保养与管理的内容。

（7）信息管理制度。对重点设备、高值设备与高档材料进行信息化、流程化、规范化的管理，从购置到报废形成一个闭环，达到全生命周期管理。

2. 固定资产日常保养

（1）定期检查保养。制订定期保养检查的计划与制度。保养要求是完好无损和维持可使用状态。到了保养期，即使没有故障也要进行例行检查保养。发现异常情况，必须立即停止使用，电器设备立即切断电源，马上报修，绝不能带病工作，以免加大损坏，甚至产生安全事故。修理后要进行验收，确认能正常使用后方能签收。

（2）重点检查保养。对数量少、价值大的资产实施重点控制，在使用、保养、维修等

环节重点监控。容易遗失的数量大、价值低的资产，实施常规控制，每次使用结束后进行检查保养，如吸尘器内的垃圾处理在吸完地毯后进行，而不是在吸地毯之前。

3. 固定资产日常管理

（1）管理原则。固定资产实行归口管理，严格落实责任制度，除了技术性强、大型设备保养是由工程部或供货商负责外，一般设备日常使用保养按照"谁使用，谁保管，谁负责"的原则，由使用部门负责管理。

（2）"六定"制度。① 定人。专人使用和保养，便于熟练掌握设备的性能和特点，避免盲目操作造成损坏，利于分清责任。② 定时。每日清洁保养的设备在营业结束前彻底清洗，管理人员随时检查；每周、每月清洁保养的，应制好表格，定时检查落实情况。③ 定位。确定安置地点，不得随意移动，避免频繁搬动造成设备损坏，同时便于检查管理。④ 定卡。详见档案制度内容。根据记录可以计算使用该设备的成本，到了一定时期决定是否予以淘汰。⑤ 定规。严格按操作规程使用和保养，由专人或生产厂家负责培训操作使用人员，如人员更换，应培训接替人员。⑥ 定责。对使用保养责任人要明确责任，检查执行情况，根据保养情况进行奖惩。

案例 3-1　严格执行设备操作程序[①]

某日晚，某部委在多功能厅南厅举办重要宴会。8 点 20 分，中央厅正在布置第二天的一个大型重要宴会。客人要求调整灯光，一名实习员工到调光室进行操作，不小心将"切光"按钮按下，造成整个多功能厅一片漆黑。发现后，即刻又把按钮恢复原状，灯光恢复正常，但南厅的客人提出投诉。事故当晚，管理人员在现场了解并核实情况时，当事人未承认操作失误，宴会厅领班在整改报告中说是由于调光台机器老化所造成的短路现象。总经理将报告批转给工程部检修，工程部检查后确认设备正常，未发现短路现象。总经理再次批示，既然未发生短路现象，那就是操作失误，希望查清原因，目的是避免以后再次发生。经反复几次认真核查，最后查实当班员工误操作后，因怕领导处罚，说了谎话。宴会部领班逃避责任，蒙骗上级，使简单的问题复杂化。为此，餐饮部对该领班记重度违纪单一次的处理。同时规定，宴会灯光的调试也应由专人按规范操作。

（二）餐具管理

1. 餐具损耗原因

（1）工作态度不正。缺乏职业道德，事不关己，漠不关心，不爱护公物，对物品的流失现象视而不见，使用低值易耗品大手大脚。

（2）管理措施不严。缺少细致具体的管理制度，导致无法可依、无章可循；员工执行不力，操作马虎，甚至违规操作；没有将餐具损耗与员工利益挂钩。

（3）操作技术不熟。员工操作技能差，收拾、使用、清洗餐具时摆放不齐、方法不对、保管不当，如撤台时大杯套小杯、小盆叠大盆，重拿重放易碎物品，将玻璃杯具与餐具混收混放，将餐具随残羹剩饭一起倒掉，遗漏餐具不收、野蛮洗涤，等等。

（4）设备功能不好。不愿花钱买洗碗机，或因洗碗机使用时间过长，维护保养差，损坏严重。手工洗涤既不能保证餐具的清洁消毒质量，又增加了餐具的破损。洗碗间设置布局不合理，餐具搬运次数过多，使餐具损耗加大。

（5）顾客使用不当。有的顾客抽烟烫坏台布、地板，或顾客使用不当，造成某些物品的损耗和浪费；有些高档金属餐具被素质不高的顾客当作"纪念品"顺手带走。

---

① 资料来源：王大悟，刘耿大. 酒店管理 180 个案例品析[M]. 北京：中国旅游出版社，2007.

（6）餐具易碎易失。由于数量大、品种多、易损耗、易丢失、体积小、易携带，尤其是瓷器餐具与玻璃器皿易破碎，容易造成自然损耗和非正常流失。

2. 餐具损耗控制

（1）建章立制。掌握餐具使用、周转规律，查找问题漏洞，改进管理措施，努力减少损耗。制度有：① 餐具台账制度。记录餐具的领用、损耗，掌握餐具使用、库存及损耗、添置情况，易碎品的每次损耗要有记录，以便分析原因。② 贵重餐具专人管理制度。金银餐具要由专人洗涤与保管，每天盘点，每班清点交接。使用时要办理出借手续，填写餐具暂借单，经管理人员签字批准。使用完毕后及时收回，办理归还手续。对每日必用的金银餐具加强控制，按要求铺在台面上，易于发现短缺。如有遗失或损耗，要及时检查原因、追究责任。在规定时间内按技术标准由专人定期抛光。③ 定期盘点制度。④ 餐具损坏处理制度。制定合理的餐具损耗率，实施严格的奖惩措施，使损耗率与个人利益挂钩。计算公式：损耗率=餐具损耗÷营业收入。档次较高的酒店损耗率控制在营业额的 6‰以内，档次不高的酒店为 4‰～5‰。对客人无意打破的餐具，按餐具报损处理，以免因小失大赶跑客人，或酌情收取一定费用。员工打破餐具视情况由责任人做一定的赔偿。

（2）明责严管。加强员工职业道德教育，使其自觉爱惜酒店物品，养成勤俭节约的习惯。可在餐厅后台将使用餐具制成展示牌，标明每件餐具价格，对员工起警戒和提醒作用。加强操作技能培训，严格按操作规程进行对客服务和餐具使用以及撤台、收拣易碎餐具工作。

（3）凭单发放。实行严格的采购、验收、借用制度。酒店经营之初，应根据营业需要配备足够数量的餐具，建立配备标准。运行一段时间后，为弥补正常损耗添置一定数量的餐具。餐厅领货要填写领货单，经批准后由餐务部库房保管员凭单发放。

（4）定期盘存。由餐务部定期核对盘点餐具的实存数与台账的结余数，及时了解和掌握各餐厅现有餐具数量与某一阶段的损耗量，做到账实相符。发生餐具短缺时，应填写餐具报损单。统计损耗数方法：① 定期盘点。一个月盘点一次库存，先由各餐厅自点，然后由餐务部二次盘存登记，统计出盘存数据及当月各类餐具的损耗数量。② 每天清点。要求员工每天登记、清点损耗，同时将打碎的杯碟等摆放在专门的筐、桶之内。

（5）洗涤管理。洗碗间是餐具损失和损坏的主要场所，必须培养员工的责任心和操作技能，切实加强洗碗间餐具的洗涤管理，正确使用洗涤设备，减少洗涤损耗。

（6）财务控制。每季度由财务部门做出餐具损耗分析表，对各餐厅损耗餐具的数量、品种进行分析，并将分析报告转送各点，以引起各营业点的高度重视。

（三）布件管理

1. 布件定额管理

确定合理的布件备用量，在保证经营的前提下，尽可能减少库存量。台布存货量=桌台数×送洗天数×2+20%备量。如果翻台率高于1的，需根据翻台率增加备用数。口布、小毛巾存货量=宴会厅全部客满人数×3×洗涤天数+20%备量。如果就餐人次数高于餐位数、服务和等级规格较高的宴会，都需要增加布件的品种和数量。

2. 布件管理制度

（1）收发制度。固定专人送洗脏布件，送洗单上写明送洗布件的种类和数量。及时领取、清点数量，专人负责复核保管布件与送洗单。绝不允许用客用布件打扫卫生与擦任何物品，以减少损耗。

（2）报废制度。严格规定布件报废标准、报废程序及废品处理方法，添置新布件以购置成本计入当期布件消耗费用。

（3）盘点制度。每月至少盘点一次，弄清布件的数量、质量以及时补充短缺。

（四）特大型宴会或会议活动物品筹措管理

1. 筹措物品渠道

为节约资源，宴会部只需配备常用物品。偶尔因举行特大型宴会或其他活动，需非常备物品时，可筹措解决。渠道有赞助（请有关公司、企业帮助）、调剂（向酒店内部其他部门借调）与外借（与本地其他酒店保持良好的协作关系、互相帮助、互相借用）三种。

2. 筹措物品程序

（1）开出需求清单。接到大型活动的《客情通知单》后，要了解活动的具体时间、布置要求，以便早做准备。由宴会部提出所需的餐具、物品的清单，并附时间要求。

（2）提出配备方案。若本部门或本酒店餐具、物品的数量或品种不够，可与有关部门经理协调，决定餐具、物品配备方案。

（3）筹集配齐物品。餐务部库房保管员按清单要求，在规定的时间内将餐具、物品配齐，送至宴会部并办理规定手续。

（4）办理归库手续。活动结束后，餐务部库房管理员及时将餐具、物品收回，检查其数量和质量，及时统计本次活动的损耗数量。

（5）归还借用物品。通过调剂、外借的物品要及时如数归还。

模块二　宴会物品配备

$\cdots\cdots\cdots\cdots\cdots\cdots\cdots\cdots\cdots\cdots\cdots\cdots\cdots\cdots\cdots\cdots\cdots\cdots\cdots\cdots\cdots$ •

案例 3-2　北京饭店推出"开国第一宴"[①]

北京饭店中华礼仪厅举办的"开国第一宴"于国庆 50 周年前夕揭开神秘的面纱。走进北京饭店东楼大厅，便会被那对汉白玉华表和高悬在礼仪厅门楣之上的红匾金字"开国第一宴"所吸引。宽敞明亮的餐厅内，巨幅毛泽东、刘少奇、周恩来、朱德的照片以及按 20 世纪 40 年代风格设计的幕帐仿佛使人步入时间隧道，50 年前的庆典盛况浮现于眼前。

1949 年"开国第一宴"盛大宴会由北京饭店淮扬菜厨房承担，宾客对宴会菜点给予了高度评价，从此，北京饭店的淮扬菜名声大振，而北京饭店也成为国家宴会首选之地。北京饭店早有将这一盛宴菜点精华加以整理并奉献给广大宾客的夙愿。1999 年适逢中华人民共和国成立 50 周年，该店隆重推出"开国第一宴"，以唤起人们对逝去岁月的美好回忆。这不仅是向国庆 50 周年献上的一份厚礼，也是对中华饮食文化的一个贡献。为把这次活动组织好，该店餐饮部先后走访了当年为这次盛宴服务的退休厨师，收集整理了宝贵资料。在宴会布置与陈设上，尽量恢复使用当年北京饭店的家具和器皿。老一辈国家领导人曾用过的皮椅、沙发、茶几等给宴会厅带来了独特的时代氛围。品尝过"开国第一宴"的客人无不交口称赞。一位老先生说，时代不同了，如今人们不再为吃喝发愁，但此宴朴实显于外，华贵含其内，其形、其味似曾相识，但又如隔世，真乃世上无二家。

任务一　家具类物品配备

（一）家具配备原则

（1）安全性。质量要坚固耐用，能承受一定的重量，不能破损摇晃；表面要光滑整洁，

---

① 资料来源：饶勇. 现代饭店营销创新 500 例[M]. 广州：广东旅游出版社，2000.

无污渍、无油漆剥落，线角处理应圆润、光滑；金属附件应光亮。

（2）通用性。采用同一品牌、同一规格的家具，所有餐桌的高度必须统一，桌面大小尺寸要规格化，便于各类宴会配套使用，避免拼接餐桌时产生高低不平的现象。

（3）方便性。造型简单大方，便于清洁、搬运与收藏堆放，不要选用造型复杂、装饰烦琐、多凹线脚、过分笨重的家具。选用桌脚能收起的餐桌，需移动的椅子要轻巧，能叠放。配备必要的工作台、小茶几，便于员工做服务准备。备有搬运家具的工作推车，减少搬运时的负重，减轻员工体力负荷。

（4）舒适性。桌椅的造型与高、宽、深及斜度的尺寸比例要符合人体结构规律。

（5）美观性。家具的材质、造型、色彩应美观，尤其是基本固定、不常移动的餐桌椅要根据宴会厅的档次、面积及经营性质选定，与宴会厅的风格与规格保持一致。

（6）合理性。配备数量要合理。多了，既占资金又占地方；少了，不能满足需求。

（二）餐桌配备[①]

1. 餐饮常用餐桌

（1）餐桌类型。按形状分，有方桌、圆桌、长方桌、条桌；按制作材料分，有红木餐桌、硬木嵌大理石餐桌、杂木餐桌、铁质餐桌等；按餐桌脚分，有固定的与可折叠的；按台面材质分，有木面的、塑料贴面的、软包面的等。所有桌子高为 0.75 米。

（2）方桌。使用较多、功能最多，可用于圆台的台脚、自助餐的餐台、大型宴会厅的临时工作台、西餐的拼接餐台、鸡尾酒会的接物小餐台等。边长 0.75 米规格的可作情侣桌，中餐厅用 0.85 米桌，西餐厅用 0.9 米桌，咖啡厅用 1 米桌。

（3）圆桌或圆台面。用于中式宴会桌、自助餐餐桌与搭建食品台。包间、豪华小宴会厅或特色宴会厅使用固定式豪华圆桌，大宴会厅选用台脚可折叠的圆桌，便于搬运、布置与堆放。规格有直径 1.2/1.35/1.5/1.6/1.8/2.0/2.2/2.4/2.6/2.8/3.0/3.2/3.4/3.6/3.8/4.0 米，1.8 米台面为标准圆台，可 10 人围坐，每位客人所占弧长不少于 0.5 米；2.8 米及以上圆台面多用作组合拼装或大型宴会的主桌。

（4）条形桌。用于自助餐餐台、展示台、西餐餐桌、会议主席台、会议桌等。规格长为 0.8/1.0/1.2/1.4/1.5/1.6/1.8/2.0/2.2 米、宽为 0.4/0.45/0.5/0.55/0.6/0.7/0.8 米，标准长条桌为 1.80 米×0.50 米，可拼接各种餐台。餐厅也可专门设计或购置多功能组合餐台。

（5）奇形桌。用于搭建自助餐餐桌、食品台的半圆桌、三角桌、翻边方圆台、1/4 或 1/5 或 1/6 弧形桌等。

2. 餐桌布置

（1）餐厅餐桌布置类型。按外表形式分有立式、柜台式、卡座式等；按布置形式分有集中式、分散式、纵式、横式、纵横交错式、变形式等；按大小形式分有单人座、情人座、三人座、四人座、六人座、家庭座等；按功用分有茶座用、零点就餐用、宴会用等；按餐别分有早餐座、午餐座、晚餐座与宵夜餐座。

（2）宴会餐桌台型布局详见项目六的内容。

（三）餐椅配备

1. 餐椅规格要求

（1）餐椅规格。餐椅要有舒适感，设计必须符合人体坐姿的自然曲线，靠背的支撑点必须贴着人体上部着力部位。座高 0.4～0.43 米、座深与座宽 0.4～0.43 米、座位倾角 2～3

---

① 资料来源：周明扬. 餐饮美学[M]. 长沙：湖南科学技术出版社，2004.
朱承强. 饭店管理实证研究：从投资决策到经营管理[M]. 上海：上海交通大学出版社，2013.

度、上身支撑角约 105 度、靠背高 0.38～0.42 米。椅背高以示庄重、高贵和豪华，且上窄下宽，便于服务员从后面或在餐椅之间为客人服务。椅脚垂直于地，椅脚之间的跨度为 0.40 米左右，确保稳当。餐椅数量=圆桌数×10+10%备量。

（2）餐椅摆放规格。餐椅与餐台的间距至少为 0.19 米，就餐者就坐后与餐桌距离应保持 0.05～0.1 米，椅子背离桌边 0.76 米，移动间距为 0.9 米。两张餐桌的椅背拉开后，间隔不小于 0.75 米，椅后留有 0.6～0.9 米的流动或服务通道。根据中国人的身高、体型，餐桌和餐椅的最佳搭配如图 3-1 所示。

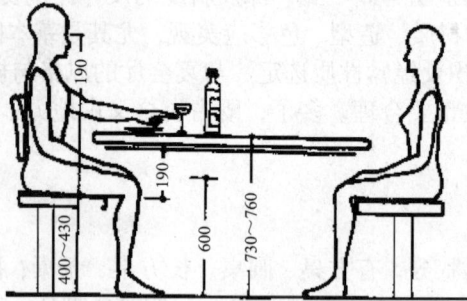

图 3-1　餐桌和餐椅的最佳搭配（单位：毫米）

2. 餐椅类型

（1）木质椅。木质座椅档次一般。硬木座椅配有精美的坐垫，做工精致考究，有雕花和贝壳镶嵌作为饰物，造价昂贵，配备时在整体布局上应与中国传统风格相适应。扶手椅体积大，弧度略大，可搁手，舒适度高，用于西餐长方形餐桌的两端，作为主人席位；档次高的中、西豪华餐厅也有全部使用扶手椅的。

（2）金属椅。椅框架为电镀钢管或铝合金管，有圆形管或方形管，有可折叠与不可折叠之分。重量轻、结实，搬运储藏方便，可十个一叠全在一起，所需存放面积小。档次较低，适用于一般社会餐饮与便宴。

（3）藤椅。多为扶手椅，多见于南方的餐厅，一般放置在中餐厅或茶餐厅，夏季使用给人以凉爽感，特点是不怕潮湿，但怕风吹和干燥。

（4）儿童椅。座高为 0.65 米左右，座宽、座深都比普通餐椅小，必须带扶手和栏杆，以免儿童跌落。有的餐厅还备置婴儿椅，方便带婴儿的客人使用。

（5）沙发和茶几。沙发是餐厅休息室的家具，也用于茶餐厅、酒吧、咖啡厅等休闲类餐厅。种类繁多，有单人沙发、双人沙发和组合沙发，质地有皮质和布质。规格为每座位 0.60～0.65 米、靠背倾斜度为 92～98 度较适合。茶几与沙发配套，供客人摆放饮料、茶具、烟灰缸等物品。茶几有木质和不锈钢支架玻璃，也有采用大理石的；样式有方形、长方形、圆形、椭圆形和不规则形。

（6）其他特殊椅。如酒吧的悬空椅、自助餐和快餐厅的连接椅、旋转活动椅。

（四）其他用具配备

（1）备餐台（又称落台、工作台、服务桌，详见项目六的内容）。以储物、备餐、上菜、分菜、换盘之用。包间、零点餐厅使用带柜橱的固定备餐台，规格不要小于 0.9 米×0.45 米。大型宴会用长条桌（可用小方桌、活动折叠桌拼接）临时拼接，根据餐桌数量、厅房面积和服务要求配备。备餐台的位置、大小应统一，对称并靠墙、靠柱摆放。主桌要专设备餐台。

（2）转台（又称转盘）。为便于客人取菜，餐台中间设有转台。转台直径应小于所用台面 1 米左右，即转台边缘到席面边缘距离 0.5 米左右。转台类型多样，按制动方式可分为手动转台与电动转台，按质料可分为玻璃转台、不锈钢转台和木转台等。

（3）服务车。有切割车、送餐车、促销餐饮产品的开胃品车、甜品车、烈酒车以及工作车等。普通型服务车用不锈钢制成，规格为长 0.8 米、宽 0.45 米、高 0.8～0.85 米，分 2 或 3 层，以运输餐具和菜肴为主，餐前摆台时盛放餐具，开餐时摆放从宾客餐桌上撤下的各种脏餐具。中档型服务车用硬木所制，车长 0.9～1 米、宽 0.45 米、高 0.9 米，以服务员分菜服务为主。高档型服务车也称牛车、牛排车，以银盘、银盖与硬木结合而成，用于厨艺表演中的切割与服务，如片烤鸭、切割整鸡、分切牛排等。有客前烹制服务的西式餐厅用烹调车，车内放置小型液化气炉，有 2 层，规格大小与工作餐车一致。

（4）其他用具。根据酒店实际情况配备其他各种用具，如餐具柜、屏风、花架、签到台、致辞台、衣帽架、雨伞架、双层餐台、移动式酒吧、屏风、托盘服务架、四方托盘、圆形托盘、旗杆、旗座、桌号牌、红地毯、海报架、立式烟灰缸、沙发、茶几、吸尘器、塑胶大冰桶、银器柜等。

（五）特大型宴会设备

特大型宴会因时间紧、任务重，工作量大，劳动强度大，要使用专用设备以满足宴会需要与降低员工劳动强度，提高工作效率。根据宴会规模必须配备以下设备。

（1）宴会厅设备。宴会桌（圆桌、方桌、异型桌）、宴会椅（扶手椅、靠背椅）、会议桌（条形桌、长方桌）、运送车（搬运餐椅、餐桌、转台、条形桌、餐具的各种专用运送车、平板手推车、双层手推车、回收车）、餐具保温车、开水箱、制冰机等。

（2）厨房部设备。炒菜设备（鼓风燃气灶、大型智能电磁灶）、油炸设备（大型定温定时自动油炸炉）、蒸箱设备（推入式大型蒸箱）、汤羹设备（旋转倾倒式智能汤灶）、保温设备（电加热保温柜、电加热保温车、电热可加湿脱卸式保温柜）、留样设备等。

任务二　布件类物品配备

（一）宴会布件知识

1. 布件材质类型与特点

（1）全棉。全棉分为提花、隐条、平纹、格子等类型。优点是吸水性强，有质感、垂性较佳，有良好的导热和导电性（不易产生静电）。缺点是色彩丰富，易褪色；压缩性不好，不够坚挺，容易产生皱褶；弹性不佳，每次洗涤需上浆；使用寿命较短，可洗 120～140 次。全棉用途广泛，经双面提花制成的提花台布被视为餐桌上的优质上等布件。

（2）全麻。全麻分为隐条、平纹、格子等类型。优点是吸水性强，手感光滑、挺括，色彩丰富；缺点是易褪色，不够坚挺，每次洗涤后需上浆。

（3）棉麻混纺。棉麻混纺分为隐条、平纹等类型。优点是吸水性强，手感好，色彩丰富。缺点是易褪色，不够坚挺，每次洗涤需上浆。麻、棉或棉麻混纺布件的档次高于化纤布件。

（4）化纤。棉质与聚酯混纺，俗称 PC 或 TC。优点是使用寿命较长（可洗 300 次左右），色彩丰富、鲜艳，不易褪色，不缩水，洗后挺括免烫。缺点是手感稍硬，舒适性较差，吸水性较差，不能碰上火星。

（5）聚酯牛津（维萨布）。优点是色彩鲜艳且不褪色；压缩性极好，拉伸恢复性佳，不易产生皱褶；对酸碱有良好的抗力，方便洗涤，经久耐用，可用 2～3 年。缺点是吸水性较差，容易产生静电，价格较高。

（6）丝绸。色彩绚丽明亮，质感轻柔顺滑，适宜作为自助餐台、展示台装饰物的垫布，起衬托作用，所以又称装饰布。

（7）绒。质地柔软，下垂感强，色彩明快且庄重典雅，常用于桌裙。

（8）纱。轻盈、洁白、素雅，覆盖台布和桌裙。

（9）纸。用作一次性的口布或垫纸，规格、档次多样。

2. 布件保养与配备要求

选用何种质地、颜色、品味的布件必须考虑餐厅等级、餐厅主题、客人类型、环境气氛、布件耐用度、清洗难易程度、成本控制和服务方式等因素，大小尺寸适当，色调档次协调。布件要分类平放在布件柜里，保持清洁、无污迹、无破损，熨烫平整，折叠整齐，防止皱折，保持常新状态；要防潮、防霉；有专人保管。

（二）宴会布件配备

1. 窗帘及帷幔

（1）作用。起到遮蔽、调温、隔音和装饰美化等作用。窗帘的色彩、质地、高低、宽窄、形状应与宴会厅房环境相匹配，可通过加长、加宽窗帘等方法改变室内窗户过小而造成的局促感；通过窗帘颜色点缀宴会厅房色调格局。改变窗帘颜色的方法有：更换内外层窗帘；选用内层浅色窗帘，外加彩色灯光照射；打开窗帘借用外部城市灯光；用窗花装饰窗户；在窗帘上进行装饰，如蝴蝶结、布幔、彩带或者彩色气球等。

（2）构造。窗帘分内、外两层与附件。配套完善，有窗幔（应与内窗帘采用同一面料制作，线条柔和流畅，配有精美的窗帘杆，两端设计有精致豪华的艺术造型）、窗圈、帘襟带、帘襟衬布、饰带、饰穗和配重物（圆形金属重物或铅粒绳）、各种挂钩、掀帘用的挽带、帘栓、掀帘饰纽、拉帘用的张力装置和拉帘手柄等。安装应挂吊牢固，密闭、平整、灵活、开启方便，无脱钩、破损，清洁美观。

（3）色彩质地。① 外窗帘：防止阳光曝晒并遮挡室外视线，面料为薄型或半透明的针织或机织织物，白色为主，也可用淡蓝、淡绿、奶白、浅啡、浅蓝、浅米黄、浅湖绿等色。② 内窗帘：要求不透明，有隔热、遮光、吸音等性能。面料有棉、麻及各种纤维混纺中厚织物，讲究质地及图案，悬垂性好。选用紫绛红、墨绿、咖啡、鹅黄、灰色等较深色彩。

（4）帷幔。以大幅棉质、丝绸质、纱质等布件缝制成帷幔装饰墙壁、镜框、窗帘、空间，配合其他布件装饰，营造出一种轻柔飘逸的意境。

2. 台布及台呢、台裙、装饰布

（1）作用。桌面覆盖物，为台面上的餐具、插花和其他摆件做衬托，起清洁、美化与保护作用。高档宴会台面要铺台布垫，又称台呢，用法兰绒制作，使桌面显得柔软，放置杯盘不会发出声音，减轻银器等贵重器皿直接与台面的碰撞和摩擦。

（2）材质。有绒质、棉布、仿绸、新型合成纤维、一次性塑料布等多种，正规宴会应选用棉布台布。图案有提花、团花、散花、工艺绣花等，使用提花图案较多。长形西餐台或会议桌可用较厚的织物铺桌毯，图案优美华丽，有很好的装饰效果。

（3）色彩。有乳黄、粉红、淡橙色等，以纯白色为主，干净、大方、整洁，衬托核心产品的质地优良与高贵。应按餐厅风格和宴会主题来选择台布的颜色和风格，与主色调保持统一，如表达乡土气息可选蓝色土布，国庆期间选用红黄相配色调，婚宴主桌可用红色，大型宴会为了突出主桌可选用与其他餐席不同的颜色。彩色台布使用较少，正式宴请中最好不用。各类花色台布（如红白、蓝白、绿白小方格相间的台布，图案有提花、团花、散花、工艺绣花等）的使用，能增加欢乐休闲的气氛，丰富视觉享受。

（4）规格。根据筵席台面大小、餐桌样式及席面功能与风格决定。铺正方形台布，尺寸为圆台面的直径加 0.5 米，四边垂下长度 0.2～0.3 米，最短处下垂 0.25 米至椅面，四周下垂均匀；也有按圆台面直径加 1.45 米，下垂部分盖住桌脚，当台裙使用。零点厅常使用 1.8 米或 1.1 米的方形台布，宴会厅 1.8 米标准圆桌多用 2.4 米规格的台布。西餐长台选用 1.8 米×3.6 米或 1.6 米×2 米的台布。根据西餐桌子的大小长短选择一块台布或选用多块台布拼接而成。存货量为=桌台数×送洗天数×2+20%备量。

（5）台裙。台裙又称桌裙，围于圆桌或长桌的桌边四周，遮挡桌子底部以突出桌面，表现餐台的庄重、沉稳和高雅。高档豪华宴会的餐桌、酒吧台、服务桌、展示台等必须围设台裙。材质为贡缎、丝绒、绸缎、聚酯牛津等。色彩取暗红色、暗绿色或玫瑰色，要深于台布色，是台布到地面的过渡色。台裙与台面连接处应是折裥，底部舒放，裙褶有波浪形、手风琴褶形和盒形三种，台裙长度为台面周长加 20 厘米。铺好台布后，沿桌子边缘按顺时针方向将桌裙用尼龙搭扣或揿钮式夹扣固定（注意：在不使用时，应取下夹扣）。华贵的台裙可附加体现民族特色的装饰布件，如印花边、短帷幔、中国结、小流苏、蝴蝶结等。加上滚边，遮住台裙夹。洗涤后沿台裙的边缘整齐小心地以一定的宽度折拢，然后用专用的台裙架挂在通风处保存。

（6）装饰布。斜着铺盖在餐桌台布上的附加布巾，能够装饰美化台面、烘托餐厅气氛、保持台布清洁。规格为 1 米×1 米或大小与台布面相适应，颜色宜用大红色、绿色、咖啡色，与台布颜色形成鲜明的对比。

3. 口布（又称餐巾、席巾）及小毛巾（又称香巾）、围嘴

（1）作用与使用。中高档宴会的卫生保洁用品，折花后摆台成为餐巾花（详见项目六餐巾花的知识），美化席面。

（2）色彩与材质。颜色根据餐厅和台布的主色调选用，力求和谐统一。传统、正规的口布是白色的，丝光提花口布能突出宴会的规格和档次。材质以纯棉和混纺为主。

（3）规格与数量。一次性使用的"的确良"薄型或纸质口布规格是边长为 0.35 米的正方形，成本较低，常用在快餐和团队餐厅；正餐宴会口布边长为以 0.51 米或 0.61 米最为适宜。规格较小的餐巾称为鸡尾酒巾。口布存货量=宴会厅全部客满人数×3×洗涤天数+20%备量。

（4）小毛巾。供客人就餐时清洁之用，质地有棉质、化纤、纸质等。一般宴会列入收费清单结账，中高档宴会列入宴会服务成本，不单独收费。

（5）围嘴。西餐服务中，围嘴是在客人进食龙虾、意式面条、烧烤、铁板烧等菜肴时，由服务员协助客人系在胸前的保洁布巾，以防酱汁、油污溅染衣物。围嘴颜色艳丽，与餐桌台布、装饰布、餐巾等协调一致，根据餐厅特点围嘴可设计一些特色图案，如海鲜馆设计螃蟹、龙虾，以增加用餐者的乐趣。

4. 椅套

（1）餐椅椅套。高级木质餐椅以木质原色或棕红色为主，显示出豪华与富丽堂皇。普通木质或钢质餐椅可用椅套装饰，颜色与宴会厅主题色匹配，背面用色彩鲜艳的条带、蝴蝶结、流苏、彩绳加彩穗、彩绳加中国结等饰物装饰。

（2）沙发披巾。既对沙发起保护作用，又富有艺术性。铺设位置是易脏易坏的头、手的接触部位。常用织物有镂空绣花、十字花、扣花等。铺法有平直法（特点是端庄）和对角法（特点是富有变化）。

5. 其他小布件

（1）巾垫。一用于各种橱柜表面，既保护橱柜表面，又衬托艺术摆件。二用于西式餐厅、快餐厅的餐桌上，放置一块衬垫，起到高雅、卫生与宣传作用。材质有一次性纸质的，有多次使用的织物垫，常印有花纹和酒店标识。三用于托盘垫巾，用以保持托盘干净、美观并防止滑动。

（2）筷套。通常使用辅助色，在筵席中起到画龙点睛的作用。

任务三　餐具类物品配备

（一）餐具知识

1. 餐具

（1）餐具作用。餐具是就餐进食时使用的工具。从古至今，一部中国饮食史就包含了一部中国餐具史。餐具的发展包括石器、陶器、青铜器、铁器、金银器、漆器、瓷器、不锈钢器等各种质器，每种质器都具有时代的美，独特的造型、鲜艳的色彩、精美的纹饰以及三者之间精致的组合令人赞不绝口。一套制作讲究、美观淡雅、搭配合理的餐具对美味佳肴有烘云托月之作用，给人以赏心悦目之感。宴会餐具配备应视酒店星级和接待规格而定，正确选择相应的餐具品牌，既可显示接待规格，又能反映管理者的专业水平。

（2）餐具类型。① 按用途分，有餐厅使用的食具、饮具（又可分为酒具和茶具，酒具按其用途可分为酒杯、酒盅、暖酒杯等），厨房使用的盛具、炊具。② 按材质分，有瓷器、陶器、玻璃、木质、塑料、竹质、漆质、骨牙、玉石和金属餐具等多种。食具、盛具以瓷器为多，酒具以玻璃器皿为多。

2. 金属器餐具

（1）银餐具。常用于高档宴会，有纯银和镀银两种，以镀银餐具为主，有西式传统、西式现代、中式龙凤、中式现代等款式。西式餐具有刀、叉、匙、衬碟、茶壶、咖啡壶、沙司盅、盐和胡椒瓶、自助餐盘、保温炉、冰桶、酒篮、花瓶、烛台等；中式餐具有看盆、勺、银头筷、筷架、刀、叉、匙、翅碗座、菜盘座、菜盘盖、大小公勺、公筷架、温酒壶、席位架、银毛巾碟、烟灰盅、台号架等。银餐具在潮湿的空气中易与二氧化硫和水蒸气产生化学反应，会变黄甚至发黑，所以必须定期抛光，并妥善保管储存。

（2）不锈钢餐具。防划、耐磨、卫生，不易失去光泽，不会生锈。新型玻璃面不锈钢餐具光洁明亮平滑，乍一看与银餐具相似，然而售价却不到银餐具的五分之二。分辨方法是，把手指纹印在器皿上面，如果指纹清晰可见，那便是银餐具（所以操作时要戴白手套）；如果不留任何指纹，便是不锈钢餐具。

（3）合金铝餐具。

3. 瓷器餐具（最为普遍，品种繁多，花色优美）

（1）按用途分，有碟（形小、底平浅，多为圆形）、盆（口大底小、较深，多为圆形）、盘（形比碟大、扁而浅，多为圆形）、碗（口大而深，多为圆形）、杯（口深，盛饮料或液体，多为圆形）、勺（有柄、较大，可以舀东西）、匙（舀汤用的小勺子）、盅（没有把的杯子，饮酒或喝茶用）、盂（圆形，口大，容纳液体）、壶（口小腹大，盛液体）、托（平整，圆形或长方形，承托器物）等。

（2）按边形分，有平边、绳边和荷叶边等。

（3）按边色分，有镀金边、镀银边、孔雀蓝边、黄边、蓝边和白口边等。

（4）按规格分。业内习惯把规格大小称为寸。瓷器规格：10 寸以下以 1 寸为增加单位、10 寸以上以 2 寸为增加单位。

（5）按花色分，有纯白瓷（最常用）、青花瓷（又称青花玲珑）、粉彩瓷等。

（6）按釉色分。① 釉上彩。色泽鲜艳，画面外露，光亮度较差，受酸性物腐蚀时会溶出釉彩中的铅镉等有毒元素，不能使用。② 釉下彩。在坯体上进行白、青、黄、绿、蓝、红等色彩绘，然后施一层透明釉，最后釉烧而成。③ 釉中彩。新兴技术，在瓷釉烧成后，按釉上彩方法加彩绘制，再经高温快速烧成。画面细腻，价值较高，也较安全卫生。

（7）按质地分。① 骨质瓷。制作时在瓷土中加入 30%以上的食草动物骨粉，色泽呈自然乳白色，质地轻巧、细密坚硬，不易磨损及破裂，有适度的透光性、保温性，是世界公认最高档的瓷种。② 镁质瓷。瓷质细腻乳白、薄胎半透明、有脂肪光泽、手摸有滑腻感。呈片状结构，不易粉碎。③ 日用精陶。是新开发的高档陶器，既保留了陶的优点又继承了瓷的特征。釉面针孔少、光泽良好、保温性强、制品变形小、规格平整、质地较轻，便于蒸汽消毒、机械洗涤与微波炉加热。各种瓷器特性比较如表 3-1 所示。

表 3-1　一般瓷器、强化瓷和骨质瓷的比较

项　　目	一般瓷器	强化瓷	骨质瓷
色彩	白中带灰	纯白	奶白而通透
釉彩	素淡	素淡	鲜艳
厚度	最厚	中等	最薄
纯度	容易碎裂	坚固耐用	不易破碎
价格	最低	中等	最贵
使用率	占 50%	占 35%	15%

4. 世界品牌餐具简介（刀叉类见表 3-2、瓷器类见表 3-3、玻璃器皿类见表 3-4）

表 3-2　金属刀叉类餐具著名品牌

名　　称	特　　点
克利斯脱夫（Christofle）	法国生产，五星级酒店使用。世界顶级品牌之一，通常在总统套房内的餐厅与豪华宴会厅内使用，以银器为主
桑堡纳（Sambonet）	意大利生产，五星级酒店使用。此品牌的餐具款式是最新潮的
鲍尔齐（Broggi）	意大利生产，五星级酒店使用。该产品全在意大利精心制造，用镍银合成电镀或电镀不锈钢，每款都是顶级设计，耐用且终生保养。其产品为世界各地著名高级酒店选用，如佛罗伦萨的 Grand Hotel、迪拜七星级酒店等
贝阿（Beard）	瑞士生产，五星级酒店使用
WMF	德国生产，五星级酒店使用。老牌品牌，产品质量一流，经久耐用
班道夫（Berndorf）	德国生产，四、五星级酒店使用
比利范克利（Briefanker）	德国生产，四、五星级酒店使用
圣安淇（St Andrea）	意大利生产，四、五星级酒店使用。意大利老牌品牌。餐具款式用世界著名音乐家的姓名命名，很有特色
梅派拉（Mepra）	意大利生产，四星级酒店使用
阿贝特（Abert）	意大利生产，四星级酒店使用。中档品牌，价格实惠
幸运（Lucky）	中国张家港幸运金属工艺品有限公司生产，该公司的金银器餐具以手工制作最为出名，款式较多，已跻身世界级的著名餐具品牌，为众多五星级酒店选用。该公司为上海 APEC 会议、阿联酋公主 6000 人婚宴、人民大会堂接待各国总统定制了金银餐具，是上海"世博会"接待金银餐具的供应商，得到各国元首和各重要宴会与酒店的一致好评

表 3-3　瓷器类餐具著名品牌

名　　称	特　　点
柏那度（Bernardaud）	法国生产，五星级酒店使用。19 世纪以来，不少欧洲宫廷（如俄国沙皇、Engenie 女皇、法国拿破仑）都选用柏那度餐具款式待贵宾
洛森泰勒（Rosenthal）	德国生产，五星级酒店使用。世界顶级名牌，屡获殊荣，瑰丽不凡，色彩鲜艳。产品均为当代知名艺术家的杰作，现代设计，限量发行，颇具收藏价值

名　称	特　点
维奇沃德（Wedgwood）	英国生产，五星级酒店使用。被英国皇室选用，以"皇后御用陶器"的称谓闻名。1902 年罗斯福总统白宫之宴、1935 年玛丽皇后号豪华邮轮首航、1953 年伊丽莎白女皇加冕典礼的三场世纪著名盛宴中，Wedgwood 皆以其精致的骨瓷餐具参与其中
皇家哥本哈根（Copenhagen）	丹麦生产，五星级酒店使用。传统北欧手工艺融合东方瓷绘风格，独特而典雅的造型设计，是丹麦引以为傲的国宝
诺里塔凯（Noritake）	日本生产，五星级酒店使用。学习中国景德镇传统烧制方法，引进欧美生产技术，产品多走高端路线，造型及花色采用传统及典雅的设计
维力瓦·波希（Villeroy Boch）	法国生产，五星级酒店使用
维勒林·波赫（Willing Baocher）	德国生产，五星级酒店使用
赫狮琴劳爱特（Hutschenreuther）	德国生产，四星级酒店使用。德国老牌瓷器品牌
皇家道尔顿（Royal Doulton）	英国最大骨质瓷出口制造商生产，三、四、五星级酒店使用。有多个品牌，其中劳爱、克劳、达皮是最老的牌子，明顿以镀金宴会餐具闻名，广受世界各国王室喜爱，至今全世界的英国大使馆仍使用它们的瓷器
红玫瑰（Red Rose）	中国唐山生产的高级骨质瓷，广泛用于五星级酒店及国家外事部门。产品通过欧洲餐具卫生检验，符合国家 GB12651 标准。金边金花全部由 24K 纯金制成，釉中彩不含铅，对人体无毒副作用，是真正的绿色瓷具。1997 年被选定为香港特首官邸用瓷，1999 年被选为澳门回归宴会用瓷和中南海及国庆 50 周年大庆天安门城楼观礼用瓷

表 3-4　玻璃器皿类餐具著名品牌

名　称	特　点
克利斯达利·达克斯（Cristallerie Arques）	法国生产，世界顶级品牌，五星级酒店使用
阿克洛克弓箭（Arcoroc）	法国生产，目前国内四星级酒店使用较广
肖脱·滋维泽尔（Schott Zwiesel）	德国生产，以无铅水晶著名，晶莹剔透。它的宴会型系列很适合四、五星级酒店使用
波密尔利·洛克（Bormioli Rocco）	意大利生产，四、五星级酒店使用
克利斯·特纳（Crysterna）	意大利生产，四、五星级酒店使用
利比（Libbey）	美国生产，款式较多。目前国内四星级酒店使用较广

（二）宴会餐具配备原则

餐具不仅用来盛装菜点，还有加热保温、映衬菜点、体现档次等多种功能。一桌筵席菜点品种多样，食器色彩缤纷，席面佳肴耀目、美器生辉。清代袁枚在《随园食单》的"器具须知"中写道："古语云：美食不如美器。斯语是也……参错其间，方觉生色……大抵物贵者器宜大，物贱者器宜小；煎炒宜盘，汤羹宜碗；煎炒宜铁铜，煨煮宜砂罐。"

1. 符合宴会性质

（1）符合宴会主题。婚宴选择龙凤、玫瑰、红色大理石花纹等喜庆花色，寿宴选择万寿无疆、黄色粉彩龙形的吉祥花色，商务宴选择金色、铂金色来显示富贵大气。

（2）符合宴会规格。普通宴配 4 件（骨盆、筷子、汤碗和汤匙、水杯），质地一般；中档宴配 7 件（再加筷架、匙架、白酒杯），质地较好；高档宴配 8～11 件（可加看盆、红酒杯、小毛巾托、味碟和味匙等），质地精良。

（3）符合筵席风格。药膳宴选用宜兴的紫砂餐具，明代风情宴选用景德镇青花胡桐，西北风情宴选用青花玲珑；各种主题宴可选用别致的火锅、汽锅、锅仔、砂锅、瓦罐，各种材料制成的竹筒（竹筒米饭）、铁板（铁板里脊）、木船（龙丹牛蛙）、玻璃煲（水晶鱼肚煲）等餐具。随着菜系的交叉融合和菜肴的创新，玻璃餐具、新型材质餐具纷纷上桌，竹排、竹席、竹桶、木桶、藤筐、瓷瓮等盛器也伴随山珍菜、土品菜登上餐桌。

2. 符合菜点特征

（1）盛器样式符合菜点类型。开味小菜用小碟，冷菜用（底平）圆盆或腰盆，热炒用深盘，汤菜煨菜用莲花海碗、汤煲、烫盅，整鸡、全鸭的汤菜用砂锅。爆炒菜汤汁少，用小平盘；熘菜、烧烩菜或多汤的菜（如煮干丝、炒鳝糊）用窝盘；整鱼菜用椭圆盘，整只鸡鸭菜用深斗盆或瓷品锅。

（2）盛器形态符合菜点形状。菜点形状有片、丁、丝、条、块、段、茸、末、粒、花，原料本身形状，如全鱼、全鸡、整虾等，不同形状的菜点应配置相应的餐具。造型工艺菜，玉扇冬瓜配腰圆形盘或扇形盘，灯笼鱼米配圆平盘。异形盛器（如仿动物、植物形态），装盛的菜肴与之呼应，如全鱼配鱼形盘。

（3）盛器大小符合菜点分量。既不能"小马拖大车"，菜肴缩于器心，干瘪乏色，感到分量不足；也不要"胖官骑瘦马"，汤汁漫至餐具边缘的菜肴，给人拥挤压迫的感觉，无法感受"秀色可餐"。菜量不漫过平底盘、汤盘（包括鱼盘）中的凹凸线，这是盛菜的"最佳线"。全鱼或其他整形菜，装盘要"前不露头，后不露尾"。

（4）盛器色调符合菜点色泽。切忌"靠色"，如将绿色蔬菜盛在绿色盘中，既显不出蔬菜的翠绿，又埋没了盘上的纹饰美。应采用"岔色"搭配法：冷菜和夏季宜用蓝、绿、青色盆，热菜、冬令菜和喜庆菜肴宜用红、橙、黄、赭等暖色盆。白色盆装红色、绿色、金黄等深色菜点；青花、红花盆装白汁鱼丸、滑炒虾仁等白色菜肴。如茭白丝、蒲菜、萝卜丝等白色食物使用深色盆，红烧、烟熏烹制食物选用浅色盆。单一色泽的菜选用带花边的盛具，花色菜可用白色或与花色菜相协调的花边盛器。现代筵席使用统一纯白色泽餐具，可采取围边或点缀加以衬托。

（5）盛器档次符合菜肴品质。原则是"门当户对"，高档筵席或价格昂贵的菜肴（如鱼翅、蒸窝等）应配置高档次的餐具（如银餐具、高档骨瓷餐具等），不要高档菜点配用低档餐具、低档筵席使用高档骨瓷餐具、银餐具，使人感到不伦不类不专业。

3. 符合美学原理

（1）配套。一桌筵席或一餐宴会的餐具要统一、配套，要规格档次一致、质地花纹一致、形状色彩一致、摆台样式一致，不能杂乱无章。酒水与酒杯要配套。

（2）美观。菜肴装盘时不宜太满，留有空间，既能使餐具的边饰、花纹、质地充分展现美感，又能对冷盘、热炒设置围边盘饰。在烫煲和菜碗下边垫衬盘碟，既防烫、易递送，又扩大菜肴立体空间、充分展示餐具美感。

4. 符合管理要求

四星级以下酒店要求餐具"无破损、光洁、卫生"，五星级要求"材质高档，工艺精良，有特色，无破损磨痕，光洁、卫生"。餐具要消毒、保洁、安全、卫生，做到光、洁、干，尤其是银餐具、不锈钢餐具要光洁明亮、无污损与锈迹。摆放整齐、取用方便，将擦拭干净的餐具按不同种类整齐摆放在大托盘里备用，各种玻璃器皿、瓷器分类整齐摆放。更换餐具与原餐具规格型号统一。根据每场宴会菜肴数量、赴宴人数列出所需餐具、酒具及用具的种类、名称和数量，并备有不低于总数20%的备用餐具。

（三）中式宴会餐具配备内容

1. 宴会餐具

（1）骨盆。骨盆又称骨碟、布碟、忌司盆、卫生盘或接食盘，是摆在客人面前供个人使用的瓷盆，用量最多、损耗最大。豪华筵席每上一道菜，均需更换；一般筵席视情形换盆一两次。规格为 5～7 寸平盆、凹盆，盆边有平圆边和荷叶边。骨盆配备数量＝宴会厅客满的客人数×通常宴会菜的道数＋20%备量。

（2）看盆。看盆也称底盘、装饰盘、服务盘、展示盘，放在骨盆下，显示高雅美观。规格比骨盆大 2 寸。席中不更换。看盆档次要高，款式与花纹可与整套餐具不同，但要匹配协调。包间较多的酒店，每个包间的看盆款式与花纹可各不相同，给客人以多样感。看盆配备数量＝宴会厅客满的客人数＋10%备量。

（3）筷子、筷架。根据筵席档次选用不同质地、不同档次的筷子。位上式每人 1 双，置于筷架之上。围餐式实行公筷公勺制：或一席一配，或一菜一配，或一人一配（详见项目七的内容）。配备数量：私筷＝宴会厅客满的客人数＋10%备量，公筷＝公筷公勺制式×客人数（或菜点数、筵席桌数）＋10%备量。

（4）汤碗。供装汤、羹、烩菜使用，内放小勺替代勺托。规格为 3.5 寸，现在流行 4 寸或 4.5 寸。按形状分为庆口碗（碗口稍敞，似喇叭形）、直口碗（直上直下）、罗汉碗（比直口碗略高些）。配备数量＝宴会厅客满的客人数×3。

（5）饭碗。规格为 4.5 寸或 5 寸，如果口汤碗为 4.5 寸，则两者可通用，数量可减少。配备数量＝宴会厅客满的客人数×2。

（6）汤勺。汤勺又名调羹、汤匙。勺身为椭圆形，有分汤用的公勺（全长约 0.22 米）、大汤勺（全长约 0.14 米）、2 号汤勺（全长约 0.13 米）、3 号汤勺（全长约 0.12 米）、4 号汤勺（全长约 0.1 米）、5 号汤勺（全长约 0.08 米）等多种。每客用汤勺规格视口汤碗大小而定。数量按口汤碗数配备。

（7）6 寸盆。用于位上式各吃。配备数量＝宴会厅客满的客人数×2＋20%备量。

（8）8 寸盆。用于装点心、水果。配备数量＝宴会厅客满的客人数×2。

（9）10 寸盆。用于自助餐宴会，是西餐宴会中的主菜盆。大型宴会中可替代装饰盆。配备数量＝自助餐宴会客满的客人数×3＋10%备量。

（10）其他公用盆。包括造型彩盆、拼装独盆、拼盆、热炒菜盆、大菜盆、炖盆、煲、铁板、火锅等。这些菜盆都有不同的规格尺寸，盛放相应的菜点。

（11）味碟。放调料用。① 各客味碟。选用 2.5 寸规格，底平口直，有圆形、方形、双格形、三格形等形状。数量＝每人份调味品种数量×宴会全部客满的人数。② 公用味碟。如使用两种调料，用 4 寸双格形的大味碟。配备数量＝全部桌数×4＋20%备量。

（12）玻璃碗。规格为 4～5 寸，用于装冰激凌、甜汤、冷餐会小吃及用作洗手盅。配备数量＝宴会厅客满的客人数。

（13）调料瓶、壶。椒、盐瓶，酱、醋壶，置于餐桌。配备数量＝全部桌数＋10%备量。

（14）毛巾托。放置小毛巾。配备数量＝宴会厅客满的客人数＋20%备量。

（15）盖杯。以大、中、小号定尺寸，在会议和会客室中使用。配备数量＝最多会议人数＋10%备量。

（16）茶盅。客人入座后上茶时使用。配备数量＝宴会厅客满的客人数＋10%备量。

（17）茶壶。配备数量＝全部桌数＋20%备量。

2. 宴会酒具

（1）水杯。水杯也称啤酒杯，使用最多，用于盛装啤酒、饮料等。按形状可分为高脚杯和无脚杯。容量为 10～12 盎司。配备数量＝宴会厅全部客满的客人数×2＋20%备量。

（2）烈酒杯。烈酒杯又称立口杯，用以盛装烈性酒。有无脚瓷酒盅、高脚瓷酒杯、无脚玻璃酒杯、高脚玻璃酒杯，大小形态各异。配备数量＝宴会厅全部客满的客人数＋20%备量。

（3）黄酒杯。黄酒杯又称暖酒杯，中国特有的喝黄酒的专用杯。双层结构，外层放热水，内层倒黄酒，起到加温与保温作用。质地有瓷器与紫砂两种。数量按酒店需求定。

（4）红酒杯。喝葡萄酒用（详见西式酒具的内容）。

（5）其他酒具。如公酒杯（喝白酒时为示公平，每人 1 只，作为平分白酒的酒具）、黄酒壶（添加黄酒时使用的专用酒壶），数量视实际情况而定。

（四）中式厨房盛具配备内容

1. 按形状分类的厨房盛具

（1）平盆。规格有 5～32 寸达 16 种之多，10 寸以下每隔 1 寸一个档，10 寸以上每隔 2 寸一个档。5 寸、6 寸平盆用作冷菜小碟，7～9 寸平盆用作盛放干点心，10 寸以上平盆作拼盘或炒菜用，14 寸、16 寸平盆作花色冷盘、盛装大菜，也可作垫盘用。

（2）凹盆。凹盆又名窝盘、戈盘。底平口直连体，盘边向上稍高而盘深，规格有 5～12 寸共 8 种。盛装烩菜、卤汁、芡汁较多的烧、焖、扒等菜点。

（3）腰圆盆。腰圆盆又称鱼盆、长盆，呈椭圆形，有深腰圆盆和腰圆盆两种。规格有 6～32 寸，达 14 种之多。10 寸以下用作盛装爆、炒、烧、炸菜，12 寸用于盛装全鱼、全鸡、全鸭、烤乳猪等整形菜，14 寸以上用于有雕刻装饰的菜肴。

（4）异形盆。为突出表现菜肴而用，近年来较为流行。形态很多，不胜枚举。平盆用于炒菜类，凹盆用于扒菜和造型菜。

（5）盖碗。盖碗又名卫生碗，底平口直，略有些喇叭形，配有盖子，规格有 6～14 寸等多种。6～8 寸用于冷菜，或各吃的鱼翅、鲍鱼、海参等高档菜，或替代凹盆使用。

（6）铁板。由生铁铸成的椭圆形的盆子。使用前先将铁板烧烫，然后垫上一层洋葱片，再铺上烹调完毕的原料如牛肉片、大虾、肉串等，上席后浇上兑好的卤汁，热气腾腾，嗞嗞作响，能增添席面欢乐气氛。

（7）锅类。炊事用具，圆形中凹。① 火锅。又称暖锅，类型多样。② 仔锅。质地有铜质、铁质和不锈钢质等，大小不一。近年来新出现的采用固体燃料或乙烷汽罐带有保温作用的锅。③ 砂锅。有普通陶质砂锅与紫砂锅。按大小分，4 号为小型砂锅，2 号、3 号为中型砂锅，1 号和特号为大型砂锅。可炖、焖不同原料的菜肴。④ 汤锅。又称品锅。按大小分，1 号汤锅直径约 10 寸，2 号汤锅约 9 寸，3 号汤锅约 8 寸，4 号汤锅约 7 寸。因其厚实、有盖、保暖性能好，冬季用作盛汤菜。⑤ 气锅。形似砂锅，上有盖，锅中有一孔管。用于烹制炖品，如"气锅炖鸡""气锅炖鸭球"等菜。⑥ 煲仔锅。炊具与用具相结合，与砂锅相同但较浅。用于烩、烧等带有较多汤汁的菜肴，菜肴上桌后还能保持沸腾状态。

2. 按功能分类的厨房盛具

（1）冷菜盆。6 寸平盆或 6 寸盖碗。配备数量=全部桌数×8+20%备量。

（2）炒菜盆。12～14 寸平盆，厨房的主要菜盆，用量较多。配备数量=全部桌数×宴会炒菜的道数+20%备量。

（3）热菜盆。14～16 寸平盆，配备数量=全部桌数×宴会大菜道数+20%备量。

（4）烩菜盆。10～12 寸凹盆，配备数量=全部桌数×2+10%备量。

（5）鱼盆。14～16 寸腰圆盆，配备数量=全部桌数×2+10%备量。

（6）点心、水果盆。16 寸平盆，配备数量=全部桌数×2+20%备量。

（7）自助餐菜盆。18～22 寸平盆，配备数量=菜品道数×2+20%备量。

（8）炖盅。配备数量=宴会全部客满人数+10%备量。

（9）汤锅。配备数量=全部桌数×2。

（10）其他。其他厨房餐具视宴会菜肴而定。

3. 一桌中式筵席菜点盛具配备品种与数量

（1）冷菜。彩碟用 14～18 寸的平盆；围碟用 4～8 只 6 寸的腰盆；独碟用 4～6 只 7 寸的平盆；双拼冷碟用 4～6 只 8 寸的腰盆；三镶冷碟用 4～6 只 9 寸的腰盆；什锦拼盘用 10～12 寸的平盆。

（2）热菜。热炒用 2～6 只 8～9 寸的平盆；大菜用 5～9 只 10～16 寸的平盆、腰盆、方形盆与窝盆；汤羹用中汤碗（装甜汤）和大汤碗（装座汤）；炖盆用 1～3 号炖盆。

（3）点心、水果。干点用 8～10 寸的平盆；水点用小汤碗或中汤碗；蜜脯用 3～4 寸的高脚盆；水果用 8 寸的平盆或高脚盆；炒花饭用 10 寸的窝盆；面条用大号汤钵。

（五）西式宴会餐具配备内容

1. 西式宴会餐具

西式餐具不分餐厅用具（食具）和厨房用具（盛具）。西式宴会的特点是"吃什么菜点配什么餐具，吃什么菜点喝什么酒水，喝什么酒水用什么酒杯"。

（1）小盆。规格为 8～10 寸，传统的为 8 寸，用于冷盆、热开胃菜、副菜、甜品和水果。

（2）面包盆。面包盆又称忌司盆，规格为 6～7 寸，传统为 6 寸，用于盛装面包。

（3）看盆。规格有 11 寸、9 寸（11 寸、9 寸的看盆另配有银器圆盖帽，大于底盆 1 寸左右）、7 寸等，造型有圆形、方形、三角形，图案有中式、西式之分。如豪华筵席用银看盆时，必须配套使用每人份勺、筷架等其他银器。

（4）汤盆。形式较多。① 凹盆类。传统汤盆，规格为 8 寸，有带边与无边两种。② 汤碗类。新颖盛汤餐具，规格为 6 寸，有有耳与无耳两种。③ 杯类。咖啡杯用于鸡茶、牛茶（一种英国式的清汤）。

（5）大盆。圆的平盆，规格为 10～12 寸，传统为 10 寸，用于主菜。

（6）其他盆。用于特色副菜。① 长腰形的烤斗，用于焗鱼、焗虾等。② 长腰形带盖的陶瓷盅，用于烩的野味类菜肴。③ 带小凹圆的圆形盆（蜗牛盆），用于烙蜗牛、烙蛤蜊。

（7）小刀、叉。正式宴会中的小盆、冷盆、自助餐宴会使用的主要刀叉。配备数量=宴会厅全部客满人数+10%备量。

（8）大刀、叉。大刀、叉又称正餐刀、叉，用于西式宴会吃主菜时使用及服务员分割菜肴。配备数量=宴会厅全部客满人数+10%备量。

（9）鱼刀、叉。配备数量=宴会厅全部客满人数+10%备量。

（10）水果刀、叉。西式宴会上水果时一定要上水果刀、叉。

（11）派菜勺、叉。派菜勺、叉又称服务勺、叉，服务员为客人分派菜点的工具；在自助餐宴会中是客人夹菜的工具，每盆菜都要跟上。配备数量=全部桌数×3。

（12）点心勺。配备数量=宴会厅全部客满人数+10%备量。

（13）小点心勺。甜品勺，配备数量视菜式而定。

（14）咖啡杯、底盘。配套使用。咖啡杯按不同的用餐时间选用，早晨用大号、中午用中号、晚上用小号。配备数量=宴会厅全部客满人数+10%备量。

（15）公勺、架。用于中餐宴会的铺台。配备数量=宴会厅全部桌数×4+10%备量。

（16）白脱刀。小型号的餐刀，刀头呈圆形，吃面包时，用以刮白脱油或其他果酱用。

（17）牛排刀。刀身细长、刀片较薄的刀，开口刀头带有锯齿。

（18）汤勺。汤勺又称匙，上汤时使用。① 浓汤匙。匙头近似圆形，较深较大，用于食用奶油汤菜。② 清汤匙。小于浓汤匙，用于食用清汤、蔬菜汤等汤菜。③ 中号匙。匙头稍尖，用于甜品，与小叉配套使用。④ 冰激凌匙。匙头扁平似铲子的一种小匙，用于冰冻类食品。⑤ 咖啡匙。用于饮茶、牛奶、咖啡、可可等饮料。配备数量视西式宴会情况而定。

（19）糖、奶盅、糖夹。用于放糖、奶的圆盅，有大、中、小之分。

（20）其他餐具。如银大汤勺、沙司匙、台号卡、菜名卡、热煲炉、牛奶壶、咖啡壶、花瓶等，根据不同的酒店、不同的客人、不同的产品进行配备。

2. 西式宴会酒具[①]

西式玻璃杯按其用途分为水杯、香槟酒杯、波尔多酒杯、白兰地酒杯、阿尔萨斯酒杯、伏特加酒杯、威士忌酒杯、鸡尾酒酒杯等多种。酒杯的名称和其容量的参考数据：高脚葡萄酒杯 5～6 或 3～8 液量盎司，德国葡萄酒杯 6～8 液量盎司，郁金香香槟杯 6～8 液量盎司，阔口香槟杯 6～8 液量盎司，各种鸡尾酒杯 2～3 液量盎司，高球杯 8～10 液量盎司，高脚啤酒杯 10～12 液量盎司，带柄啤酒杯（生啤杯）10～12 液量盎司，单柄大啤酒杯 25 和 50 厘升，白兰地杯 8～10 液量盎司，烈性酒杯 2.4 厘升，雪莉酒和波特酒杯 4.7 厘升，平底无脚酒杯 28.4 厘升。

3. 西式筵席餐具配备

（1）龙虾类菜。配热盆（或冷盆）、鱼叉、鱼刀、鱼虾叉、龙虾签、白脱盆、白脱刀和净手盅。

（2）咸鱼子类菜。配冷盆、鱼叉、鱼刀、茶匙、白脱盆和白脱刀。

（3）牡蛎类菜。配冷盆、牡蛎叉、白脱盆、白脱刀和净手盅。

（4）蜗牛类菜。配热菜盆、蜗牛叉、蜗牛夹、白脱盆、白脱刀和净手盅。

（5）水果类菜。配甜点盆、水果叉、水果刀、剪刀、盛冰水的透明碗、香槟酒杯、净手盅。

思考训练

研讨分析

案例 3-3　长城饭店成为"宴会之王"的秘诀[②]

北京长城饭店被行内点赞为"宴会之王"，其秘诀就是"百变不厌，负责到底"。不管主办者有何要求，现场条件发生多大变化，饭店都会尽最大努力满足顾客愿望。

1987 年，长城饭店迎来时任美国总统卡特赴宴，接待单位是美国联合信贷银行，客户要求摆放三张 24 座的超大圆桌。宴会部想方设法从人民大会堂和北京饭店借来了全北京仅有的三张大圆桌。宴会当天，三张超级圆桌分外耀眼，主办者十分满意。

1989 年，长城饭店承办美国总统布什访华宴会，美国使馆和先遣团的官员对台型设计提出了非常严格的要求。饭店几十名服务员在美国官员的指挥下将几十张桌子和二十多块舞台拼板反复拼摆，整整忙了六个小时才基本定型。宴会开始前，主办者又提出将主桌的圆台换成 32 人的长台，其他桌子的位置也做相应变动，几十名服务员再一次忙碌了起来。

1991 年，长城饭店承接首届世界武术锦标赛的八百人露天招待会。开宴前天公不作美，突然下起大雨。饭店紧急出动外借场地，最后在北京饭店举行了规模空前的"外卖宴会"。虽然时间十分紧迫，但员工们克服困难，硬是在两个小时里摆好了台型，备齐了餐具，在开餐前十分钟一切准备就绪，菜点运到了现场。"宴会之王"的确名不虚传。

讨论：宴会物品管理的重要性。

---

① 说明：1（英制）液量盎司约等于 28 毫升；1 厘升等于 10 毫升。

② 资料来源：饶勇. 现代饭店营销创新 500 例[M]. 广州：广东旅游出版社，2000.

操作实训 ●

1. 组织学生到一家酒店做调研，了解该酒店宴会部有哪些固定资产与低值易耗品（列出设备用品的明细单，包括型号、数量、报价等内容），以及建立了哪些固定资产管理制度。

2. 通过实物或图片资料，能准确识别各种家具，各种布草，各种餐具与厨具的类别、规格与作用。

3. 能正确配备一桌中档筵席或一场宴会所需要的各种餐具与酒具。

4. 以某家酒店的固定资产管理制度为蓝本，制定一份固定资产管理制度。

5. "兵马未动，粮草先行。"按照五星级酒店标准，制订一份有宴会包间 20 间，面积 1200 平方米的 1 个豪华宴会厅所需要的家具、布件、器皿餐具和其他用具的类别、规格与数量（含数量、库存与总量）的采购计划。

项目四　宴会格局设计

学习目标

知识目标：

1. 认知中式筵席、西式筵席出品构成的内容。
2. 认知筵席菜肴设计的原则。
3. 认知酒水知识，了解筵席酒水选配的原则与方法。

能力目标：

1. 掌握筵席菜肴、筵席面点设计的原则。
2. 掌握各种酒水饮料知识。
3. 能熟练选配与筵席、菜肴适合的酒水饮料。

导入案例

2001 年 10 月 21 日 APEC 会议"中华第一桌"出品格局设计[①]

1．设计思路

（1）主题。用精湛的烹饪技艺体现中华食文化的精髓，用精美的装盆艺术体现宴会的豪华高档，用浓烈的宴会气氛体现海派文化接纳四方的精神，以此反映中华优秀传统文化与世界优秀文化融会贯通并为我所用。

（2）食材。由于贵宾来自各个不同国家和地区，有不同的口味和喜好，为避免宗教禁忌，不用猪、牛肉。

（3）菜式。中菜西吃，各吃。中式烹制菜肴，菜单结构、器皿、装盘、服务、就餐方式按西式要求进行。

（4）程序。整场宴会出现三个高潮：开宴时的冷菜盘龙南瓜雕盖、席间的主菜现场操作片皮鸭和尾声的鲜果冰雕盅，一波追一波，波波逐浪高。

2．出品规格

（1）开胃品。味式多样的 4 小碟：黑鱼子酱（咸味）、糖醋三椒（青黄红 3 色，甜酸味，适合海外来宾的口味）、琉璃橄仁肉（橄仁肉香脆，起调节作用）、瑶柱辣椒酱（辣椒酱由干贝与数十种调味品秘制而成，为东南亚、墨西哥喜辣的客人准备）、面包（法包、法棍、麸皮包与餐包）、黄油、鹅肝酱分放在小盅、小味碟中，起开胃作用。

（2）菜式安排（5 道）。第一道：迎宾龙虾冷盘。登台亮相掀起宴会第一个高潮。精心雕刻的龙形南瓜罩（南瓜雕盖已被翻成模型，陈列在上海科技馆内，成为历史的见证）

---

① 资料来源：鞠志中，叶伯平. 宴会设计[M]. 长沙：湖南科技出版社，2004.

分 3 层：底层是镂空的古钱币图案，寓意亚太经合会议带来财源滚滚；中层是中国"双龙拱寿"图，祈盼世界和平，祝愿嘉宾幸福美满；顶层是 20 条形态各异栩栩如生的腾龙，寓意 20 个国家领导人为了经济发展聚在一起开会讨论。打开瓜盖，是 2 斤重的深海龙虾，配上含有芥末的调味酱，旁配上海特色的豆瓣酥、茭白、糖醋萝卜圈，令人食欲大振。

第二道：翡翠鸡茸珍羹。为了达到鲜美、滑溜、喷香、烫口的效果，使用了 20 多种原料熬制高汤，配以野生荠菜汁加上鸡茸而成。用西菜烧汤方法、按中国淮扬菜鸡粥工艺的做法制成了中式的粥，中西工艺结合的结晶受到各国领导人的青睐。

第三道：炒虾仁蟹黄斗。用当令时节阳澄湖大闸蟹的肉，蟹膏熬制的油，与高邮湖的虾仁同炒。虾仁滑嫩而有弹性，蟹肉鲜美，体现了地域与季节相结合的上海地方特色高档菜的特点和精髓。

第四道：香煎鳕鱼松茸。选用深海鳕鱼经数种酱汁腌制后用炆火扒烤成熟，然后配以菌皇松茸橄榄菜，以适应东西方客人的口味，此菜为本宴席的副菜。

第五道：锦江品牌烤鸭。锦江烤鸭经过五十多年的精炼，已成为国家元首访问上海的传统品牌菜，肥而不腻，入口即化，配以特制的面酱和京葱、黄瓜条。烤鸭出菜方式是一出精彩的表演，每招每式均由魔术大师设计并对厨师训导经千锤百炼而成。厨师身着白大褂，手推餐车，面露微笑，缓步上场。站定后，先向嘉宾领首行礼，然后拿起餐车上的白手套略微一晃，戴上了手，再次向嘉宾微笑致意。接着如庖丁解牛般地开始了片鸭皮的操作，刀光闪亮，鸭片金黄，精湛的厨艺表演让客人耳目一新。主菜的现场操作与法式服务的方式将宴会推向第二次高潮。

（3）点心。上海风味细点，装型美观的巧克力慕司与薄脆饼，体现了中西食文化的结合。

（4）水果。天鹅鲜果冰盅，压轴高潮。果盅用冰雕凿成小天鹅，冰天鹅盅内放着哈密瓜、葡萄等新鲜水果，底座亮起纽扣电池的蓝色灯光。小天鹅似水晶般地发出耀眼的光亮，在湖蓝色的"池塘"翩翩起舞。精致的手工艺品又一次聚集所有人的目光，为宴会平添了一种境界与情调，兴起宴会第三次高潮，与头道闪亮登场的南瓜雕首尾呼应，画上了精彩的句号。好似一台戏，有高潮起伏，能错落有致，进而形成荡气回肠的气势。

3．菜单命名

（1）相辅天地蟠龙腾（冷龙虾）：《周易·泰·象》"辅相天地之宜"，指相互辅佐以办天下大事。"蟠龙腾"指龙腾升，尤指中华龙的腾升，气势磅礴。蟠龙喻龙虾。

（2）互助互惠相得欢（鸡茸羹）：《史记》"相得欢甚，无厌"，指共事相处极为相投。《汉书》"若作和羹，尔惟盐梅"，喻举办地区经济合作大事如作和羹，必须具备互助互惠的合作原则。

（3）依山傍水螯匡盈（炒虾蟹）：喻亚太地区，大好山河，地利人和，物产充沛。螯匡，是蟹斗别称，盈指丰盈肥满。

（4）存抚伙伴年丰余（煎鳕鱼）：《汉书》"存抚其孤弱"。"存抚"指关心爱抚，引申为参与世界经济发展的良好贸易伙伴关系。鱼喻年年丰收有余。

（5）共襄盛举春江暖（烤填鸭）：《惠崇春江晚景》"竹外桃花三两枝，春江水暖鸭先知"。鸭子喻"春江暖"。

（6）同气同怀庆联袂（美点盘）：《易·乾》"同声相应，同气相求"，同气指气质相同。贾至的诗句"我有同怀友，各在天一方"，同怀指同心。

（7）繁荣经济万里红（冰果盅）：江泽民诗"且持梦笔书奇景，日破云涛万里红"，预示亚太经济繁荣、人民生活幸福的美好前景。

APEC 宴会菜单命名的 7 句诗词出自《史记》《汉书》等经典著作和名人诗作，菜名是首藏头诗，首字联词是"相互依存、共同繁荣"，来自上海市原副市长周慕尧的讲话："2001年中国 APEC 会议所倡导的相互依存、共同繁荣的宗旨和目标。"

模块一 筵席出品格局

任务一 中式筵席出品格局

中式筵席出品格局有"龙头、象肚、凤尾"之说，如表4-1所示。

表4-1 中式筵席出品格局

次序作用	功用目的	品种内容	组合要领
冷菜引导	开胃、佐酒、欣赏	烧烤、卤水、色拉	荤素兼备，质精味美
热菜造势	果腹、品味、鉴赏	荤蔬、羹汤	突出主菜，巧配辅菜
点甜谢幕	果腹、解酒、玩味	饭面、点心、甜品	注重时令，体现反差

（一）冷菜

（1）作用。冷菜又称冷盘、冷盆、冷碟、凉菜。在开宴前20分钟摆盘待发，宾客入席后可一起上桌。以头道入席，所以也叫迎宾菜，是筵席的"脸面"，担负先声夺人的"先锋官"重任。它既是开胃佐酒菜，又是热菜大菜的先导。

（2）特点。突出主题、烘托气氛，彰显刀工、讲究调味，造型美观、色彩悦目，荤素兼备、质精味美。食用温度低于人体温度，久放不失其形，冷吃不变其味，适合各种宴会、冷餐会、鸡尾酒会。根据筵席价格决定冷盘道数，一般为双数，中国西北地区习惯单数。口味鲜、香、嫩，无汁、入味、不腻，忌腥、膻味及原料不鲜。按照四季分明的特征，以"春腊、夏拌、秋糟、冬冻"为典型代表。

（3）制作。冷菜具有独自技法系统，详见模块二中的冷菜烹调方法。既要具有热菜所散发的香味，还要保持冷却后最佳口感和锁住汁水等要求，在菜单组合中要体现荤素搭配、颜色搭配，不同烹饪手法与不同味道的相得益彰。

（4）构成（见表4-2）。

表4-2 筵席冷菜构成

类 目		构 成
单盘		又称单盆、单碟、独碟。一种原料装成一盆，是宴会最常用的冷菜形式，选用5～7寸的圆盘、条盘或异形盘盛装。荤素搭配，量少质精，用料、技法、色泽和口味皆不重复。突出刀面。净料100～150克
拼盘	对镶	（1）双拼。由2种（一荤一素）、不同色泽、质地、形状、数量、味型的原料拼成一盆。选用7或9寸的圆盘或条盘盛装。净料150～200克。4～6道一组，用于中低档筵席 （2）三镶。由3种原料拼成，又称"三色拼""三拼盘"。选用8～10寸的圆盘或条盘，净料200～250克。4～6道一组，用于中高档筵席
	什锦	又称大拼盘、什锦大拼。将多种原料（一般8种以上）、多种类别、多种味型和色彩的冷菜按照一定排列规律组合而成，如四川"九色攒盒"底盘分成九格盛装冷菜，潮州"卤水拼盘"由10种物料组成什锦拼盘。 排列整齐有序，色彩搭配鲜明，味型协调一致，刀面精细均匀，既有花碟的审美效果，又比花碟制作简便
		目前，中、高档宴会冷菜多不采用拼盘形式，而以单盘为主

类　目	构　成
花碟	又称彩拼、花色冷盘、艺术拼盘。原适用于中高档宴会（目前不太采用），增添宴会气氛，显示烹调工艺水平，体现办宴意图，如婚宴用"鸳鸯戏水"，寿宴用"松鹤延年"，迎宾宴用"满园春色""孔雀开屏"，饯行宴用"鲲鹏展翅"，祝捷宴用"金杯闪光"。 主盘挑选特定的冷菜制品，运用刀工技术和装饰造型艺术，在盘中镶拼出花鸟、山水、建筑、器物等图案供观赏。多用直径 33 厘米以上的大圆盘装盘，四周陪衬 6～10 个单盘围碟供食用，每盘菜量 100 克左右。 工艺性强，制作烦琐；耗时长、费工、费时；切割整料，浪费严重；不太卫生

（二）热菜

（1）作用。筵席的档次、质量、风格主要由热菜来体现。丰富多彩的美馔佳肴是筵席的主体，就像乐章的"主题歌"，引人入胜，使人感到喜悦和回味无穷。

（2）特色。香醇适口，一热三鲜。食用时温度高于人体温度，热菜讲究热字，越热越好，甚至端到台面上还要求沸腾。

（3）制作。烹饪方法详见模块二中的热菜烹调方法，达到菜肴口味与外形的色、香、味、形、质等要求，然后用盛器装盘上桌，给人以美的享受。

（4）构成（见表 4-3）。

表 4-3　筵席热菜构成

类　目	构　成
热炒菜	又称小炒菜、爆炒菜。多系速成菜，色艳、味美、鲜热爽口，便于佐酒。 取鱼肉禽蛋、果蔬的脆鲜嫩部位，加工成丁、丝、条、片、花，采用旺火热油炸、熘、爆、炒等烹法，对汁调味，30 秒至 2 分钟内快烹速成。用净料 300 克左右。用 8～12 寸平圆盘或腰盘盛装。 上席排在冷菜后面，可连续也可间隔在大菜中穿插上席。质优者先上，清淡者先上，浓厚者后上，防止口味压抑
正菜	又称"大菜""主菜""大件""柱子菜"，是筵席中原料最好、质量最精、名气最大、价格最贵、装饰造型最讲究的头菜，代表了筵席的档次和水平。传统筵席名称可由头菜的主料来命名。 用料 750 克，使用大盘、大盆、大碗、大盅盛装。上菜程序严格，名贵菜肴可"各吃"上席
甜菜	甜味菜品，包括甜汤、甜羹。起到改善营养、调剂口味、增加滋味、解酒醒神的作用。 品种有干稀、冷热、荤素，用料多选果、蔬、菌、耳或畜、禽、蛋、奶。高档的如冰糖燕窝、冰糖甲鱼、冰糖哈士蟆；中档的如散烩八宝、拔丝香蕉；低档的如什锦果羹、蜜汁莲藕。采用拔丝、蜜汁、挂霜、糖水、蒸烩、煨炖、煎炸、冰镇等烹法。 在传统川菜席、淮扬菜席中，甜菜上在座汤之前，标志着热菜即将上完；现代筵席中，甜菜有时在座汤之后，作为最后一道热菜上席。一席配 1～2 道
素菜	具有改善筵席食物营养结构、调节人体酸碱平衡、去腻解酒、变化口味、增进食欲、促进消化的作用。一席配置 1～2 道，在以粤菜菜系为代表的南方地区，素菜通常是最后一道热菜一为纯素，二为花素（原料为素料，调料、配料可兼及荤腥）。原料有粮、豆、蔬、果，采用炒、焖、烧、扒、烩等方法烹制而成。要求应时当令、取其精华、精心烹制、适当造型

类　目	构　成
汤菜	调节口感，滋润咽喉。筵席一定要有汤，所以有"唱戏靠腔，做席靠汤""无汤不成席""宁喝好汤一口，不吃烂菜半盘"等说法。顶汤的标准是无色、无油、无渣。 类型有汤和羹，汤稀羹稠。汤有清汤和奶汤之分，羹分咸羹和甜羹。咸羹如西湖牛肉羹、宋嫂鱼羹、三丝蛇羹等；甜羹如玉米羹、银耳羹、莲子羹、米酒羹等。 传统中式筵席汤有多道，如头汤（又称例汤、开席汤。口味清淡，鲜醇香美，清口润喉，开胃提神，刺激食欲。华南与港澳地区特别重视，现在内地许多酒店也照此办理）、二汤、中汤、座汤（最后一道热菜，又称"主汤""尾汤"，行话叫"押座菜"或"压桌菜"，规格高。清汤、奶汤均可。用有盖的品锅盛装，冬季可用火锅代替）和饭汤。汤品越多，档次越高；汤品越精，越受欢迎。现代筵席简化菜品数量，一般只上 1 道汤和 1 道羹
饭菜	又称"小菜""香菜"，与下酒菜相对，专指下饭的菜肴。有清口、解腻、醒酒、佐饭等功用。由名特酱菜、泡菜、腌菜、风腊鱼肉以及部分炒菜组成，如乳黄瓜、小红方、玫瑰大头茶、榨菜炒肉丝、风腊鱼等。 传统筵席配随饭菜 4 道，2 荤 2 素。现代筵席因菜肴较多，宾客很少用饭，可取消饭菜；简单筵席正菜较少，可配饭菜作为佐餐小食

（三）席点及主食

（1）作用。席点又称点心、花点、茶点、茶食、细点，包含特色小吃（又称零吃、小食）。"无点不成席。"人们比喻"冷盘是脸面，点心是眉毛"。一桌丰盛的美味佳肴，没有点心配合就好比红花失掉绿叶。用米、米粉、面粉、豆粉等原料制成，制法有蒸、煮、炸、煎、烤、烘，品种有糕、团、饼、酥、卷、角、皮、包、饺、奶、羹，其中有些如花糕、粽子、汤圆、月饼等也是特定的节日食品。席点有中点与西点之分。

（2）特点。突出地方风味，乡土气息浓郁，注重款式档次，讲究造型配器，要求玲珑精巧，观赏价值很高。席点一要少而精，二需特色名品，三为行家制作。席点 1~2 道，随冷菜、热菜、汤品编入菜单，与其他出品穿插起来上席。

（3）流派。筵席席点流派如表 4-4 所示。

表 4-4　筵席席点流派

	京式面点	苏式面点	广式面点
产地	以北京为中心，旁及黄河中下游的鲁、津、晋、豫等地	以江苏为主产地，有宁沪、金陵、苏锡、淮扬、越绍、皖赣等支系	以广东为典型产地，包括珠江流域的桂、琼和闽、台等地
特色	以小麦面粉为主料，工艺独具，质感爽滑，柔韧筋道，鲜咸香美，软嫩松泡。擅长调制面团，有四大名面：抻面、刀削面、小刀面、拨鱼面	以主面与杂粮兼作，精于调制糕团，造型纤巧，重调理，口味厚，色深略甜，馅心讲究掺冻，形态艳美	善用薯类和鱼虾做坯料，大胆借鉴西点工艺，富有南国情调。讲究形态、花色和色泽，油、糖、蛋、奶用料重，馅心晶莹，造型纤巧，清淡鲜滑
品牌	北京的龙须面、小窝头、艾窝窝、肉末烧饼；天津的狗不理包子、十八街麻花和耳朵眼炸糕；山东的蓬莱小面、盘丝饼和高汤水饺；山西的刀削面、拨鱼儿等；河北的杠子馍和一篓油水饺；河南的沈丘贡馍、博望锅盔等	江苏的淮安文楼汤包、扬州富春三丁包、苏州糕团、黄桥烧饼；上海的南翔小笼馒头、小绍兴鸡粥、开洋葱油面；浙江的宁波汤圆、五芳斋粽子、西湖藕粉；安徽的乌饭团和笼糊等	广东的叉烧包、虾饺、沙河粉和娥姐粉果；广西的马肉米粉、太牢烧梅、月牙楼尼姑面；海南的竹筒饭、海南粉和芋角；福建的鼎边糊、蚝仔煎和米酒涮牛肉；台湾的蛤仔汤饭和椰子糯米团

（4）蛋糕。受欧美习俗影响，生日宴、结婚宴的主食采用裱花蛋糕上席。蛋糕上有花卉图案和中英文祝颂词语，如"新婚幸福""生日愉快""圣诞之夜""桃李芬芳"等。上蛋糕要有仪式：如是生日宴，关灯点蜡烛，在众人的《祝你生日快乐》歌中默默许愿，然后吹灭蜡烛；结婚宴仪式更为隆重，上多层蛋糕与开香槟酒同时进行。

（5）主食。面条、米饭等，也有的以席点代替主食。热菜结束后，上主食，可用大盆盛装上席，各人分取食用；也有小碗各客式上席。

（四）果品

（1）内容。① 水果。有鲜果和瓜果，如苹果、香蕉、橘子、桃子、鸭梨，西瓜、香瓜、哈密瓜、金瓜等。传统宴会最后一道出品，意味着菜肴全部上齐；现代宴会流行餐前水果。② 干果。一些地区在开宴前上瓜子、松仁、脆花生、腰果，目前许多大城市已逐渐淘汰。

（2）要求。选用应季时令水果，最好是本地特产。考虑客人喜好，民间讲究吉利，如婚宴配红枣、桂圆、莲子、花生等，喜庆宴配苹果、香蕉、金橙，寿宴配佛手、蟠桃、百合、银杏，春节宴配金橘、金瓜等。某些水果要慎用，如梨，容易冲犯禁忌。成色要新，品质要优。品种2～3种，每客250克。经加工摆盘上席。高档宴会时兴水果切雕，选用多种不同色泽、口味的果品，切片或小块，按艺术构思雕刻加工，拼装成具有观赏价值和象征意义的水果拼盘，并用文字命名。果盘上席前，整理、清洁餐台桌面，中高档宴会跟上水果叉，便宴跟上牙签。

（五）酒水（详见模块三的酒水知识）

（1）酒品与饮品。贯穿筵席全过程，品种和数量配置取决于客人，一般费用另计。

（2）茶品。开席前和收席后都可上茶水。员工只需将整套茶具放在客人的右边，茶壶及热水壶柄应朝向客人方便取用的角度，可由服务员倒茶，也可客人自己倒茶。餐后如客人谈兴仍浓，可上茶水助兴，增色添香，清口开胃，解腻醒酒；传统筵席这时也有"端茶送客"的意思，知趣的客人就会起身告辞了。礼仪茶由餐厅作为服务程序配备，不收费；点用茶由客人点用，需收费。选用茶品要尊重宾客风俗习惯，如华北喜用花茶，东北爱用甜茶，西北多用盖碗茶，长江流域惯用青茶或绿茶，少数民族地区用混合茶；东亚、西亚和中非客人宜用绿茶，东欧、西欧、中东和东南亚客人宜用红茶，日本客人宜用乌龙茶并待之以茶道之礼。

案例4-1　1982年苏州饮食公司《苏州饮食业价格汇编》四种筵席出品格局[①]

筵席结构主要为冷菜、热炒和汤、大菜，有的加上甜点和水果。出品规格有4种，分别称大四六四、四六四、大三四、小三四。① 大四六四构成：四三拼（即12样食品分装四盆，每盆三个品种）、五热炒一汤、四大菜、两道点心；② 四六四构成：四三拼、四热炒二汤、四大菜、一道点心；③ 大三四（三四是指冷菜、热炒和汤、大菜三类，数量均为四）构成：四三拼、三热炒一汤、四大菜、一道点心；④ 小三四构成：四双拼、三热炒一汤、四大菜、无点心。

（1）冷菜。大四六四和四六四为火腿、白鸡、酱鸭、肉、肉松、皮蛋、拆烧、熏鱼、油爆虾、土件（即禽类肫、心、肠，通常多指肫），素料2只；大三四为酱鸭、白鸡、肴肉、

---

① 资料来源：蒋洪. 寻找美食家[M]. 上海：上海书店出版社，2018.

熏鱼、肉松、皮蛋、卤肝、肚、油爆虾、汁骨、素料2只；小三四的四双拼为酱鸭、白鸡、熏鱼、拆烧、白肚、皮蛋、油爆虾、素料八种冷菜装四盘。

（2）热炒和汤。四六四为清溜虾仁、西露蹄筋、青椒里脊、炸猪排、什景雪菜鱼片汤；大四六四，则将四六四中的什锦雪菜鱼片汤换成炒鱼片；大三四为炒虾仁、青椒肉丝、炒鱼片、什景汤；小三四为炒肉丝、炒鱼片、炸猪排、荠菜肉丝豆腐羹。

（3）四大菜。固定菜品是美味酱方，另外3只大菜在品种和数量上有所变化，如大四六四为母油整鸭、清汤整鸡和醋溜鳜鱼；四六四为母油整鸭、清汤半鸡和醋溜鳜鱼；大三四为母油整鸭、清汤半鸡和醋溜黄鱼；小三四为清汤半鸭、五香鸡块和醋溜黄鱼。

（4）点心。鲜肉大包。

任务二 西式筵席出品格局

（一）西餐主要菜系及特点

西餐大致可分为法式、英式、意式、俄式、美式等几种，不同类型西餐的主要特点具体如表 4-5 所示。[①]

表 4-5 西餐主要菜系特点

名 称	特 点	代表菜
法式菜肴（西菜之首）	选料广泛，加工精细，烹调考究，滋味有浓有淡，花色品种多比较注重食物的生熟度； 重视用酒来调味，吃什么菜喝什么酒有严格规定； 法国人十分喜欢吃奶酪、水果和各种新鲜蔬菜	马赛鱼羹、鹅肝排、巴黎龙虾、红酒山鸡、沙福罗鸡、鸡肝牛排
英式菜肴（简洁与礼仪并重）	烹调讲究鲜嫩，油少、口味清淡； 调味品放在餐台上由客人取用，很少用酒作调料； 选料注重海鲜及各式蔬菜，菜量要求少而精； 烹调方法多以蒸、煮、烧、熏见长	鸡丁沙拉、薯烩羊肉、烤羊马鞍、冬至布丁、明治排
意式大餐（西菜始祖）	原汁原味，以味浓著称； 烹调注重炸、熏，以炒、煎、炸、烩等方法见长； 意大利人喜爱面食，意大利各种形状、颜色、味道的面条至少有几十种	通心粉素菜汤、奶酪焗通心粉、肉末通心粉、比萨饼、焗馄饨
美式菜肴（营养快捷）	简单、清淡、咸中带甜； 美国人喜欢铁扒类的菜肴； 美国人常用水果作为配料烹制菜肴，喜欢吃各种新鲜蔬菜和水果，对饮食要求不高，但注重营养、快捷	烤火鸡、橘子烧野鸭、美式牛扒、苹果沙拉、糖酱煎饼
俄式大餐（西菜经典）	口味较重，以酸、甜、辣、咸为主； 喜欢用油，制作方法较简单； 烹调方法以烤、熏、腌为特色	什锦冷盘、鱼子酱、酸黄瓜汤、冷苹果汤、鱼肉包子、黄油鸡卷
德式菜肴（啤酒、自助）	不求浮华只求实惠营养，首先发明自助快餐； 德国人喜喝啤酒	香肠、啤酒

（二）西式筵席出品格局

（1）头盆。头盆又称冷盘、前菜、头盘、餐前小食等，开餐的第一道菜起开胃作用，

---

① 资料来源：王志民，许莲. 餐饮服务与管理实务[M]. 2 版. 南京：东南大学出版社. 2014.

也称开胃菜。传统西式宴会多为冷菜，用清淡的海鲜、熟肉、蔬菜、水果、鸡肉卷、鹅肝派等制成。有胶冻类菜品（如龙虾冻）、派类菜品、冷肉类菜品和一些腌制类菜品（如德国泡菜、腌三文鱼等），配有面包、黄油和色拉。装盘讲究，色彩搭配协调，装饰美观，可用鸡尾酒杯盛装，显得更加好看。一般安排1道，配低度干型餐前葡萄酒。

（2）色拉。有素色拉、荤色拉和荤素混合色拉等种类，配白葡萄酒。

（3）汤。具有开胃、促进食欲作用。午宴一般不上汤。汤有冷、热之别，清、浓之分，浓汤又有白、红之分。原汤、原味、原色，如鲜蚝汤、牛尾清汤、鸡清汤、奶油汤、厨师红汤等。茶汤清澈见底、味道鲜美，如牛茶、鸡茶。汤盛在凹盆内，茶汤盛在大号咖啡杯内，配雪利酒。

（4）副菜。副菜又称小盆，是表现力最丰富的菜式，食材可为野味、海鲜等。烹法多样，如烩、烧、煎、炸、煮、烘等，使用8寸盆或长盘、烤斗、烙盘、罐等餐具。

（5）主菜。主菜又称主盆，是烹调工艺较复杂、口味最具特色、分量最大、质量及价格最高的菜品。食材以鱼类、肉类为主，配菜选用各种新鲜菜，按照白、青、红等颜色组合烹制，装盘造型美观。在法式宴会中，主菜也是一道表演菜，可将宴会推向高潮。主菜只配一道，配红葡萄酒、玫瑰红葡萄酒、干或半干白葡萄酒。

（6）甜品。起到饱腹和助消化的作用，有冷、热之分，有奶酪与甜点。常用甜布丁、奶酪和各种水果做甜菜，如冰激凌、布丁、凝脂牛奶、各种水果派、各种蛋糕、小甜饼等，配红葡萄酒、雪利酒、波特酒等。

（7）酒水饮料。餐前酒又称开胃酒，在用餐之前或在吃开胃菜时饮用，有鸡尾酒、威士忌和香槟；佐餐酒，用餐期间饮用葡萄酒，原则是"红配红，白配白"；餐后酒，用来助消化的酒水，有利口酒、白兰地。餐前用蒸馏水；佐餐用汤力水或果汁；餐后饮红茶、绿茶、咖啡等，醒酒解腻助消化。

任务三　中西合璧筵席出品格局

汇集中西餐在宴会环境布置、宴会形式、宴会程序、餐桌摆台、菜点类别、菜点制作、用餐方式、上菜方式、服务方式等各方面之长的中西合璧宴会，具体形式有中式圆桌位上式宴会、自助餐宴会等。筵席出品格局的具体菜点类别与比例、各式菜品配置安排要根据主宾要求、宴会价格而定，详见项目五中的相关内容。

案例4-2　采用中式自助餐的国庆宴会[①]

1952年9月30日国庆宴会在怀仁堂举行，宴请各国观礼代表团，有2500多人出席。当时怀仁堂场地狭小，容纳不下这么多的餐桌，后厨灶台也不够，又没有煤气。该如何承担规模盛大、规格高档的国宴呢？承担此次任务的北京饭店反复研究，决定采用中式菜肴、西式冷餐会的方式举办国庆宴会。国宴上，厨师们制作了36种中餐冷热菜点，拼摆美观、色泽鲜亮、荤素兼顾、美味可口，陈列在几个大餐台上，蔚为壮观。餐具将小盘换成了大盘，同时备了筷子和刀叉勺。有位首长笑嘻嘻地说："外国人用不了中国筷子，中国人用不惯外国刀叉。过去吃中国大菜，苏联专家看着筷子直摇头；开酒会时，我们这些拿不惯刀叉的人又出洋相。现在好了，习惯用什么就用什么。这就叫'有什么武器就打什么仗'"。不设主宾席，不排席位，宾客自由取食、站立用餐，有利于相互交谈，轻松愉快。这种前所未有的中餐自助餐宴会，受到了中央首长和各国来宾的赞扬，后来也被同行广为采用。

---

① 资料来源：饶勇. 现代饭店营销创新[M]. 广州：广东旅游出版社，2000.

模块二 筵席菜点设计

任务一 筵席菜肴设计原则

（一）客我满意原则

1. 满足需要

（1）按目的配菜。了解宴会主题，根据客人宴请目的设计菜肴。例如，寿宴安排"寿桃武昌鱼""松鹤延年汤""长寿伊府面"等菜点；婚宴通过"鸳鸯鳜鱼""早生贵子""知音丝萝"等菜点突出主题；公司开张宴会设计"吉利鱼排""黄金大饼""财源滚滚"菜点，迎合办宴者希望兴旺发达的心理。

（2）按需配菜。根据客人饮食特点，重点了解主人、主宾及其夫人的口味、饮食禁忌等，做到"投其所好，避其所忌"。

（3）按价配菜。根据宴会餐标设计出品。处理价格与菜肴关系的技巧有：① 搭配恰当。冷菜少、热菜多，给人价位低的感受；每人每菜多，给人价格高的感受。因此可在冷热菜的比例与进餐方式上加以搭配与提升。② 选料合理。选用一般原料或增大辅料用量来降低成本。③ 当地食材。宴请外地客人，选用具有当地特色但价格一般的原料，如山野菜、用地方土产制作地方风味菜。不同区域、不同身份的客人对同一原料有不同档次的感受，如明虾与河虾仁，北方人认为明虾档次高，南方人却认为河虾仁档次高；特产野菜，当地人认为很普通，外地客人却认为高档名贵。④ 加工精细。低价菜仔细做，高价菜精心做。⑤ 价格预期。公费宴请有财务预算，超过预算会给报销带来麻烦；私人宴请，超过心理价位 20%时会使客人产生贵的感受。

2. 特色鲜明

（1）突出地方名菜、名宴。充分利用本地特有的菜系、名菜、名宴，如四川的"干煸牛肉丝"、山东的"奶油鲑鱼"、江苏的"清炖狮子头"、广州的"脆皮鸡"。

（2）突出酒店特色菜、招牌菜。例如，张生记靠风味独到的"笋干煲老鸭"菜肴，小肥羊、小土豆、石磨豆花靠特色原材料，巴国布衣、小绍兴靠地域风味，皇城老妈、眉州东坡酒楼、保定会馆靠附加文化而风靡市场。

（3）突出主厨拿手菜。充分利用身怀绝技的名厨、大师制成的菜肴，满足客人心理上的自豪感。酒店要培养与宣传名厨，使他们成为酒店的金字招牌。

3. 接待能力

（1）宴会厅房特点。宴会厅的地理位置、交通便利程度与停车场的方便与否，宴会厅房面积的大小、形状以及其他空间面积，餐桌椅、家具与餐具、接待服务能力。

（2）厨房设备条件。根据厨房设备设施的生产能力筹划菜点，均衡使用各种设备，避免过多使用某一种设备。应充分利用、发挥酒店独有的设备优势烹制菜点。

（3）厨师技术能力。亮出名店、名师、名菜、名点的旗帜，弘扬技术专长，运用独创技法，力求新颖别致，令人耳目一新。

（4）原料供储情况。了解各种原料的应时季节、上市时间、产地区域、生长情况，掌握本酒店原料采购、储备能力及质量、价格等情况，做到心中有数。

4. 确保赢利

详见项目九中有关宴会成本管理的内容。

（二）食材广泛原则

1. 食材类目

世间食物以本味为尊。味美由食材和厨艺决定。就食材而言，守正创新的"正"就是本味，就是根本。中国地广物博，食材极为丰富，如表 4-6 所示。[①]

表 4-6　烹饪原料主、配料类目

植物性原料	粮食类	谷类	稻米、面粉、杂粮
		豆类	大豆、绿豆、小豆、蚕豆
		薯类	木薯、甘薯、马铃薯、山药
		粮食制品	谷类制品、豆类制品、薯类制品、淀粉制品
	蔬菜类	根菜类	肉质直根类、块根类
		茎菜类	地上茎类：嫩茎类、肉质茎类
			地下茎类：球茎类、块茎类、根状茎类、鳞状茎类
		叶菜类	普通叶菜类、结球叶菜类、香辛叶菜类
		花菜类	花椰菜、西兰花、黄花菜、食用菊、朝鲜蓟
		果菜类	荚果类、茄果类、瓠瓜类
		食用孢子植物类	食用菌类、食用地衣、食用蕨类、食用藻类
		蔬菜制品	脱水蔬菜、盐渍蔬菜、糖制蔬菜、罐装蔬菜、速冻蔬菜
	果品类	鲜果类	伏果、秋果、南鲜果、北鲜果
		果仁类	仁果类、核果类、浆果类、柑橘类、瓠果类、坚果类、聚复果类、荔枝类
		干果类	自然干燥的干果、人工干燥的干果
		果品制品	果干类、果脯蜜饯类、果酱类
动物性原料	畜类	家畜类	家畜肉、家畜副产品
		野畜类	野畜肉、野畜副产品
		畜肉制品	腌腊制品、脱水制品、灌肠制品、烟熏制品、酱卤制品、烧烤制品、油炸制品
		乳和乳制品	乳、乳制品
	禽类	家禽类	家禽肉、家禽副产品
		野禽类	野味禽肉、野禽副产品
		禽蛋及禽蛋制品	禽蛋、禽蛋制品
		禽肉制品	腌腊制品、烧烤熏制品、酱卤制品、罐头制品
	两栖爬行类	两栖类	无尾类（蛙、蟾蜍）、有尾类、无足类（蚓螈）
		爬行类	龟鳖类、蛇类
	鱼类	淡水鱼类	淡水性鱼类、洄游性鱼类、温水性鱼类、冷水性鱼类
		海产鱼类	软骨鱼类、硬骨鱼类
		鱼肉制品	腌制品、干制品、鱼糜制品、烟熏制品、速冻制品、罐装制品
	无脊椎动物类	棘皮动物类	海胆、海参类（刺参类、光参类）
		节肢动物类	甲壳类（虾类、蟹类、蔓足类、虾蟹制品）、蛛形类、昆虫类
		软体动物类	腹足类（螺类、鲍）、瓣鳃类（蚌、蚶、贝、蛏、蛤、蛎）、头足类（墨鱼、鱿鱼、柔鱼、章鱼）、石鳖类、软体动物制品
		星虫动物类	沙蚕
		环节动物类	蚯蚓、水蛭
		腔肠动物类	水母、海葵、海蜇、珊瑚

[①] 资料来源：朱水根. 烹饪原料学[M]. 长沙：湖南科学技术出版社，2004.

续表

调料	调料	咸味调料、甜味调料、酸味调料、麻辣味调料、鲜味调料、香味调料
	调料加工品	调味汁、调味油、调味粉、调味酱
辅料	食用油脂	植物性油脂、动物性油脂、再制油脂
	食用色素	天然色素、人工合成色素
	食品添加剂	发色剂、膨松剂（化学膨松剂、生物膨松剂）、嫩肉剂、增稠剂、凝固剂

2. 按域配菜

食材广泛性是形成菜肴多样性的基础，是提供各种营养素的主要来源。食材因土壤、海拔、气候、光照等区域生长环境的不同，品质差别很大。"本土食鲜。"靠山吃山靠水吃水，一方水土生一方菜蔬、产一方谷物、挛一方膻荤、烹饪一方看馔，形成一方口味。乡愁有七窍，而口味则是乡愁之大穴。要充分利用当地当季食材，挖掘本地食俗。

3. 按时配菜

（1）适时而食。调和饮食滋味，要符合时序，注意时令。根据春夏秋冬四时变化，人的饮食调和与天地、自然界联系起来分析。"不时不食""吃时新"。食材都有特定生长周期、最佳食用期，不同季节选用不同食材，夏天炎热安排黑鱼、河蚌、鸭子、黄瓜、冬瓜、茄子等凉性食材；冬天寒冷，选用羊肉、狗肉、牛肉等暖性食材。时令到了有啥吃啥，"菜花甲鱼菊花蟹，刀鱼过后鲥鱼来，春笋蚕豆荷花藕，八月桂花鹅鸭肥。"桃花季节食鳜鱼，清明前夕吃螺蛳、刀鱼，5月吃新鸭，端午吃鳝鱼，稻熟时吃童子鸡，霜打过的青菜最好吃。

（2）依时配味。孙思邈在《孙真人卫生歌》中提出"四时"饮食宜忌："春月少酸宜食甘，冬月宜苦不宜咸。夏月增辛聊减苦，秋来辛减少加酸。季月大寒甘略戒，自然五脏保平安。若能全减身康健，滋味能调少病缠。"配菜原则是"春夏清淡凉爽，秋冬味醇浓厚"，糟醉春夏美味，烤炖秋冬至味。

（3）顺时烹制。同样的食材，不同季节采用不同的烹制方法。例如，苏州人吃一块肉，一年四季按照樱桃肉、荷叶粉蒸肉、菜干扣肉、酱方这样的顺序吃过来；吃一条鳜鱼，春天松鼠鳜鱼、夏天瓜姜鳜鱼、秋天千层鳜鱼、冬天干烧鳜鱼。

（4）按时进补。根据中医学的"季节进补"学说，不同季节使用不同食材配制食医结合的滋补菜和药膳菜，健康养生。

4. 按材配菜

（1）选用不同食材。自古无鸡不成筵。袁枚言："鸡用雌才嫩，鸭用雄才肥"，"鸡宜骟嫩，不可老稚。蒸鸡用雏鸡，煨鸡用骟鸡，取鸡汁用老鸡。"同是鸡，炖汤要用老鸡，白斩鸡要用嫩鸡，炒鸡丁要用嫩鸡的胸脯肉，芙蓉鸡片要用鸡胸骨边的两条鸡芽肉。鱼丸原料以白鱼为上，草鱼其次，花鲢居三，白鲢第四。

（2）选材不同部位。食材不同部位适宜做不同菜肴。猪肉的上脑部分肥瘦参半且细嫩，宜烧咕咾肉；腿肉中的坐臀肉纤维粗糙，但香味很足，白切肉非它莫属；猪肠做炸熘圈子，是上海本帮名菜。猪外脊肉分为3种：带肥膘外脊肉可做"黄焖猪排"或"红烧猪排"；不含肥膘的净外脊肉适宜炸、炒；带脊椎骨不含肥膘的外脊肉即大排。

（3）食材搭配合理。① 荤素料搭配。详见营养卫生原则的内容。② 主辅料搭配。丝类菜的主副料质地要一致，如笋丝配八珍鱼翅，会使硬的盖过软的，吃不出鱼翅的感觉。③ 不同档次料搭配。一桌菜品有两三道高档菜，整桌筵席档次就上去了；但将鲍鱼、海参、鱼翅、燕窝、龙虾等高档原料全上席，则中心不突出，制作困难，营养搭配也会失衡。

5. 按质配菜

按客人体质特点配菜。例如，面色黑黄，可能肝肾不适，应推荐保肝护肾的菜肴，但要避咸；唇紫眼青，可能心肺不舒，应提供易消化吸收的菜肴，但要避咸、辣；面色无华为体虚，应提供高蛋白、温热易吸收的食品，但要避免高热能、不易消化吸收的食品；面色赤红有光泽为体健，应提供"三低一高"食品。

6. 安全绿色

保证原料无毒、无病虫害、无农药残留，绝对禁止使用一切含有毒素或在加工中容易产生毒素的食材。有些含有毒素的原料（如蛇、蝎、河豚）必须彻底剔除有毒部分或经加工处理除去毒素后方可食用。决不准许用国家明令保护的珍稀生物做食材。充分运用大数据，做到每一食材可追溯。

（三）烹法考究原则

清代李光庭在《乡言解颐》中言："《随园食单》内各条，俱有可取，而其颠扑不破之语，则惟'有味者使之出，无味者使之入'两言，唤醒耳食目食者不少。"这里的有味者或无味者指的是食材，出或入指的是烹调。

1. 烹调方法

烹是煮的意思，通过加热将加工、切配好的原料熟制成菜肴；调就是调味，使菜肴滋味可口、色泽诱人、形态美观；饪是熟的意思。烹调指烹煮调制食物，使食物更可口、更好看、更好闻的处理方式与方法。烹饪的狭义解释是煮熟食物，广义解释是泛指各种饭菜变熟的整个过程。烹调方法是菜肴风味形成的基础，影响菜肴的颜色、味道、质地乃至形状、营养等。中国的烹调方法丰富多彩、五花八门，按刘敬贤、邵建华主编的《新编厨师培训教材》归类，热菜烹调方法如表4-7所示，冷菜烹调方法如表4-8所示。

表 4-7　热菜烹调方法

导热体	烹法名称		方法
以油为导热体	炒		将小型原料用中、旺火在较短时间内加热成熟，调味成菜肴的烹调方法
		滑炒	原料在温油锅里加热成熟，再拌炒入调味品。滑炒菜滑爽柔嫩，卤汁较紧
		煸炒	将不易碎断的原料在旺火中短时间内烹调成菜。鲜嫩爽脆，本味浓厚，汤汁很少
	爆		将脆性原料放入中等油量的油锅中，用旺火高油温快速灼烫成熟，脆嫩爽口
	煎		用中火或小火将扁平状的原料加热至金黄色并成熟，煎菜鲜香嫩脆或软嫩
	炸		原料在灼热的高油温中炸煎制作，具有香、酥、脆、嫩特点，不带卤汁。有清炸与挂糊炸两类
	汆（tǔn）		大油量、中小火低温加热，成菜柔软鲜嫩。有软汆和纸包汆两种
	油浸		原料在热油中下锅，旋即离火。待油温降至100℃左右时，将原料捞出盛盘，再另调一鲜咸味的卤汁，浇淋于原料之上。成菜鲜嫩柔软
以水为导热体	烧		原料经旺火—文火—旺火3个过程加热，烧菜具有熟嫩的质感。有扒、干烧、红烧、白烧等几种
	焖		在经过炸、煎、炒或水煮的半加工原料中加入酱油、糖等调味汁，用旺火烧开后再用小火长时间加热成熟。形态完整，不碎不裂，汁浓味厚，酥烂软糯，多为红色。方式有生焖、熟焖、黄焖、红焖、酱焖、酒焖、油焖等多种
	烩		将加工成片、丝、条、丁的多种原料经旺火短时间加热成半汤半菜的菜肴。汤宽汁醇，滑利柔嫩。烩菜的勾芡厚一点即为羹
	汆（cuān）		细、薄、丝状的原料经大火短时间加热，成菜汤汁多于原料，汤味鲜醇、料嫩或脆嫩。涮是自助式的汆，即自取生料自烫食
	煮		原料在用大火烧开后用中、小火做较长时间的加热，煮菜汤菜各半，汤宽汁浓，口味新鲜
		炖	在足够的水中小火炖制，有隔水炖与入水炖两种
		煨	在汤水似沸非沸的条件下用文火慢慢地煨煮

续表

导热体	烹法名称	方　法
以汽为导热体	蒸	用中旺火加热，在蒸汽中成品蒸熟，或熟嫩或酥烂。蒸汽温差小，保持原料的原形原汁原味，适合造工艺菜。有清蒸、粉蒸、包蒸、糟蒸、上浆蒸几种
	烤	将原料经过腌渍或加工成半熟制品后，放入以柴、煤、碳或煤气为燃料的烤炉或红外线烤炉烤熟。分为暗炉烤与明炉烤两种，泥烤是暗炉烤的特殊应用形式
	烘	在烘炉中，用小火慢慢加热，直到原料成熟
以盐为导热体	盐焗	焗是对原料施以压力使之成熟。原料经调味包裹之后，埋入热盐中焖熟，成菜讲究原汁本味。盐焗一法源于广东，现已流传到各地
综合烹调方法	熘	原料用某种烹调方法加热成熟后包裹上或浇淋上即时调制好的卤汁。卤汁较多，口味复合。有炸熘、蒸熘、煮熘、滑油熘等几种
	烹	原料按某种基本烹调法烹制成熟后，喷入已经调好的调味清汁。成菜强调味感特殊，滑而不腻。烹菜原料大多只是单纯拍粉，制品本味较浓

表 4-8　冷菜烹调方法

类　别	名　称	方　法
煮烧类	卤	原料在事先调制好的卤汁中加热。汤卤有红、白两种。卤汁保存时间越久，卤出来的菜肴就越香越鲜。所用原料广泛
	酱	原料经腌制或焯水、炸制，然后加各种香料、调料焖烧，最后将卤汁稠浓、均匀地粘裹在原料表面
	白煮	大件料在水中煮，不加咸味调料。取料不用汤，原料冷却后经刀工处理装盘。菜品白嫩鲜香，本味俱在，清淡爽口
	油焖	原料经油炸或煸去部分水分，再加调料焖烧，最后收干卤汁而成
	酥	以醋为主要调料，经小火长时间加热，令原料骨肉酥软、鲜香入味
	油浸	原料在热油中下锅，旋即离火。待油温降至 100℃ 左右，将原料捞出盛盘，再另调一鲜咸味的卤汁，浇淋于原料之上。成菜鲜嫩柔软
炝拌类		细小原料经加热成熟，用调味品调拌。调料品种极多。成菜爽嫩、清淡、不腻
汽蒸类		利用蒸汽烹制冷菜。菜品数量不多，一般是蛋类出品及某些酿制类冷菜
腌制类		原料浸渍于调味料中，或用调味料涂擦、拌和，以排除原料中的水分和异味，使原料入味并使某些原料具有特殊的质感和风味
	盐腌	生料或熟料拌上或撒上盐，静止一段时间后直接食用
	腌风	原料以花椒盐擦抹周身后，置于阴凉通风处吹干水分，随before蒸或煮制成菜
	腌腊	原料以花椒盐或硝盐腌制后再烟熏，或腌制后晾干再腌制，反复循环
	腌拌	原料先经盐腌，再用其他调料调拌腌制，或将盐和其他调料与原料拌和腌制
	腌泡	原料浸泡于各种卤汁中而成。方式有糟腌、醉腌、泡腌
烧烤类	生熏法	将加工处理好的生料用调味品浸渍入味，再经熏料烟熏成熟
	熟熏法	原料经过腌、蒸（或煮）、炸、熏多道工序而成
炸余类		制法与热菜相同，只是菜品较少。有脆炸和油余两种
糖粘类	挂霜	小型原料加热成熟后，粘上一层似粉似霜的白糖
	琉璃	原料挂上糖浆后，待其冷却结成玻璃体，表面形成一层玻璃状的薄壳，透明而光亮，酥脆而香甜
冻制类		成熟的原料加上明胶或琼胶汁液，待冷却后成菜。口感单纯，成品色泽晶莹剔透，也称水晶菜
脱水菜		也称为松。无骨、无皮、无筋的原料，采用多种烹调方法脱水或变得松软
卷酿菜		口味丰富，更多着眼于色彩和造型
	卷菜	以一种大薄片的原料卷包入一种或几种其他原料，成品口味丰富，造型别致
	酿菜	在一种原料面上、中间涂上、夹进、塞入另一种或几种原料的制法

2. 最佳烹法

各种食材都有其最佳烹法。例如，白鱼以清蒸最为肥美，在盐、油、葱、姜和蒸汽的作用下，达到鲜美要求，但其因细刺多而令人望而却步，可经过暴腌加工，蒸熟后用筷子轻轻一拨，黄鱼肉般的蒜瓣肉便散落在盘中，便能很轻易地在盘中分辨骨刺。小排骨剁小后多用于拖面糊炸糖醋小排，或文火笃汤；大排骨可烧、炸、焖、熘、炖，亦可做叉烧或卤酱做冷盆。

3. 烹法多样

一桌筵席中，各种菜肴在品种、用料、调味、技法、装盘等方面应多样化，荤素、浓淡、干湿搭配，避免菜式味型单调，工艺技法雷同，力争一菜一烹法，菜菜不重样。例如，四大热炒菜，可用滑炒、抓炒、爆炒、煸炒不同烹法，糖醋、红烧、清炒、椒盐等味型巧妙组合；有了一道"蒸"制点心，再上一道"炸"或"烤"制点心。季节不同，烹法也不同，冬天宜用火锅、砂锅及煲类菜，给人以暖和之感；夏季多用清蒸、凉拌、冻制等菜，给人一种清爽淡雅之感。厨房也因不同烹法采用不同加热设备，错开制作时间，保证按时出菜。

4. 风格统一

一桌筵席十多道菜点要求特色鲜明，风格统一。北京大董烤鸭店的支撑产品是烤鸭，然而又有丰富的菜品做扶持，甚至西餐中的鹅肝酱、牛排、蜗牛都成了盘中之物。大蓉和瓦缸酒楼以"创新川菜"为特色菜，它的瓦缸煨汤、开门红、酱卤猪手、香菜圆子等十大名菜，却是借用其他菜系的技法和原材料而创新的。

（四）品相臻美原则

1. 色彩调和

（1）秀色可餐。色是菜品之肤。菜肴色彩，一是食材原料的天然色彩，二是经烹制调理后的菜肴色彩，三是餐具、桌面、灯光、环境的对比颜色。菜肴色彩既可诱人食欲，又能愉悦心理，还能活跃气氛（详见项目二的色彩知识）。从色彩营养学来看，不同颜色的菜肴代表着不同营养素的含量，色彩搭配合理的菜肴意味着它的营养配比也是合理的。

（2）五彩缤纷。一席菜肴色彩斑斓，但单个菜肴色彩不宜超过三种，如有多种色彩则需有序排列组合。例如，苏州名菜松鼠鳜鱼，拍粉油炸的松鼠鳜鱼身为金黄色，少量笋丁、青豌豆、香菇、香醋与番茄调味汁勾芡一起浇在鱼身上，撒上十来个粉白的虾仁，远观金黄、橙红和淡粉，近看色彩有些小变化。围边装饰不能干扰菜肴色彩，主料与配料、菜肴之间以及菜肴与盛器、台面的色彩有机配合、相互映衬。

（3）配色方法。① 顺色配。以主料色为主色调，辅料色靠近主料色，如"扒三白"中的白菜、肥肠、鱼脯都是白色的，使菜肴鲜亮明洁、十分清爽。② 异色配。用不同颜色的主配料相互搭配，美观协调，但须符合色彩规律，如炒虾仁配以青豆，虾仁白里透些微红，青豆色泽碧绿，色调和谐；如配黑木耳，则一白一黑，色调就很不调和。

（4）服从食用。有的餐厅用很大的雕品盘饰点缀数量很少的菜肴，导致菜肴生熟不分、主次不分，华而不实，影响菜肴的食用价值。更不能为了增加菜肴色彩，有意超出国家有关规定使用食用色素及添加剂，严重的甚至会造成食物中毒。

2. 造型艺术

（1）造型要求。形是菜品之姿。菜品造型是将食材本形通过刀工、烹饪、装盘和雕刻等工艺手段改变并制成菜品外形的过程，如苏州名菜松鼠鳜鱼，剞菱形刀纹粗细一致，成菜貌如松鼠，头部与身子相接并略呈钝角，扭头回望，以瓜果饰于鱼眼处，显现俏皮神情。
① 追求美感。遵循对称、均衡、反复、渐次、调和、对比、节奏、韵律等形式美法则。
② 围绕主题。通过逼真美、象形美、夸大美、微缩美等形式，传递祥瑞、喜庆、圆满等正

面信息，符合宴请主题和主人意愿。③ 突出菜肴。盘饰不可过度装饰。食物在盘中，轮廓线需流畅且适度饱满。④ 防止雷同。一桌菜肴造型谨防类同，杜绝杂乱。⑤ 符合风俗。无残、败、枯、贱等品相。不可引发歧义或令人惊吓，如苏帮菜对鳗鳝处理极为讲究，不做盘龙蒸；酱鸭出骨以花形装盘，如带骨则拼成飞鸟形。⑥ 展介菜肴。上桌时做介绍，营造宾客参与氛围，如锤击叫化鸡泥封、开启砂锅红封条等。

（2）造型方式。① 自然造型。保持食材本形粗犷的原始风格，突出自然美，如烤乳猪、烤全羊，吃鸡不失鸡形，吃鱼保持鱼形。② 象形造型。用雕塑技法或用菜料组拼制成新的各种艺术形象。技术性强、艺术性高，是一种最美的烹饪造型。③ 图案造型。把原料加工成丝、条、块、球、片后，用艺术造型成优美的纹样。平面图案造型有几何式、卷边式、隔断式、花篮式、品字式、花朵式、麦穗式、扇面式、美景式等，立体图案造型有圆台式、螺旋式、圆锥式等。④ 摆台造型。一组形态、花样、色泽各异的冷盘，通过摆台可更富有艺术观赏性，如中间一个花色冷盘，四周用8个小围碟拼制出8种形态各异的动、植物形态。

（3）造型手法。

第一，刀工改形。刀工决定菜品形态。原料经加工后成片、丁、丝、条、块、段、茸、末、粒、花等形，原料组合时，行业通行做法是"块配块、片配片、条配条、丝配丝、丁配丁"。为突出主料，辅料形应略小于或细于主料形。刀工要求：刀口规范、整齐划一、分量适宜、配搭合理。烹调加热时间短，宜配形态细小的原料；形态粗大的原料加热时间长。刀面（指冷菜装盘后，最上面的一层）有3种：① 硬刀面。指带骨的原料，如白斩鸡、酱鸡之类，原料没有伸缩余地。② 软刀面。指不带骨的质地较为柔软的原料，如白切肉、白肚之类，原料按压后不会变形，装盆可稍作调整。③ 乱刀面。原料切得细小，装盆时不讲究刀纹齐整，盛放在盘中即可，如拌芹菜、油焖笋等。配制不同冷盆时，3种刀面交互使用，显得丰富多彩。

第二，盘饰成型。通过围边、雕刻等技巧创造千姿百态、生动活泼的造型，起到美化菜肴、烘托气氛、显示技艺、增进食欲的作用。依据的美学原理有：① 向心律。以餐具四周向中心有节奏地排列，如淮扬菜的玛瑙鸭舌。② 离心律。从餐具中心由里向四周排列，如淮扬菜的松仁黍米，适用于单一品种的造型菜。③ 回旋律。菜料由餐具外缘为起点向内做旋转，或由餐具中心为起点向外做旋转。

第三，雕刻塑型。用雕塑或组拼技法把菜料制成花鸟鱼虫、亭台楼阁等形象，取个美丽的名字，如动物性的百鸟归巢、孔雀开屏、凤凰展翅、金牛戏水、龙凤呈祥等，植物性的百花齐放、春色满园、田园风光等。雕刻塑型在花式冷盘中运用较多，在热炒中也有应用。立体造型的食物不应阻碍宾客视线。

第四，餐具配型。器是菜品之衣。"美食配美器"，红花配绿叶。餐具只起辅助作用，不可越俎代庖。详见项目三的内容。

3. 香气扑鼻

（1）香气四溢。香是菜品之气。人们进食时总是未尝其味，先闻其香。嗅觉较味觉灵敏得多，但衰减相当快，因此，菜品香气应力求纯正持久。香气有：① 骨香。菜料的自然香气。原料在制熟过程中本身具有的清香有酱香、脂香、乳香、菜香、菌香、酒香、蒜香、醋香等。动物类蛋白质的菜料香味醇度高于蔬菜，如老母鸡、蹄膀，烹调时很少用香料，以避喧宾夺主；蔬菜中的姜、韭、葱、蒜类的香辛气更能香气四溢。② 气香。调料香气能压倒菜料香气，原料自身缺乏香味甚至还有些不良气味，烹调时必须用香料增香，如鱼翅、海参离不开葱、油增其气香，肉料可在加作料的沸水中焯水以去腥膻。

（2）提香措施。① 烹调。常用挥发、吸附、渗透、溶解、矫臭等方式增加菜肴香气。

② 保温。菜肴越热香味物质挥发越多，因此要保证菜肴温度（详见下面温度适宜的内容）。

4. 温度适宜

（1）温是菜品之脉。"一热三鲜"，温度会改变菜肴的外观、气味与口感。菜点温度不同，口感质量差异明显。如蟹黄汤包，热吃汤汁鲜香，冷后腥而腻口，甚至汤汁凝固；拔丝苹果，趁热食用，可拉出万缕千丝，冷后则糖饼一块。凉菜要凉，热菜要烫，冷热反差大，口味感觉更好。按人的饮食习惯，夏秋喜欢清爽淡雅的菜肴，应增加冷菜比例，使用热量较低菜肴；冬春喜欢浓厚热汤，多用富含脂肪和蛋白质、热量较高的菜。

（2）菜点最佳食温。据研究，甜味在 37℃ 左右感觉最甜；酸味在 10～40℃ 味道基本不变；咸和苦的东西，温度越高，味道越淡。根据温度与食物的关系，食品可分为冷凉食品和热烫食品。冷类食品温度在 0～6℃、喜凉食品在 10℃ 左右、喜热食品在 60～65℃ 味道最好。食品讲究羹类食品热、饭类食品温、酱类食品凉、饮料食品寒的原则。科学研究发现，各类食品最佳食用温度如表 4-9 所示。

表 4-9　部分食品最佳温度

食品名称	最佳食用温度	食品名称	最佳食用温度
冷菜	15℃左右	凉开水	12～15℃
热菜	70℃以上	果汁	10℃
热汤	80℃以上	水果盘、西瓜	8℃
热饭	65℃以上	啤酒	夏天 6～8℃ 冬季 10～12℃
砂锅、煲类菜	100℃		
热咖啡	70℃	冰激凌	6℃
热牛奶、热茶	65℃	汽水	5℃

（3）菜点保温措施。有制定标准、叫起即烹、餐具预温、成菜就上、餐盆加盖、跑菜提速、餐桌加热、客前烹制等方法（详见项目九宴会出品生产质量控制的内容）。

5. 质感适口

（1）质感作用。质是菜品之骨。质，指食材的质地及食物的口感，这是触觉感受。适口，即菜点的质地要能给口腔内的触觉器官带来快感。任何使菜肴偏离其特有质感的烹饪方法都可使菜肴变成不合格的产品，所以人们抵制发软的脆饼，不喜欢多筋的蔬菜等。菜肴质感是由食材结构和不同烹法所形成的。

（2）质感类型。质地感觉是牙齿、舌头和口腔与菜点接触时所产生的一种触感，有脆韧、涩滑、肥瘦、老嫩、软硬、松紧、酥僵等多种类型。人们喜欢的质感有：① 酥。菜肴入口牙咬后即散为碎渣，如香酥鸭。② 脆。菜肴入口迎牙而裂，如清炒鲜芦笋。③ 韧。菜肴入口后有弹性，经牙齿较长时间咀嚼还能感受到，如干煸牛肉丝、花菇牛筋煲等。④ 嫩。菜肴入口后有光滑感，一嚼即碎，如糟溜鱼片。⑤ 烂。菜肴入口即化，几乎不用咀嚼，如米粉蒸肉。

（3）选择优质食材。食材质地因品种、生长环境、生长年限、自然觅食或人工饲养、鲜活程度、存储条件等不同而千差万别。袁枚在《随园食单》中说"大抵一席佳肴，司厨之功居其六，买办之功居其四"。芳香自然、气味纯正、品质好的食材是厨师烹制美馔的基础。

（4）烹调提升口感。食材加工、烹饪手法能改变食材的质地。例如，不经水浸的土豆丝，烹饪后口感易绵软；土豆丝浸水后，因其淀粉变性而使口感脆爽。暴腌白鱼，用网兜装鹅卵石压之，则易成蒜瓣肉。牛肉用果蔬汁腌渍，可使肉质变嫩。虾仁经过浆制，可提升滑韧度。烹饪时，主辅料和配料要"脆配脆，软配软"，如爆双脆，必须用肚仁和鸡胗相配，且形态大小、厚薄相近，剞刀深度一致；锅煸豆腐，吃其软嫩，所用原料必须是柔软的豆腐和鸡蛋。也有软脆相配情形，如冬笋肉丝，一硬一软，口味别具特色，但烹调时要注意火候调节，保持各种原料的性质特点。

（5）适合宾客个性。人的口感具有多样性，有喜香脆，有喜软嫩，青菜萝卜各有所爱。同时，口感也因宾客的年龄、地域以及饮食习惯不同而各异。比如少儿喜食酥脆的菜肴，年轻人喜欢松脆而有嚼劲的食物，中年人喜食硬、酥、肥、糯的菜肴，年长、体弱或养生者多喜酥烂、松软、滑嫩的菜肴。

6. 声音悦耳

（1）声音作用。声是菜品之音。要充分利用人的各种感官的相互作用，声与质、声与味是相互关联的，能起到联觉作用。

（2）悦耳措施。① 菜名声音。有菜无名，其传不远。菜名要好听易记、琅琅上口。上菜服务时要报菜名，介绍其营养、烹饪知识和民间传说，满足客人求知欲。② 菜肴声音。有些菜肴由于厨师的特别设计或特殊盛器的配合使用能发出声响，如火锅、砂锅以及铁板牛肉、虾仁锅巴、油氽锅巴、响铃之类的菜发出的自然声响会引发人的食欲。③ 背景音乐（详见项目二的内容）。

（五）滋味可口原则

1. 味之作用

味质色形是饮食审美心理的核心要素，味质是本，色形为标。"民以食为天，食以味为先"，味是菜品之魂。中国味，味天下。中国菜的精华就在于美味，美味上升到道的境界称为味道，味道永远是筵席的核心、菜肴的本质。

2. 味之知识

（1）美味的宽度。味由气味和滋味构成。味的感觉来自"嗅觉"和"味觉"两方面，即鼻子闻到食物气味、舌头尝到食品滋味。构成滋味的要素是味素，味觉从生理角度分类，有酸、甜、苦、咸 4 种基本味，以及辣、鲜、香、麻等其他单一味，由几种基本味混合而成复合味。味的不同组合能调制出丰富多彩的美味，如川菜就有一菜一格、百菜百味之说。滋味有厚薄之分，气味有浓淡之别。滋味和气味是有关联的，如糖醋排骨，尝到的滋味是酸甜的，闻到的气味是酸酸的醋味。

（2）美味的高度。美味在于味的调和。五味调和百味香。调味具有去异味、减烈味、提鲜味、定滋味、增色彩的作用。调味艺术强调强化原味、防止异味、追求美味。调味方法有加热前调味、加热中调味与加热后调味。调味要拿准菜品口味，把握原料性质，注意季节变化，掌握调味与加热的关系。

（3）美味的深度。美味的深度是指食物的衍生价值。在用餐体验中，除了五觉，还有更多应景的慰藉客人心灵的方式，如食俗（长寿面、元宵汤圆、二月二撑腰糕、五月五端午粽、夏至拌面、中秋月饼、冬至馄饨、过年八宝饭……）；又如推荐应季而又不在菜单上的美食，利用食材边角料烹饪外敬菜赠送老吃客，等等。

3. 味之烹调

（1）按材调味。清代李光庭认为：烹饪的至高境界是依食材本味之浓淡而定烹调技术之出入。因材施烹，如"臊"不是牛羊猪肉的本味，"腥"也非鱼的本来气味，厨师需去臊去腥来矫正食物本味。冷水预熟消除肉膈气，白鱼活杀、暴腌、去腥、清蒸等均为激发食材本味之范例。对本味较淡的食材，则需厨师通过不同食材或香辛料的组合进行赋味，如动植物油脂与绍酒、冰糖、酱油相互作用，融合为江南经典之红烧菜味。

（2）按人调味。"物无定味，适口者珍。"口味既要强调共性，更要兼顾个性。在同一时期、同一地域，人们的口味需求大致相同，这便是"口之于味，有同嗜焉""百里不同俗，千里不同风"中国幅员辽阔、民族众多、民俗殊异，因地理、气候、风俗、民情、经济等多种因素，形成了独特的饮食习惯与奇妙的烹饪方法。外宾口味差异更大，如日本人喜欢清淡、少油，略带酸甜；欧洲人、美国人喜欢略微带酸甜味；阿拉伯人和非洲人以咸味、辣味为主，不爱糖醋味；俄罗斯人喜食味浓的食物，不喜欢清淡；等等。

（3）按时调味。调味注重春天酸味重一点、夏天苦味重一点、秋天辛味重一点、冬天咸味重一点，春夏秋冬都要"调以滑甘"（粉芡汤及蔬菜之滑，枣栗饴蜜之甘）。

4. 味之配置

我国菜肴常见味型有三十多种，一桌筵席味型配置有十来种，口味就不单调了。例如，满桌都是咸鲜味型的菜品，让人感到平淡乏味；而一桌配上五六个麻辣味或糊辣味的菜品，又感到太刺激，甚至难受。重复使用某种主材，亦应体现不同的烹饪及赋味方式，做到滋味有起伏、气味有变化。

5. 味之研发

我国香港、广州等地引进、利用国内外新型的调味品，经过科学调配，设计了许多新颖别致的新潮味型，有腌料、烧炒卤调料与蘸汁料三大类几十种新品种，给人以全新的感觉，使宾客感到"五滋六味，滋味无穷"。

（六）营养卫生原则

1. 东方膳食模式

营养是菜品之本，卫生是菜品之基。苏东坡在《养老篇》中说得很明白："烂煮面，软煮肉，少饮酒，独自宿。古人平日起居而摄养，今人待老而保生，盖无益。"饮食最基本的目的是摄取人体所需的营养物质。蛋白质、糖类、脂肪、维生素、无机盐和水是人体必需的六类营养素，具有构造机体、修补组织、维持体温、供给热能与调节生理机能等作用。富有营养、安全卫生是一切食品必须具备的共同条件。《中国居民膳食指南（2022）》首次提出"东方膳食模式"，其主要特点是：清淡少盐、食物多样、谷物为主，蔬菜、水果、豆制品丰富，经常吃鱼虾等水产品及奶类，并且拥有较高的身体活动水平。这样的模式避免了营养素的缺乏和肥胖的发生，提高了预期寿命。

2. 平衡膳食八准则

"健康食为先，平衡是前提；适量很重要，多样需保证。"中国著名医学专家洪昭光认为：人要健康长寿必须"合理膳食，适量运动，戒烟限酒，心理平衡"。合理膳食要"什么都吃，适可而止；七八分饱，百岁不老"。

（1）食物多样，合理搭配。坚持谷类为主的平衡膳食模式。每天的膳食应包括谷薯类、蔬菜水果、畜禽鱼蛋奶和豆类食物。平均每天摄入 12 种以上食物，每周 25 种以上，合理搭配。每天摄入谷类食物 200～300 克，其中包含全谷物和杂豆类 50～150 克，薯类 50～100 克。

（2）吃动平衡，保持健康体重。各年龄段人群都应每天进行身体活动，保持健康体重。食不过量，保持能量平衡。坚持日常身体活动，每周至少进行 5 天中等强度身体活动，累计 150 分钟以上；主动身体活动最好每天 6000 步。鼓励适当进行高强度有氧运动，加强抗阻运动，每周 2～3 天。减少久坐时间，每小时起来动一动。

（3）多吃蔬果、奶类、全谷、大豆。蔬菜水果、全谷物和奶制品是平衡膳食的重要组成部分。餐餐有蔬菜，保证每天摄入不少于 300 克的新鲜蔬菜，深色蔬菜应占 1/2。天天吃水果，保证每天摄入 200～350 克的新鲜水果，果汁不能代替鲜果。吃各种各样的奶制品，摄入量相当于每天 300 毫升以上液态奶。经常吃全谷物、大豆制品，适量吃坚果。

（4）适量吃鱼、禽、蛋、瘦肉。鱼、禽、蛋类和瘦肉摄入要适量，平均每天 120～200

克。每周最好吃鱼2次或300～500克，蛋类300～350克，畜禽肉300～500克。少吃深加工肉制品。鸡蛋营养丰富，吃鸡蛋不弃蛋黄。优先选择鱼，少吃肥肉、烟熏和腌制肉制品。

（5）少盐少油，控糖限酒。培养清淡饮食习惯，少吃高盐和油炸食品。成年人每天摄入食盐不超过5克，烹调油25～30克。控制糖的摄入量，每天不超过50克，最好控制在25克以下。反式脂肪酸每天摄入量不超过2克。不喝或少喝含糖饮料。儿童、青少年、孕妇、乳母以及慢性病患者不应饮酒。成年人如饮酒，一天饮用的酒精量不超过15克。

（6）规律进餐，足量饮水。合理安排一日三餐，定时定量，不漏餐，每天吃早餐。规律进餐、饮食适度，不暴饮暴食、不偏食挑食、不过度节食。足量饮水，少量多次。在温和气候条件下，低身体活动水平成年男性每天喝水1700毫升，成年女性每天喝水1500毫升。推荐喝白开水或茶水，少喝或不喝含糖饮料，不用饮料代替白开水。

（7）会烹会选，会看标签。在生命的各个阶段都应做好健康膳食规划。认识食物，选择新鲜的、营养素密度高的食物。学会阅读食品标签，合理选择预包装食品。学习烹饪，传承传统饮食，享受食物原味。在外就餐，不忘适量与平衡。

（8）公筷分餐，杜绝浪费。选择新鲜卫生的食物，不食用野生动物。食物制备生熟分开，熟食二次加热要热透。讲究卫生，从分餐公筷做起。珍惜食物，按需备餐，提倡分餐不浪费，做可持续食物系统发展的践行者。

3. 中国居民平衡膳食宝塔

（1）每日膳食（各类食物）。① 油25～30克，盐<5克；② 奶类及奶制品300～500克，大豆类及坚果25～35克；③ 动物性食物（鸡蛋、水产品、红肉白肉等）120～200克，每周至少2次水产品，每天1个鸡蛋，控制总量，种类丰富；④ 蔬菜类300～500克，水果类200～350克；⑤ 谷类200～300克（全谷物及杂豆50～100克）；⑥ 水（茶水和白开水）1500～1700毫升，不喝或少喝含糖饮料；⑦ 每天活动4000步。

（2）"一二三四五"。每天饮食：① 1袋奶。每天需要800毫克钙：食材里有500毫克，牛奶含300毫克，睡前喝最好。② 250克碳水化合物。一日主食五六两，最好饭前喝点汤。③ 三分高蛋白。素食为主，适当吃肉。瘦肉、豆腐、鱼和虾，鸡蛋、黄豆、鸡与鸭，不宜过量不可缺。④ 牢记四句话。有粗有细（粗粮细粮，营养全面），不甜不咸（一天5克盐），三四五顿（少食多餐），七八分饱（若要身体安，三分饥和寒）。⑤ 500克新鲜蔬菜和水果。补充维生素、纤维素；水果应在吃饭前1小时吃。

4. 宴会平衡膳食四合理

（1）荤素比例合理。① 酸碱平衡。健康人体内动脉血液酸碱度的pH值应保持在7.35～7.45的范围内，在此区间细胞能进行正常代谢和功能活动。检查自身酸碱平衡的方法是看小便：过白，碱太多；发黄，酸太多；见红，有病了。人体会通过自动调节，如呼吸、肾脏排泄与重吸收、血液中的化学缓冲等，来保持血液酸碱度的稳定。只有患代谢性疾病或其他严重疾病，才会出现酸中毒（pH低于7.35）和碱中毒（pH高于7.45）。食材有酸碱之分，鸡、鸭、鱼、肉、蛋等动物性食材属酸性，蔬菜、水果、牛奶等植物食材为碱性。荤菜进食太多，摄取酸性量超标，会有酸痛之感；长期吃素，摄取碱性量过多，胃有空荡之感，人感到乏力。荤素搭配，营养均衡，筵席菜肴比例为：1/3素菜、1/3荤菜、1/3半荤半素。② 搭配方法。多选深色蔬菜、菌藻类、豆类、薯类、豆腐、菇笋、杂粮、鲜蔬类食材，荤菜优选鸡、鸭、鱼、猪、牛、羊、海鲜等食材。筵席出品构成：冷菜以素为主，多选含淀粉类食材如山药、南瓜、百合等，可减少空腹喝酒的危害；主菜以荤菜和半荤半素为主，汤羹可选清淡一些的菌菇汤；主食点心优选粗粮，如窝头、杂粮面。每只菜肴有荤有素，荤菜用素菜围边，翅、鲍、肚、参等高档原料跟上清口素菜，如鱼翅跟豆芽，既增强食欲，又营养丰富。

（2）数量构成合理。"数"，指一桌筵席所有菜点的道数。菜点道数适当的标准是以宴会结束时基本吃光为宜。"量"，一是指构成一道菜肴主副食材的净用料重量，二是指一桌筵席所有菜点净用料的总重量。影响筵席菜点道数与净料用量的因素如下。

第一，人均净料（食品原材料在初步加工后可用于制作成品的部分）用量。原料是构成菜品的主要单位成本。如果按照 1 毫升约等于 1 克计算，成人每餐的胃容积量为 1200～1400 克食物（菜肴、主食、汤水、饮料、水果之总和）。宴会菜肴总净料量根据宴会的不同性质、档次与赴宴客人的不同情形，在成本核算基础上，综合行业的经验，可取不同的计算方法：高档位上式宴会外宾按人均 400 克计算、中宾按人均 500 克计算；普通围餐式宴会按人均 750 克计算；低档的团队宴、婚宴、工作餐宴可按人均 1000 克左右计算。根据一桌人数计算出筵席菜肴总净料，然后再分配菜点道数和每道菜的净用料（300～500 克左右）。

第二，宴会类型。① 西式筵席。5～7 道。② 中式筵席。围餐式宴会 10～20 道，位上式宴会 10 道之内。③ 自助餐宴会。100 人以下约 40 款，100～500 人为 50～60 款，500 人以上约 70 款。

第三，宴会目的。为了品尝，道数可多些；为了应酬，道数适当少些；为了炫耀，道数要增加一些。按照饮食习俗礼仪，喜宴、寿宴一般宴会道数为双数，丧宴要求单数。

第四，宴会档次。宴会规格越高，菜点道数越多，品种和形式就越丰富，制作方法越精巧，每道菜的量要少些；菜肴道数少的低档次宴会，每道菜的量要多些。

第五，宾客情况。女士、儿童、老年人、脑力劳动者多，菜品总量应少一些；相反，男士、青年、体力劳动者多，菜品总量可多一些。

（3）宴会饮酒合理。中国营养学会建议成年男性一天饮用的酒精量不超过 25 克，相当于啤酒 750 毫升，或葡萄酒 250 毫升，或 38 度白酒 70 克，或高度白酒 50 克；成年女性一天饮用的酒精量不超过 15 克，相当于啤酒 450 毫升，或葡萄酒 150 毫升，或 38 度白酒 50 克。宴会酒水尽可能选择低度酒，不空腹饮酒，饮酒时不要同时喝碳酸饮料等。少饮勾兑饮料、碳酸饮料与奶茶，多饮无糖、无热量的健康饮品，如柠檬水、大麦茶、荞麦茶、花茶、普洱茶等。鲜榨果汁、酸奶、豆浆、五谷杂粮汁对健康有益，但要适量。

（4）进餐方式合理。健康的进餐顺序是：小碗汤→蔬菜→主食→鱼虾类→肉禽，两餐之间加食水果，这样有助于避免食物及动物油脂摄入过多。避免不良进餐习惯，如等餐时大量喝茶会冲淡胃液，影响食欲；菜肴结构中"硬菜"太多；只吃肴馔不吃主食；吃得过多过饱；等等。

（七）成本控制原则（详见项目九中有关宴会成本控制的内容）

1. 制定宴会毛利率

筵席售价和毛利率是宴会成本控制的关键，不同类型的筵席其毛利率有差异。特色筵席的毛利率高于普通筵席的，高档筵席的毛利率高于低档筵席的，工艺复杂、技术性较强的筵席的毛利率高于工艺相对简单的筵席的，名师主理的筵席的毛利率高于普通厨师主理的筵席的。据此制定本酒店的宴会毛利率。

2. 分配各菜点成本

按酒店设定的毛利率与宴会标准售价，算出宴会菜单总成本。设计时，一般要预留 5%～10% 的成本余量，以备客户打折、赠送（或调换）菜点与礼品。然后将 90%～95% 的折后成本按比例分摊到各菜点中。根据行业规范，宴会菜点的成本分摊比例如表 4-10 所示。

表 4-10　宴会菜点的成本分摊比例

	冷　菜	热　菜	大　菜	汤　菜	点　心	水　果	主　食
普通宴会	15%	25%	40%	10%	5%	3%	2%
中档宴会	20%	20%	40%	10%	5%	3%	2%
高档宴会	25%	25%	30%	10%	5%	3%	2%

然后再分摊各菜点的成本，如表 4-11 所示。

表 4-11 宴会各菜点成本分摊

菜点名称	成本比例	菜点名称	成本比例	菜点名称	成本比例	菜点名称	成本比例
热菜 1	7%	大菜 1	10%	点心 1	3%	冷菜 1	7%
热菜 2	5%	大菜 2	10%	点心 2	2%	冷菜 2	7%
热菜 3	5%	大菜 3	10%	水果	3%	冷菜 3	7%
热菜 4	5%	大菜 4	10%	主食	2%	冷菜 4	7%
热菜 5	5%					冷菜 5	3%
生焗时蔬	3%					冷菜 6	3%
						冷菜 7	3%
						冷菜 8	3%

3. 控制各菜点成本

（1）仔细核算成本。对各种原料的市场价格、拆净率、涨发率、成本毛利率、售价的核算烂熟于心。对每一道菜点进行细致的成本核算，根据毛利率制定合理的销售价格。选择、组合较高利润的菜品，将成本控制在规定的毛利范围。

（2）控制例盆菜量。原料是构成菜品的主要单位成本。标准食谱的热炒例盆菜净料量为 300（围餐式）～500 克（需分菜或位上式）。菜肴道数与例盆菜量呈反比关系：菜肴道数越多，菜量应越少；反之道数越少，分量应越多。

（3）控制出料比例。根据原料价格、拆净率及筵席售价确定每个菜品所用的主料、配料、调料的比例、质量及数量。例如，一盘 300 克的"清炒虾仁"与一盘 300 克的"基围虾"相比，后者可食用部分只有前者的 1/3，"腰果炒鲜贝"，主料是鲜贝，辅料是腰果，主、辅料的比例可以为 4∶1，也可以为 4∶3，前者显得价格、档次较高，后者感觉配料多，价格档次低。

（八）守正创新原则

"烹饪之道，妙在变化；厨师之功，贵在运用。"[1]

（1）挖掘鼎新。挖掘传统菜点，使其重放异彩，如私家菜、官府菜、宫廷菜。设计药膳菜肴，启发医食同源的灵感。水果宴、茶宴纷纷出台，甚至出现了专门经营水果菜点的餐厅。

（2）引进革新。用新疆烤羊肉串和西餐炸猪排的方法炸鳗鱼，做成"熘炸无刺鳗鱼串"，蘸上作料，中外宾客都很喜欢。西式的煎牛排用中式的上浆法，别具风格；中式原料中式做法配以外国调料、西式装盆；春卷馅换成西式的烟肉与起司蘸甜辣酱包生菜吃，更是别具风味。

（3）改良创新。用"旧菜新颜"创造新菜，把川菜的"鱼香肉丝"改成"鱼香鳜鱼丝"。粤菜名菜"桂花鱼翅"，由于鱼翅昂贵，销量很小，改良成"桂花炒瑶柱"后，口味相似而价格较低，销量大增。改变制作方法，如香港"阿一鲍鱼"，采用法式客前烹制，使客人边吃边欣赏厨艺表演。粗料细做，如烤红薯，参照西餐烤土豆的方法制作，加入黄油与蜂蜜，在筵席上大受欢迎。

（4）技法试新。① 分子料理。根据食物在烹调过程中温度升降与烹调时间长短的关系，加入不同物质，令食物产生各种物理与化学变化，再加以重新解构、重组及运用，创新出颠覆传统厨艺与食物外貌的烹调方法。比如早餐煎蛋，蛋白是用椰奶和豆蔻做的，蛋黄是胡萝卜汁加葡萄糖。如果把"鹌鹑蛋"放进嘴里，顿时化为一嘴泡沫，很快又消失，

---

① 资料来源：马开良. 现代厨政管理[M]. 北京：高等教育出版社，2010.

只留下一股柠檬芳香，原来是伯爵茶。又如马铃薯以泡沫状出现，荔枝变成鱼子酱状，既有鱼子酱口感，又有荔枝味道。② 低温烹调。选用各种天然新鲜食材，通过生拌、水煮、炖、清蒸低温慢火烹调（加热温度不超过100℃，欧美将温度保持在55℃左右），呈现食材原味，保留独特营养。

（5）原料拓新。① 弃料再用。发掘原料多种利用价值，如用三文鱼刺身的鱼头、鱼骨等杂料做成炸三文鱼骨卷；野蔬入菜，如山芋藤、鱼腥草做菜。② "畜料"人用。在安全可靠基础上，将过去供家畜食用的饲料精制成供人食用的菜肴，如生煸南瓜藤、马齿苋做馅包饺子等。③ 他料引用。如将荷兰豆、三文鱼、培根等制作成中式菜肴，将可食用的鲜花作食材。④ 细料特用。将整体、大件原料中的局部，经细分优选后开发做菜，如鸡掌、鸭拐、鱼鳔等。⑤ 多料合用。"酥皮海鲜"是中西结合；扁豆撕筋去豆，夹入火腿、虾、笋菜制成的馅，蒸制、浇葱油，这是荤素结合；"酥贴干贝"是菜点结合。

（6）口味翻新。① 西味中烹。将西餐调味料、调味汁或调味法用于烹制中菜，如沙律海鲜卷、千岛石榴虾等。② 果味菜烹。将水果、果汁及淡雅清香的酒品用于菜肴调味，如椰汁鸡、菠萝饭、橙味瓜条等。③ 旧味新烹。将过去的调料或味型重新提起烹制菜肴，如辣酱油烹鸡翅、豆酱炒河虾、麻虾炖蛋等。④ 新味试烹。积极尝试创造新颖风味，如创新XO酱烹制系列菜肴等。

任务二　筵席面点设计原则

（1）适应宴会档次。高档宴会：用料精良，制作工艺精细，造型细腻别致，风味独特。中档宴会：用料高级，口味纯正，成形精巧，制作工艺恰当。普通宴会：用料普通，制作工艺一般，造型简单。

（2）适应宴会主题。节日庆典、乔迁、开业等喜庆宴席要围绕中心，呈现吉祥如意的面点；婚宴配置鸳鸯盒、鸳鸯包、莲心酥、子孙饺等面点；寿宴配寿面、寿桃、寿糕、麻菇献寿、伊府寿面等。

（3）适应宴会菜肴。菜与点相得益彰，讲究味型配合、造型相合。咸点与咸味菜相配，甜点与甜味菜相配；汤菜宜配饺，烤炸菜宜配饼，甜羹菜宜配糕。

（4）适应时令节日。宴会席点四季有别，临节相配。春季上春卷，夏秋配羹糕，冬春配饼酥。春节吃年糕、春卷，元宵吃汤圆，清明食青团，端午吃粽子，中秋食月饼，等等。

（5）形态富于变化。宴会档次越高，席点越精致，口味越精美。席点造型繁多，工艺丰富多彩，如搓、包、卷、捏、切、削、滚、镶、沾、嵌等手法，成型效果要具有实用性、艺术性，形态活灵活现，玲珑剔透，形神兼备，富有艺术魅力。

模块三　筵席酒水设计

任务一　筵席酒水知识[①]

（一）饮品知识

1. 饮料分类

饮料是供给人体水分及营养物质，有益于人体健康并经过一系列专门程序制作的供饮用的液体食品。① 含醇饮料（酒精饮料）。含有发酵产生或人为添加的食用酒精。② 无醇

---

① 资料来源：王晓晓. 酒水知识与操作服务教程[M]. 沈阳：辽宁科学技术出版社，2003.

饮料（非酒精饮料）。不含有发酵产生或人为添加的食用酒精，但酒精作为某种添加剂的稀释剂加入，虽含乙醇，仍称无醇饮料。③ 其他饮料，指茶、咖啡、可可、乳及乳制品饮料、蛋白质饮料等。我国把不含任何酒精成分的饮料称为软饮料，包括：碳酸饮料、水果、蔬菜饮料和其他饮料，如矿泉水饮料、无酒精鸡尾酒、不含酒精的麦芽饮料等。

2. 茶

茶、咖啡、可可是世界性的三大饮料。茶具有提神解乏、除脂解腻、利尿排毒、强心降压、补充维生素、降血压血脂等功效。敬茶是我国的一种礼仪，上茶水是宴会中必不可少的程序。中国是茶叶生产大国。冲泡一杯好茶，需要掌握茶叶、水质、茶具、茶叶用量、冲泡水温及冲泡时间等要素。茶叶储存一要干燥，二要低温，三要避光，四要防异味。

（1）绿茶。不经过发酵的茶，即将鲜茶叶经过摊晾后直接放到一二百度的热锅里炒制，以保持其绿色。有蒸青绿茶（如煎茶、雨露）、晒青绿茶（如滇青、川青、陕青）、炒青绿茶（如眉茶、珠茶、细嫩绿茶）、烘青绿茶（又称白芽茶，如普通烘青、细嫩烘青）。名茶有龙井茶、碧螺春茶、黄山毛峰茶、庐山云雾、太平猴魁茶等。

（2）红茶。全发酵，其名得自泡出来的茶汤呈红色。类型有小种红茶、功夫红茶、红碎茶。名茶有祁红、滇红、英红。

（3）青茶。青茶也称乌龙茶，是介于红、绿茶之间的半发酵茶。在六大类茶中，乌龙茶工艺最复杂，泡法最讲究、最费时，所以喝乌龙茶被称为喝工夫茶。类型有闽北乌龙、闽南乌龙、广东乌龙、台湾乌龙。名茶有武夷岩茶、铁观音、凤凰单丛、台湾乌龙茶等。

（4）白茶。日晒制成，外形、香气和滋味非常好。名茶有白豪银针茶、白牡丹茶等。

（5）黄茶。制法有点像绿茶，不过中间需要闷黄三天。类型有黄芽茶、黄大芽、黄小芽。名茶有君山银针茶等。

（6）黑茶。在已经制好的绿茶上浇上水并经发酵而成。类型有湖南黑茶、湖北老青茶、四川边茶、滇桂黑茶。云南普洱茶具有降脂、减肥和降血压的功效，在东南亚和日本很普及。

（7）再加工茶。有花茶（用绿茶作为基本原料进行再加工，有茉莉花茶、白兰花茶、珠兰花茶、玳玳花茶。其香气浓郁，滋味醇浓，汤色明亮）、紧压茶（以黑毛茶、老青茶、做庄茶及其他适合制毛茶的茶叶为原料，经过渥堆、蒸、压等典型工艺过程加工而成的砖形或其他形状的茶叶。茶味醇厚，有较强的消食除腻功能，还具有较强的防潮性能，更便于长途运输和储藏）、萃取茶（以成品茶或半成品茶为原料，用热水萃取茶叶中的可溶物，过滤弃去茶渣，获得的茶汁经过浓缩或不浓缩，干燥或不干燥，制备成固态或液态茶，统称萃取茶。主要有罐装饮料茶、浓缩茶及速溶茶）、果味茶、药用保健茶、含茶饮料。

3. 咖啡

咖啡一词源自希腊语，意思是"力量与热情"。咖啡树属山椒科的常绿灌木，其果实内的果仁为咖啡豆，用适当方法烘焙而成咖啡，具有助消化、提神，消除疲劳，舒展血管与利尿作用。吃法可煮、可冲泡，可单品饮用，亦可混合调配，用 3 种以上咖啡混拌称为综合咖啡。品牌有牙买加的蓝山咖啡、巴西咖啡、哥伦比亚咖啡、印尼苏门答腊岛的曼特宁、也门的摩卡、夏威夷科纳。

4. 可可

从可可树结出的豆芙（果实）里取出的可可豆，经发酵、粗碎、去皮等工序得到可可饼，脱脂粉碎后的粉状物为可可粉。具有浓烈的可可香气，用于制作饮品、高档巧克力、冰激凌、糖果、糕点及其他含可可的食品。

5. 碳酸饮料

碳酸饮料即汽水。在适于饮用的水中压入碳酸气体，并添加甜味剂和香料等就可制成汽水。大量二氧化碳溢出，能刺激胃液分泌、促进消化、增强食欲；炎热天气饮用碳酸饮料，可降低体温，冰镇（一般为 4～8℃）后口感最佳。碳酸饮料有：① 果汁型碳酸饮料。含 2.5%以上天然果汁（天然果汁以含可溶性固形物 10%为准），如橘汁汽水、橙汁汽水等。② 果味型碳酸饮料。以食用香精为主要添加剂（包括含有 2.5% 以下天然果汁的碳酸饮料），如柠檬汽水、汤力水和干姜水。③ 可乐型碳酸饮料（又名黑色饮料）。含有可乐果、柠檬味或它们的代用品等混合型香气的可乐型汽水。④ 普通型碳酸饮料。通过引水加工注入二氧化碳的饮料，不含任何人工合成香料或天然香料，如苏打水、俱乐部苏打水和矿泉水碳酸饮料（如巴黎矿泉水）等。⑤ 其他碳酸饮料。如乳蛋白碳酸饮料和植物蛋白碳酸饮料等。国外筵席常用的碳酸饮料有奎宁水、汤力水、若柠水、干姜水、雪碧汽水、七喜汽水、可口可乐、百事可乐、新奇士橙味汽水、苏打水、含气蒸馏水。

6. 果蔬饮料

果蔬饮料指用榨汁机将新鲜水果、蔬菜等果蔬原料榨成的饮料。蔬菜饮料又称蔬菜汁，水果饮料又称果汁，如橙汁、甘蔗汁、雪梨汁、黄瓜汁与番茄汁等。有的结合时令还加上其他材料，如泡开的胖大海、枸杞和鲜石斛等制成时尚冰饮饮料；还有用五谷杂粮和芝麻、核桃、红枣等制成的养生热饮饮料。有现场制作和工厂制作两种方式。制作方法有：① 压榨法，对含汁液较多的橘、橙、柠檬等水果用榨汁器来挤榨果汁；② 切搅法，对质地较坚硬的如苹果、梨、胡萝卜等和不易挤榨的如草莓、葡萄、西红柿等可先切碎，再用高速的搅拌机取汁。类型有：① 天然果汁，又称水果原汁，指没有加水的 100%的新鲜果汁。② 稀释果汁，又称水果汁，指加水稀释过的新鲜果汁。加入了适量的糖水、柠檬酸、香精、色素、维生素等，新鲜果汁不得低于 50%。③ 果肉果汁。指含有少量的细碎颗粒的新鲜果汁，如果粒橙等。④ 浓缩果汁。将果蔬汁溶液加热至沸腾，使其部分水分汽化，以获得高浓度的果蔬汁溶液。在饮用前需要加水稀释，以西柚汁、橙汁和柠檬汁等在市面上最为常见。⑤ 水果露。用水果原汁（不低于 10%）、风味添加剂、糖和水制成。⑥ 水果原汁粉。用物理分离工艺除去水果原汁中的天然水分。⑦ 特种果汁饮料。有特殊营养目的的果汁饮料，如保健饮料、运动员饮料等。

7. 矿泉水及其他水

（1）矿泉水。来自地下的天然静态型或碳酸型的水称为矿泉水。我国饮用矿泉水主要为碳酸型的。只有含有天然矿物质的饮用水才能冠以"天然矿泉水"的标签。① 无气矿泉水。不含二氧化碳气体，目前最为流行。② 含气矿泉水。含有大量游离二氧化碳气体，并含有多种微量元素。③ 人工矿泉水。对优质泉水、地下水或井水进行净化与矿化，达到预期矿化度，经过滤和杀菌处理后装瓶。世界著名矿泉水品牌：

法国：巴黎、依云、拜独特、伟涛、甘露。德国：阿坡望。意大利：圣派·哥瑞桑、米兰。日本：三得利、麒麟、富士。美国：山谷、魅力。

（2）其他水。① 纯净水。用逆渗、透纯水处理的，除含 H_2O 外，不含其他杂质的水。② 蒸馏水。通过蒸馏去除普通水中所含各种矿物质的水。③ 天然水。指来自地下泉水或井水的饮用水，不得掺入其他物质。④ 泉水。从地下流到地表的水。⑤ 碳酸水，也叫碳酸苏打水或苏打水、气泡水，可以是天然的苏打水或人工加压注入二氧化碳气体的普通水。

8. 其他饮料

（1）乳品饮料。以牛奶为原料加工而成。常见的有新鲜牛奶、乳饮、发酵乳饮、奶粉。

（2）无酒精鸡尾酒。制作随意，可起任何名字。

（3）不含酒精的麦芽饮料和不含酒精的"葡萄酒"。"不含酒精"必须在其产品上指明，并在广告中说明含量在 0.5%以下。只能以"麦芽饮料""谷物饮料"出售，不能当作啤酒或任何相关酒类出售。

（二）酒品知识

1. 酒水类型

酒是一种用粮食、果品等含淀粉或糖的物质经发酵、蒸馏而成的含乙醇、带刺激性的饮料。酒按酒精含量分为高度酒（酒精度在40度以上，一般指蒸馏酒）、中度酒（酒精度在20～40度，一般指各种配制酒）与低度酒（酒精度在20度以下，一般指发酵酒）。按原料分为白酒（又分为粮食白酒、薯干白酒、代粮白酒）、黄酒（又分为稻米黄酒、玉米黄酒、小米黄酒）、果酒（又分为葡萄酒、苹果酒、梨酒、猕猴桃酒）。酒按生产方法可分为以下几类。

（1）蒸馏酒。把原料发酵后，通过一次或多次的蒸馏过程提取高度酒的酒液。各种白酒大都属于此类酒，一般都是高度烈酒。

（2）发酵酒。发酵酒又称酿造酒、原汁酒，是在含有糖分的液体中加入酵母进行发酵而产生的含酒精的饮料。属于低度酒，保质期短，不宜长期储存。按发酵原料不同可分为葡萄酒、其他水果发酵酒、谷物发酵酒（如啤酒、黄酒、清酒）。

（3）配制酒。配制酒也称调制酒，是酒与酒之间相兑或者酒与药材、香料和植物等浸泡、配制而成，以法国、意大利和荷兰产的最为著名。除个别药酒、露酒外，酒精度一般在22度左右。配制酒分为开胃酒、甜食酒与餐后甜酒。调制方法：① 调和法。手工调和：先在酒杯或摇酒器内放入冰块，再倒入酒水。用中指与无名指夹住酒吧匙，放入杯中轻轻推动、旋转搅拌，按顺时针方向转动，动作自然，不要太快，搅拌10～20秒即可。电动调和：调酒杯中配料如上，然后使用电动搅拌机进行搅拌制作，适用于搅拌鸡蛋、水果或分量较大的鸡尾酒。② 摇和法。在鸡尾酒中加入鸡蛋、蛋白、淡奶等配料，放入摇酒器中摇荡，动作要用力、大方，可左右（用手腕）、上下（用手臂带动）晃动，摇至摇酒器的表面起霜，立刻倒入酒杯，以免冰块融化过量冲淡酒味。③ 兑和法。把材料直接注入酒杯，只需控制好分量。④ 漂浮法。按酒水密度大小的不同，从大到小依次沿匙背或调酒棒徐徐倒入酒杯中，使鸡尾酒呈现不同颜色、层次分明的视觉效果。要注意：温度、糖度会对酒水密度产生一定的影响。

2. 酒水功能

（1）营养作用和开胃功能。酒是一种营养价值很高的饮料，尤其是低度酒品，对人体有很多作用。如黄酒能驱寒祛湿、通经活络，特别适宜腰背痛、跌打损伤以及风湿性关节炎；啤酒能增加胃液分泌，促进消化；红酒含有丰富的维生素A、B、C和营养价值很高的葡萄糖，可清除自由基，预防心脑血管病；白酒舒筋、活血、排石，可预防胆结石、关节炎等病。酒有开胃功能，宴会上只吃菜不喝酒，进餐不久便会感到口干舌燥；一边饮酒一边吃菜，食欲可数小时不减。酒还有药用功能。但不论喝哪种酒，都应适量，否则易引发行为失控，严重的会酒精中毒，导致心肌梗死、脑卒中等意外。

（2）助兴作用和礼仪功能。几千年来，中华民族餐饮文化创立了一整套佐食、佐饮的理论和方法。酒可刺激食欲，助兴添欢（详见项目十的内容）。

（3）矫味作用与烹调功能。啤酒的乙醇含量低，矫味作用不明显。白酒中乙醇含量较高，若非长时间炖煮来挥发，会破坏菜肴风味。黄酒的糖分、总酸含量比啤酒、白酒高，生成的酯类比白酒、啤酒多，黄酒中含有的乙醇、糖分、总酸和诱人的馥郁芳香可有效矫味提香。黄酒多用来烧菜、醉蟹、做馥香。如鱼类中含有氧化三甲胺，能被还原为三甲胺，三甲胺具有腥味，但能溶于乙醇等有机溶液中。乙醇的沸点低（78.3℃），在烹调过程中三甲胺也随之蒸发，可达到去腥的目的。肉类中口感油腻的脂肪滴能溶解在热的乙醇中，随着乙醇的蒸发而去掉"油腻的荤味"。

3．主要酒水简介

（1）黄酒。用糯米、粳米、黄米等谷物做原料，用麦曲、小曲或酒药做糖化发酵剂制成的酿造酒，也称为米酒，是世界三大酿造酒之一（黄酒、葡萄酒和啤酒）。中国酿酒技术独树一帜，其中以浙江绍兴黄酒为代表的麦曲稻米酒是黄酒历史最悠久、最有代表性的产品。酒精度一般为15度。不同种类的黄酒呈现出的颜色不同，米色、黄褐色或红棕色。黄酒按产地分，有绍兴酒、仿绍酒、北方黄酒、清酒；按酿造方法分，有淋饭酒、摊饭酒、喂饭酒；按用曲种类分，有小曲黄酒、生麦曲黄酒、熟麦曲黄酒、纯种曲黄酒、黄衣红曲黄酒、乌衣红曲黄酒；按含糖量①分，有干黄酒（含糖量小于1.00克，如元红酒）、半干黄酒（含糖量在1.00～3.00克，如加饭酒、花雕酒）、半甜黄酒（含糖量在3.00～10.00克，黄酒中的珍品，但不宜久存，如善酿酒）、甜黄酒（含糖量在10.00～20.00克，如封缸酒）、浓甜黄酒（含糖量大于20.00克，如封缸酒）。中国十大黄酒品牌是古越龙山、会稽山、石库门、塔牌、女儿红、即墨、西塘、沙洲优黄、善好、古越楼台。

（2）白酒。以前叫烧酒、高粱酒，中华人民共和国成立后统称白酒、白干酒。以谷物为原料，经发酵、蒸馏而成的蒸馏酒无色。酒精度在38～60度，以40度为界，分为高度酒或低度酒。白酒按香型分，有酱香型、清香型、浓香型、米香型、兼香型；按用曲种类分，有大曲酒、小曲酒。按生产原料分，有粮食类、薯类、代用原料类。中国品牌：酱香型如茅台酒、郎酒；浓香型如五粮液、泸州老窖、洋河大曲、古井贡酒、剑南春、双沟大曲；清香型如汾酒；米香型如桂林三花酒、广东长乐烧；兼香型如董酒、西凤酒等。国外的白兰地、威士忌、金酒、朗姆酒与伏特加为世界五大著名蒸馏酒。

（3）红酒（以葡萄或其他果品为原料，又称葡萄酒或果酒）。以葡萄为原料，经自然发酵、陈酿、过滤、澄清等一系列的工艺流程所制成的酒精饮料，是当今世界上最大宗的饮品之一，被誉为"发酵酒之王"。红酒按生产方法分，有原汁葡萄酒、强化葡萄酒、加香葡萄酒；按颜色分，有红葡萄酒、桃红葡萄酒、白葡萄酒；按有无起泡分，有静态（不起泡）葡萄酒、起泡葡萄酒；按含糖量分，有干型葡萄酒（含糖量在0.4克以下）、半干型葡萄酒（含糖量在0.4～1.2克）、半甜型葡萄酒（含糖量在1.2～5克）、甜型葡萄酒（含糖量大于5克）。葡萄酒以产地闻名，品种繁多，如法国的罗曼尼·康帝，澳洲的皇家澳洲红与奔富，西班牙的雪梨酒，意大利的赤霞珠，阿根廷由球王马拉多纳代言的索拉诺葡萄酒等。国产的红酒品牌主要有长城、王朝、张裕、华夏等。葡萄酒的保存、饮用酒具与饮用方法详见项目七侍酒服务的内容。

① 白葡萄酒。酒液颜色淡，从白色到金黄色都有，一般呈浅黄色。口味有酸、甜、辣3种，怡爽清香、健脾胃、去腥气，常配以海鲜等。法国勃艮第地区所产的白葡萄酒被誉为"葡萄酒之王"。常见的白葡萄品种有霞多丽、长相思、雷司令、灰皮诺、赛美蓉、琼瑶浆等，品牌有法国的夏布利，德国的莱茵、摩泽尔。不需醒酒，需冰镇饮用。

② 红葡萄酒。酒液呈紫红色，表明酒质很新，不够成熟；酒液呈褐红色，表明酒已成熟，约储存了3年以上；酒液呈红木色，表明储存期超过了10年。红葡萄酒一般陈年4～10年味道正好。品味有强烈、浓郁和清淡3种。法国波尔多地区生产的红葡萄酒优雅甜润，被誉为"葡萄酒之女王"，如麦道克、意大利的干蒂。需醒酒，一般不需冰镇饮用。

③ 葡萄汽酒。因含有二氧化碳而能产生气泡的酒，典型代表是香槟酒，产于法国的香槟地区。酿造工艺精细、复杂、独到。酒呈黄绿色，清亮透明，口味醇美、清爽、纯正、不冲头，果香大于酒香。酒精度为11度，可在任何场合、与任何食物配饮。香槟（champagne）一词与快乐、欢笑、高兴同义，是一种庆祝佳节用酒，具有奢侈、诱惑和浪漫的色彩，是世界上最富魅力的葡萄酒，被誉为"葡萄酒之王"。香槟酒瓶商标上标有含糖度：天然（含

---

① 含糖量指100毫升酒的含糖量，后文不再赘述。

糖最少，酸）、特干（含糖次少，偏酸）、干（含糖少，有点酸）、半干（半糖半酸）和甜 5 类。有的不标明年份，如瓶装 12 个月后出售；有的标明年份，如葡萄采摘 3 年后出售。品牌：法国的香槟、德国的塞克特、意大利的阿斯蒂。

（4）啤酒。啤酒是人类最古老的酒精饮料，是继水和茶之后世界排名第三的饮料。以大麦芽（包括特种麦芽）为主要原料，配以有特殊香味的啤酒花（包括酒花制品），经酵母发酵酿制、含二氧化碳、起泡的低酒精度（2.5%～7.5%）的各类熟鲜饮料。有丰富的营养成分，如蛋白质、氨基酸、维生素（尤其是维生素 B 类）、矿物质，抗氧化物。啤酒中的低分子糖和氨基酸易被消化吸收，可在体内产生大量热能，因此被称为"液体面包"。1972 年在墨西哥召开的第九次世界营养食品会议上被推荐为营养食品。

① 类型。啤酒种类繁多。按发酵工艺分，有上（高温）发酵啤酒、下（低温）发酵啤酒；按颜色分，有淡色啤酒、浓色啤酒、黑啤酒；按杀菌处理分，有鲜啤酒、熟啤酒；按麦芽汁浓度分，有低浓度啤酒、中浓度啤酒、高浓度啤酒；按包装容器分，有瓶装啤酒（有 350 毫升和 640 毫升两种）、桶装啤酒和罐装啤酒（330 毫升规格）；按消费对象分，有普通型啤酒、无酒精或低酒精度啤酒、无糖或低糖啤酒、酸啤酒。扎啤（"扎"来自英文 JAR 的谐音，即广口杯子），高级桶装鲜啤酒，生啤酒。啤酒中有酵母菌生存，口味淡雅清爽，酒花香味浓，更易于开胃健脾。在生产线上采取全封闭式罐装，在售酒器售酒时即冲入二氧化碳，显示了二氧化碳含量及最佳制冷效果（任何情况下都保持 10℃）。

② 品牌。中国啤酒品牌有青岛啤酒、万力啤酒、漓泉啤酒、雪花啤酒、哈尔滨啤酒、蓝带啤酒、燕京啤酒、可代尔啤酒、金威啤酒、豪门啤酒、珠江啤酒、惠泉啤酒等。国外啤酒品牌有美国的百威啤酒、荷兰的喜力啤酒、丹麦的嘉士伯啤酒、日本的朝日啤酒与麒麟啤酒等。

③ 保存。啤酒不能冷冻保存。啤酒的冰点为-1.5℃，冷冻的啤酒不仅不好喝，而且会破坏啤酒的营养成分，使酒液中的蛋白质发生分解、游离。同时，啤酒经过人工气体加压制成，在过度冷冻时，会因为体积膨胀造成瓶内气压上升，导致瓶子爆裂，造成事故。

④ 酒杯。饮用啤酒可使用各种形状的水杯，但杯具容量不宜过小。必须保持清洁无油污，油脂能销蚀啤酒的泡沫。盛啤酒的容器、杯具要热洗冷刷，不可使用布擦干玻璃杯，因为布里的漂白剂或清洁剂的残留物气味会遗留在玻璃杯上，会破坏啤酒味道。服务时，切勿用手指触及杯沿及杯内壁。

⑤ 饮用。开启瓶时不要剧烈摇动瓶子，要用开瓶器轻启瓶盖，并用洁布擦拭瓶身及瓶口。以桌斟法倒啤酒（详见项目七斟酒服务内容）。啤酒宜冰镇后饮用，最佳饮用温度在 8～10℃。喝啤酒不宜细饮慢酌，否则酒在口中升温会加重苦味；宜大口饮用，让酒液与口腔充分接触，以便品尝啤酒的独特味道。不要在喝剩的啤酒杯内倒新开瓶的啤酒，这样会破坏新啤酒的味道。在服务中可先询问客人："您需要添点儿酒吗？"懂得这窍门的客人就会说"等一下"，然后拿起酒杯把剩酒喝完，让服务员倒上新的啤酒。

（三）西式宴会常用酒水

西式宴会酒水主要有葡萄酒、啤酒、白兰地、威士忌、金酒、伏特加、朗姆酒、特基拉酒、香甜酒和清酒。

（1）白兰地。名称来自荷兰文，意思是"可燃烧的酒"。用葡萄或其他果品为原料发酵蒸馏而成，专称白兰地。酿造工艺精湛，讲究陈酿时间和勾兑技巧，最佳酒龄为 40～70 年，酒精度为 40～43 度，酒液在橡木桶中陈酿而呈琥珀色。一般做餐后酒，也可在休闲时饮用，可净饮，也可加水、加冰块饮用。使用大肚球形杯，标准分量为 25 毫升或 1 盎司一份。法国的干邑与雅文邑的白兰地最负盛名。干邑酒分为 3 级：一级为 V.S，也称三星级，酒龄至少 2 年；二级为 V.S.O.P，酒龄至少 4 年；三级为拿破仑，酒龄至少 6 年，其中大于 6 年的称为 X.O，大于 20 年的称顶级，或称路易十三。目前销售的白兰地多是混合的，需要在装瓶前几个月混合。类型有葡萄白兰地（科涅克、阿玛涅克、其他）、水果白兰地、苹果白兰地、樱桃白兰地及其他（玛克）。品牌有人头马、轩尼诗、金花、马爹利、拿破仑、百事吉、威来、奥吉尔和路易老爷等。

（2）威士忌。以大麦等谷物为原料，经发酵、蒸馏、陈酿、勾兑而成的酒精饮料，是谷物蒸馏酒中最具代表性的酒品。酒精度为 40 度以上，酒体呈浅红色，气味焦香。四大生产国是苏格兰、爱尔兰、美国、加拿大，其中苏格兰的威士忌最负盛名。消遣休闲时饮用，可净饮，也可加冰块或兑饮，用古典杯或专用威士忌酒杯，标准分量为 40 毫升一份。

（3）金酒。金酒又译为琴酒、杜松子酒、毡酒，是世界第一大类烈酒。它无色透明，口味甘洌，杜松子香味浓郁，酒体风格独特，酒精度为 38～43 度。荷兰金酒可作纯饮，适当冰镇，作餐前或餐后酒，使用利口酒杯。英国干金酒不作纯饮用，可兑汤力水再加柠檬片，称为著名的"金汤力"。服务时，用水杯或直身平底杯。

（4）特基拉酒。产于墨西哥的特基拉小镇，是以龙舌兰作为原料的蒸馏酒。酒精度约为 45 度，经两次蒸馏至酒精度为 52～53 度，香气突出，口味凶烈。白色特基拉酒不需陈酿就可上市；银白色者，储存期最多 3 年；金黄色者，储存在橡木桶中至少 2～4 年；特级特基拉酒需要储存更长时间。

（5）朗姆酒。以甘蔗为原料，最具香味，是世界上消费量最大的酒品之一。酒精度为 43～45 度。产地为世界主要产糖国。纯饮，用利口酒杯；加冰，用古典杯。兑饮，可做基酒。

（6）伏特加。俄罗斯的高度烈性酒，两次蒸馏，没有杂味。容易混合各种饮料，适宜调制鸡尾酒。纯饮，用利口酒杯；加冰，用古典杯。兑饮，可加苏打水、果汁、番茄汁。

（7）日本清酒。与我国黄酒是同一类型的低度米酒。品牌很多，命名方法各异。质量最佳的是月桂冠、大关、白雪、松竹梅及秀兰。质量分三级，即特级、一级、二级。可作佐餐酒或餐后酒，使用褐色或紫色玻璃杯，也可用浅平碗或小陶瓷杯。可常温饮用，以 16℃ 为宜；若加温一般至 40～50℃。

（四）西式宴会常用配制酒

1. 开胃酒

开胃酒又称餐前酒，能刺激胃口、增加食欲。饮用时兑水或掺入其他饮料，兑水量为酒量的 5 倍左右；一般可放橘皮、柠檬皮，以增加香味。白葡萄酒为酒基的开胃酒，需冰镇后饮用。以酒品的分量或混合的配方选用不同的杯具，如饮纯味美思用白葡萄酒杯，喝加冰块的干马天尼用高脚水杯，喝加苏打水和冰块的金巴利用平底高身杯。

（1）苦艾酒。苦艾酒又称味美思，以白葡萄酒为酒基，配入苦艾等几十种植物后经蒸馏而成，有强烈的植物味道。酒精度在 17～20 度，分干、甜两类；颜色分白、红两类。类型有干味美思、白味美思、红味美思、都灵味美思。品牌：意大利以甜型为主，如仙山露、马天尼、康塔多；法国以干型为主，如香白丽、杜法尔、诺瓦丽等。可纯饮或加冰块，标准饮量为 50 毫升。

（2）比特酒。比特酒也称必打士，意为苦酒，用多种草药、植物根茎经葡萄酒或食用酒精浸制而成，味道苦涩，药香和酒香突出，有强补、消化和兴奋的作用，酒精度在 16～40 度。品牌：意大利的金巴利、西娜尔，法国的杜本那。标准饮量为 20～50 毫升。

（3）茴香酒。用蒸馏酒与茴香油配置而成，口味香浓刺激，含糖量较高，酒精度约为 20 度。品牌：法国的巴士蒂斯、潘诺、里卡德、皮尔，意大利的安尼索内。标准饮量为 20～

30 毫升。

2. 甜食酒

甜食是西餐最后一道食物。吃甜品时饮用的酒为甜食酒，酒品为强化葡萄酒。以葡萄酒为酒基，调入蒸馏酒勾兑配制而成。其糖度和酒度均高于一般的葡萄酒。其中干型甜食酒常被作为开胃酒饮用。

（1）波特酒。葡萄牙产，用葡萄酒与白兰地勾兑而成，在世界上享有很高的声誉。有甜、微甜、干 3 种类型，高酒精含量与含糖量。白波特酒是葡萄牙人和法国人喜爱的开胃酒品；红波特酒浓郁芬芳，口味醇厚、鲜美，香味极富特色。适宜在气候凉爽或较冷时饮用，开瓶后须 24 小时内喝完，否则会变质。

（2）雪利酒。西班牙产的白葡萄酒被称为西班牙的国宝。酒精度较其他葡萄酒高，具有特殊的品质和芳香。品牌有菲诺酒，用作开胃酒；奥罗洛索，多作餐后用酒。

（3）马德拉酒。产于葡萄牙的领地马德拉岛，酒色从淡琥珀色到暗褐色，品味从超干到极甜。酒精度为 16～18 度，是最耐储藏的酒品之一。干型酒是优质开胃酒，甜型酒是著名甜食酒。开瓶后保存时间长，可在常温下饮用。

（4）马萨拉酒。产于意大利西西里北部。干马萨拉酒是极佳的开胃酒，适于冷藏饮用（不可加冰，否则会冲淡其味），甜马萨拉酒适于在室温下于餐后饮用。

3. 利口酒

利口酒又称利乔酒、香甜酒、餐后甜酒等，是以食用酒精或蒸馏酒为基本烈酒，通过浸泡或掺兑等方法，加入各种香料并经过甜化处理的浓甜饮料。世界各国品种极多。餐后饮用，可帮助消化，一般要求冰镇。香味甜、甜度大的酒品宜在低温下饮用，少部分可在常温下饮用或仅加冰块。纯利口酒，用利口酒杯；加入冰块的，用古典杯或葡萄酒杯；加苏打水或果汁饮料的，用果汁杯或高身杯。标准用量为每份 30 毫升。利口酒瓶竖立放置，在常温或低温下避光保存。开瓶后可继续存放，但长期储存有失品质。

4. 鸡尾酒

（1）构成。由两种或两种以上的酒或掺入果汁配合而成。① 基本成分，又称酒底，有金酒、威士忌、白兰地、朗姆酒、伏特加和特基拉酒六大基酒；也有的用开胃酒、葡萄酒、餐后甜酒做基酒。② 辅料（搭配酒水）有汤力水、苏打水、干姜水、雪碧、可乐五大汽水，有时用 7～8 毫升开胃酒或甜酒。③ 配料和装饰物有橙汁、菠萝汁、柠檬汁、西柚汁、番茄汁、红石榴汁、椰奶、鲜奶油、蜂蜜等。

（2）特点。色香味形兼备，故又称艺术酒。命名五花八门，千奇百怪，一般以酒的内容、时间、自然景观、颜色命名。调制过程带有艺术表演性。鸡尾酒要小口喝，细细品，停顿一下再吞咽，才能分辨出多种不同味道。

（3）分类。按时间地点分，有餐前鸡尾酒、餐后鸡尾酒、晚餐鸡尾酒、睡前鸡尾酒、俱乐部鸡尾酒、香槟鸡尾酒。按基酒分：威士忌类、金酒类、白兰地类、伏特加类、朗姆类、特基拉类及其他类。按混合方法分：短饮类鸡尾酒、长饮类鸡尾酒。

（4）调制。鸡尾酒载杯应事先洗净、擦亮，使用前需冰镇。按规定的配方与调配步骤下料，按程序调制。现"调"现用，搅拌时间不宜过长；混摇时，要快速有力，酒水混合，洒霜（杯口如洒细砂糖）力求均匀。必须使用优质的酒水原料制作，用新鲜的冰块与水果装饰搭配。水果压榨汁前应热水浸泡，以便挤出更多的果汁。使用蛋清增加酒的泡沫时要用力摇匀，否则浮在表层、相对集中的蛋清会有腥味。避免因冰块溶化过多淡化鸡尾酒的口味。调酒动作要规范，干净利落，自然优美，注意安全。调制方法有摇动法、搅拌法、漂浮法等。

5. 混合饮料

方法有酒水与酒水、酒水与饮料之间的调配。鸡尾酒都有名称，但许多混合饮料不属于鸡尾酒，也没有名称，只是简单地把酒水名称叠加起来而已，做法也简便，深得饮酒爱好者青睐。酒水与饮料的搭配没有规律，凭兴趣随意进行。目前世界上较为流行的配方有：金酒加汤力水（或加雪碧、可乐）、威士忌加苏打水、白兰地加可乐、朗姆酒加可乐、伏特加加汤力水（或加七喜、橙汁、可乐）、金巴利酒加苏打水、绿薄荷酒加七喜汽水。东欧人喜欢用水兑酒精饮用，英、美人喜爱用冰块、冰水稀释烈性酒后再痛饮。我国民间有橘子水冲啤酒、葡萄酒掺果汁等做法。有的民族用咖啡（爱尔兰咖啡）兑酒，用奎宁水兑酒，或巧克力同酒一起食用（酒心巧克力）。

任务二　筵席酒水选用

（一）筵席酒水选用原则

（1）契合客人意愿。酒品除由主办单位或主人委托酒店设计或包入酒席外，一般均由客人自己自主选定，酒店可作适当推荐。

（2）符合宴会规格。高档宴会选用高质量酒水，如国宴选用"国酒"茅台酒；普通宴会则选用一般酒水。低档宴会选用高档酒会抢去菜肴的风采，让人感到食之无味；高档宴会选用低档酒则会破坏宴会名贵气氛，让人对宴会档次产生怀疑。

（3）融合宴会主题。婚宴气氛热烈、隆重，可选酒度高的酒；寿宴气氛欢快、融洽，可选择酒度低的滋补酒。选用命名好的酒水可使宴会生辉，如婚宴选用"喜临门""口子酒"，寿宴选用"麻姑酒""寿生酒"，家庭团聚用"全家福酒"，升学宴用"状元红"等。

（4）耦合台面特色。中式筵席选用中国酒，西式筵席选择西洋酒，地方宴配地方酒，特色宴配特殊酒，如红楼宴配"红楼酒"、孔府宴配"孔府家酒"、八仙宴配"八仙酒"等。

（5）适合菜肴风味。美酒配佳肴，做到菜为主酒为辅，不可以酒压菜，抢去菜肴的风头。口味上，酒不应比菜肴更浓烈或浓甜。用量上，适量为宜，超量暴饮是不足取的。合理用酒，慎用高度酒、烈性酒、配制酒与药酒。酒水配置不能抑制人的食欲。

（6）配合季节气候。夏天饮"冰镇酒"，多饮啤酒以降温；冬天饮"烫酒"，常饮白酒以发热。各类酒品的最佳饮用温度详见项目七的酒水服务内容。

（二）筵席酒水搭配

1. 酒水与菜肴搭配

（1）中式宴会酒水与菜肴搭配。中国菜选用中国酒，西洋菜选用西洋酒，在难以确定时，选用葡萄酒，或视客人意见而定。① 白酒。色味淡雅的酒配颜色清淡、香气高雅、口味纯正的菜肴，如汾酒配冷菜；色味浓郁的酒配色调艳、香气馥、口味杂的菜肴，如泸州老窖酒配鸡鸭菜；干、酸型酒配咸鲜味的菜肴，浓香型酒配香辣味的菜肴，甜型酒配甜香味的菜肴。② 黄酒。讲究"对口"：干型的元红酒配蔬菜类、海蜇皮等冷盘，半甜型的善酿酒配鸡鸭菜肴，竹叶青酒配鱼虾菜肴，半干型的加饭酒配肉类、大闸蟹。③ 红酒。葡萄酒可以搭配所有的中国菜肴，以上海菜肴为例，如表 4-12 所示。

表 4-12　葡萄酒与部分上海菜肴搭配举例

菜 肴 分 类	菜 肴 名 称	搭 配 酒 种
开胃冷菜 （清淡口味）	炸土豆条、萝卜丝拌海蜇、糟毛豆姜末凉拌茄子、蒜香黄瓜、素火腿、小葱皮蛋豆腐、凉拌海带丝、白斩鸡	白葡萄酒

续表

菜肴分类	菜肴名称	搭配酒种
口味冷菜 （浓郁口味）	咸菜毛豆、油炸臭豆腐、香牛肉雪菜、冬笋丝、黄泥螺、糖醋辣白菜、醋辣小排骨、鳗鱼香、酱鸭掌	红葡萄酒
河鲜类 （清淡口味）	泥鳅烧豆腐、清炒虾仁、清蒸河鳗、清蒸鲥鱼、盐水河虾、清蒸刀鱼、蒸螃蟹、葱油鳊鱼、醉鲜虾	白葡萄酒
河鲜类 （浓郁口味）	红烧鳝段、红烧鳜鱼、炒螺蛳、酱爆黑鱼丁、油焖田鸡、豆瓣牛蛙、河鲫鱼塞肉、葱烤鲫鱼	桃红葡萄酒、白葡萄酒
肉禽类 （清淡口味）	榨菜肉丝、冬笋炒牛肉、魔芋烧鸭、韭黄鸡丝、清蒸鸭子、韭黄炒肉、蘑菇鸭掌、虾仁豆	桃红葡萄酒、白葡萄酒
肉禽类 （浓郁口味）	糖醋排骨、红烧牛肉、红烧蹄膀、红烧狮子头、红烧蹄筋、炖羊肉、油面筋塞肉、花生肉丁、干菜焖肉	红葡萄酒
风味菜 （辛辣口味）	宫保鸡丁、水煮牛肉、椒盐牛肉、椒麻鸡片、油淋仔鸡、干烧鱼块、回锅肉、红油腰花、鱼香肉丝	红葡萄酒
海鲜类 （清淡口味）	葱姜肉蟹、炒乌鱼球、白灼斑节虾、葱油蛏子、生炒鲜贝、滑炒贵妃蚌、刺身三文鱼、蛤蜊炖蛋、葱姜海瓜子	白葡萄酒
海鲜类 （浓郁口味）	糖醋黄鱼、茄汁大明虾、干烧鱼翅、红烧鲍鱼、干烧明虾、红烧海参、蚝油干贝、红烧鱼肚、红烧螺片	红葡萄酒、白葡萄酒

（2）西式宴会酒水与菜肴、酒杯搭配（见表 4-13）。西方国家有"上什么菜、饮什么酒"的习惯，葡萄酒与菜肴搭配的基本规律是"红配红、白配白，桃红香槟都可来"。红葡萄酒可与浓重的菜肴搭配，如肉禽类等厚重的牛肉、羊肉菜肴；白葡萄酒可与清淡的菜肴搭配，如鱼和海鲜类；而桃红葡萄酒和香槟酒可以和所有菜肴搭配。

表 4-13 西式宴会酒-菜-杯搭配规律

菜点	酒水
餐前	选用具有开胃功能的酒品，如味美思、比特酒、鸡尾酒和软饮料等
冷盘	喝烈性酒，用烈性酒杯
汤	喝雪利酒，用雪利酒杯
鱼、海味菜	喝白葡萄酒，用白葡萄酒杯。选用干白葡萄酒、玫瑰露酒，如德国莱茵白葡萄酒、法国波尔多白葡萄酒等。喝前需冰镇
主菜、副菜（肉、禽、野味）	选用 12～16 度的干红葡萄酒。其中小牛肉、猪肉、鸡肉等用酒精度不太高的干红葡萄酒，如法国的布娇莱、波尔多红葡萄酒，意大利的干蒂红葡萄酒和玫瑰葡萄酒等。牛肉、羊肉、火鸡等红色、味浓、难以消化的肉类，用酒精度较高的红葡萄酒，如法国勃艮地红葡萄酒等，用红葡萄酒杯。食用主菜喝香槟，用香槟杯
甜点	选用甜葡萄酒或葡萄汽酒，如德国的莱茵红葡萄酒、法国的高夫红葡萄酒和香槟酒以及德国的摩泽尔白葡萄酒，用葡萄酒杯
水果或奶酪	一般不上酒。食用奶酪也可配较甜的葡萄酒，也可配主菜的酒品，有时也选用波特酒
咖啡	喝利口酒或白兰地酒，用利口酒杯或白兰地酒杯
餐后	选用甜食酒、蒸馏酒、利乔酒、白兰地、爱尔兰咖啡等。香槟酒则在任何时候都可配任何菜肴饮用

2. 宴会酒水上席顺序

根据先抑后扬的原则设计宴会各种酒水上席顺序，如表 4-14 所示。

表 4-14　各种酒水上席顺序

中式筵席各种酒水上席顺序	西式筵席各种酒水上席顺序
先低后高（低度酒在前，高度酒在后） 先软后硬（软性酒在前，硬性酒在后） 先有后无（有汽酒在前，无汽酒在后） 先新后陈（新酒在前，陈酒在后） 先常后贵（普通酒在前，名贵酒在后） 先干后甜（甘冽酒在前，甘甜酒在后） 先淡后醇（淡雅风格的酒在前，浓郁风格的酒在后）	先白后红（先上白葡萄酒，后上红葡萄酒） 先干后甜（先上干酒，后上甜酒） 先新后陈（先上新酒，后上陈酒） 先淡后醇（先上清淡型的酒，后上浓郁醇厚型的酒） 先短后长（先上酿造期短的酒，后上酿造期长的酒） 先冰后温（先上冰冻过的酒，后上接近室温的酒） 先低后高（先上价格低的酒，后上价格高的酒）
先无糖后有糖（不含糖分的饮料在前，含糖分的饮料在后） 先无汽后有汽（无汽的饮料在前，融入二氧化碳的碳酸饮料在后）	

（三）各种酒水饮用和服务

详见项目七中的相关内容。

思考训练

研讨分析

案例 4-3　大董——唯美与浪漫的艺术美食①

大董烤鸭店创始人董振祥先生认为：烹饪在本质上就是创造的艺术，是一门综合了视觉、嗅觉、触觉、味觉的艺术。大董着力从门店设计及菜品造型方面苦下功夫。大董将餐厅设计成文化气息浓郁的主题餐厅。以金宝汇大董店为例，该店着力塑造文人墨客寄情于山水、陶冶性情的文化主题，在环境装修上刻意打造魏晋南北朝文人墨客纵情山水的氛围。24 个包间运用随情取景的建构方式，墙面被栏杆、移门所替代，可开可合，情境兼备、天真自然，宾客或倚栏凝想，或倚窗观景，或临水而居。散台空间则呈现出一派文人宴乐的风雅景象，中心鸭炉位于碧水之上，仿若一只玉蚌静默于碧水之间，偶有炊烟袅袅，宛如清悠思绪旖旎而行。宾客在此依水而坐，水影斑驳，眼前忽明忽暗，都市的繁杂喧嚣腾然而去，仅留一方清静在心。整个餐厅为宾客创造的就餐空间体现了一种中国画"可游"的意境。

大董创造性地提出了意境菜，以菜品为媒介，运用各种手法将一道道菜肴加工成令人赏心悦目的艺术品，色、香、味、形、滋、养与欣赏者的精神世界高度融合。与菜品相匹配的菜谱有如精美的画册，每道菜肴不仅有一个意境深远的菜名，而且配有国画似的精美图片，图片旁都会有一句与之相合的诗句，强化该道菜的意境。传统绘画艺术和盆景艺术在菜谱中得以充分体现，宾客都以欣赏的心态翻阅菜谱，将点菜视为一种享受。如"鳕鱼南瓜盅"，把南瓜雕成梅花开口，盘间用白杏仁和红油汁画出一幅写意梅花，支持整道菜的风骨变成"无意苦争春，一任群芳妒"，尤为巧妙和诱人！

大董意境菜的装盘设计借鉴传统绘画的美学、盆景的意象造型艺术，为宾客营造了一种审美的意境，如"江雪糖醋小排"的意境构思来自柳宗元的《江雪》，将"孤舟蓑笠翁，独钓寒江雪"浓缩于咫尺盘盏之内；员工上菜时，一边浅声低吟诗词，一边潇洒地扬手从

---

① 资料来源：罗旭华，王文惠. 餐饮企业品牌经营[M]. 北京：高等教育出版社，2010.

空中洒下洁白的"雪花"，视线跟随这些"雪花"落在一盘黑色石器上承载着的绛红色小排上。大董意境菜是"皿中画"，但不是画；是"皿中景"，但又不是盆景。它的一切艺术造型皆是为了提高菜品的品位，皆是为了满足欣赏者的品位需求。

大董精心研究创制了多道味感与众不同的菜肴，其招牌菜"酥不腻"烤鸭，低脂健康，口感酥且不油不腻，用酥酥的鸭皮蘸了甜度较低的方粒白糖，放在口中，不用咀嚼也能化掉，口感层次丰富，果木烧烤的香味在一瞬间弥漫开来。"董氏烧海参"的海参上没有多余的汤汁，似乎所有的美味都融入海参，入口后，葱香浓郁、海参软糯、口齿留香。除传统菜肴以外，借助当今盛行的"低温慢煮、泡沫液氮、胶囊形态"等分子厨艺技术，大董将现代中餐打造成艺术、科学、文化和美味的集合体。如"一品冰花玫瑰燕"，分子厨艺把玫瑰露做成鱼子酱形状，燕窝则融汇着诱人的玫瑰露一起烹制，沁心花香诱惑，甜美椰香醇厚；入口时晶莹鱼子般的玫瑰露在舌尖翻滚，轻轻用力，一缕浓香即刻与纯美燕窝合二为一，交融嬉戏着滑进喉咙，恰似潺潺溪流清澈，好一款世间冰凝心。又如"煎鹅肝配山楂冰沙"，采用了低温慢煮厨艺，保证食物免受高温的破坏，鹅肝的嫩度里外一致，腴美香浓，伴着山楂一起，更能令客人体会到鹅肝本身的甜味。再如"锅塌比目鱼配雪菜胶囊"，雪菜打成汁后利用分子厨艺做成胶囊形状，打开后，绿莹莹的雪菜汁浸染到鱼片上，一股清鲜之气适口盈腔。"热情果色拉配口水鸡"将水果切丁，与泡沫果汁共装入试管，口感清爽，带着夏季果色的清香，中和了口水鸡的重味道，吃起来却丝毫不知道泡沫来自什么水果。

讨论：筵席配菜如何在外观与内在品质上进行设计，上升到艺术的高度？

操作实训

1. 收集不同规格、不同类型与不同档次的菜单，运用宴会菜肴设计的八大原则与面点设计的"四适应一变化"原则，对其宴会出品的特色做出评价。

2. 分析筵席格局中的冷菜、热菜、席点、水果和酒水的构成及其作用。

3. 根据某西餐厅零点菜单里的菜品，选用与其搭配的宴会酒水。

4. 根据某酒店中餐厅、西餐厅的酒水单里提供的各种酒水，说明其上席的先后顺序。

5. 角色扮演：一些学生扮演顾客，一位学生扮演服务员。服务员对客人进行点菜服务，并根据顾客所点的菜肴推荐酒水。

项目五　宴会菜单设计

学习目标

学习目标：
1. 认知菜单的作用、类型和各类菜单的特点。
2. 认知宴会菜单设计程序和制作方法。

能力目标：
1. 能采用实用性或寓意性的各种方法命名菜肴。
2. 能根据各类宴会特点设计与制作各类宴会菜单。

导入案例

2022年2月北京冬奥会中西合璧自助工作餐菜单设计①

2022年北京冬奥会和冬残奥会运动员自助工作餐菜单有四个特点。

1. 菜式品种丰富

在北京、延庆、张家口赛区3个冬奥村开村期间，运动员餐厅每天24小时供餐，设置了世界餐台、亚洲餐台、中餐餐台、清真餐台、比萨与意大利面餐台、沙拉和调味品台、鲜果台、面包和甜品台等12种餐台。起初，想把世界各地的特色菜都囊括其中，后来发现让运动员吃到自己最熟悉、最有安全感的食物更为重要，更利于竞技水平的发挥。在充分调研基础上，由运动、营养、餐饮多个领域的专家，针对食材成分、菜品规格、制作流程进行反复研讨、试菜和检测，最终拿出一份兼顾营养均衡、食材多样、烹饪健康、色味俱佳的菜单。提供适合世界各地口味的菜品共计678道，每天约200道供运动员食用，并以每8天为一个周期进行轮换。中餐与西餐的比例为3∶7，餐厅每餐都制作了一系列素食和清真菜式，并提供犹太洁食服务，满足不同口味、不同宗教奥运村民的特定需求。因饮食习俗不同以及禁止使用兴奋剂，一些常见的食材不能出现在菜品中，如胡椒属于食源性兴奋剂，香叶等48种原料也不能出现。许多特色菜进行了改良，尽可能少盐少油，如运动员常吃的鸡脯和鱼肉以蒸煮为主，几乎不加盐；腰果宫保鸡丁等菜品的含盐量则减到最少。

（1）中餐餐台。汤类：黄瓜蛋花汤、西湖牛肉羹、玉米排骨汤、番茄蛋花汤；热主菜：滑蛋虾仁、荔枝鸡片、XO酱炒牛肉、青椒炒牛肉、木须肉、西芹炒牛肉、照烧牛肉、糖醋巴沙鱼块、酱爆鸡丁；饭菜：榨菜、肉松、咸菜丝、腐乳；主食：玉米发糕、鲜奶馒头、叉烧包、素包子、小笼包、小米粥、白米粥。

---

① 资料来源：综合上海《新民晚报》2021年11月15日厉冉冉的《世界菜品中国味道》与《人民日报》2022年2月11日施芳的《探访奥运村运动员餐厅》，整理而成。

（2）亚洲餐厅。汤类：日式大酱汤（紫菜、小葱、木鱼花）；热主菜：日式照烧鸡排、韩式泡菜炒五花肉、日式肥牛、日式咖喱海鲜、韩式烤肉；主食：蔬菜炒乌冬面、白米饭（日式寿司米）。

（3）明档。比萨：玛格丽特比萨、烟熏鸡肉比萨、意大利腊香肠比萨；意大利面：意式斜管面、意式蝴蝶面、意式直管面、意大利面（无麸质）；酱汁：牛肉酱、番茄酱汁、干酪粉、青酱。

2．体现中国文化

冬奥会赛时恰逢中国传统春节，餐厅里装点着窗花、剪纸、中国结、小灯笼。菜单围绕"中国年味"设计，有许多耳熟能详的中国特色菜品，如川菜、粤菜、鲁菜、湘菜等悉数亮相，来自世界各地的运动员可以充分感受中国美食文化魅力。最讲究的莫过于年夜饭，由两部分组成：一部分是特意增加的一些中国特色传统菜品和小吃，如包括不同馅料的饺子、盛世牡丹烤鸭、驴打滚、艾窝窝、豌豆黄、上汤娃娃菜、四喜丸子、西湖牛肉、木须肉、爆羊肉……除了加餐，另一部分是运动员菜单第五天的菜品。其间，近三百件极富北京历史文化底蕴的非遗展品在几个冬奥村展出，走进北京冬奥村"文化中国"展示区，近四百平方米的空间仿佛一座微缩北京城。沿着蜿蜒的"大运河"，探访中轴线，走进四合院，近距离接触北京面人、绢人、宫灯、雕漆等展品，让运动员在紧张比赛之余感受浓浓的中国年味。

3．防疫头等大事

赛时，新冠病毒还在世界范围内肆虐，餐饮严格遵守中国疫情防控要求，同时推出智能化餐饮，为运动员提供方便、快捷、精准、细致的服务。运动员主餐厅的进门处设有热力图显示屏，实时显示用餐人数。在餐厅出入口、取餐流线、餐盘回收等关键点位，设置防疫用品，摆放口罩、手套、57%酒精棉片和免洗手消毒剂等消毒用品。进门后，设有智能保温取餐箱，实现人员分流就餐；餐台就餐区设置隔板，较受欢迎的菜品独立摆放，以减少人流聚集和排队现象。设有智能引导机器人，提供咨询、引导服务。餐厅每层设有空间除菌仪，人机分离，减少人员接触。

4．凸显绿色理念

食材从种植养殖、生产加工、物流运输、安保检查、验收入仓、在仓检测、储存管理、出仓押运到车辆返回进行全程保障，建立了以区块链技术为核心的冬奥食品安全保障平台，实现了对食品的可追溯。采用中央厨房加工配送的模式，尽量选鲜切、即食、即用的净料，选择去皮、去骨、去刺食材，减少70%的厨余垃圾的产生，也节约场馆操作空间。运动员餐厅全部使用生物可降解餐具，以玉米、薯类等淀粉基生物质或秸秆纤维素等可再生资源为原料，具有环保、无毒、抗菌、阻燃等特点，充分体现了绿色办奥的理念。每道菜品都配有标签，用中、英、法3种文字标出菜名、原材料构成、碳水化合物、脂肪、蛋白质及热量等，以图形符号形式提示食物过敏原，既让运动员吃得明明白白，也有助于队医指导运动员摄入合理的能量和营养。针对残疾运动员增设了更多无障碍餐饮服务，设计盲文菜单，并对菜签增加大字号标识等。

模块一　宴会菜单设计制作

任务一　菜单设计程序

（一）掌握菜单知识

1．菜单的作用

菜单一词源自拉丁语，原意是"指示的备忘录"，是厨师用于备忘而记录的菜肴清单。

现代餐厅菜单是餐饮企业向就餐者提供餐饮出品的目录，餐厅将其提供的所有餐饮产品、服务和价格以书面形式或其他形式展示给顾客，便于顾客选择。其作用有二：在餐饮经营方面，它反映餐厅经营方针，昭示菜肴特色水准，是沟通客我信息的桥梁、企业形象宣传的载体。在餐饮管理方面，它是设备选配布局遵循、原料采购储存依据、员工选聘培训标准、宴会实施运作纲领、产品质量与成本控制工具、服务程序标准准则。

2. 菜单的类型与特点

（1）按时间特点分。① 固定性菜单。能长期使用，菜式品种相对固定，如零点菜单、套餐销售菜单，适用于顾客多、人流量大的餐厅。优点是有利于食品成本控制、原料采购与储存、餐厅设备选购与充分使用，以及劳动力的有序安排；缺点是缺乏灵活性。② 循环性菜单。按一定周期循环使用，每天使用一份，周而复始，适用于顾客相对固定，需要天天就餐的餐厅。优点是菜品每日翻新，丰富多样，顾客消费与员工生产有新鲜感；缺点是剩余食物原料不便利用，采购麻烦，库存品种增加。③ 限时性菜单。使用时间限定在一定天数内或某一活动中，有很强的时效性。一类是根据某一时期原料供应情况而制定的菜单，如每日菜单（"每日特选""厨师特选"）、节日菜单、美食节促销活动菜单；另一类是为某宴会设计的一次性菜单，如宴会定制菜单、筵席台面菜单。

（2）按出品价格分。① 零点菜单，又称点菜菜单。酒店向客人展示本酒店所有菜点的说明书，供客人零点就餐或筵席点菜使用。由菜单封面、菜单正页和菜单封底组成画册，装帧考究，制作成本较高。菜式丰富多样，内容具体翔实，每道菜都单独标价，使用最为广泛。② 套菜菜单。在统一价格下由若干个菜点组成一套出品。有按人数设计的团队套菜（十人座/桌，如会议套餐、旅游套餐）与散客套菜（如两人的情人节套餐、儿童节套餐，三四人、五六人不等的聚会套餐），有按内容设计的工作套餐、特色菜肴套餐，等等。

（3）按装帧制作分。① 画册式菜单。内容齐全，图文并茂，装潢考究，使用时间长，制作成本高，一般用于零点菜单。② 折叠式菜单。以两折、三折的形式居多，纸质精良、印制考究，常用于中西餐宴会特别推销的销售菜单与筵席桌面菜单。③ 招贴式菜单。张贴或悬挂于酒店餐饮场所或公共区域，易被客人注意，起广告作用。④ 纸垫式菜单。快餐厅、速食店和咖啡厅将菜单印制在客用餐具的垫纸上，制作简单，成本较低，为一次性菜单。⑤ 单页式菜单。可随时根据市场需求调整菜单品种而不必重新制作，方便、灵活，用于快餐、小吃店、咖啡厅、茶馆等餐厅。⑥ 艺术型菜单。造型艺术、形式多样，用于美食节特别推销、节日推销，如圣诞松树状菜单、春节宫灯式菜单、中秋佳节月圆形菜单、江南水乡餐厅宫灯式菜单等。

（4）按宴会菜单生成方式分。① 零点式菜单。由散客在零点菜单上选点菜品组成宴会菜单。囿于顾客宴会知识的局限，该菜单格局不太系统规范，随意性较大。② 销售式菜单。由酒店按照不同宴会餐标，遵循菜单设计规律，将菜点组配成筵席格局，制定若干套不同菜品、不同风味、不同价格的宴会销售菜单，供顾客选择（顾客可对其中某些菜品进行调整）。③ 定制式菜单。高规格宴会、重要宾客宴会或大型宴会，由酒店按照宴会主办者的办宴要求为客人"量身定制"个性化菜单。

（5）按宴会服务方式分。有围餐式宴会菜单、位上式宴会菜单、自助式宴会菜单。特点和菜单格局详见项目一与本项目任务的内容。

（6）按其他标准分。① 按饮食风格分，有中餐菜单、西餐菜单、中西合璧菜单。② 按地点分，有餐厅菜单、酒吧菜单、茶座菜单、楼面菜单（高星级酒店客房用膳的零点菜单，悬挂于客房门把手的内侧，又称门把菜单）。③ 按材质分，有纸质菜单、实物菜单、电子菜单。④ 按功能分，有销售菜单、桌面菜单（置于筵席餐桌上供顾客观阅，一般聚餐使用点菜打印单，宴会可根据不同档次制作成不同规格的筵席桌面菜单）、生产菜单（厨师按烹饪操作规范制作的菜单）。

（二）掌握办宴信息

（1）知己：掌握酒店信息。一知酒店的经营方针、组织机构、管理风格、财务政策、实施设备与生产条件；二知员工素质、技术水平、团队精神；三知接待能力、服务方式、上菜次序与服务技能；四知原料性质、货源供应、价格水平、酒店储备等；五知宴会毛利率及有关成本控制的各类数据；六知（最为重要）酒店所有菜点出品的规格，包括种类、食材、数量、烹法、口味、营养、成本、价格、装盘等（详见项目九标准菜谱的内容）。

（2）知彼：掌握客人信息。做到"八知三了解"：八知：开宴时间、出席人数（或宴会桌数）、宴会餐标、宴会形式、宴会主题程序、宴会布置要求、菜式品种、宴会服务方式和要求；三了解：宾客的饮食习惯、风俗忌讳与特殊要求等信息。

案例 5-1　一顿讨巧的筵席[①]

省里有关部门通知山东济南珍珠大酒店，有一支二十余人的台湾老人旅行团要入住本店。虽然这些客人逗留时间不长，要求却很高，因为他们大多是 1949 年去台湾的古稀老人。多年来他们天天惦念大陆，有一个共同的心愿：在有生之年亲眼看一看大陆的变化，亲口尝一尝地道的家乡菜。"可是，他们到底要吃哪个帮系的菜呢？"餐饮部经理思考着。他想到，这批客人是从上海到济南的，何不先请上海朋友打听一下他们的口味和特殊要求呢？他一连打了十几个电话才知道台湾客人此时正下榻在上海火车站附近的一家高档酒店里。他与那家酒店联系上了，掌握了许多非常有价值的信息，通过传真还要到几份台湾客人在上海吃的菜单。那二十多位客人都是当初从浙江宁波去台湾的，他们渴望吃上一顿不折不扣的甬菜。可在上海的 3 天时间里，他们每天都忙着应酬，顿顿吃的都是上海人心目中最上品位的大闸蟹。了解此情况后，经理为他们"量身定制"了菜单。周四，客人准时抵达酒店，晚餐设在装潢一新的包间。当服务员端上 8 碟地道的宁波菜时，所有客人发出一片欢呼声，只见筷子如雨点般在一个个碟子中"扫荡"，不一会儿，黄泥螺、臭冬瓜、蟹酱、鳗鲞等冷菜便荡然无剩。接下来的一道道热菜几乎也是一扫而光，那些老人仿佛是一群孩子，又说又笑又大吃。席后，客人异口同声地评价，这是他们到大陆以来吃得最香、最满意的一顿饭。

（三）确定筵席格局（详见项目四中的相关内容）

1. 设计筵席菜单的程序与方法

（1）确定宴会形式。根据宴会餐标，确定采用围餐式宴会，还是位上式宴会，还是自助餐宴会或工作餐宴会，因为不同的宴会形式，菜单设计是不一样的。

（2）确定菜单规格。根据菜单格局设计原则，明确筵席菜单各类冷菜、热菜、汤菜、席点、水果的道数与内容。

（3）确定成本分配。根据酒店宴会毛利率指标，分配各类出品与各菜点的成本比例，详见项目四成本控制表 4-10 和表 4-11 的内容。

（4）确定核心菜肴。主菜是筵席菜单的精华与"帅菜"，是原料最名贵、工艺最讲究、起着担纲作用的菜肴，在食材、烹制、造型、装盘、上菜方式上有别于其他菜。主菜选定，再确定辅佐菜点，"兵随将走"，烘云托月、绿叶衬红花，形成筵席出品格局。

（5）确定菜点食材。按就餐人数、人均食用量、菜点品种与道数、各菜点成本分配，以及宴会标准、原料价格，计算各种原料的规格与数量。

（6）确定全席菜品。综合考量各菜点的食材、口味、色泽、形状、烹法，盛器、装饰与服务等内容，统筹兼顾，平衡协调，制定宴会菜单。可通过写菜点名称的方法制定菜单，

[①] 资料来源：蒋一骉. 酒店服务 180 例[M]. 上海：东方出版中心，1996.

因为酒店在制定标准食谱（详见项目九的内容）时，就规定了菜点的色香味形、烹法、盘饰、器皿和成本价格等内容。例如，6 个热菜的主原料已经确定，就可书写菜名：菠萝咕佬肉（粤菜，口味酸甜，适应东南沿海地区）、孜然羊肉（京帮菜，口味香咸，适应北方地区）、宫保鸡丁（川菜，辣，适应中南地区）、清蒸龙利鱼（淮扬风味，咸鲜味，适应江浙沪地区）、菜心炒双菇、西芹炒百合等。

（7）确定宴会酒水。一般宴会餐标仅含菜点费用，不含酒水费用。自助餐宴会、工作餐宴会含酒店提供的酒水费用，成本占食材成本的 10% 左右。

（8）确定宴会展台（详见项目二中有关展台设计的内容）。若是大型宴会需要布置展台，设计菜单时，应写明主题食品艺术作品名称、制作原料、成本等内容，开列到原料采购单中。食雕师预先制作，宴会举办当天安装就位。

2. 围餐式宴会菜单规格

（1）冷菜。一般是双数，设 4～10 小碟。荤素各半，民间宴会是 5 荤 3 素。口味各不相同，装盘统一美观。

（2）热菜。6～8 道（其中蔬菜 1 道）。每道菜的刀工处理与出品造型，丝、片、丁、条、块形状多样，红、黄、绿、白、黑色调不同，烹制工艺多种，咸鲜、糖醋、香辣、咖喱、椒盐口味多种。

（3）大菜。1 道。用整件原料或名贵原料制成，工艺考究，起担纲作用。

（4）汤菜。1 道（如配制 2 道以上的汤菜，有的可含在大菜里，减少热菜道数）。高档粤菜筵席上 2 道，头羹末汤。工作餐宴会餐标低，故汤羹菜较简单，如冬瓜虾米扁尖汤、番茄鸡蛋汤、酸辣汤等。

（5）点心。2 道。一甜一咸、一干一湿，如一道萝卜丝酥饼是油炸咸点，那另一道必须为甜点，如蒸的奶黄包，而不能上炸制的甜的榴莲酥。有些地区用甜品代替甜点。

（6）甜品。1 道。汤羹类甜点，如桂花酒酿圆子、莲子银耳羹、椰汁西米露等，或用西式甜点，如奶油布丁。普通宴会餐标低，也可省去甜品。

（7）水果。低档宴会上 1 种水果，中档宴会再加 1～2 种，如在西瓜盘中点缀葡萄和甜橙。高档宴会可使用 5 种水果。上席可一桌一盆，也可一人一小果盘或果杯。

3. 位上式宴会菜单规格

（1）冷菜。1 道。主料至少 5 种（3 荤 2 素）。将食材拼摆成精美图案，用多格盛器分别放置，也可用 4 个小碟盛装，放在看盘上，空间作盘饰。

（2）汤菜。1 道。选用档次较高的食材，如竹荪鲜鲍炖乳鸽、鸡枞菌野米炖辽参、素佛跳墙等，用精美汤盅盛放。

（3）热菜。3 道（2 荤 1 素）。如头菜用了海鲜，如龙虾、葱烤刺参、极品鲍鱼等，另一道就选肉类或禽类食材。蔬菜选择 2 种以上当季时蔬，双拼或混炒烹制。

（4）点心。1 道。采用双拼点心或再加 1 个甜品，一甜一咸、一干一湿。

（5）水果。1 道。使用品质档次较好的 3～5 种时令新鲜水果，做成精美水果小拼盘。

案例 5-2　1950 年毛泽东主席宴请斯大林代表尤金的"中餐西吃"创新筵席①

1950 年的某一天，政务院负责接待工作的领导交给北京饭店一项任务：中央领导要宴请苏联贵宾，出席者 22 人，要坐在一起，便于交谈。负责设计宴会的经理可为难了。中餐筵席习惯使用 10 人圆桌，那起码要摆两桌，那就不能满足 22 人聚在一起交谈的要求。要是共用一个能坐 22 人的大圆桌，又相隔太远，不便于交谈。怎么办？员工们纷纷开动脑筋，

① 资料来源：饶勇. 现代饭店营销创新[M]. 广州：广东旅游出版社，2000.

提出合理化建议。经过反复研究，形成了一套创新方案。把中餐圆桌改成西餐长台，宾主共坐一桌。把中餐小布碟换成西餐吃盘，既摆筷子，也放刀叉，采取中式烹调制作菜点，但在搭配和拼摆上做适当更改。菜点按人上席，按西餐服务程序与规范进行服务。上级领导对这个方案很满意。直到这时，饭店才知道，原来斯大林为了进一步了解新中国、中国共产党和毛泽东主席，派他最信任的哲学家尤金作为特使来到中国。在这个宴会上当然要谈包括哲学、历史、中国革命乃至有关世界的各种问题，因此，能互相交谈是非常重要的。大家听到这个消息，更有了一种光荣感和使命感。这个 22 人共聚一桌的位上式宴会，后来被证明效果非常好，宾主都非常满意，并一致赞扬这是一种很好的宴会形式，当时人们把它称为"中餐西吃"，这是北京饭店对中餐宴会的一种创新。

4．自助餐宴会菜单规格

（1）菜点设计原则。无骨无刺（不剥壳、不带骨、不吐刺）、方便食用（大小适中、一口食用）。鸡、鸭等禽类食品去大骨后装盆，鱼尽量使用不带鱼刺或鱼刺少的品种。菜点做成能一口食用的，大块菜品要改刀成方便食用的条块状装盘，如煎牛排要切割成条块状装盘摆设。点心做成能一口食用的，如西式花色小糕点、中点包子做成小笼包大小。菜点设计要兼顾各地区客人的口味需求。出品装饰必不可少，即使是自助工作餐，在第一批摆放的菜点上也要进行一定的装饰。热菜放在热餐炉中，注重色彩搭配，条块排列要整齐，在菜肴上面做点缀装饰，如把酥炸鱼排叠放成瓦楞状排列整齐，上面点缀青红椒圈和洋葱圈等；在炒制的绿叶蔬菜中配以胡萝卜、冬笋、黑木耳等。

（2）菜点品种分配。① 明确菜点类别成本比例。兼有中西菜点：中餐 45%（其中冷菜 30%、热菜 40%、中点 30%）、西餐 30%（其中冷菜 30%、热菜 20%、西点 30%、水果 20%）、酒水 10%、水果 5%、装饰 5%、机动 5%。全部中式菜点：冷菜 25%、热菜 30%、烧烤 5%、点心 20%、主食 5%、酒水 10%、水果 5%。② 根据宴会人数、餐标确定菜点总款数，100 人以下约 40 款，100～500 人为 50～60 款，500 人以上约 70 款。③ 根据酒店厨房的生产能力，分配每类品种的菜点个数。如中菜：热菜 8 个、汤羹菜 2 个、冷菜 8 个、点心 4 个、烧烤 1 个、特色餐台品种 2 个；西餐：热菜 4 个、汤羹菜 1 个、冷菜 6 个、西点 8 个、烧烤 2 个；水果 6 种；酒水等。自助式工作餐宴会菜点品种可减少，如 8 热菜、1～2 个汤羹菜，4 冷菜，2 点心（1 甜 1 咸的包子、馒头类），2 主食（1 米饭、1 面食），1～2 种水果，不做装饰。食材多样，烹法多种，口味丰富。

（3）确定菜点食材品种与数量。选料以加工简单、食用方便、物尽其用为原则。如中餐热菜各主料为：肉类 2 个（猪、牛、羊等）、禽类 1 个（鸡、鸭、鹅等）、水产类 1 个（鱼、虾等）、蔬菜 2 个（根茎类、叶菜类、花菜类等），中式点心为：炸制类 2 个（酥点等）、蒸煮类 2 个（包子、糕点等）。

（4）酒水。以红白葡萄酒、各式啤酒、香槟酒为主，不供应白酒与黄酒。烈性酒仅在调制鸡尾酒时使用，客人有特殊要求的或特定的酒会上可有限使用。饮料根据季节配置，夏季以冰饮为主，冬季以热饮为主。餐标与档次较高的自助餐宴会，可提供现场榨汁饮料。

（四）配置菜点原料（详见项目四的内容）

（1）选择适当食材。根据宴会价格与档次选用食材，进口还是本地、时令还是普通、高价还是低价，明确品种、质量、价格，保证菜肴质量与宴会规格相符。高档宴会选用新原料、时令原料、贵重原料，以精、巧、雅、优等菜品为主体。中低档宴会菜肴以实惠、经济、适口、量足为主体，使用常见食材"粗菜细做、细菜精做"，以增加配料用量降低成本，让客人吃饱吃好。

（2）确定食材总量。宴会菜肴总净料量按国人人均 500 克或 750 克、外宾人均 400 克净食材预测消耗。而参宴人数多少、顾客成分构成与心理需求、餐饮活动时间长短、菜单结构、酒水酒精度以及自然环境如空气温湿度等因素，都与人均消费量有关系。

（3）核算菜点成本。掌握成菜与净料、净料与原料之间的重量比例，确定每一个菜品所用的主料、配料、调料的比例、质量及数量。

（五）菜点命名艺术[①]

1. 菜点命名要求

（1）内容要求。"名从菜来、菜因名传"，菜肴命名要紧扣宴会主题，烘托宴会气氛。贺寿宴：松鹤延年、八仙过海、红运高照、福如东海、年年有余、齐眉祝寿、子孙满堂、生日吉祥、万寿无疆。婚庆宴：吉祥如意、百年好合、鸳鸯戏水、子孙饺子、双喜临门等。高升宴和升学宴：鲤鱼跃龙门、连升三级、大展宏图等。庆祝开业大吉宴：紫气东来、恭喜发财、财源滚滚等。全家团聚宴会：全家福、子孙满堂、合家团圆等。

（2）形式要求。文字优美，富有情趣，含意深刻，简明易懂，读来顺口、好听、易记。菜名字数以4~5字为宜，最多不要超过7个字。一份菜单中，每道菜名字数最好相等。如有外文翻译，应准确贴切。高档宴会桌面菜单或定制菜单采用双名制，即前一个用寓意型名，后一个用写实型名，加括号。

2. 菜点命名方法

（1）写实型。菜名如实反映原料搭配、烹调方法、风味特色或冠以发源地。强调主料，再辅以其他因素，通俗易懂，简单明了，名实相符。中国北方菜名偏重写实，崇尚朴实。写实型菜品命名方法适用于餐厅零点菜单、宴会销售菜单和厨师生产、员工服务的生产菜单，如表5-1所示。

表5-1 写实型菜品命名方法

命 名 方 法	实例与命名特点
配料加主料	如龙井虾仁、腰果鸡丁、芦笋鱼片、松仁鳕鱼、西芹鱿鱼等； 使客人知道菜肴主、辅料的构成与特点，能引起人们的食欲
调料加主料	如黑椒牛排、茄汁虾仁、蚝油牛柳、豆瓣鲫鱼、韭黄鸡丝等； 用特色调料制成菜肴，突出菜肴口味
烹法加主料	如小煎鸽米、大烤明虾、清炒虾仁、红烧鲤鱼、黄焖仔鸡、拔丝山药等； 突出菜肴的烹调方法及菜肴特点，知道用什么烹调方法和原料制成
色泽加主料	如碧绿牛柳丁、虎皮蹄膀、芙蓉鱼片、白汁鱼丸、金银馒头等； 突出菜肴艺术特性，给人美的享受
质地加主料	如脆皮乳猪、香酥鸡腿、香滑鸡球、软酥三鸽、香酥脆皮鸡等； 突出菜肴质地特性，给人美的享受
外形加主料	如寿桃鳊鱼、菊花财鱼、葵花豆腐、松鼠鳜鱼、琵琶大虾等； 突出菜肴美观外形，给人美的享受
味型加主料	如酸辣乌鱼蛋羹等； 突出菜肴味型特性，给人美的享受
器皿加主料	如小笼粉蒸肉、瓦罐鸡汤、铁板牛柳、羊肉火锅、乌鸡煲等； 突出烹制器皿或盛装器皿及烹调方法
人名加主料	如东坡肉、宫保鸡丁等； 冠以创始人姓名，具有纪念意义和文化特色
地名加主料	如北京烤鸭、西湖醋鱼、千岛湖鱼头等； 突出菜肴起源与历史，具有饮食文化和地方特色

[①] 资料来源：贺习耀. 宴席设计理论与实务[M]. 北京：旅游教育出版社，2010.

续表

命 名 方 法	实例与命名特点
特色加主料	如空心鱼丸、千层糕、京式烤鸭等; 体现菜肴特色
数字加主料	如一品豆腐、九转肥肠等; 富有语言艺术
调料加烹法、主料	如豉汁蒸排骨、芥末拌鸭掌等; 全面了解菜肴所用的主、辅料及采取的烹调方法
蔬果加盛器	如西瓜盅、雀巢鸡球、渔舟晚唱等; 将蔬果、粉丝做出食物盛器形状,来装盛菜肴,既是盛器,又是菜肴
中西结合	如西法格扎、吉力虾排、沙司鲜贝等; 采用西餐原料或西餐烹法制成,吃中餐菜肴,体现西餐味道

（2）寓意型。抓住菜品某一特色加以夸张渲染,赋予诗情画意,满足客人祈福心理,起到引人入胜的艺术效果,但不可牵强附会,滥用辞藻,更不能庸俗下流。讲究文采和字数整齐一致,工巧含蓄,耐人寻味。中国南方菜名擅长寓意。寓意型菜品命名方法适用于宣传推销、宴会定制菜单与筵席桌面菜单,对不易看明的菜名,可在后面附上写实名,如表5-2所示。

表5-2　寓意型菜品命名方法[①]

命 名 方 法	命名特点与实例
模拟实物外形	强调造型艺术,形象法,如金鱼闹莲、孔雀迎宾
借用珍宝名称	渲染菜品色泽,借代法,如珍珠翡翠白玉汤、银包金
镶嵌吉祥数字	表示美好祝愿,修辞法,如二龙戏珠、八仙聚会、万寿无疆
谐音寓意双关	讲究寓意双关,谐音法,如早生贵子（红枣桂圆）、霸王别姬（鳖鸡）
敷演典故传说	巧妙进行比衬,拟古法,如汉宫藏娇（泥鳅钻豆腐）、舌战群儒等
赋予诗情画意	凸显菜肴艺术,文学法,如百鸟归巢、一行白鹭上青天等
表达深情厚谊	表达美好情感,寄情法,如全家福、母子会等

案例5-3　充满书卷气的菜单名[②]

4 凉菜:【一剪梅】胭脂百叶、【浣溪沙】三寸金莲、【蝶恋花】珊瑚菜卷、【点绛唇】卤水鸭舌。7 热菜:【满庭芳】东坡府邸参、【定风波】江团狮子头、【卜算子】东坡肘子、【夜半乐】红花芙蓉鸡、【千秋岁】黑笋烧牛肉、【南乡子】竹还山珍、【浪淘沙】秋风流霞羹。1 汤菜:【水调歌头】玉笋老鸭汤。

如餐厅或包间用词牌名、曲牌名取名,如天引香、一枝花、人月圆、醉太平、普天乐、殿前欢、小桃红、寿阳曲、节节高等,室内营造相应的文化氛围,效果就更好了。

案例5-4　具有数字美的新春宴菜单名

凉菜:一熏牛肉、二姐兔丁、三丝春卷、四季皆春（蒜茸四季豆）、五香鳝丝、六拼风车（酱肉、酱肚、腊猪舌、香肠、酱牛肉、豆腐干）。热菜:一品海参、二龙戏珠、三鲜汤

---

① 资料来源:贺习耀. 宴席设计理论与实务[M]. 北京:旅游教育出版社,2010.
② 用词牌名加菜名命名。

锅、四喜炸饼、五彩鱼丝、六子迎春。汤菜：七星白菜。甜点：八宝锅蒸。果盘：什锦果品。

特点：一是春天的气息，如"四季皆春""六子迎春"阐明了春的主题。美食家有"春兔秋鸭"的说法，"二姐兔丁""春卷"也配合了主题。二是全部用数字取菜名，使菜单饱含着乐趣和吉祥。

案例 5-5　"1999 年世界 500 强会议"藏头诗宴会菜单名①

由美国《财富》杂志主办的"1999 年世界财富论坛年会"即世界 500 强会议于 1999 年在上海举行，上海锦江集团承办了这次宴会并精心构思了筵席菜单名。菜单里面蕴藏了一首藏头诗：风传萧寺香（佛跳墙）、云腾双蟠龙（炸明虾）、际天紫气来（烧牛排）、会府年年余（烙鲟鱼）、财用满园春（美点笼）、富岁积珠翠（西米露）、鞠躬庆联袂（冰鲜果）。前 6 道菜点的第一个字连在一起，便是"风云际会财富"，最后 1 道水果名则是服务员向大家致意。自从此菜单见报后，在报道描述国际会议时经常引用"风云际会"一词，可见一张好的筵席菜单命名具有极大的影响力。

（六）编排顺序格式

1. 菜品排列顺序

（1）中餐菜单：按冷菜、热菜（零点菜单因菜品多，再按海鲜、河鲜、肉类、禽类、锅仔煲仔类与蔬菜类等次类目排列）、汤羹、饭面点心等大类名称顺序排列。

（2）西餐菜单：按主菜（海鲜、鱼虾、牛猪羊肉、禽）、开胃菜、汤、淀粉食品及蔬菜、色拉、甜点等大类名称顺序排列。

2. 零点菜单编辑②

（1）编排要点。因菜品多，要按大类、次类编排，不要按价格高低排列，否则客人会仅根据价格来点菜，不利宴会推销。把重点推销的菜点放在菜单的首、尾部分，易引起客人的注意。主菜排在最醒目的位置，用粗大的字体和最详尽的文字介绍。特色菜区别于一般菜，用粗大黑体字排印，有更详尽的促销文字介绍，或用更丰富的色彩点缀和以彩色照片来衬托。特色菜数量占菜单上菜肴总数的 20%～25%。

（2）撰写内容。零点菜单是繁式菜单，文字内容较详细。③ ① 菜品类别。一般酒店品种约为 120 种（具体数量视餐饮规模和经营需要而定），菜品分类排列。② 名称和价格。这是菜单设计的关键，是顾客选择菜品的决定因素。③ 特点和风格，如某菜肴特别辣、某点心特别甜、过桥米线特别烫等。④ 制作描述，如描述主辅料及分量、烹法、份额、浇汁和调料、主要营养成分、服务方法、需等候的时间，着重简介高价菜、名牌菜、特色菜、时令菜。⑤ 酒店信息，如宴会厅名称（在菜单封面）、特色风味（在宴会厅名下列出其风味）、餐厅地址（酒店所处地段的简图）、预订电话（在菜单封底下方）、营业时间（列在封面或封底）、接受的信用卡类别、加收费用、使用币种等告知性说明，现在还有二维码。有的还介绍酒店的历史背景、宴会厅的特点与设施、知名人士对本餐厅的光顾及赞语、权威媒体对本餐厅报道选粹等荣誉性说明。⑥ 彩色照片。为高价菜、名牌菜、受顾客欢迎的菜和形状美观、色彩丰富的菜配置彩色照片，这是展示促销的极好手段，照片印制要精美。

（3）字体要求。菜单字体要与餐厅风格协调。隶书、草书以艺术性见长，实用价值不大，应慎用；楷书工整端庄，行书行云流水，均可选用。正文一般使用仿宋体、黑体等字

---

① 资料来源：鞠志中，叶伯平. 宴会设计[M]. 长沙：湖南科技出版社，2004.

② 其他类型的菜单编辑可参考零点菜单的编辑要求。

③ 注：宴会销售菜单、宴会桌面菜单是简式菜单，菜品少，文字内容可做简化处理，仅需宴会名称、举办时间、举办单位、举办地点和菜点名称，一目了然，简明扼要。

体。各类菜的标题字体应与其他字体有区别，既美观又突出。字体大小（一般用三号字体）和间距、行距要适当。要以阿拉伯数字排列编号和标明价格。菜单篇幅应留有 50%左右的空白。空白过少、字数过多会使菜单显得拥挤，让人眼花缭乱，读来费神；空白过多则给人以菜品不够、选择余地太小的感觉。菜单可用两至三种不同的字体，分别用于标题、分类提示与正文。涉外菜单要有中英文，拼写统一规范，符合文法，防止差错。

（七）选择菜单形式

1. 纸质菜单（常用于零点菜单、销售菜单、筵席桌面菜单）

（1）平放式。传统的陈列方式，平放于餐桌之上。

（2）竖立式。装帧精美的折叠式菜单，将折页打开，立放于餐桌上，富有立体感。

（3）卷筒式。豪华宴会菜单可卷成筒状，用缎带捆扎，或放或立于每个餐位正前方，每人一份。客人可将其携走，以作留念。

（4）悬挂式。高星级酒店客房用餐的门把手菜单，挂贴在酒店墙上的广告菜单。

2. 实物菜单（展示式菜单，专用于零点销售）

（1）实物、模型展示。在餐厅门口或客人经过处，将菜肴主辅料切配装盘或做成品蜡像模型，醒目陈列，标明价格，刺激客人感官，激发消费欲望。

（2）海鲜食材展示。在酒店进门处设置生猛海鲜池，既有很强的观赏性，又可目睹原料的新鲜、卫生度，还可当着客人的面称取海鲜，使客人对分量与质量放心。

（3）成品推车展示。在餐厅现场，用推车推介早茶的各色精美小吃与茶点。

3. 电子菜单（常用于零点菜单、各种销售菜单）

（1）品种齐全，分类明细。使齐全的电子菜单不显得冗长烦琐，操作简单、快捷。

（2）灵活搭配，个性化。对各种菜肴进行实时组合和调整，彻底改变传统菜单点菜方式，满足大众化、个性化的餐饮口味需求。

（3）有形展示，明码标价。有效展示各种菜肴的价格、主辅材料、简单烹调方法以及菜式图片，让客人在明确、轻松的环境中点菜。

（4）多种渠道、多向预订。突破时空限制，在不同场所、不同时间向客人展示和推介菜肴，接受客人异时异地的网络预订，实现预订的多向性。

（5）自动生成、简便高效。只需录入宴会标准及宴会主题，即可自动生成多份同等档次及内容的宴会菜单，供客人选择；对已选择的菜单中的某个菜肴还可以用同等价格及类别的其他菜肴替换。

（八）印刷制作菜单

（1）外观装帧。封面材料选用经久耐用且不易沾油污的重磅纸或优质皮革，可烫金、压痕或压膜。内容有酒店和宴会厅的名称、标志及有关信息，颜色与酒店主题色吻合。要有视觉冲击力，色彩要突出、简单，要有视觉中心；图像清晰且有锐角，聚焦色温准确；表达内容准确无误。

（2）制作材质。以纸张居多。一次性菜单选择轻巧、便宜的纸张，耐用性菜单选择质地精良、厚实且不易折断的纸张。档次较高的餐厅应选用较高级的纸张。

（3）菜单形状。根据餐饮内容、宴会厅规模以及陈列方式，用不同方法折叠成不同的形状，如长方形、正方形及各种特殊形状（如心形、刀形、手风琴形、圆形、立体形等），力求使客人使用方便。

（4）菜单色彩。最易快速阅读的色彩搭配是白（或浅黄色、浅粉色）底黑字，最难阅读的色彩搭配是深黄色上的黑字、橘红色上的黑字、黄底红字、红底绿字、绿底红字。菜单色彩有纯白、柔和、素淡、浓艳重彩之分，可用一种色彩加黑色，也可用多种色彩，视成本而定。色纸的底色不宜太深。菜单折页、类别标题、食品实例照片宜选用鲜艳色调。

任务二　制定宴会菜单

（一）宴会销售菜单[①]

酒店面向目标顾客，根据餐费标准、毛利率，设计菜点结构完整、菜式品种限定、口味烹法多样、价格档次明确的不同档次、不同规格的宴会菜单。采用质地精良、厚实且不易折断的重磅涂膜纸或防水纸或过塑重磅纸质，防污、耐磨、美观、高雅，拿在手里阅读时"手感"舒适。印刷精美、图文并茂的菜单，成本一般较高。菜单中的菜点基本不变，只是根据季节变化，对部分菜肴做适当调整，换上当季食材。宾客可选用标准宴会菜单，也可调换其中部分菜点。

案例 5-6　无锡万达喜来登酒店婚宴销售套餐菜单

A 套　龙凤呈祥宴	B 套　永结同心宴
喜聚八碟（精美八味碟）	喜来八碟（精美八味碟）
之子于归（一品三黄鸡）	鱼水衷情（老上海熏鱼）
凤鸾祥和（黄焖鳕鱼羹）	福来缘至（发财太湖银鱼羹）
龙运达畅（鲍汁焗龙虾）	腾龙呈祥（金汤汁龙虾）
白凤报喜（深井烧鹅）	满堂吉庆（吊烧琵琶鸭）
相敬融和（盐酥焗扇骨）	百好永年（雀巢虾仁黄金贝）
包容蜜意（至尊牛肋排）	互信欢谐（豉汁牛腩配米饼）
瑶台共汇（蒜茸蒸鲜鲍）	心印相守（蒜香蒸带子）
鸳盟永定（豉油汁深水斑）	俯首甘同（游水深海斑）
满堂同庆（顶汤海肚鲍鱼菇）	沉鱼落雁（避风塘乳鸽）
同德心志（家乡红圆蹄）	永结融合（家乡红圆蹄）
积善家兴（南粤叉烧包）	共护家和（南粤奶黄包）
相倾蜜意（养身花菇扒驴胶）	悠情常乐（海参扣智鲍）
如沐春风（党参炖老鸡）	爱慕同心（水仙炖老鸡）
亲朋同欢（上汤田园蔬）	四季康宁（清炒西兰花）
欢悦齐叙（浓情八宝饭）	同德至尚（浓情八宝饭）
爱意情绵（红豆沙汤圆）	丰泽圆满（椰汁西米露）
四季和康（时令水果拼盘）	佳果丰硕（时令水果拼盘）

菜单仅供参考，酒店会根据时令提供最佳菜单。

价格：人民币 4299 元 / 桌 / 10 位（2015 年年底价格）。

优惠：宾客凡消费满 20 桌以上可额外享受以下优惠：① 喜宴美馔：18 道中式菜肴，两套精选中式婚宴菜单可供选择。自备酒水免开瓶费，点用店酒特价优惠，全场瓶装品牌酒水畅饮 2 小时（太湖水啤酒、可乐、雪碧及橙汁），免收 15% 服务费。② 专业服务：签到台，司仪讲台，婚庆舞台，渲染喜庆的背景音乐及婚礼进行曲，大堂及宴会楼层电子指示牌、100 寸屏幕、多媒体投影仪（仅限 1 个），全场专业音响设备，无线话筒两支，配音

------

① 宴会销售菜单也称宴会标准菜单，属于固定耐用型菜单。

响师。③ 贴心好礼：超过 60 人的婚宴可免费提供化妆间、嘉宾题名册、香槟、鲜花、装饰餐台、精美装潢 16 寸照片、8 人抬花轿。超过 100 人的婚宴再赠送幸福婚礼蛋糕（3 磅）、蜜月豪华行政套房 1 晚（婚房内奉送红酒 1 瓶、鲜花 1 盆，免费享用次日双人盛宴西式自助早餐），婚宴来宾享受订房特价优惠；免费提供酒店指定数量的停车位；婚宴试菜可享受八折优惠（仅限 10 人）。赠一周年结婚纪念日双人晚餐，凡生日宴可享受九折优惠。享受驻中国地区其他喜来登饭店的优惠价。

适用于法定假日（除元旦、春节、劳动节、国庆节以外的法定假日）婚宴客人。

垂询详情请致电无锡万达喜来登酒店宴会预订部，电话：+86 510 81166×××。

宴会销售套餐菜单是宴会宣传册中的一部分，宣传册融入了中华民族几千年的文化，其正面圆形的翡翠上点缀着一颗璀璨的明珠，温馨的粉色和浪漫的紫色衬托在翡翠的两侧，整个创意既温馨浪漫又昭显美好的祝愿。宣传册上用中英文两种文字详细介绍婚宴服务的内容及五星级的服务设施。两张粉底红字的套餐菜单整齐地排列在宣传册内，宣传册还配有 4 张彩色图片，包括气势宏大的宴会主厅，龙凤戏珠的大红喜帐装饰在厅堂的正面，典雅的小宴会厅内服务员正在精心地摆台，金柱红墙的宴会厅内，婚宴餐台以华贵的金黄色和雍容的红色为主色，宴会厅入口处服务员正迎候着来宾。

（二）宴会定制菜单①

针对高规格宴会或重要宾客宴会，由酒店按照宴会主办者的办宴要求专门为客人"量身定制"个性化菜单，其实质是一份宴会工作规划，设计内容多、要求高，供内部工作人员使用。本教材中的导入案例基本上是此类菜单。

案例 5-7　2014 年亚信第四次峰会宴会菜单②

亚洲相互协作与信任措施会议（简称"亚信会议"）第四次峰会于 2014 年 5 月 20—21 日在上海举行。27 个成员方和 13 个观察员国和组织领导人或代表参会。会议倡导共同、综合、合作、可持续的亚洲安全观，为亚信第三个十年发展做出规划。国家主席习近平和夫人彭丽媛在上海国际会议中心举行欢迎晚宴。宴后，赶赴上海大剧院观看"团结和谐的亚洲——携手向明天"文艺晚会。

菜单：1 冷盆（6 味小碟：原料是青豆泥、辣白菜、小银鱼、橄榄仁、甜扁豆、葱油双笋、素烧鸭、秘制南瓜）；1 汤：松茸炖花胶；5 道热菜：双味生虾球、煎焖雪花牛、夏果炒鲜带、豉香比目鱼、丝瓜青豆瓣；1 点心（印糕、葛粉卷、四喜素饺）；1 甜品；1 水果拼盆。

主厨：上海国际会议中心东方滨江大酒店行政总厨苏德兴（也是 2001 年 APEC 会议国宴的总厨）。从半年前接受任务，按照外交部 5 菜 1 汤的要求设计菜单。从菜单初稿到最终确认，其间经历了上百条意见修改。其中当然少不了"食神"针对创新和细节的争论研究。

食材：有些贵宾来自伊斯兰国家，因此菜单上的菜不能包含他们忌讳的食材，如鸡爪、内脏、猪肉、羊肉，宜选用牛肉、深海鱼类、菌类等中性食材。没有昂贵的燕鲍翅，也难见山珍海味，有的是富有中国地方特色、江南时令的食材，如芋头、丝瓜、扁豆、蚕豆均是上海本地种植的绿色蔬菜，保证口感糯滑细腻。

烹法：虽是家常食材，但作为最高规格的国宴，烹饪中尽显大厨功力，如煎焖雪花牛要入口即化，同时从营养角度配了秋葵、酸黄瓜和草莓 3 种蔬菜水果。菜品以少油、清淡为主。为适应各国贵宾口味，一些菜式中西结合烹调。如煎焖雪花牛，选用大连牛肉，前

---

① 宴会定制菜单又称繁式菜单，属于一次性菜单。

② 资料来源：由锦江集团提供。

半段采用中式焖制，后半段采用西式的黑胡椒、白兰地煎烹。考虑宾客大都来自亚洲地区，偏好微辣带甜的口味，一道双味生虾球，既有干烧微辣又有荠菜鲜炒。丝瓜翻炒后会黑，厨师们反复研究琢磨，发现先放少许盐腌制10分钟后，再清水漂净，最终呈完美色彩。普通的糯米糕要求绝不粘牙。鱼要去骨，还要保持鱼的形状。油温恰到好处，芡粉恰如其分，调味一气呵成。如有个别客人"重口味"，餐台上配有各种调料，如盐、胡椒粉。

餐具与盘饰：夏果炒鲜带，取自成语"筑巢迎凤"，将鲜带摆在土豆丝做成的"雀巢"上；中式点心用小蒸笼盛上，古色古香，印糕上印有亚信峰会的logo；水果盘上的圆形冰雕寓意团团圆圆；盛汤的"丝路宝船汤盅"设计灵感来源于海上丝绸之路的古船造型，寓意"海上丝绸之路"的建设必将推动沿途经济的发展。

摆台：采用各吃，食具除了中餐具，还摆上了刀叉。主桌上的装饰点缀品争奇斗艳。餐桌中央，铺有一条长达34米、印有骆驼图案的黄沙色云锦桌旗，上面摆放着鲜花，寓意丝绸之路鲜花盛开。餐桌主位的前方，有面泥捏成的和平鸽、糖艺荷花，还有一段约1.2米长、0.3米高用芋头雕刻的"长城"，令各国元首啧啧称奇。

服务：用餐时间75分钟。每道菜都是现场制作，上菜时间精确到秒。为保证菜"热乎乎"上桌，菜盆事先加温，还特地在厨房及上菜的通道装了188个吊灯来保温。

演练：宴会前一天，厨房用替代品进行了2次演练。330位嘉宾，每人10道菜，共3300多盘。62名厨师，掌勺厨师9位。当年APEC宴会虽然人数比这次多，但只有主桌是各吃，而这次全部是位上式各吃，压力前所未有。

（三）筵席桌面菜单①

（1）聚餐筵席桌面菜单。散客聚餐，用零点方式点菜而成的菜单，内容与形式十分简单，一般是手写或机打的点菜记录单。

（2）普通筵席桌面菜单。① 内容简洁。用文字标明宴会名称、时间，将冷盆、热菜、羹汤、席点、水果与酒水等菜点名称编制成菜单，置于筵席桌面之上，供客人使用。② 制作简单。可采用高级的薄型胶版纸或铜版纸制作一批折叠型菜单卡，即菜单封皮，正面印有店名、店徽或酒店建筑外貌，内夹轻巧的纸质材料，打印菜单文字内容。菜单封皮可多次使用，仅需更换内页即可。

（3）高档宴会特制桌面菜单。在材质、印制、文字、形式等方面精心设计，精美典雅，艺术性强，具有纪念意义与收藏价值，如图5-1所示。也可用其他材质特制成艺术型菜单，如满汉全席用仿清红木架嵌大理石菜单，西北风情宴用仿古诏书式菜单，竹园春色宴用竹简式菜单，药膳宴用竹匾式菜单，红楼宴用线装古书式菜单，商务宴用印章式菜单，满月宴用玩具式菜单，豪华商务宴用中式扇面菜单，中餐西吃用油画架式菜单、小挂件菜单等。

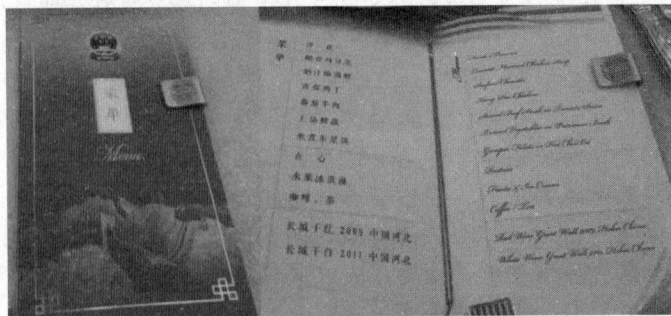

图5-1 高档宴会特制桌面菜单

① 筵席桌面菜单又称简式菜单、提纲式菜单，属于一次性菜单。

（四）宴会生产菜单①

以表格形式将宴会的每一道菜肴的名称、用料（主料、辅料、调味料）、刀工成型、味型、色泽、烹调方法、餐具规格、盘饰造型、上菜顺序、成本及售价等内容详细、清楚地罗列出来，用于酒店内部厨师生产、教学培训与出品质量分析之用。

模块二　各类宴会菜单案例

任务一　各类中式宴会菜单案例

（一）国宴菜单案例

案例 5-8　大型圆桌围餐式宴会②

1949 年 10 月 1 日晚"开国第一宴"菜单。

毛泽东、刘少奇、周恩来、朱德等 600 多人出席。淮扬风味。北京饭店担纲，淮扬名厨掌勺。菜单：4 美味小碟：扬州乳瓜、琥珀核桃、白糖生姜、蜜腌金橘。4 冷菜：酥烤鲫鱼、油淋仔鸡、炝黄瓜条、水晶肴肉。头道菜：燕菜汤。8 热菜：红烧鱼翅、烧四宝、干焖大虾、烧鸡块、鲜蘑菜心、红扒秋鸭、红烧鲤鱼、红烧狮子头。4 点心：咸点菜肉烧麦、淮扬春卷、甜点豆沙包、千层油糕（在第二道和第三道热菜之间上）。1 主食：菠萝八宝饭。1 水果：时果拼盘。

（二）政务宴菜单案例

案例 5-9　大型圆桌位上式宴会："××省政府欢迎英国政府代表团"宴会菜单③

1 冷盆：百花齐放（用烤鸭、芦笋、肝、蛋白、红黑鱼子拼成一只百花齐放的各客冷盆）。1 汤菜：鸡汁鲍片（用高汤、鲍鱼片、竹荪、菜心制成汤菜）。3 热菜：碧绿虾片（用明虾、荷兰芹、柠檬烤制而成）、茄汁牛排（牛排用番茄沙司等调味烹制成熟，另加荷兰豆、薯条加热成熟后点缀而成）、满园春色（用黄瓜、白萝卜、南瓜、茭白、橄榄菜等时蔬制成）。1 席点：中式美点（萝卜丝酥饼、素菜包、翡翠水晶饼拼成）。1 水果：硕果满堂（用西瓜、杧果、木瓜、猕猴桃组成）。

（三）商务宴菜单案例

案例 5-10　商业开业宴菜单

1 看盘：彩灯高悬（瓜雕造型）。4 冷菜：囊藏锦绣（什锦肚丝）、抬金进银（胡萝卜拌绿豆芽）、童叟无欺（猴头菇拼香椿）、一帆风顺（西红柿酿卤猪耳）。8 热菜：开市大吉（炸

① 宴会生产菜单又称繁式菜单、表格式菜单、生产菜单。
② 注：以下案例未写明宴会类型的均为圆桌围餐式宴会。
③ 资料来源：饶勇. 现代饭店营销创新[M]. 广州：广东旅游出版社，2000.

瓢加吉鱼）、万宝献主（双色鸽蛋酿全鸡）、地利人和（虾仁炒南荠）、顺应天意（天花菌烩薏仁米）、高邻扶持（菱角烧鸭心）、勤能生财（芹菜财鱼片）、贵在至诚（鳜鱼丁橙杯）、足食丰衣（干贝烧石衣）。1座汤：众星捧月（川菜推纱望月）。2饭点：货通八路（南味八宝甜饭）、千云祥集（北味千层酥）。1水果：五彩缤纷（什锦水果拼盘）。

（四）婚宴菜单案例

案例5-11　花好月圆婚宴菜单

1冷菜：喜庆满堂（鸳鸯彩蛋、糖水莲子、大红烤肉、香酥花仁）。10热菜：浓情蜜意（鱼香龙虾）、全家欢庆（烩海八鲜）、比翼双飞（酥炸鹌鹑）、鱼水相依（奶汤鱼圆）、琴瑟和鸣（琵琶大虾）、早生贵子（花仁枣羹）、大鹏展翅（网油鸡翅）、万里奔腾（清炖全膀）、金玉满船（蚝皇鲍贝）、花好月圆（花菇时蔬）。6点心：如意鸡卷、称心鱼条、相敬虾饼、恩爱吐司、喜庆蛋糕、酥心香糖。1水果：一帆风顺。

（五）生日宴菜单案例

案例5-12　松鹤延年寿庆宴菜单

1彩盘：松鹤延年（像生图案）。4围碟：五子献寿（5种果仁酿拼）、四海同庆（4种海鲜酿拼）、玉侣仙班（芋艿鲜蘑）、三星猴头（凉拌猴头菇）。8热菜：儿孙满堂（鸽蛋扒鹿角菜）、天伦之乐（鸡腰烧鹌鹑）、长生不老（海参烹雪里蕻）、洪福齐天（蟹黄油烧豆腐）、罗汉大会（素全家福）、五世其昌（清蒸鲴鱼）、彭祖献寿（茯苓野鸡羹）、返老还童（金龟烧童子鸡）。1座汤：甘泉玉液（人参乳鸽炖盆）。2寿点：佛手摩顶（佛水香酥）、福寿绵长（尹府龙须面）。2寿果：河南仙柿、上海北芒蟠桃。2寿茶：湖南老君茶、湖北仙人掌茶。

（六）节日宴菜单案例

案例5-13　"年夜饭"（团年饭）宴菜单

4冷菜：仙桃祝庆（糖拌番茄）、有凤来仪（椒麻鸡片）、繁花似锦（红油鸡丝）、银丝三色（凉拌三丝）。8热菜：瑞雪丰年（白油肉片）、吉庆有余（红烧中段）、金色汤圆（糖醋里脊）、余意相思（鱼香肉丝）、玉牌金钩（玉兰片炒金钩）、甘心情愿（干贝炒菜心）、多彩聚会（蘑菇烧杂烩）、交全始终（清蒸鱼头尾）。1甜食：八宝锅蒸（用蛋黄、猪油、面粉、白糖炒制而成）。1汤菜：欢聚一堂（鸡杂白菜汤）。

（七）欢聚宴菜单案例

案例5-14　亲友团聚宴菜单

1彩碟：凉亭叙旧（青松凉亭造型）。6围碟：岁寒三友（香菇、银耳、蒜苗制）、冰心玉洁（海蜇、鸡蓉、蛋清制）、暗香疏影（梅花造型）、幽谷独茂（兰花造型）、高风高节（翠竹造型）、耐寒凌霜（金菊造型）。6热菜：喜逢机遇（鸭掌与鸡片制）、心花怒放（鸭心、笋片、菱角制）、庐山寻珍（石鸡、石鱼、石耳合制）、别后思恋（土豆丝与挂霜苹果制）、囊括四海（海鲜口袋豆腐）、豪气干云（油爆鲜蛎）。1座汤：八鲜过海（海八珍炖盆）。

2 面点：酬酢面卷（网油花卷）、三白米饭（清蒸香稻）。2 美果：广东茂名香蕉、浙江明月脆梨。1 香茗：安徽敬亭绿雪茶。

（八）嘉年华会菜单案例

案例 5-15 普天同庆宴菜单

龙凤呈祥（龙虾鸡脯拼）、辞旧迎新（片皮乳猪全体）、普天同庆（夏果虾仁带子）、群星璀璨（时蔬白鱼丸）、鸿运丰年（红烧果子狸）、合浦还珠（驼掌田鸡球）、万家欢乐（琵琶鲍鱼翅）、百业兴旺（三菇烩六耳）、前程似锦（虫草炖锦鸡）、百年好合（莲子百合羹）、永结同心（香酥萝麻枣）。

（九）套餐菜单案例

案例 5-16 旅游团队套餐（10 人围餐式）菜单

A 套：五香凤翅、芝麻香芹、粉蒸排骨、豆瓣鲫鱼、蒜苗肉丝、炒白菜苔、青椒炒牛肚、香菇煨鸡汤、米饭。

B 套：椒麻鸭掌、腊香白鱼、干烹带鱼、蒜蓉菠菜、腊蹄藕汤、萝卜焖羊肉、蒜蓉茼蒿、鱼头豆腐汤、米饭。

案例 5-17 工作套餐（每人每）菜单

A 套：红烧鱼块、香干回锅肉、蒜蓉炒黄瓜、番茄鸡蛋汤、米饭。
B 套：煎糍粑鱼、千张炒肉丝、清炒白菜秧、紫菜虾皮汤、米饭。

案例 5-18 情侣（2 人）套餐菜单

A 套：甜汁番茄、清蒸鳊鱼、油爆鲜鱿、鱼香茄子、花菇乳鸽汤、米饭。
B 套：蜜汁红枣、香酥鹌鹑、腰果鲜贝、鸡汁菜心、鱼圆氽鸡汤、米饭。

（十）特色宴菜单案例

案例 5-19 文化主题特色宴：上海"红楼宴"菜单

1 冷盘：十二金钗缠护贾宝玉。8 热菜：妙玉品茶龙井虾、王熙凤高谈茄子鲞、薛宝钗论酒食鸭信、探春油盐炒枸杞、秦可卿山药健脾胃、李纨敬老撕鹌鹑、史湘云围炉烧鹿肉、迎春牛乳蒸羊羔。3 点心：林黛玉滋阴燕窝粥、巧姐儿风里吃糕饼、小惜春素志馒头庵。1 鲜汤：贾元妃元宵满堂春。

"红楼宴"菜单别具风格，菜点名用红楼金陵十二钗人名。冷盘中间是一块用果子冻做的晶莹剔透的"通灵宝玉"，鸡、鸭、鱼、肉、香菇等 12 种冷菜围成一团，喻为十二金钗正册；外层放置着十二瓣橘子，喻为十二金钗副册，色彩鲜艳，煞是好看。菜单是以金陵十二钗平时食用的菜肴和补品为主料，结合书中人物不同的身份、性格和故事情节，配以不同的基色、调味，运用炸、烩、炒、蒸、炖、烤等烹饪技术融合而成。

案例 5-20　历史主题特色宴：无锡乾隆宴菜单

金龙迎贵宾、湖鲜满台飞、游龙绣金钱、春园金银环、大红袍蟹斗、三凤桥排骨、红嘴绿鹦哥、乾隆龙舟鱼、五子伴千岁、天香芋芳乐、翡翠玉兰饼、无锡小馄饨、时令鲜水果。

案例 5-21　美景主题特色宴：西湖十景宴菜单

浙江杭州楼外楼菜馆创新推出的鱼席，用于接待外国游客，被称为"袖珍西湖图"。10景冷盘：苏堤春晓、平湖秋月、花港观鱼、柳浪闻莺、双峰插云、三潭印月、雷峰夕照、南屏晚钟、曲院风荷、断桥残雪。10大名菜：西湖醋鱼、东坡肉、龙井虾仁、油焖春笋、叫化童鸡、荷叶粉蒸肉、干炸响铃、蜜汁火方、咸件儿、西湖莼菜汤。4大名点：幸福双、马蹄酥、万莲芳千张包子、嘉兴五芳斋鲜肉粽子。1茶4果：虎跑龙井茶、黄岩蜜橘、镇海金柑、塘栖枇杷、超山梅子。

案例 5-22　特色食材全席宴：时令水果宴菜单

8冷菜：雪梨双脆、橙汁鱼片、柠檬软鸡、橘香牛肉、酸辣白菜、樱桃晶虾、果味香芹、三丝泡藕。7热菜：橘盅炒虾仁、芙蓉瓜丝羹、裙边苹果盅、红烛荔枝鸽、鳜鱼蜜瓜条、菠萝桂侯鸭、四色蔬果拼。2席点：三鲜枇杷果、鲜美柿子团。1汤品：龙眼乌鸡汤。2甜品：猕猴西米盅、拔丝金钩蕉。

案例 5-23　专一食材全席宴：全鸭宴菜单

8冷菜：盐水鸭、卤鸭肫、三色鸭肝、辣油鸭舌、双黄咸鸭蛋、黄瓜拌鸭肠、冬笋咖喱鸭掌、陈皮鸭丝。8热菜：太极鸭血羹、鸭包鱼翅、松子鸭卷、炒美人肝、掌上明珠、烤鸭两吃、鸭油时蔬、扁尖老鸭汤。4点心：鸭肉烧麦、鸭油萝卜丝酥饼、鸭丝花卷、鸭茸蒸饺。1甜菜：杏仁豆腐。1水果：三色拼盘。

案例 5-24　专一食材全席宴：全羊宴菜单

8冷菜：麻辣羊心、芝麻腰花、美味羊肝、水晶羊羔、三丝羊肉卷、芝麻羊宝、卤水口条、银丝拌蜇头。8热菜：铁板羊柳、红扒羊脸、鱼羊鲜天下、荷香烤羊腩、黑椒蒜味骨、羊汁扒时蔬、羊肚菌炖鞭花、京味葱爆羊肉。4点心：水晶羊肉饺、羊肉粽子、羊奶蛋挞、羊肉叉烧包。1甜菜：拔丝羊肉丸。1水果：四色水果拼盘。

案例 5-25　专一食材全席宴：武汉大中华酒楼楚乡全鱼宴菜单

1看盘：年年有余。8围碟：樱桃财鱼、五香鲫鱼、鱼茸蛋卷、琼脂青鱼、发菜鱼糕、酸甜鱼丝、挂霜鱼球、椒盐鱼条。4热炒：酥炸鱼排、花仁鱼饼、酥微鳜鱼、姜辣墨鱼。8大菜：花篮鱼片海参、干贝绣武昌鱼、鱼茸汽酿银耳、糖醋飞燕全鱼、兰草宫扇鱼卷、东湖荔枝鳜鱼、口蘑百花鱼肚、红烧凤翅甲裙。1甜汤：什锦冰糖鱼脆。1咸汤：奶汤琵琶鱼。4饭菜：香醇糟鱼、红椒鱿鱼、多味鱼丁、瓜酱鱼丝。4点心：鳄鱼香酥、鲤鱼豆包、金鱼蒸饺、银鱼豆皮。4果品：秭归脐橙、随州蜜枣、巴河鲜藕、孝感红菱。1香茗：蒲圻花茶。

这一鱼席席面富丽堂皇，体现了鱼米之乡的富足和编排全鱼大宴的实力，排菜36道，既使用了10余种湖北名鱼，还配置了适量海鲜，丰富多彩，有高档酒宴的恢弘气质和文化底蕴，像干贝绣武昌鱼、东湖荔枝鳜鱼、口蘑百花鱼肚、红烧凤翅甲鱼、奶汤琵琶鱼等，都是鄂菜中的精品，不同的色、质、味、形交相，错杂地编排在席中，在食欲和心理上给了食客最大的满足。

案例 5-26 专一食材全席宴："胶东海参王"高速建的"四一六"式海参宴菜单

4冷菜：冰拌活参、裹蒸香参、罗汉参肚、薯丝蝶参。1大菜：龙袍海参。6热菜：海上鸳鸯、烀酿海参、銮驾海参、天地三宝、干揽海参、懿荣海参。

案例 5-27 专一食材全席宴：全菱宴菜单

红菱青萍、盐水菱片、椒麻菱丁、蜜汁菱丝、酸辣菱条、虾仁红菱、糖醋菱块、里脊菱茸、财鱼菱片、鱼肚菱粥、酥炸菱夹、鸡茸菱花、肉蒸菱角、拔丝菱段、莲米菱羹、红烧菱鸭、菱膀炖盆、菱花酥饼、菱茸小包。

案例 5-28 专一烹法特色宴：烧烤宴（所有菜点都采用烧烤方式烹制）菜单

1主盘：烤乳猪；8围碟：蝴蝶鱼片、烤鸭丝拌水芹、葱油蜇皮、油爆虾、蒜泥黄瓜、香烤牛肉、咖喱冬笋、酸辣白菜。6热菜：烤鸡豆腐羹、葱烤大虾、黄油焗海螺、西式烤鲑鱼、烤鸭两吃、双色时蔬。1汤：干贝竹荪汤。2点心：生煎包子、黄桥烧饼。1甜菜：蜜汁橄榄山芋。1水果：水果拼盘。

案例 5-29 专一烹法特色宴：砂锅宴（所有菜点都采用砂锅烹制）菜单

砂锅炖牛肉、枸杞炖牛冲、羊肉豆腐砂锅、当归炖羊肉、什锦砂锅、砂锅狮子头、沙茶炖排骨、蛤蜊蚝肉、红枣炖肘、火腿炖芽菜、砂锅煨腰酥、红煨猪舌、砂锅肚肺、砂锅蹄筋、三鲜砂锅、砂锅狗肉、栗子烧鸡块、砂锅人参鸡、砂锅凤脯猴蘑、清炖鸡腿、砂锅鱼头、砂锅甲鱼、火腿炖鸭块、砂锅广肚、砂锅杂烩、砂锅冻豆腐。

案例 5-30 专一烹法特色宴会：鸳鸯火锅宴菜单食材

①冷菜：主盘：盐水鸭；围碟：油爆虾、蝴蝶鱼片、葱油海蜇、五香牛肉、辣白菜、油焖冬笋、开洋青菜、卤冬菇。②动物性原料：薄片羊肉、牛柳、腰片、鸡片、猪肉丝、鳜鱼片、基围虾、甲鱼块、鱼丸、乌鱼片、银鱼、鹌鹑蛋、鲜贝、野兔肉。③植物性原料：香菇、猴头菇、鸡腿菇、金针菇、木耳、银耳、豆苗、大白菜、腐竹、豆腐、粉丝、菠菜、花菜、大白菜、生菜、冬笋片、番茄。④面食：荠菜水饺、面条、水馄饨、藕粉圆子、米饭。⑤瓜果：西瓜、哈密瓜、香蕉、橙子、苹果、葡萄。⑥汤料：红汤、白汤、怪味汤、咖喱汤。⑦蘸料：芥末味、辣油味、麻酱味等20种。

案例 5-31 药膳特色宴：南京双门楼宾馆"药膳风味宴"菜单[①]

养生保健药膳取中药之精华，施食物之美味，是融中医与烹调于一炉而成的美味佳肴，

---

① 资料来源：邵万宽. 美食节策划与运作[M]. 沈阳：辽宁科学技术出版社，2000.

且能得健美长寿之力。南京双门楼宾馆设计的"药膳风味宴"菜单如下。

（1）太极阴阳席：八味冷盘（健脾利水）、壮阳凤尾（补肾壮阳）、红玉金鞭（补益精血）、八宝葫芦（滋阴健脾）、吞吐鱼龙（养心补虚）、金针渡圣（增强免疫力）、翠帐玉凤（补气清热解暑）、方圆动静（补脏益精）、一品养容（养心美颜）、白玉含春（健脾利水）、珍珠粥（健脾利水）、龙须凤尾茶（清肝明目）。

（2）松鹤延年席：八味冷盘（滋阴清热）、卷藏三秀（滋阴养血）、白雪红梅（滋补肝肾）、朱盘芙蓉（清热散血）、龟龙竞寿（养精补血）。

案例 5-32　专一菜品形式特色宴：南京双门楼酒店包式菜肴宴会菜单①

"包"式菜肴采用纸包、叶包、皮包或其他包的制式，裹着馅料而成型，品种丰富多彩、风味别具。纸包类菜肴：食用纸有糯米纸，又称威化纸，非食用纸有玻璃纸和锡纸。叶包类菜肴：以植物叶子为材质，食用叶如包菜叶、青菜叶，非食用叶有荷叶、粽叶和芭蕉叶等，体现其叶的清香味和天然特色。皮包类菜肴：以可食用的薄皮为材质包制各式馅料，有春卷皮（或称薄饼皮）、蛋皮、豆腐皮和千张（皮）等。其他包类菜肴：如利用网油包制、豆腐泥包制等，制作独特，风味别具，使人耳目一新。筵席菜单有：纸包鸡（糯米纸包）、灯笼鸡（玻璃纸包）、侯柱酱烧鸭（锡纸包）、锅塌白菜盒（菜叶包）、荷叶粉蒸肉（荷叶包）、粽叶炸鸡（粽叶包）、蕉叶烤鲈鱼（蕉叶包）、皮包大虾（春卷皮包）、蛋烧麦（蛋皮包）、香炸蟹粉卷（豆腐皮包）、千张包肉（千张包）、鱼皮馄饨（鱼肉皮包）、网包鳜鱼（网油包皮）、烧豆腐饺（豆腐泥包）。

（十一）自助餐宴会菜单案例

案例 5-33　专一烹法自助餐特色宴：烧烤自助餐宴菜单

① 冷菜类：茄汁鱼片、盐水鸭、叉烧肉、烤牛肉、葱油海蜇、海味蘑菇、蒜汁黄瓜、酸辣大白菜、麻辣串串香、油爆大虾、蔬菜沙拉、鸡肉沙拉、生菜、胡萝卜丝。② 熟菜类：芥末焗扇贝、咕咾肉、炸银鱼排、蚝油牛排、香茅元宝虾、家常豆腐、双冬时蔬。③ 烧烤类：烤羊腿、烤乳猪、烤香肠、烤海鳗、烤火鸡、烤鸡翅、叉烧鸭、串烤基围虾、烤兔肉蘑菇串、烤玉米、烤香蕉、烤山芋、烤山药、烤芋艿。④ 点心类：黄桥烧饼、枣泥拉糕、虾肉馄饨、炸春卷、菜肉水饺、雨花汤圆、各式蛋糕、法式面包、苹果派、鸡肉布丁、香肠布丁。⑤ 汤类：酸辣汤、烤鸭骨头汤、洋葱牛肉汤、奶油蘑菇汤。⑥ 甜菜类：红枣银耳汤、蜜汁芋球、桂圆莲子羹。⑦ 水果类：芦柑、葡萄、香蕉、樱桃番茄、苹果。

任务二　各类西式宴会菜单案例

案例 5-34　西餐正式宴会菜单

野味派（Game Pie）、法式洋葱汤（French Onion Soup）、香蕉龙利柳（Sauted Filet of Sole with Banana）、薄荷雪葩（Mint Sherbet）、西冷扒班尼特汁（Sirloin Steak with Banish Sauce）、芝士拌无花果（Cheese with Fresh Fig）、巧克力慕司（Chocolate Mousse）、时令水果（Seasonal Fruit）、咖啡或茶（Coffee or Tea）。

---

① 资料来源：邵万宽. 美食节策划与运作[M]. 沈阳：辽宁科学技术出版社，2000.

案例 5-35 鸡尾酒会菜单

什锦开胃菜（Assorted Canapes）、鱼子酱（Caviar）、生鲜蔬菜杯（Crudites）、什锦寿司（Assorted Sushi）、咖喱肉丸（Meatballs Curry）、鹅肝串（Goose Liver Skewers）、蜗牛培根卷（Escargot Rumaki）、肠仔花（Deep Fired Cocktail Sausage）、扒鸡翅（Grilled Chicken Wings）、奶酪培根焗土豆（Baked Potatoes with Cheese and Bacon）、酿馅蘑菇（Stuffed Mushrooms）、什锦干果（Assorted Nuts）、草莓慕司蛋糕（Strawberry Mousse Cake）、黑森林蛋糕（Black Forest Cake）、什锦曲奇（Assorted Cookies）、蛋挞（Egg Tartlet）、鲜果（Fresh Fruits）。

案例 5-36 冷餐酒会菜单

以冷菜为主，热菜、点心、水果为辅，其比例是冷菜占60%左右，热菜占20%左右，点心占15%左右，瓜果占5%左右。① 冷菜类：安排15～30种，如各种沙拉、冷鸡卷、大虾冻、烤牛排等。② 热菜类：安排5～12种，如咖喱鸡、炸鱼条、匈牙利烩牛肉等。③ 甜品：安排4～10种，如巧克力慕司、苹果派、黑森林蛋糕、法式面包等。④ 汤类：安排2～4种，如乡村浓汤、法式洋葱汤、龙皇汤等。⑤ 瓜果类：安排4～8种，如西瓜、香蕉等。⑥ 饮料类：安排2～6种，如啤酒、橙汁、咖啡、可乐等。

案例 5-37 自助餐宴会菜单

自助餐宴会与冷餐酒会的菜单稍有区别。冷餐酒会以冷菜为主，其与热菜、点心的比例为6：4左右；而自助餐宴会就不必以冷菜为主，菜点范围广泛，花色品种较多。① 汤类：安排1～4种，如炖牛尾汤、海鲜浓汤、罗宋汤等。② 冷菜类：安排4～8种，如法式鹅肝、烟熏鸡脯、烤鳜鱼等。③ 沙拉类：安排2～6种，如龙虾沙拉、土豆沙拉、苹果沙拉等。④ 热菜类：安排6～15种，如红酒煨牛脯、茄汁鳜鱼块、扒葡式辣鸡等。⑤ 甜品类：安排4～6种，如吉士布丁、拿破仑饼、各式蛋糕。⑥ 面包类：安排2～4种，如法式餐包、香肠面包等。⑦ 客前烹制类：安排1～3种，如西式烤鸭、扒大虾等。⑧ 瓜果类：安排2～6种，如哈密瓜、橙子、香蕉等。⑨ 饮料类：安排2～6种，如红茶、啤酒、咖啡、橙汁等。

任务三 中西合璧宴会菜单案例[①]

案例 5-38 中西合璧位上式宴会菜单

1 冷菜拼盆：清炖鸽吞翅、千岛菠萝虾、蟹黄裙边、海鲜酥盒。3 热菜：美式烤牛排（现场切肉）、西芹带子、冬菇扒青蔬。1 汤：鸽蛋菌汤。3 席点：焦糖布丁、萝卜丝酥饼、火焰冰激凌。1 水果：时令水果拼盘。

---

① 资料来源：贺习耀. 宴席设计理论与实务[M]. 北京：旅游教育出版社，2010；周妙林. 宴会设计与运作管理[M]. 南京：东南大学出版社，2009；丁应林. 宴会设计与管理[M]. 北京：中国纺织出版社，2008；邵万宽. 美食节策划与运作[M]. 沈阳：辽宁科学技术出版社，2000.

案例 5-39　中西合璧"圣诞狂欢"自助餐宴会菜单

① 冷菜类：盐水鸭、油爆虾、凉拌海蜇、白斩鸡、辣白菜、卤冬菇、红油莴苣、咖喱冬笋、红油耳丝；烤肉片、烟熏鳟鱼、鲜虾多士、西芹丝、番茄、黄瓜、胡萝卜丝、帕玛腿蜜瓜卷、什锦寿司、包烟火腿、冰鹅肝慕司。② 小吃类：山楂片、梅子、杧果干、炸臭干、蒸芋仔、马蹄培根卷、美国芝士饼、脆炸鲜鱿圈。③ 色拉类：虾仁色拉、什菌色拉、蘑菇色拉、海鲜色拉、苹果鸡色拉、意式蔬菜色拉。④ 热菜类：鸡粒黍米羹、脆皮炸虾、什锦鱼肚、京都肉排、菠萝烤鸭、酸辣鱿鱼丝、四喜蔬菜、椒盐花菜、双冬煎豆腐、香草烤羊排、烤鳕鱼、烤乳猪、蘑菇烩鸡条、椒盐基围虾、土豆球。⑤ 客前烹制类：烤鸭、叉烧肉。⑥ 点心类：素菜包、水晶包、黄桥烧饼、水饺、枣泥拉糕、烧麦。⑦ 汤类：法式洋葱汤、木耳鱼圆汤。⑧ 甜品类：圣诞小蛋糕、桂花元宵、水果挞、泡芙、巧克力。⑨ 水果类：西瓜、哈密瓜、香蕉、葡萄、什锦水果丁。⑩ 饮料类：啤酒、咖啡、可口可乐、橙汁、矿泉水。

思考训练

研讨分析

案例 5-40　镇江饭店"乾隆御宴"①

乾隆皇帝曾六下江南，每到一地赐宴地方官员，场面之大、菜肴之丰无以复加；而地方官员为取悦龙颜也精心烹制颇具特色的地方菜肴供皇帝品尝。为进一步继承和弘扬饮食文化，镇江饭店根据有关记载的菜谱，从百款珍肴中挑选出有地方特色的、原料易得的菜肴，用现代烹调方法精心制作，形成了镇江乾隆御宴。御宴菜肴口味鲜美，内涵丰富，符合清淡、低脂、营养的特点。为更好地体现宫廷宴的气氛，饭店还专门布置了乾隆宴会厅，购置全套宫廷用餐具，餐桌、餐椅都铺上了绣着龙凤图案的黄色台布和椅垫，员工着装也为清代宫女服饰，使宾客如置身于高贵典雅的皇宫餐厅，享受一次难忘的经历。御宴根据时令不同，分为仲春、仲夏、金秋、冬令4套菜谱。御宴名菜：金山浮屠、八味美碟、飞燕奔月、招隐玉蕊、凤尾子雪、天地同庚、鱼皮云吞、金蹼仙裙、禧贝河豚、海不扬波、群雏贺寿、洗沙双鼓、金山炒饭等。其他名菜：水晶肴蹄、清蒸鲥鱼、白汁鮰鱼、清蒸刀鱼、鸡汁干丝、拆烩鲢鱼头、蟹粉狮子头。名点：蟹黄汤包、白汤大面、翡翠烧麦。名酒：中国老酒、百花酒、丹阳封缸酒、句容草莓酒。

讨论：镇江饭店"乾隆御宴"菜单是如何适应市场的？菜品是如何命名的？

操作实训

1. 收集不同类型与档次的酒店宴会菜单，进行菜单比较研究，加深对各类宴会菜单特点的认识。

2. 以某酒店中餐厅零点菜单中所提供的各种菜品为依据，设计由10人就餐、人均500

---

① 资料来源：邵万宽. 现代餐饮经营创新[M]. 沈阳：辽宁科学技术出版社，2004.

元（含酒水）餐标、符合出品格局要求、具有某一主题的筵席菜单，圆桌围餐式与位上式菜单各一份。

3. 设计一份 200 人规模的，餐标早餐 20 元、午晚餐各 50 元的自助工作餐菜单。

4. 组织一次菜单设计比赛，设计制作从内容到形式符合要求、具有特色的筵席桌面菜单与宴会销售套餐菜单各一份。

5. 收集、汇总、归类各类菜单中的菜品名字，做好菜名资料库工作。

项目六　宴会餐台设计

学习目标

知识目标：

1. 认知台面与宴会餐台设计知识。
2. 认知筵席摆台与装饰的要求、程序与方法。
3. 认知筵席席位排序知识。
4. 认知宴会各种台型知识。

能力目标：

1. 熟练掌握筵席摆台的程序与技法。
2. 能根据不同的环境设计小、中、大、特大型宴会的各种台型。

导入案例

上海 APEC "中华第一桌" 宴会场境与位上式台面设计①

2001 年 10 月 21 日，APEC 宴会 "中华第一桌" 在上海科技馆四楼 800 平方米的圆形宴会厅举行。宴会厅以绿色为主色调、粉色为副色，这种色调方案与宴会的绿色主题相吻合。在绿色环抱中，宴会厅里摆放着直径 7.5 米的主餐桌，桌上一簇簇由质细色糯的玫瑰组合而成的鲜花盛情怒放，娇艳中流淌着高贵典雅。江苏定制的主桌座椅是中国太师椅和西式椅子的完美结合，四只脚用金套包住，扶手下方镶有金边，中间是海绵软垫，既具太师椅的气派，又有西式椅的舒适感。台布选择豌豆绿色，以墨绿色丝光绒的台裙为间隔，缀以墨绿色的中国结，满眼绿色，深深浅浅地染成了立体的层次。其他餐桌规格可坐 14 人，但只坐 10 人，以使贵宾观赏节目时视线没有阻碍。台布、椅套、装饰鲜花以白色为主，用红、黄两色绸缎装饰，台布镶了一圈红色的裙边。餐桌中央花盆插了 10 支白玫瑰及一二支红掌、红鸡冠花与一支紫色洋兰，显得高贵典雅。餐具选择中式银器，品牌为张家港幸运牌手工打制的 13 寸银麻点看盘，配以三角形银筷架、乌木银头筷、银勺、半圆形毛巾碟；刀叉选用意大利圣安琪品牌，华丽精致，中西合璧，天衣无缝。餐具颜色以银色为主，金黄色点缀。银色冷盆盖上镶着金黄的小把手，银色冷盆底托的三只脚为金黄的龙头；筷架、刀叉、毛巾、白脱油的碟子都在银色的主体上烫了金边，连葡萄酒杯上也烫了金边。玻璃器皿选择德国品牌的肖脱、滋维泽尔无铅水晶杯，晶莹剔透。瓷器选用唐山泊金边白色骨质瓷，装饰盘选用景德镇青花盘，白色镶蓝色的牡丹花图案围边，漂亮又大气。与之相映，淡黄的口布松松地卷着，一个红色的中国结将其轻轻扣住；筷子套与口布同色，也由软布制成，布口、布圈采用粉色布镶装中式盘钮。菜谱由红木架子作底座，玻璃上刻着英文菜

---

① 资料来源：鞠志中，叶伯平．宴会设计[M]．长沙：湖南科技出版社，2004.

单，上面是古色古香的卷轴，展开是由书法家书写的中文菜单。主桌台面餐具布局及餐具规格如图 6-1 所示。

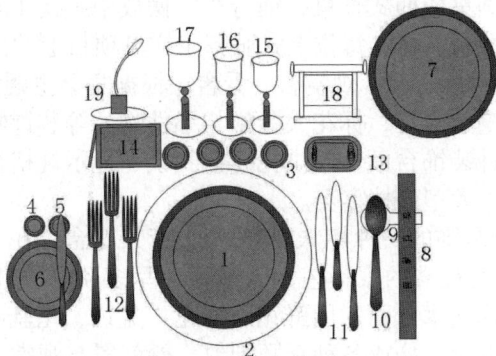

图 6-1　APEC 宴会主桌位上式台面布局及餐具规格图

注：① 菜盆（12 寸）。宴会按中餐西吃法，全部菜肴各吃，因台面较大，菜盆全部放大。② 银看盘（13 寸）。③ 各吃小冷碟（4 寸）。④～⑤ 味碟（2.5 寸）。盛黄油与鹅肝酱配面包用。⑥ 面包盆与黄油刀（8 寸）。客人入座前上面放有口布。⑦ 青花看盆（12 寸）。客人入座前是看盆，入座后将盖在冷菜上的南瓜雕刻盖打开后放在此盆上，成为台面饰品之一。⑧～⑫ 筷子、筷架、银勺、银大刀、鱼刀、小刀、银大叉、鱼叉、小叉。因是工作午餐宴会，餐具全部上台。⑬ 银毛巾碟。⑭ 席位卡架。⑮～⑰ 水杯、红葡萄酒杯、白葡萄酒杯。客人入座后先斟饮料，后斟白葡萄酒，上主菜前斟红葡萄酒。⑱ 菜单。红木架画轴式中文菜单，中间为玻璃雕刻英文菜单。⑲ 话筒。

模块一　筵席台面设计

任务一　台面设计知识

（一）宴会台面知识

（1）台面。供客人就餐用的摆放整套餐具的餐桌（台）桌面，也称席面。

（2）餐台。① 广义餐台。指用于准备或进行餐饮活动的桌子，台子即桌子，餐台即餐桌。因摆放内容（食品、物品）与形式的不同，餐台有了不同的分类：按功能分，有就餐台（又称食台）、观赏台（又称看台、展台，经装饰布置后用来观赏的台面）、服务台、回收台等；按摆放食品分，有冷菜台、热菜台、捞煮台、煎烹台、汤羹台、刺身台、切割台、中点台、西点台、水果台、酒水台；按风格分，有中式台、西式台与中西合璧台；按餐位所摆餐具件数分，有普通宴会 4 件头、中档宴会 7 件头、高档宴会 8～11 件头餐具台。② 狭义餐台。特指在自助餐宴会中摆放各种菜点的桌子，也称菜台、食品台。此时，餐桌不仅用作摆放菜点、餐具，而且能供客人就餐用。

（3）中式筵席台面。圆桌形台面，铺台布，上面摆放转盘（摆放菜点），台面中心摆放艺术装饰。标准圆桌周围摆 10 把餐椅，寓意十全十美。每个餐位摆放成套中式餐具、酒具与口布，间距适当，整齐一致，美观大方。

（4）西式宴会台面。① 正式宴会台面。长条形餐桌，铺台布，西式餐具摆台，摆台饰。② 冷餐酒会台面。立式冷餐酒会只设摆放食品的餐台，不设客人就座的食台；座式冷餐酒会既摆放食品餐台，也摆放客人就座食台。

（5）中西合璧筵席台面。中西合璧筵席台面也称中餐西吃筵席台面，兼有中西式筵席台面的优点。可用中式圆桌或西式长桌，铺台布，摆放中式筷子与西式刀叉及其他餐具与酒具，摆中心台饰。分餐制，每人每位上式服务（详见项目七的内容）。

（6）展台。展台又称展示台、观赏台、看台。根据宴会主题，用各种花卉、盆景、食品雕刻、大型冰雕、面塑、彩灯、标花大蛋糕与小件物品等装饰物摆设成各种图案造型，专供客人欣赏观看的一种装饰台面，以烘托宴会气氛、显示规格档次、展示服务工艺、愉悦客人身心，常用于各类大型高档宴会。

（7）花台。用鲜花装饰的一种特殊展台。① 背景花台。在大型宴会中用鲜花堆砌而成的渲染主题气氛、供人观赏的豪华艺术装饰台，呈多阶梯立体形状（详见项目二的内容）。② 筵席花台，又称艺术台面。用鲜花、绢花、盆景、花篮以及各种工艺美术品和雕刻物品、小件餐具等作点缀，构成各种新颖别致，融就餐与观赏、实用与艺术、食台与看台于一体的餐台。花台中央有主题装饰物以突出宴会主题，图案造型结合筵席特点，色彩鲜艳醒目，造型新颖独特。开宴上菜前，客人欣赏完毕，可撤去中央装饰物，实行分餐制的可不撤。花台是目前酒店最常用的一种台面形式，用于中、高档豪华宴会。

（8）台形。① 单桌筵席餐桌形状，如人数较少时使用的圆桌、方桌与长桌；在人数超过十人甚至数十人时，用多张桌子组拼成一张特定形状的大餐桌，如T形、M形、工字形、回字形等。② 综合大餐台形状。大型自助餐宴会布置的综合大餐台的各种形状详见项目九大型自助餐宴会的内容。

（9）台型。多桌宴会的餐桌（圆餐桌或长条桌）需排列组合成一定的图形，如一字形、三角形、长方形、菱形、器字形、梅花形、圆形等。

（二）宴会台面设计

1. 台面设计（又称摆台、餐桌布置艺术）含义

根据宴会主题，采用多种艺术手段，对筵席台面的布件、餐具等物品进行合理摆设以及宴会厅房内多桌筵席台型的布局，形成一个完美的组合艺术形式，包括筵席台面设计（餐具、餐巾花、中心造型、摆台技法与席位设计等）、宴会台型设计（根据宴会要求与宴会厅环境设计不同台型的布局）和其他台面设计（大型宴会或烹饪比赛、菜点展销等为显示气氛，围绕主题设计展台、花台等欣赏看台）。台面设计具有科学性与艺术性，具有基本规律和共性，但各地、各酒店在餐具数量、摆放方式方面不必完全统一，可以创造独特的台面形式。

2. 台面设计的作用

（1）营造宴会气氛。造型别致的餐具陈设、千姿百态的餐巾折花、玲珑鲜艳的中心装饰，将宴会主题和主人愿望艺术地再现在餐桌上，使宴会隆重、高雅、洁净、轻松的气氛跃然席上。

（2）显示宴会档次。宴会档次与台面设计档次成正比。一般宴会台面布置简洁、实用、朴素；高档宴会台面布置复杂、富丽、高雅。

（3）确定宾客座序。按照国际礼仪，通过对餐桌用品的布置确定宾客座序，确定主桌与主位，如用口布确定主人与其他客人的席位；多桌宴会通过台型明确主桌。

（4）体现管理水平。一台精美的席面既能反映宴会设计师高超的设计技巧和服务员娴熟的造型艺术，也能反映酒店的管理水平和服务水准。

3. 台面设计原则

（1）特色原则。根据不同宴会主题与规格，决定环境氛围，家具档次，餐位空间，餐

具种类、品牌与服务形式，决定是否设计看台、花台等。突出宴会主题，体现宴会特色，如婚庆筵席摆设"囍"字席、百鸟朝凤、蝴蝶戏花等台面，接待外宾摆设友谊席、和平席等。根据季节设计台面，如春桃、夏荷、秋菊、冬梅。根据各国、各民族的社交礼仪、生活习惯、宴饮习俗、就餐形式和规格设计摆台。主桌、主位处于突出或中心位置，能环视宴会全场。餐具、布件的颜色，插花、席花、席位、服务顺序符合国际礼仪，符合民族风俗和宗教信仰。当多个宴会在同一场地举行时，可利用灯光、花草、低墙、屏风或隔断进行餐区分隔，尊重隐私和自主权，不使相邻顾客感到为难或混乱。

（2）舒适原则。综合考量餐椅间距、餐位大小、餐具摆放、台面规格、服务方式，以及儿童椅的高低、是否要护栏、残疾顾客出入等方面，要便于客人进餐、便于员工服务。吃什么菜配什么餐具，喝什么酒配什么酒杯；选用餐具应符合民族用餐习惯，摆放位置方便客人使用，如骨盆靠桌边对准客位，汤碗在左，酒具在前，筷子在右，茶具在筷子的右边；餐具间距以不碰另一件餐具为宜；上带骨食品、味道较重的海鲜等菜品时，应跟上洗手盅等。餐区各种标识清楚，指示清晰，如自助餐取食和进食区域区别明显；客人动线与服务动线应合理，少交叉；桌号牌能清楚看到。

（3）美观原则。台面装饰富有艺术性。餐台摆放成几何图形，餐椅摆放整齐划一。台面大小与进餐者人数适应，席位安排有序。台面上的布件、餐具、用具、装饰品要配套、齐全、洁净，色彩与宴会厅环境协调、平衡。就餐用具摆放相对集中，位置恰当，横竖成行。餐具上下左右间距1厘米左右，酒杯的中心点成直线。圆形餐台，各餐具都应以圆心直线为准，围绕圆心平行于圆心直线。公用器具摆放对称美观，数量恰当，把柄、标签朝外，方便客人取用。餐具的图案、花纹、长短、高低搭配合理，图案正位、方向一致。善于利用不同材质、造型、色彩的餐具进行组合，如由玻璃餐具组成的全玻璃台面体现出雍容华贵、晶莹剔透，陶瓷餐具乡土气息浓郁，宜兴紫砂餐具显示出悠久历史。

（4）卫生原则。操作规范，安全卫生。操作前，清洗双手。检查所用餐具是否完整，不得使用残破、有缺口、有裂纹的。餐具洁净，不能有污迹、水渍与手迹，消毒指标达到国家有关标准。操作工具安全干净，装饰物品符合卫生标准。摆台时，要求盘碗拿边沿，杯盏拿底部或杯脚，刀、叉、匙、筷拿柄，不能用手碰触餐具、杯具口沿与内壁、筷尖与勺内的部位，折叠餐巾花时不能用嘴咬餐巾。倡导分食制就餐方式，即便是围餐式合餐也应设置公筷公勺。

任务二 筵席摆台程序

（一）中式圆桌筵席摆台①程序

1. 摆餐桌椅（详见项目三中的相关内容）

（1）餐桌。选用圆台，规格根据宴会档次、场地大小而定。客人所占餐桌圆弧边长至少为0.5米，一般为0.6米，舒适为0.7米，豪华为0.85米。摆放时，四条桌腿正对大门方向，避免主人碰撞桌腿。台脚完好稳妥，台面平稳。

（2）餐椅。选用高靠背的中式餐椅。从主位开始，按顺时针方向依次摆放餐椅，椅子与台布下垂相接、正对餐碟。10把座椅摆放形状：① 圆型。餐椅围绕圆桌均匀摆放。每把餐椅正对着餐位，椅间距离均等，前端与桌边平行，椅座边沿刚好靠近下垂台布。② 方型。餐椅围绕圆桌两两三三摆放，即圆桌的上下方成"一"字形摆放两把椅子，左右方成"1"字形摆放三把椅子。

---

① 在餐桌上摆放成套的就餐用具。

2. 铺台布① （详见项目三中的相关内容）

（1）台布铺法与操作规范。① 推拉式（见表 6-1）。适用于零点餐厅、空间较小的餐厅和有客人等候用餐的餐桌。② 撒网式（见表 6-2）。适用于宽大的场地或表演、技术比赛。其他还有抖铺式（用于较宽敞的餐厅或在周围没有顾客就座的情况）与肩上抛（用于表演或服务技能比赛）。

表 6-1　推拉式台布铺设方法操作步骤和要领

任 务 步 骤	操 作 要 领	质 量 标 准
开台布	正身站于主人位，左脚向前迈一步，靠近桌边，上身前倾，将台面正面朝上打开，双手将台布向餐位两侧打开	站立位置
拢台布	双手大拇指与食指分别夹住台布的左右边缘，其余三指抓住台布，台布沿着桌面向胸前合拢，身体微向前倾	手法规范
推台布	双手大拇指与食指不要松开，其余三指沿桌面把台布迅速推出、拉回	力度到位
台布定位	台布下落过程中，随时调整台布位置，并将台布缓慢拉至桌边靠近身体处，铺好的台布十字取中，四角均匀下垂	定位准确

表 6-2　撒网式台布铺设方法操作步骤和要领

任 务 步 骤	操 作 要 领	质 量 标 准
开台布	与表 6-1 的内容相同	站立位置
拢台布	将台布横折，双手拇指与食指分别夹住左右两端，食指与中指、中指与无名指、无名指与小指，按顺序从横折处夹起收拢于身前，右臂微抬，呈左低右高	手法规范
撒台布	抓住多余台布提拿至左或右肩后方，上身向左或右转体，下肢不动并在右臂与身体回转时，手臂随腰部转动并向侧前方挥动，台布斜着向前撒出去。双手除捏握台布边角的拇指和食指外，其他手指松开，将台布抛至前方时，上身同时转体回位	动作协调
台布定位	台布下落时，拇指与食指捏住台布边角；将台布平铺于台面，调整台布落定位置	定位准确

注意要点：① 台布正面朝上，一次打开，平整、位正。② 台布中间的十字折纹的交叉点处在餐桌圆心上，主（凸）线对准正（副）主人位。两条副线，雄线（凸缝）在主人位的右面，雌线在左。③ 台布四角下垂均等，遮住桌腿，不许搭地，与地面垂直。④ 多张台布中间折缝应成一直线，台布接缝处的压缝一律位于餐厅内侧，即从入口处看不到台布接缝。

（2）铺台布垫、铺装饰布和装台裙。中高档筵席可增铺台布垫。为了美化台面，可选择与台布颜色不同的装饰布，铺放在台布上。选择颜色较深的装饰布做台裙，将台裙的折边与桌面平行，使用台裙夹将台裙从主客右手边，按顺时针方向固定在餐桌边缘上。

（3）摆转盘（详见项目三中的相关内容）。选用规格、档次与台面一致的转盘。将转盘竖起，双手握转盘，用腿部力量将盘拿起，滚放在台面中心。要求转盘圆心与圆桌中心相重合。检查转轨旋转是否灵活，电动转盘需开机试一下。

3. 摆餐具（详见项目三中的相关内容）

按宴会规格配置筵席餐具、酒具与用品的品种与数量。餐具摆法取决于宴会规格、服务方式和筵席菜点。每客餐具摆放原则是：骨盆定位、先左后右、先里后外、先中心后两

---

① 资料来源：王志民，许莲. 餐饮服务与管理实务[M]. 2 版. 南京：东南大学出版社，2014.

边。采用"五盘法"摆台。将餐具按照摆台程序，分五盘依次码放在有垫布的托盘内，左手平托托盘，从主人位处开始，按顺时针方向依次用右手摆放餐具。筵席餐具摆放效果如图 6-2 所示。

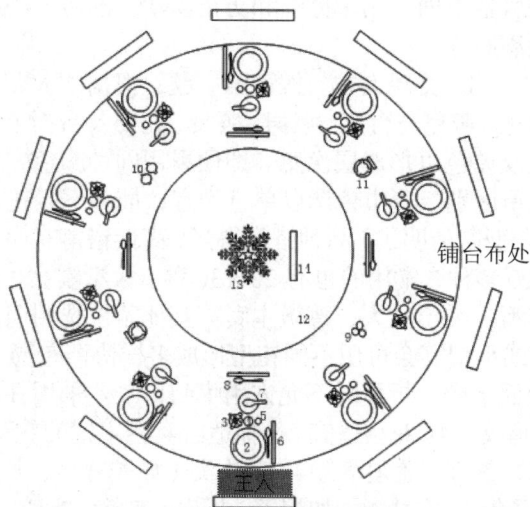

铺台布处

1. 看盆 2. 骨盆 3. 水杯、口布花 4. 红酒杯 5. 白酒杯 6. 筷子、筷架、银勺 7. 汤碗、勺 8. 公筷、勺架 9. 椒盐瓶、牙签盅 10. 酱、醋壶 11. 烟灰缸（现在可取消） 12. 转台 13. 鲜花摆设 14. 台号牌

图 6-2 筵席餐具摆台

第 1 盘：摆看盆、骨盆（详见项目三中的相关内容）。一般宴会只放骨盆，高档宴会下摆看盆，上放骨盆，盆间垫放垫子（一次性纸质或其他耐用性材质，既美观艺术，又可减少噪声）。正对餐位，盆边距离桌边为 1 厘米（约 1 指宽），盆间距离相等，盆中主花图案在上方正中间。正、副主人位的看盆应摆放于台布凸线的中心位置。依次摆放其他客人看盆，相对的两个骨盆与台中的中心饰物成一线。

第 2 盘：摆筷架、筷子、匙。筷架摆在骨盆的右上方，距骨盆 3 厘米。带筷套的筷子摆放在筷架的右边，筷子尖端距筷架 5 厘米，筷子后端距桌边 1 厘米，筷套图案向上。如采用双筷制，每客再摆放一副浅色的取食筷。匙摆放在筷架的左边，距盆边 1 厘米。

第 3 盘：摆酒具。一般使用三杯，即水杯、葡萄酒杯、白酒杯，从左到右依次摆放于骨碟正上方，葡萄酒杯居中，底距骨碟 3 厘米，水杯底与葡萄酒杯底间距为 1.5 厘米，葡萄酒杯底与白酒杯底间距为 1 厘米，三杯中心线成一直线。

第 4 盘：摆口汤碗、汤匙与公用餐具。汤碗位于骨盆左上方 1 厘米，汤碗的上方外沿与骨盆上方外沿齐平；匙置于碗内，匙把向右。牙签摆法：一是摆牙签盅，摆放在公用餐具右侧；二是将印有本店标志的袋装牙签摆放在筷子与长柄汤匙中间，牙签底部与长柄汤匙底部平行，图案向上。公用餐具，以前高档围餐式宴会摆放公筷公匙，每桌 2（或 4）副，分别摆在主人席和副主人席的三杯的正前方，筷架压台布中线。目前流行公筷公勺制，可一菜配一公筷或一人配双筷。如位上式宴会可取消公筷公勺。椒、盐调味瓶摆在主客的右前方、两副公筷的中间，对面放酱、醋壶，壶柄向外。

第 5 盘：摆菜单、台号牌、席卡、中心台饰（详见下述内容）。

4. 折、摆餐巾花（餐巾知识详见项目三中的相关内容）

（1）餐巾折花（简称折花）含义。餐巾是餐桌上的卫生用品，餐巾折花是一项艺术创作。服务员将餐巾折成符合需求的各种花型的餐巾花（也称席花），并将折好的花型插入水杯或放置在看盆内。发展趋势为美观大方、造型简单。其作用是：点缀美化席面（使餐台生机勃勃，富有变化，给宾客以艺术美的享受），凸显宴会气氛（表达宴会热烈、欢快、吉祥的气氛，体现东方美食情韵），标示主宾座位（主座上的餐巾花称为主花，花型明显突出，高度鹤立鸡群，以示尊贵），作为卫生服务用品（客人用餐时，把餐巾铺在腿膝上，或搭在胸前或把口布一角压在骨盆下面，用来擦嘴和防止汤汁、油污、酒水玷污衣服；也可在员工服务时用来护酒、擦酒瓶等）。

（2）餐巾折花要求。① 美观大方。按筵席主题，根据"大调和、小对比"的台面色彩装饰原则选择餐巾颜色，避免与台布、桌裙、餐具、花饰及台面上其他饰物的颜色顺色，采用同色系的近似色或反差色以形成层次感。即便采用同种颜色，也应在织物的条纹、抽花、色度深浅等方面有所区别。餐巾色调以单色为宜，最多不能超过 3 色。多色餐巾的折花，色彩分布要均衡。花型简洁明了，品种搭配得当，高低错落有序，观赏面向宾客。② 简单快捷。餐巾花型有 200 多种，常用的也有 20～30 种。大型宴会主桌或主位选用名贵、叠工精细、美观醒目的花型，突出主人，尊敬主宾；其他席位选用简单、快捷、挺括、美观的统一花型。单桌筵席或小型宴会可用不同花型形成多样协调布局。③ 清洁卫生。操作前洗手消毒，使托盘、台面干净。折叠时不允许用嘴叼口咬。采用杯花式放入口杯时，手指不接触杯口，杯身不留指纹。④ 花型适宜。选择适合宴会主题的花草类（如牡丹、马蹄莲、荷花、仙人掌、玉米花、冬笋、龙须草等）、动物类（如驼背鸟、长尾欢鸟、三尾金鱼、四尾金鱼、圣诞火鸡、鸽子等）、实物类（如帽子、折扇、花篮、帆船、皇冠、领带、火箭等）以及蔬菜类、飞禽类、走兽类、昆虫类、鱼虾类等花型。

（3）选择花型因素。① 宴会性质。突出宴会主题，渲染宴请气氛，组成诸如鸟语花香、热爱和平、百花齐放、花好月圆、长命百岁、百年好合的台面。② 风俗宗教。选择花型要"投其所好、避其所忌"。如佛教徒喜植物类、实物类造型花，忌用动物造型，伊斯兰教决不能用猪的造型花。日本人喜樱花，忌荷花、梅花；法国人喜百合花，讨厌仙鹤；美国人喜欢山茶花，忌讳蝙蝠图案；英国人喜欢蔷薇、红玫瑰，忌讳大象，把孔雀看作淫鸟、祸鸟。③ 时令季节。春季选用迎春、月季，寓意春色满园；夏季选用荷花、玉兰花，能令人感到凉爽；秋季选用海棠、菊花、秋叶等，能令人产生金秋丰收之感；冬季选用梅花、仙人掌、企鹅等，能令人产生寒冬白雪联想。④ 冷盘图案。配合菜肴特点选择花型，席面风格和谐。如蝴蝶造型冷盘选花卉造型席花，形成"花丛彩蝶"氛围；鱼类主题宴会配鱼虾造型席花，构成百鱼竞游画面。⑤ 宴会环境。开阔高大的厅堂宜用花、叶、形体高大一些的品种，小型包厢宜选小巧玲珑的品种。⑥ 工作状况。时间充裕可折叠复杂的花型；客人较多、时间紧迫，可折叠造型简单的花型。

（4）餐巾折花手法。有叠、推、卷、翻、拉、穿、捏和掰等基本手法。经过模仿、练习和创新，能折出多种多样、美观大方的餐巾花。服务员要熟练掌握各种手法。

（5）席花摆放方式。① 杯花。插入水杯或酒杯中，用杯口加以约束。立体感强、造型逼真，用于中式餐会。但由于手法复杂，容易污染杯具及餐巾，席花从杯中取出容易散型，摊开时平整度较低，皱折较多。目前较少使用，但作为一种技能，仍在餐厅服务或服务技能大赛中使用。② 盘花。平放在看盘或其他盛器及桌面上，适宜于成型后不会自行散开的席花。③ 环花。将餐巾平行推卷或折叠成型，套上餐巾环平放在骨盆上。餐巾环可有各种质地，环上有纹饰和酒店徽记，或在环上配丝带、丝穗、小枝鲜花。盘花和环花折叠快捷、造型简单、清洁卫生、高雅精致，常用于西餐，如今，中高档宴会常使用。

（6）席花摆放要求。① 主花突出精美。主桌或主位的席花应与其他桌面或餐位有别。主位摆最高花，副主位摆次高花，其他席位摆一般花。② 便于观赏识别。席花看面正对客人，孔雀开屏、白鹤、和平鸽等席花的头部要朝向客人，适合侧面观赏的如金鱼、三尾鸟等席花的头部要朝向右侧。席花摆放不能遮盖餐具。③ 整齐、对称、均衡。花型摆正摆稳，挺立美观，间距一致。不同花型同桌摆放时，要错开对称。西餐长台上的席花要摆成直线。④ 插入深度恰当。采用杯花方式要保持花型完整不散型、线条清楚整齐，插入深度须恰当。动作缓慢，顺势而插，不能乱插乱塞。

5. 摆中心台饰、台号牌、席位卡、菜单

（1）台饰。在餐台中心摆放花瓶等台饰（详见任务三中有关台面美化艺术的内容）。

（2）台号牌。放在台饰的左边或右边，朝向大门入口处（详见下述编码台号的内容）。

（3）席位卡。① 高档宴会（或主桌）一人一卡。席位卡端正摆放在各客餐具前。姓名书写端正、清晰、正确，绝不能出现错误。若有外宾，中方宴请时应中文在上，外文在下；外方宴请时外文在上，中文在下。席位卡设计要艺术，有特色。② 普通宴会一桌一卡。写明 10 人姓名，或平放或立放于台号旁。

（4）菜单（详见宴会菜单的内容）。① 高档宴会（或主桌）一人一份，一般为精致高雅菜单或艺术菜单。摆放在席位右侧，下端距桌边 1 厘米；也可竖立在水杯旁边。② 普通宴会一桌一（或 2、4 份）份，一般为简式菜单。普通筵席放 1 份，摆在主人筷子右侧；中档筵席放两份，摆在正、副主人筷子右侧；12 人以上筵席放 4 份，两份摆在正、副主人筷子右侧，另两份摆在正、副主人之间位置居中的宾客旁成"十"字形。

6. 检查餐台

全部餐具摆好后，再次整理，检查台面，调正椅子，以示结束。开宴前 1 小时按照宴会标准摆台完毕。要求台面美观典雅；台衬、台布铺设平整、美观；转台旋转灵活；餐具、茶具、酒具、餐巾、台号、菜单、席卡等摆放整齐、规范、无损坏；席花挺括、形象逼真，全场摆放一致；酱油、醋等调料倒在调料碟中；花草鲜艳、清洁卫生、无异味。由于各地的操作习惯不尽相同，使用餐具不同，中餐宴会摆台的内容、方法与程序也不完全一样，可以创新。

（二）西式筵席摆台程序

1. 摆餐桌

详见本项目西式宴会台型设计的内容。

2. 铺台布

（1）选布。先铺设防滑、吸音、吸水和触感舒适的毡、绒等桌垫，大小与餐桌面积相同，用布绳扎紧后再铺台布。台布尺寸合适，白色最为普遍，一场宴会只选用一种颜色的台布，配合其他辅助色彩予以点缀。也可根据西方节日选用相关颜色，如圣诞节的金色、绿色和红色，感恩节的黄色，等等。

（2）铺法。① 横向法。服务员站立于长餐桌中间，台布正面向上，横向向两面打开。双手捏住台布的右边送至餐台右侧，再将台布左边送至餐台左侧，拉平。② 纵向法。服务员站立在长餐桌的右侧端，距餐台约 30 厘米，双手将台布打开，贴着餐桌平行推出，拉平。

（3）要求。台布铺好后平整美观，折叠线的凸线向上，置于餐台中心位置，四周下垂部分匀称。方桌台布每边下垂约 40 厘米，正好接触到椅子的座位；圆桌台布四角下垂部分相等且正好盖住桌子的四脚。由数块台布拼铺的长台面，应从内往外铺设，所有台布中缝方向一致，连接边缘重叠，下垂部分平行相等，使客人一进门时看不到接缝，台布的接缝要错开主宾就餐的台面。视觉形象要有整体感。

3. 摆餐椅

选用带扶手的沙发椅，宽敞舒适，摆在餐位正前方。赴宴人数如是偶数，可采用面对面方法摆放餐椅；如是奇数，可交错摆放，使每位客人前面视野开阔，没有阻挡。椅子间距相等，不少于 20 厘米，椅子与下垂台布距离 1 厘米，每个餐位最小宽度为 60 厘米。

4. 摆餐具（见图6-3）

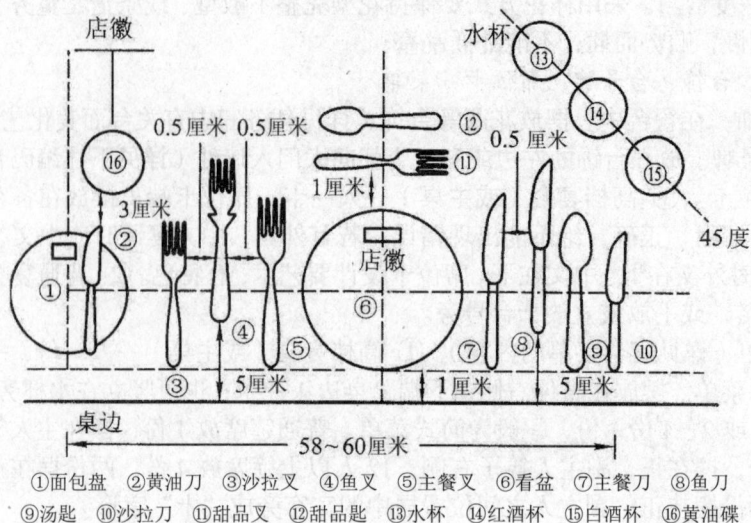

①面包盘　②黄油刀　③沙拉叉　④鱼叉　⑤主餐叉　⑥看盆　⑦主餐刀　⑧鱼刀
⑨汤匙　⑩沙拉刀　⑪甜品叉　⑫甜品匙　⑬水杯　⑭红酒杯　⑮白酒杯　⑯黄油碟

图6-3　西式筵席摆台

（1）摆看盆。从主人（使用长台时，主人安排在长台正中或长台顶端；使用圆桌时，与中餐宴会安排相同）位置开始，按顺时针方向摆放。餐位正中，图案端正，盘边距桌边1厘米。摆底盘时不用托盘，左手徒手垫一块口布，托好看盆，右手四指轻轻抬起看盆，伸直拇指用拇指近掌的部位拿起看盆，减少对盆边的接触。

（2）摆刀、叉、匙。用托盘托起刀、叉、匙，拿餐具手柄，餐具上勿留手指印。从餐盘右侧由里往外依次摆放正餐刀（大餐刀）、鱼刀、冷菜刀（小刀），从餐盘左侧依次摆放主菜叉（大餐叉）、鱼叉、汤匙、冷菜叉（小叉）。餐刀与餐台垂直，刀口朝左，刀柄向下；餐叉叉面向上，叉把与刀平行。看盆、刀、叉、匙间距0.5厘米，与席边距离如图6-3所示。

（3）摆面包盘、黄油刀和黄油碟。面包盘摆放在餐叉左侧0.5厘米处，面包盘中心与看盆中心连线平行。黄油刀置于面包盘右1/3处，刀刃向左，柄端向下，悬空部分相等。黄油盘摆放在面包盘上方，黄油盘左侧与面包盘中心线在一条直线上，距黄油刀3厘米。

（4）摆甜品叉、匙。甜品叉、匙摆放在看盆前方，平行摆放，甜品叉靠近看盆，叉柄向左，距看盆1厘米。甜品匙摆在甜品叉外侧，匙柄向右，距甜品叉1厘米。

（5）摆酒杯。冰水杯摆在主餐刀顶端（只用一种杯时位置也在此），相距5厘米。红葡萄酒杯与白葡萄酒杯根据台型和距离，从左到右依次摆放成45度，各杯距离1厘米。

（6）摆用具。摆花瓶（插花，放在餐台中心位置）、摆烛台（2个烛台分别放在花瓶左右两侧，距花瓶20厘米）、摆牙签筒（2套，分别放在烛台两侧距离烛台10厘米的中线上）、摆椒盐瓶（2套，分别放在烛台两侧，距离烛台12厘米，分别置于中骨线两侧，左盐右椒，间距1厘米）、摆菜单（放在正、副主人餐具的右侧，距桌边1.5厘米）、摆咖啡用具与水果刀叉（筵席布置中，预先不摆在台上。用完菜点撤除全部餐具后，才摆放所需的咖啡用具、水果刀叉、烟灰缸等用具）、摆餐巾花（将折叠好的盘花摆放在看盆内，餐巾花形象逼真、折叠挺括）。

（三）自助餐宴会摆台程序

详见项目九中的相关内容。

任务三　台面美化艺术

（一）鲜花造型（又称筵席台面中心花饰）

1. 鲜花造型作用

鲜花是大自然的精华、美的使者，鲜花装饰是餐厅和餐桌台面布置中最贴近大自然的艺术之作。南北朝诗人庾信云，"春色方盈野，枝枝绽翠英""好折待宾客，金盘衬红琼"，我国古代已有将花枝置于铜盘中、花瓣撒在餐桌上作装饰接待宾客的习俗。如今，餐桌插花已成时尚，可在精致的花瓶中插上一朵玫瑰，配上满天星。宴会主题插花和艺术花台使席面盎然蓬勃、艳丽多姿，令人赏心悦目，烘托出宴会隆重、热烈、和谐、欢快的气氛。

2. 鲜花造型方式

（1）插花（或花瓶、花篮、花束、盆花，详见项目二中有关花台制作与本项目中有关鲜花造型的内容）。

（2）花坛（也可作雕刻坛）。高档宴会为了烘托气氛，14 人以上的大圆桌可布置观赏坛（可代替转盘）。花坛大小根据桌面而定。先用草叶做一圆形衬底，再把绿叶整齐地覆盖在上面，形成一个带有坡度的圆形绿色坐垫，然后再将不同鲜花穿插摆放，形成均匀美丽的花坛。或在台面中心摆放一个插好鲜花的花盆或花杯，以其为中心四周摆放花草，用矮小的碎叶做垫底，再用较长的枝叶盖住花盆向外延伸，最后在花坛上面点缀鲜花。西式宴会可采用花坛、花环混合式。在餐台中间先摆好一个花坛，两边再以花环相连，如果餐台较长，除了在中间设一个主花坛，还可在两侧对称摆放两个小花坛。

（3）花簇。西式宴会"一"字形台面装饰，用绿叶在长台的中间摆一长龙，在距离餐台两端约 40 厘米处分开，各向长台的两角延伸 15 厘米；然后在绿叶上摆插一些鲜花或花瓣，但要注意鲜花的品种与色彩的搭配。在每位宾客的餐位左侧摆放一个小花簇，宾客入座后，可将花别在左胸前或插在西服小袋中。

3. 鲜花造型要求

（1）艺术美观。插花风格有东方与西方之别、现代与传统之分，选用的花卉、造型、风格要与宴会场景、宴会主题、餐台风格一致。用鲜花不用假花。花形饱满而多姿多彩，数量适中，色彩和谐，造型艺术。插花盛器的材质、造型、价值应与餐具协调，避免反差过大。盆花底部用装饰布或花草修饰，不能露出花盆。造型有西式圆球型、西式园林平铺型，要求四面对称。

（2）清洁卫生。慎重选择插花盛器与花泥以固定鲜花并保持其鲜艳，小心处理腐根烂叶，防止污染食品。

（3）突出主桌。主桌台花要雍容华贵、高雅亮丽，起到画龙点睛的装饰作用。

（4）不挡视线。插花造型不宜过高、过大、过于浓密，应以低矮为主，不能阻挡坐在餐台对面客人的视线，以免影响宾客的视线交流。如有桌旗，桌花的高度要略低于桌旗。

（5）不盖席面。菜点是筵席核心，插花不能过分渲染、喧宾夺主，影响并掩盖菜点。插花颜色与菜点要有适当的反差，避免顺色；花材香味不宜过浓，以免干扰和破坏菜点香味。

（6）尊重习俗。各个国家和地区都有国花、代表花，被看作民族精神的体现，但也有"禁花""凶花"。尊重不同国家、不同民族的风俗习惯和喜忌心理，选用最合适、最能表达主人心愿的花卉，防止使用宾客忌讳的花材。

4. 插花器具与技术

详见项目二中有关制作花台与插花的内容。

（二）雕塑造型

（1）类型。有雕、塑两类。① 果蔬雕。通过雕刻技术，把南瓜、萝卜、土豆、冬瓜、西瓜等食材雕刻成各种艺术造型，如孔雀开屏、丹凤朝阳、春色满园等主题的冬瓜盅、西瓜盅。② 黄油雕、冰雕。把黄油、冰等材料雕刻成各种形状，如奥运主题的五环、和平主题的和平鸽和中秋主题的嫦娥奔月等，周围衬以花草。③ 面团塑。采用捏塑技术，用面团塑造各种图物，或用蛋糕奶油塑造各式形状，用于主宾席台面或展台。

（2）要求。① 雕刻对象。宜雕刻花鸟虫鱼及具有吉祥意义或民间喜闻乐见的一些动物，如鹿、鹤、鸟、牛等，不宜雕刻狮、虎、野猪等凶猛野兽以及带有贬义色彩的鼠、狗、狼等，一般也不雕塑人物。② 食品特点。雕刻品有整体、半立体、平面 3 种形式，按照食材特点有机结合，方显艺术魅力。③ 筵席主题。老年寿席常摆松鹤延年、老寿星等；结婚席上常摆鸳鸯戏水、喜上眉梢等；招待亲友常摆幸福花篮、翠羽春光等；一年四季按季常摆飞燕迎春、金鱼戏水、花果满篮、冬梅傲雪等；国际宴会中常摆富有民族特色的凤凰展翅、龙飞凤舞、锦上添花、熊猫戏竹等作品。

（三）饰品造型

上述造型方法各有优点，但成本较高，摆放时间不长，易造成浪费。鲜花中易藏小飞虫，上菜时飞虫从花丛中飞出，影响食品卫生和就餐环境；而且一些客人对花粉过敏。雕塑需要专业人士，也增加了宴会成本。酒店可以充分挖掘具有各种技艺的员工的潜力，用其他工艺物品装饰台面，以便给客人留下深刻的印象。

1. 饰品造型内容

（1）镶图造型。用不同颜色的小朵鲜花、纸花、五彩纸屑或各种有色米豆等谷物，在餐桌上镶拼各种图案或字样，用以渲染筵席气氛。如接待外宾的宴会，摆出"友谊""迎宾"等字样，以表示宾主之间的友好情谊。

（2）剪纸造型。用单色或彩色纸剪成各种有意义的图案装饰台面，既可增加筵席台面的美观，又可做菜盘垫底。例如，"喜气洋洋"台面，把传统的剪纸和拉花艺术引入台面造型，剪出 20 个大小不同的"囍"字摆在席桌边沿，中间采用绢花造型，花瓶底座围以彩纸拉花并配上餐巾折花，小件餐具配合喜庆主题进行适当造型。

（3）金鱼造型。圆形的玻璃鱼缸内游弋着几条各具特色的金鱼，给人充满生机、灵动之感，使静态席面增加了活泼气息。

（4）国旗造型。带有外交、经济、文化等性质的大型宴会，当宾客是外国人时，为显示友好和礼仪，桌上就摆放该国家国旗、标志物或吉祥物。桌旗摆放的数量要根据餐桌长度来定，摆放一面桌旗在餐桌中央为宜，摆放两面桌旗的位置要间隔相等。桌旗要略高于桌花。

（5）摆件造型。① 中式宴会。摆放具有中国民间传统工艺特色的泥人、青铜器、兵马俑、马踏飞燕、唐三彩、编钟、青瓷花瓶、陶瓷花瓶、景泰蓝花瓶、大型紫砂茶壶、根雕、红木雕、陶瓷景泰蓝、面塑、皮影、京剧脸谱、微型风筝、折扇等小摆件。② 西式宴会。以西洋雕塑和土著人崇拜的图腾等为蓝本，如古希腊米隆的"掷铁饼者"像、古希腊"米洛斯的阿芙洛狄忒"像（断臂维纳斯）、古罗马的"奥古斯都"像、文艺复兴时期意大利米开朗琪罗的"大卫"、近代法国罗丹的"思想者"、北美印第安人图腾标志旗杆等。

（6）果蔬造型。果蔬"便宜又便当"。果蔬对自然风光、乡土气息、丰收秋色都有很强的表现力，体现了农家原生态的美感和氛围。果蔬可与常用花卉搭配，也可用土生土长的野草野花点缀，甚至可使用树枝树叶、秸秆、干枯的荷叶搭配。盛器可以是竹篮、竹筒，也可把南瓜、冬瓜、萝卜等挖空，放入湿花泥制成"花瓶"。

2. 饰品造型要求

（1）突出主题。中国宴会可摆放大熊猫玩具、八达岭长城模型；春节宴的"福"字；寿宴的"寿"字和瓷质的寿星、面制的寿桃。美国宴会摆放星条旗、山姆老鹰、自由女神模型或西部牛仔草帽。法国宴会摆放蓝、白、红三色旗和埃菲尔铁塔模型，标志明显，精神闪耀。荷兰宴会在精雕细刻的船形木鞋内放置数枝黄色的郁金香，小风车在餐桌上吱吱地转悠着。加拿大宴会，将图腾标志旗杆屹立于餐桌中央，升起一面面硕大的有红枫叶图案的"美食部落旗"。日本宴会，成双成对的"小偶人"端坐在餐桌中央由樱花铺满的稻草筏上。

（2）突出节日。根据办宴时间，用各种中外民俗节日摆件来装饰餐台。① 春节：拜年小瓷娃、小金橘、贴有"满"字的小金坛、鞭炮串、金元宝、红鲤鱼、对联条幅、生肖饰物等。② 元宵节：小花灯、灯谜。③ 情人节（2月14日）：玫瑰花、巧克力和贺卡。④ 复活节（春分月圆后的第1个星期日）：彩蛋、小鸡、小兔子和鲜花等。⑤ 端午节：长命缕（用麻扎成小巧玲珑的小扫帚、小葫芦，用五颜六色的绸布拼缝成小粽子、小娃娃及瓜果、小动物等，然后用五彩丝连在一起）、老虎头（编铜钱为虎头形）、香囊、艾草、桃枝等。⑥ 母亲节（5月）和父亲节（6月）：贺卡、鲜花和小礼物。⑦ 七巧节（中国情人节）：仙楼（剪五彩纸为层楼）、仙桥（剪纸为桥，桥上有牛郎、织女及仙人侍从）、花瓜（在瓜上刻花纹）、种生（将绿豆、小麦、小豆等在瓷器内用水浸泡，长出数寸长的绿芽，用红蓝色彩条束起）。⑧ 中秋节：嫦娥奔月彩塑、玉兔、桂枝。⑨ 重阳节：茱萸、重阳彩旗。⑩ 万圣节（10月31日）：千奇百怪的面具和南瓜掏空后的"杰克"灯及各种糖果等。⑪ 感恩节（11月第4个星期四）：玉米、南瓜和水果等。⑫ 复活节：蛋类装饰，在蛋上蜡染各种彩色图案，或以蛋类附加毛线、毡、软木等装饰，制成小猪、小兔、小鸡或小滑稽人等。⑬ 圣诞节（12月24日）：圣诞夜餐桌上的烛光、喷上金粉的松果和精巧的圣诞树，另外还有渲染气氛的鲜花、装饰布、糖果、小礼物等。

（3）突出喜庆。根据各民族的喜忌心理，台面设计可充分发挥吉祥图物的喜吉作用，反映宴会主题，满足人们的求吉心理，如表6-3所示。

表6-3 中国筵席台面设计常见的吉祥物及其寓意[①]

吉 祥 物	寓 意
龙	为"四灵"之一、万灵之长，中华民族的象征，最大的吉祥物，常与"凤"合用，誉为"龙凤呈祥"，寓意"神圣、至高无上"
凤凰	为"百鸟之王"，雄为凤、雌为凰，通称"凤凰"，被誉为"集人间真、善、美于一体的神鸟"，亦被喻为"稀世之才"（凤毛麟角）
鸳鸯	吉祥水鸟，雌为鸳，雄为鸯，传说为鸳妹鸯哥所化，故双飞双栖，恩爱无比，比喻夫妻百年好合，情深意长
仙鹤	又称"一品鸟"，吉祥图案有"一品当朝""仙人骑鹤"，为长寿的象征
孔雀	又称"文禽"，言其具"九德"，是美的化身、爱的象征、吉祥的预兆
喜鹊	古称"神女""兆喜灵鸟"，象征喜事濒临、幸福如意
燕子	古称"玄鸟"，为吉祥之鸟，象征春天。古人考中进士，皇帝赐宴，宴谐音燕，故用以祝颂进士及第、科举高中。燕喜双栖双飞，用"新婚燕尔"喻夫妻和谐美满
蝴蝶	两翼色彩斑斓，又称"彩蝶"。彩蝶纷飞是春光明媚的象征。民间因"梁山伯与祝英台"故事中化蝶的结局，喻夫妇和好、情深意长。又因"蝶"与"耋"谐音，耋指年高寿长，故以蝴蝶为图案表示祝寿

① 资料来源：方爱平. 宴会设计与管理[M]. 武汉：武汉大学出版社，1999.

吉 祥 物	寓 意
金鱼	有"富贵有余""连年有余"的吉祥含义，因"金鱼"与"金玉"谐音，民间有吉祥图案"金玉满堂"
青松	为"百木之长"。宋王安石云："松为百木之长，犹公也，故字从公。""公"为五爵之首。"松"与"公"相联系，成为高官厚禄的象征。松树岁寒不凋，冬夏常青，又为坚贞不屈、高风亮节的象征。松为长寿之树，历来是长生不老、富贵延年的象征
桃子	最著名的是蟠桃——传说中的仙桃。民间视桃为祝寿纳福的吉祥物，多用于寿宴席

（四）餐品造型

（1）台布造型。选用与主题贴合的颜色、图案、材质的印花、刺绣、编织的台布、台裙、台垫、口布等布件来装饰餐台，如中国的传统节日常用红色，四川筵席可用蓝底白花的土布作台饰，美国宴会可用星条旗的图案或美国西部的格底布，圣诞节用印有圣诞树和圣诞老人的餐巾等，以特制的台面中心图案的寓意（如金鱼戏莲、岁寒三友、松柏迎宾、春燕双飞）作为台面的主题，再辅以餐具造型，简单明了，寓意深刻，使整个台面协调一致，组成一个主题画面。台布要因宴会主题而更换、选择使用。

（2）餐具造型。中国筵席以筷子和各式瓷制、银制餐具为主；西式筵席以金属的刀、叉、勺和瓷制的餐具、各式玻璃杯具为主体。利用不同形状、不同色彩、不同质地的如各种杯、盘、碗、碟、筷、匙等席面餐具，摆成互相连续的金鱼、春燕、菱花、蝴蝶、折扇、红梅等纹饰图案，环绕于桌沿，形成具有一定主题意境的宴席席面。

（3）席花造型。详见本项目中有关餐巾花的内容。

（4）菜点造型。将各式凉菜通过一定的刀工处理和拼摆，制成具有一定意义的图案。如花碟采用一主碟带若干围碟，主辅内容呼应，构成一幅秀色可餐的画面。选用酥、发、烫等各种面团，运用搓、捏、塑、包等多种手法，制成花鸟虫鱼、飞禽走兽、古玩器物等图形，置于特制盘中，放在筵席中央，供顾客鉴赏品用，既美化筵席台面，又有较高的食用价值。

（5）果品造型。根据季节变化，将各种色彩和形状的时令鲜果或部分干果衬以绿叶或其他饰物置于高脚盘中，摆成金字塔状，既供观赏又供食用；或通过刀工将各色瓜果改切拼摆成"龙舟竞渡""百花齐放"等图案，做成花色果盘，置于筵席中央显示特色。

任务四　宴会座位排序

（一）排序原则

1. 排序"十尊"原则（见表6-4）

表6-4　排序"十尊"原则

原 则	要 求
以中为尊	左右横向排列时，中心第一，中央高于两侧，突出主位、主桌和主宾区
以右为尊	左右横向排列时，右高左低，主人边的右席位置高于左席位置（中国礼仪以左为尊）
以前为尊	前后纵向排列时，前高后低，前排位置高于后排位置
以上为尊	空间上下排列时，上高下低，上面位置高于下面位置
以近为尊	与主位（主桌、舞台）的距离，近高远低，靠近主位的位置高于离主位远的位置
以内为尊	与房门的距离，内高外低，房内高于房外，房间靠里面的位置高于靠房门的位置

续表

原　　则	要　　求
以坐为尊	站立或坐下时，就座位置高于站立位置
以女为尊	男与女，以女为尊
以礼为尊	常规礼俗。主与客，客为尊；长与幼，长为尊；师与生（徒），师为尊；领导与员工，领导为尊；职务职称高与低，高为尊；正与副，正为尊
以佳为尊	面门为上、观景为佳、靠墙为好

2. 职位排序原则

（1）职务大小、职级高低。上级先于下级，职务大先于职务小，职级高先于职级低，正职先于副职，常务副职先于其他副职。行政级别按国家级—省部级—司局级（地师级）—县处级（县团级）—乡科级—科员—办事员排序。

（2）岗位重要程度。同一职级，党内职务先于行政职务，行政职务先于其他群团职务。党内部门按党办—组织部—宣传部—统战部排序；行政部门按总经理办公室—人事部—其他业务部门—后勤部门排序。

（3）实职先于虚职。同一职级，任领导职务先于非领导职务（如巡视员、调研员、享受某级别的待遇）。

（4）任职机关大小。同一职级，分别来自不同地区机关，按中央—省、直辖市—地市—县—乡—村排序。

（5）任职时间先后。同一职级、同一级别、同一职务，以任职时间先后为序。同一时间任职的，以到本单位工作时间先后为序。以上条件都是同一的，以年龄大小、工龄资历或姓氏笔画为序。

（二）中式宴会座位排序

1. 确定主桌与主位（又称主座，宴会第一主人即宴会主办人的席位）

（1）选择依据。确定宴会主桌与筵席主位的依据一是面向、二是背靠，背靠比面向更重要。主桌、主位的位置应选在宴会厅的上首，面向厅房正门，背靠主席台（或主体墙、背景装饰墙）前的中心处。

（2）单桌筵席主位。面对宴会厅正门，背靠主体墙。若厅房不是正开的门，以背靠主体墙为准；如是正门，但装饰特殊的主体墙不与正门相对，也以主体墙为准。

（3）宴会主桌主位。不论圆桌围坐、长桌一面坐或两面坐，主位居中，面向分桌。

（4）宴会分桌主位。方式一：朝向相同。分桌主位与主桌主位面向同一方向，即分桌主位背向主桌主位。方式二：朝向相对。分桌主位面向主桌主位。

（5）双主位。赴宴人员不分宾主时，两家单位联合活动，双方领导者的职务职级相同，为示平等，需设置双主位。以中线为准，两边并排各摆放规格一样的餐椅及摆台。

案例 6-1　少摆一个主位怎么办？[①]

安徽合肥安港大酒店二楼多功能宴会厅将举办两家大型企业合作洽谈宴会，客人对主桌席位提出了特殊要求——摆放两个主位。临近开席，大部分客人进入餐厅落座。酒店销售部小李作为客户经理，更是十分尽心，忙前忙后，一切都按计划有序进行，就等两家企业老总光临。不久，两家企业老总来到主桌前，却迟迟没有坐下。"这是怎么回事？"小李一

---

① 资料来源：由安徽合肥安港大酒店人力资源总监郑静提供。

边心里嘀咕，一边快速来到主桌旁。她立刻察觉到主桌席位按常规摆放，没有设置双主位。由于工作紧张，自己忘记了向员工交代，导致主桌摆台的时候只有一个主位位置，难怪两位老总都不愿意坐下。"怎么办？"豆大的汗珠出现在小李的脑门上。此时，她看见宴会厅里有致辞台，便灵机一动，一边邀请两位老总轮流致开场白，一边示意餐厅人员抓紧增加一个主位席位，这才避免了尴尬。

2. 确定其他座位

（1）副主位。副主位即第二主人（即主陪）的席位。位于主位正面相对的席位，正、副主人位与餐桌中心呈一条直线相对，即处于台布中缝线的两端。

（2）其他席位。以离主人座位远近而定，原则是近高远低、以右为尊、主客交叉。方式：① 主位右侧坐主宾，左侧坐第二宾客；副主位右、左侧分别坐第三、第四宾客。其他座位是主客方翻译与陪同、次宾，如图6-4所示。② 主位右侧坐主宾，副主位右侧坐第二主宾，使主宾位与副主宾位呈相对式；第三宾客位与第四宾客位分别在主人位与副主人位的左侧，呈相对式。如主宾、副主宾均偕夫人出席时，此席位则分别为夫人席位。主宾位与副主宾位的右侧为翻译席位；第三与第四宾客位的左侧为其余陪同席位，如图6-5所示。

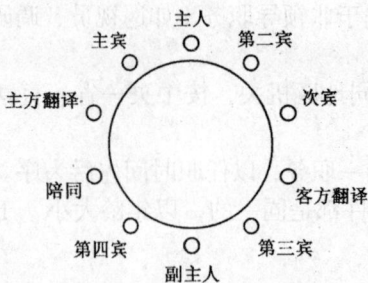

图6-4　主人与主宾等客人的席次安排（1）　　图6-5　主人与主宾等客人的席次安排（2）

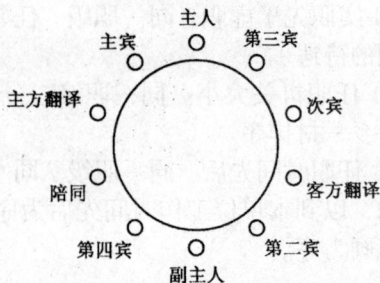

（3）喜宴座位安排（见图6-6）。目前上海的喜宴座位排序是：大主桌在前，就座的是新郎新娘、伴郎伴娘、新郎新娘的父母和长辈；宾客席排成几行纵列，男女方各设副主桌，左边为男方宾客，右边为女方宾客，座序是至亲宾客、普通亲友、兄弟姐妹团、同事朋友。

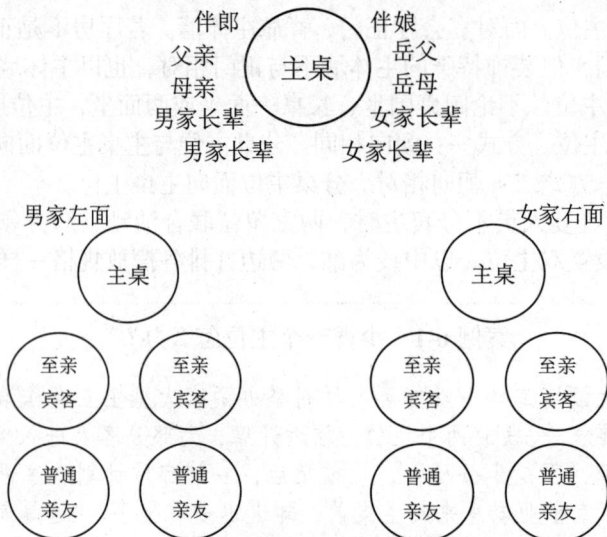

图6-6　喜宴座位安排

3. 座位排序操作程序

正式宴会按出席宴会人员的名单，根据排位原则，预先安排桌号与席位，有的只安排部分宾客席位，其他人员可自由入座。大型宴会可事先将宾客席位打印在请柬上，让宾客心中有数。主席区或主桌设置座次席位卡。

（三）中式宴会宾客座次

1. 国内宴请宾客座次

谁坐主位？国宴与政府公务宴由礼宾部门、外事部门或办公厅安排。公务宴请主桌、主位的宾客座次由主办方按职务高低排序；学术活动宴请按学术地位、职务职称排序；民间宴请，埋单者坐主位，其他人员由埋单者安排；家庭宴会，年长者或辈分高者坐主位，其他依年龄大小或辈分高低落座。社交活动中，当主宾身份高于主人时，为示尊重，可"反客为主"把主宾安排在主位，主人坐在主宾位上，第二主人坐在主宾的左侧。双方不分主宾且领导者职务职级相同时，可设双主位。一般社交活动则可随意就座。

2. 外交宴请宾客座次

根据主办单位提供的主、客双方出席名单，按礼宾次序落座。如宴请多国客人时，要注意他们的相互关系，如政见分歧大、两国关系紧张、宗教信仰不同，应尽量避免坐到一起。身份大体相同、使用同一语言者，可坐在一起。

（四）其他公务场合座位排序

1. 主席台座位排序（以面向观众为准）

（1）单数时。主席台就座人数为单数时，1号领导居中，其左侧为2号领导，右侧为3号领导；其他依此类推。

（2）偶数时。1、2号领导同时居中，2号领导在1号领导左侧；3号领导在1号领导右侧，4号领导在2号领导右侧；其他依此类推。

中国礼仪以左为尊，国际活动则以右为尊。主席台人数多时可排成多排，前排高于后排。发言人席可单设于舞台右侧；如果设在主席台上，席位在主席台的最右侧。

2. 会见厅座位排序（以面向正门为准）

身份高者会见身份低者、主人会见客人称为接见或召见，相反的会见称为拜见或拜会。拜见君主又称谒见、觐见。接见、拜会后的回访称回拜。会见厅的布置应根据参加会见人数的多少、规格的高低、厅室的形状与面积大小来确定，一般有马蹄形、凹字形、正方形、长方形等。会见时的座位排序：主宾各居中线两侧面门而坐，客人坐在主人的右边，主左、客右，译员与记录在主宾后座，其他人按礼宾顺序就座；座位不够可就座后排，如图6-7和图6-8所示。如举行签字仪式，签字桌和位序排列可参见会见厅排序。

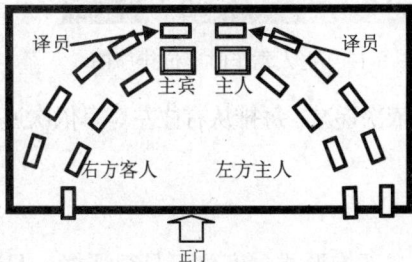

图6-7 半圆形会见座位图

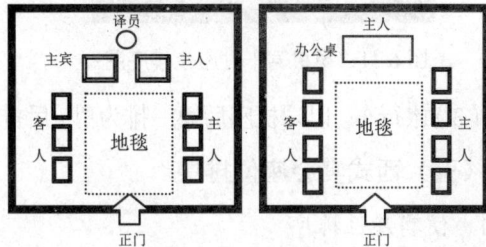

图6-8 半方形会见座位图

3. 会谈厅座位排序（以进门方向为准）

双边会谈通常布置长条形或椭圆形会谈桌和扶手椅，宾主相对就座，主宾和主人的座位要居中摆放，座位两侧的空间应比其他座位略宽。如果双方人数不相等，则双方主要领导人居中，座椅对齐，其他两边匀称摆放。多边会谈座位可摆成圆形、方形等。小范围的会谈，也有的不用长桌，只设沙发，双方座位按会见座位排序。

（1）横"一"字形排列。长桌排成横形，面向会谈厅的正门。主人在背向正门的一侧就座，客人或上级在面向正门的一侧就座。主谈人居中，译员座位安排在主持会谈的主宾和主人的右侧，其他人按礼宾顺序左右排列。记录员一般是在会谈桌的后侧另行安排桌椅就座，如参加会谈的人数较少，也可以安排在会谈桌边就座，如图 6-9 所示。

（2）竖"1"字形排列。会谈长桌一端面向正门，长桌排成竖形。主宾相对而坐，则以入门方向为准，右侧为客方，左侧为主方，如图 6-10 所示。

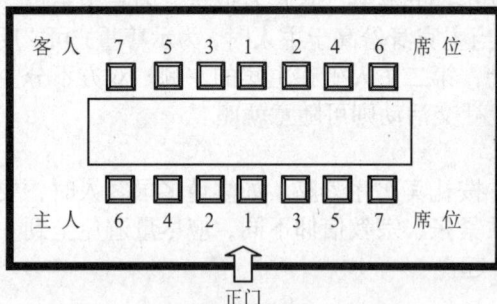

图 6-9　横桌形座位排序图　　　　图 6-10　竖桌形座位排序图

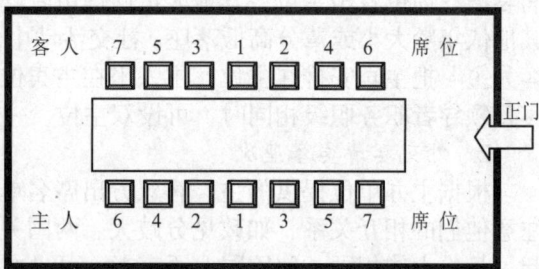

4. 汽车座位排序

（1）司机驾车。小轿车由司机驾车时，1 号位在司机的右后边，2 号位在司机的正后边，3 号位在司机旁边。如果后排乘坐三人，3 号位在后排中间，如图 6-11 所示。

（2）主人驾车。以驾驶座右侧为首位，后排依次是右侧座、左侧座、中间座，如图 6-12 所示。若主人夫妇皆在，主人夫妇坐前座，客人夫妇坐后座。若坐客只有一人，应坐在主人旁即副驾驶座。若车内坐多人，中途坐前座的客人下车后，坐后面的客人应改坐前座，以示对主人的尊重。

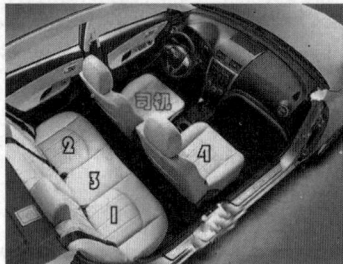

图 6-11　司机驾车时座位排序图　　　　图 6-12　主人驾车时座位排序图

（3）旅行车。以司机座后第一排为尊，后排排序依次递减。每排从右往左尊卑依次递减。

（五）西式宴会座位排序[①]

1. 便宴座位排序

在餐厅或家中举办的家宴、朋友宴，气氛活跃，不拘形式，席位不是很严格，只有主客之分，没有职务之别，只需考虑男女宾客分座、夫妇穿插落座。以女主人为准，男主宾在女主人右上方，主宾夫人在男主人右上方，也可将主宾夫妇安排在一起落座。

---

① 资料来源：陆永庆. 旅游交际礼仪[M]. 3 版. 大连：东北财经大学出版社，2006.

2. 正式宴会座位排序

（1）双方各有几位重要人物。若各有两位，第一主宾坐在第一主人的右侧，第二主宾坐在第二主人的右侧。次要人物由中间向两侧依次排开。

（2）双方带夫人。① 法式（也称欧陆式）坐法。如图 6-13 所示，面向正门，主位在餐台上首正中，副主位在背对门的下首中间。主宾夫人坐在第一主人右侧，主宾坐在第一主人夫人的右侧，其他宾客则从上至下、从右至左依次排列。② 英美式坐法。如图 6-14 所示，面向正门，主人夫妇各坐两头，男左女右。主宾夫人坐在男主人右侧的第一位，主宾坐在女主人右侧的第一位，其他人员男女穿插，依次坐在中间。这种安排可提供两个谈话中心，避免客人坐在末端。

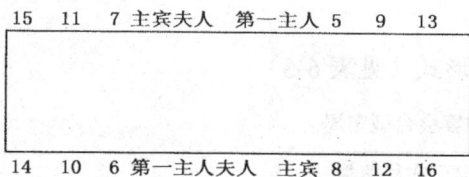

图 6-13　法式西餐席位图

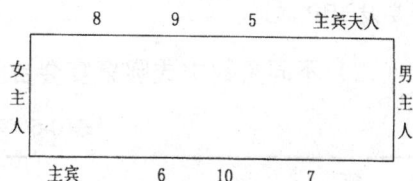

图 6-14　英美式西餐席位图

（3）双方各带译员。主人翻译坐在客人左侧，客人翻译坐在主人左侧。

（4）主客穿插落座。当双方人数不等时，应尽量做到主要位置上主客穿插，其他位置不必在意。

模块二　宴会台型设计

案例 6-2　中华人民共和国成立十周年国庆宴会台型设计[①]

中华人民共和国成立十周年国庆宴会意义重大、规模空前，有八十多个国家和地区的贵宾、十多位国家元首参加，党和国家领导人、中国人民解放军高级将领、各民主党派、人民团体、少数民族代表、华侨代表、港澳台爱国人士代表等共五千多人光临，为古今中外所罕见。中央把这一光荣而艰巨的任务交给了北京饭店。这是一场规模空前的超特大型国宴，所需厨师几百人、服务人员一千多人。宴会任务极其繁重，宛如一曲气势恢宏的大合唱。北京饭店领导挂帅，由从 1949 年"开国第一宴"到国庆十周年之前，设计了几十场国宴的经验丰富、知识广博的郑连福担纲。郑连福首先碰到的难题就是宴会厅空间的设计，新落成的人民大会堂宴会厅虽然很大，但要摆放 500 张餐桌，还要设 30 座的主宾席和大型乐队，还需摆放固定服务台，加上必须留有宽度要求的安全通道和服务通道，这就得用皮尺仔细丈量、精确计算。经过反复筛选、比较，决定设主桌 30 人，副桌 470 桌（其中的 370 桌，每桌增加 1 个人），并画出了宴会厅台型图。接着，精心设计环境、菜单、餐具、摆台、台面的艺术装饰，菜点从烹制、装盘到上桌的程序安排，服务人员的行走路线和服务位置，宴会的每道程序、每项服务都以分秒来计算，精确如一场重要的科学实验，紧张似一场现代化战争，和谐得像一台大型交响乐。

任务一　中式宴会台型布局

（一）宴会台型布局原则

宴会台型设计是根据宴会主题、接待规格、赴宴人数、习惯禁忌、特殊需求和宴会厅

---

① 资料来源：邵万宽. 美食节策划与运作[M]. 沈阳：辽宁科学技术出版社，2000.

的结构、形状、面积、空间、光线、设备等情况，设计宴会众多餐桌排列组合的总体形状和布局。中餐宴会台型主要有三角形、梅花形、会议形；西餐宴会台型按照餐桌数可分为单桌型西式筵席台型布置（主要有T形、U形、M形、回字形等）与多桌型西式宴会台型布局。

宴会台型布局原则是"突出主桌，合理布局"。具体有四条：① 中心第一：突出主桌或主宾席；② 近高远低：离主桌近的席位高于离主桌远的席位；③ 右高左低：在同一水平线上，主桌的右侧餐桌高于左侧餐桌；中间餐桌高于旁边餐桌；④ 美观方便：排列整齐，间隔适当，左右对称。所有的桌脚、椅脚、桌布、花瓶、席号都成一条线，横竖成行，具备几何图形美。餐桌间距方便穿行与服务，主、副通道方便客人进出和员工操作，大型宴会要设 VIP 通道，等等。

（二）不同桌数中式圆桌宴会台型布局形式（见表 6-5）

表 6-5　不同桌数宴会台型布局

桌　　数	台型布局要求
1 桌	餐桌应置于宴会厅房的中央位置，屋顶顶灯要对准餐桌中心
2 桌	餐桌应根据厅房形状和门的方位来定，分布成横"一"字形或竖"1"字形，主桌在厅房的正面上位，如图 6-15 所示（注：图中圆台内数字为桌号，外面数字 1 为主位，2 为副主位）
3 桌	正方形厅房：摆成"品"字形（三角形）。 长方形厅房：摆成横"一"字形或竖"1"字形，如图 6-16 所示
4 桌	正方形厅房：摆成正方形。 长方形厅房：摆成菱形，如图 6-17 所示
5 桌	正方形厅房：摆成"器"字形，厅中心摆主桌，四角方向各摆一桌。也可摆成梅花形。 长方形厅房：主桌放于厅房正上方，其余 4 桌摆成正方形，如图 6-18 所示
6 桌	正方形厅房：摆成梅花形或金字形。 长方形厅房：摆成菱形、长方形或三角形，如图 6-19 所示
7 桌	正方形厅房：摆成 6 瓣花形，即中心主桌，周围摆 6 桌。 长方形厅房：主桌在正上方，其余 6 桌在下，呈竖长方形，如图 6-20 所示
8～10 桌	主桌在厅堂正面上位或居中，其余各桌按顺序排列，或横或竖，或双排或 3 排，如图 6-21、图 6-22 和图 6-23 所示
中型宴会（11～30 桌）	突出主桌。设计主桌区域，由 3 桌组成，1 主 2 副，如图 6-24 所示。台型参考 8～10 桌宴会台型设计。如宴会厅很大，也可摆设成别具一格的台型。可设置背景墙，可装饰看台。在主桌的后侧设讲话台和话筒。详见台型设计内容
大型宴会（30 桌以上）	将宴会厅分成主宾席区和来宾席区。主宾席区设 5 桌，1 主 4 副，突出主桌。来宾席区可分为几个区域。主宾席与来宾区之间有不少于 2 米的通道。设置背景墙、看台与讲台。如有乐队伴奏，则安排在主宾席的两侧或主宾席对面的筵席区外围。详见台型设计内容

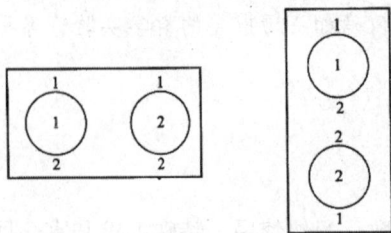

图 6-15　2 桌宴会台型设计

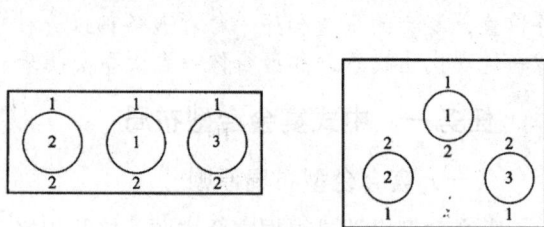

图 6-16　3 桌宴会台型设计

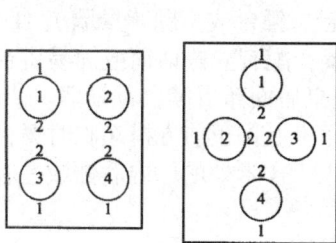

图 6-17　4 桌宴会台型设计

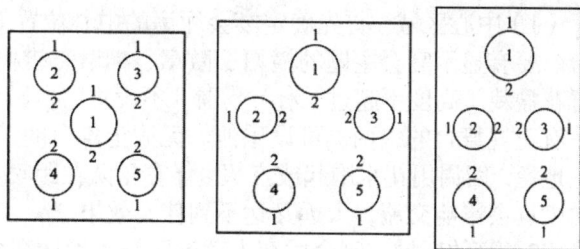

图 6-18　5 桌宴会台型设计

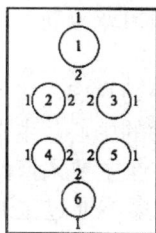

图 6-19　6 桌宴会台型设计

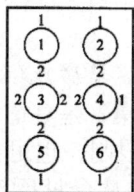

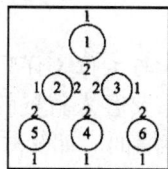

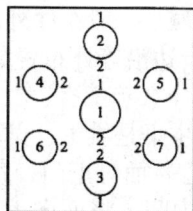

图 6-20　7 桌宴会台型设计

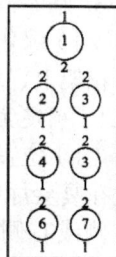

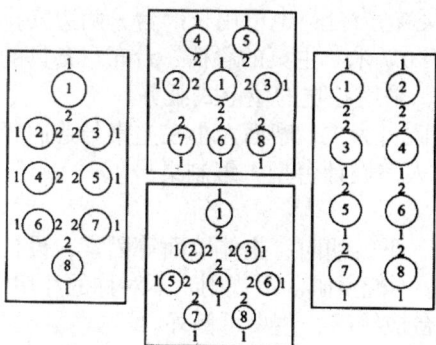

图 6-21　8 桌宴会台型设计

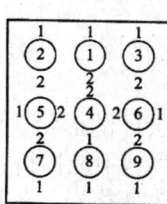

图 6-22　9 桌宴会台型设计

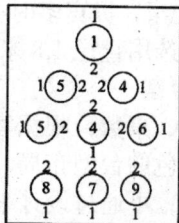

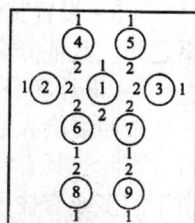

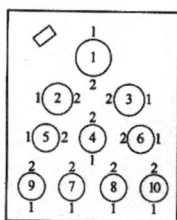

图 6-23　10 桌宴会台型设计

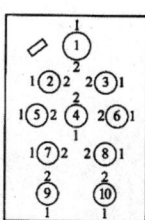

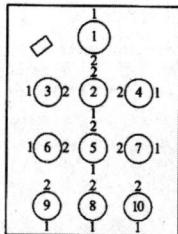

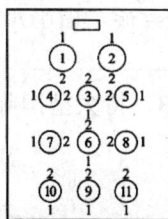

图 6-24　中型宴会台型设计

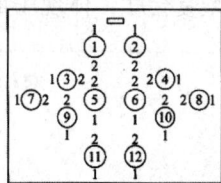

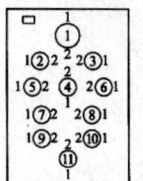

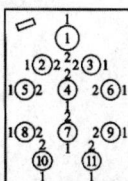

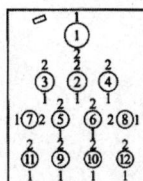

（三）大型（含特大型、超特大型）中式圆桌宴会台型布局程序

1. 划分功能区域（详见项目二中有关宴会场境设计的内容）

按照宴会厅的面积、宴会人数（宴会桌数），计算并划分出宴会各功能区域的面积。

（1）中心区域。首先确定宴会厅房的中心位置（主席台、舞台或主题背景墙）。① 主席台。要有显示宴会主题的横幅、徽章、标语、旗帜等布置；配有立式话筒或简易讲台，用鲜花盆栽（高度不超过1米）簇围。不设主席台，可在主桌后面布置宴会背景墙。② 舞台。有正规舞台的，两侧可设乐池。无固定舞台的，可在厅房上首正前方搭建临时舞台，铺上地毯，四周用花木围起或点缀。伴宴乐队在距宾客座席3～4米处的厅内后侧或左右两侧，太近会影响交流，太远又达不到伴奏效果。

（2）宴饮区域。宴会厅客人就餐区域，设计宴会台型图。

（3）辅助区域。① 签名台、礼品台。选用长条形桌，设在宴会厅外进门处。② 备餐台。③ 临时酒水台（详见项目七的内容）。

（4）绿化区域。一般在厅外两旁、厅室入口、楼梯进出口、厅内的边角或隔断、话筒前、花架上、舞台边沿等处布置绿化鲜花。

2. 确定主桌（又称主台、"1号台"）与主位（详见上述筵席座位排序的内容）

（1）位置。主桌是供主、宾及其他重要客人就餐的餐桌，是宴请活动的中心。主桌一般设在宴会厅中心，面对正门，背靠主体墙面。如受厅房限制，也可安排在主要入口的大门左侧或右侧的中间，将面向大门的通道作为主通道。如从会见厅到主桌不通过主通道时，还应设主宾通道。

（2）布置。主桌台面大于其他餐台，根据所坐人数与餐位长度选择相应台面。可用圆形台，直径至少在 2.2 米以上，中间不设转台，摆中心花饰台；也可用长形台，两边安排座位，桌宽不低于 1.4 米，单边安排座位，宽度不小于 0.7 米。主桌的餐椅、台布、餐具的规格均高于其他各桌。菜品装盘精细，讲究出菜方法，采用各吃的位上式服务。

（3）设置其他桌。贵宾多时可设若干副主桌，以圆台为主，席面大小在主桌与普通餐桌之间。其他分桌选用直径 1.8 米标准圆台，每席 10 人。设计台型，编制桌号。

3. 设计宴会台型

按照宴会人数、桌数，根据宴会厅的形状、面积、正门朝向、主体墙面等因素，设计符合实际且具有特色的台型布局。多，不能拥挤；少，不能空旷。不规则、不对称的厅房，由于门多或有柱子，可通过设计来改变格局。各桌摆台应统一，主桌可例外。

（1）长方形。排列成横平竖直的长方形或方格形，所有的圆台、桌脚、椅子脚、中心台饰、桌号牌等在任何角度都保持一条直线，使其具有几何图形美。长方形台型适用于大型宴会厅，体现庄重、气派；但中小型宴会厅使用，会给人呆板的感觉。

案例 6-3 特大型国际会议的宴会台型布局图（见图 6-25）

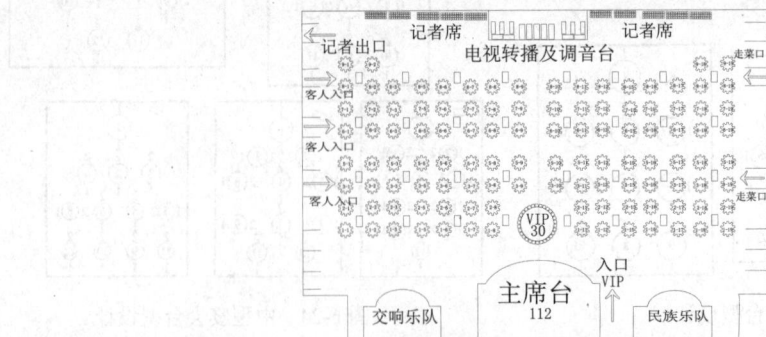

图 6-25 国际会议的宴会布局图

一场有 1120 人出席的高规格国际会议的特大型宴会。宴会前主人与主客要在主席台致辞，CNN（美国有线电视新闻网）电视台向世界实况转播。台型布局采用长方形，主席台两侧副台分别为交响乐团和民族乐团的乐队演奏区，弥补了主席台两边的大片空白，又体现了整个宴会厅的气势。主桌正对主席台，其他各桌按行排列。各类通道清晰。考虑到宴会人数可能出现的变化因素，后排留了机动空间，按参加宴会人员数上下浮动 10%。

（2）"品"字形。排成三角形，顶部位于餐厅上方，两侧布置绿色植物，改善空旷感，适用于横向性厅房或厅大、桌少的情况，如案例 6-4 所示。许多上海大型婚宴台型也排成品字形，如图 6-26 所示。

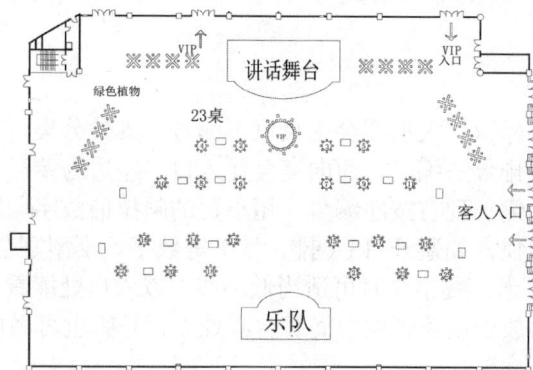

图 6-26　超大型宴会厅的中型宴会布局图

案例 6-4　超大型宴会厅的中型国宴台型布局图

这次宴会客人仅有 230 多人，而特大型宴会厅面积却达 5000 平方米，所需面积大了10 倍。为了弥补空旷感的缺陷，宴会台型设计采用"品"字形排列，周边点缀绿色植物，在讲话舞台的正对面搭有乐队的演奏舞台，舞台稍稍拉出，拉近了纵向空间，使空间感觉上缩小了许多。

（3）其他台型。菱形、"器"字形、梅花形、圆形等布局可参考不同桌数宴会台型布局图。创意形，因宴会场地不规则，可创新或借用其他场地布局，如案例 6-5 所示。

案例 6-5　有歌舞表演的借用酒吧大堂的宴会台型设计图（见图 6-27）

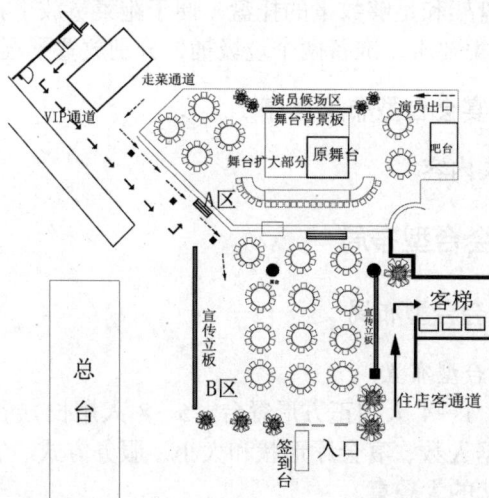

图 6-27　有歌舞表演的中式宴会布局设计图

图 6-27 是一场有歌舞表演的 200 人规模的宴会，但酒店没有大型宴会厅及舞台，宴会只能借用大堂吧（A 区）和三分之一的大堂（B 区）。由于 A 区高于 B 区 0.45 米，A 区中心又有一个固定小舞台，台型设计把小舞台扩大，舞台后面立背景板，背景板后面不能利用的空间做演员的候场区。主桌用长条弯月形台，单面坐，方便观看演出。舞台两边的餐桌安排主办方的工作人员。B 区由于是大堂公共区域，为减少干扰，两边立有高大的可双面看的宴会主办方的宣传立板，并留有可供住店客人出入的通道。宴会入口处用高大的绿色植物做屏障，以加强通透感。设计还考虑到客人与 VIP 客人的分道入口、演员出口、员工走菜线路等因素。

4. 编制台号

台号是餐台位置的标识。大型宴会主桌可不编号，其他分桌台号顺序以离主桌远近、左右而定。按剧院座位排号法编码，面向宴会厅入口，左边为单号，右边为双号；也可从前（排）到后、从左（侧）到右按序编号。用小写的阿拉伯数字印刷体写明×排×座。编号时可照顾某些风俗习惯，如避开 13（排、号）等数字。小型宴会可用鲜花名作为台号。台号牌高度不低于 0.4 米，餐桌少时可适当低一些，以入口处能看清为准。台号牌摆放在餐桌中央饰物旁，也可放于主宾餐位中间靠台心处。台号牌也可做成艺术牌。

5. 绘制台型图

（1）宴会台型设计图（见图 6-25～图 6-27）。图幅较小，一般采用 A4 纸即可，供内部设计管理用。设计草稿时，便于反复修改；定稿后，方便管理者划分员工工作区域，方便宴会主人安排客人座位。

（2）宴会台号位置图。图幅很大，便于就餐客人查找餐桌号。将定稿后的台型图放大，绘制成立式宣传牌，放置在宴会厅入口的显眼处。内容有：主席台、餐桌台号与位置、展示台、备餐台、卫生间、出入口与通道，目前所在位置（此项很重要，便于客人定位）等。

6. 设置备餐台（又称落台、工作台、服务台、服务柜，详见项目三中的相关内容）

备餐台是用作备餐、储物、分菜、换盘的工作台，是传菜员传菜的终点站，服务员上菜、撤盆的中转站。形式有包间、中小型餐厅固定设置的服务柜与大型宴会临时布置的服务台。一般宴会 4～8 桌配 1 个备餐台；大型高档宴会主桌配 1 个备餐台，其余每 4 桌配 1个备餐台。位置一般设在宴会厅两边的过道，规格由两张长 1.8 米宽 0.5 米的长条桌组成，铺上桌布。备餐台储物有：宴会所需的相应数量的各种餐具、酒具、服务用具、客用调料、酒水等。准备一两个托盘架和足够数量的托盘（便于跑菜员放下托盘，取走存放被撤下餐具的托盘）；按照垃圾分类要求，准备两个垃圾桶，分别放置干湿垃圾。

（四）大型自助餐宴会台型布局程序

详见项目九中的相关内容。

任务二　西式宴会台型布局

（一）西式正式宴会台型布局

1. 单桌型西式筵席台型布置

适用中、小型宴会。1～4 人用正方形餐台，5～8 人用长方形餐台，10 人左右选用长桌台。客人再多时，根据人数、宴会厅形状和大小、服务方式、客人要求，可把多张长条桌拼接组成一张特定形状的大餐桌。

（1）一字形。设在宴会厅的中央，与四周距离大致相等。餐台两端留有充分余地，一般应大于 2 米，便于服务操作。一字形台型有：① 方形。如图 6-28 所示，适用于欧式古典宴会厅或大型宴会的主桌。席位参照图 6-13 所示的法式席位图，主、宾坐在长桌中间。② 弧形。如图 6-29 所示，适用于单桌豪华型西式宴会。席位参照图 6-14 所示的英美式席位图，为体现尊贵、与众不同，正、副主人分坐在长桌两端弧形处，其他客人坐在长桌两边。

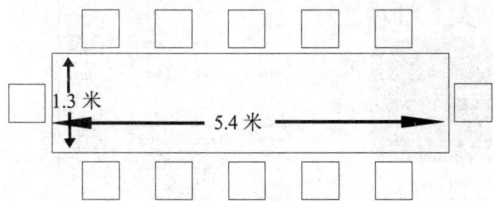

图 6-28 方形长桌台

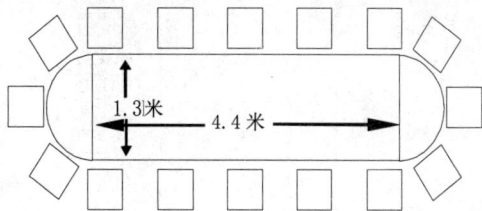

图 6-29 弧形长桌台

（2）U 形。横向长度比竖向短一些。桌形凸处为主位，适用于主宾身份高于或平行于主人入座。一种是圆弧形，如图 6-30 所示，摆 5 个餐位；另一种是横线形，如图 6-31 所示，摆 3 个餐位。桌形凹处，是法式服务的现场表演处，便于主宾观看。

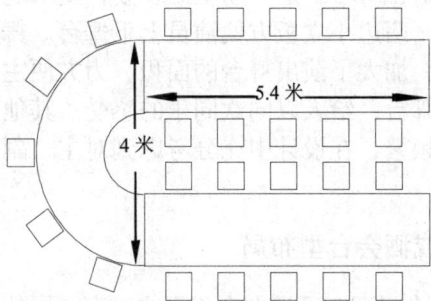

图 6-30 U 形圆头桌台

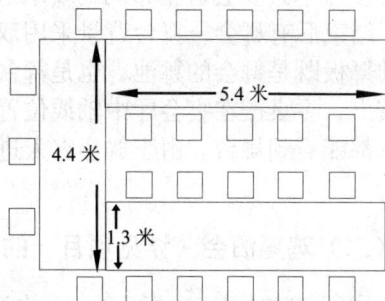

图 6-31 U 形方头桌台

（3）T 形（见图 6-32）、M 形（见图 6-33）。横向为主、宾席位，纵向为一般客人席位，1 个或几个纵翼的长度要一致，适用于人数较多的单桌筵席。

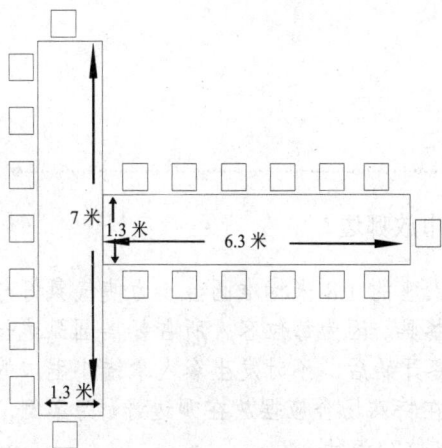

图 6-32 T 形桌台

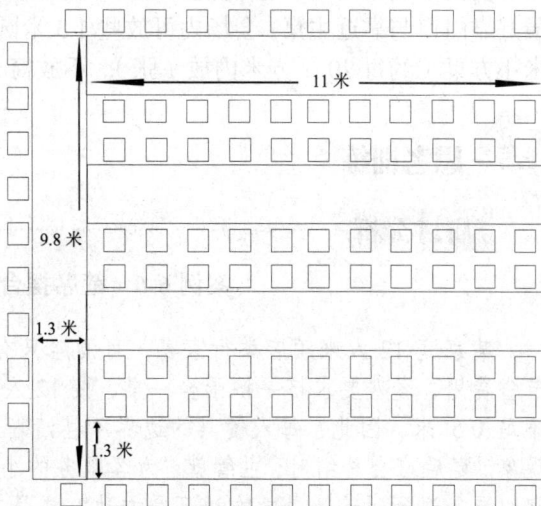

图 6-33 M 形桌台

（4）"回"字形。这是一个中空的台型，如图 6-34 所示。

2. 多桌型西式宴会台型布局（见图 6-35）

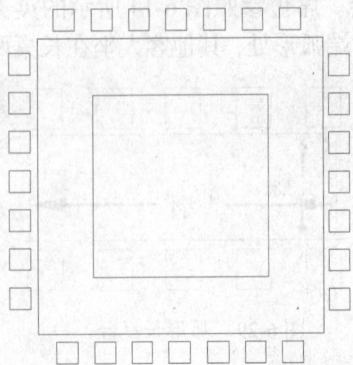

图 6-34 "回"字形桌台

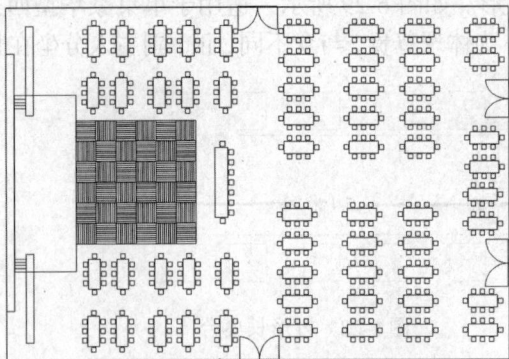

图 6-35 多桌型西式宴会台型布局

中大型宴会餐桌可用圆桌也可用长桌，要求布局严谨，功能合理，左右对称，出入方便，可参照中式宴会台型布局的要求进行设计。图 6-35 是一场圣诞晚宴，要求晚宴中有演出，结束后有舞会。舞台背景采用双层立板，两边小立板方便演员上下舞台。舞台前面的活动舞板既是舞会的舞池，也是舞台的延伸，加大了演出舞台的面积。为方便主桌贵宾观看演出，主桌摆在宴会厅中轴线位置，面向舞台，给人以同欢同乐的感受。其他餐桌朝向基本都能看到舞台。由于舞会客人进出较为频繁，在设计中充分考虑到对主、副通道的布局。

（二）鸡尾酒会（详见项目一的内容）或酒会台型布局

（1）小型鸡尾酒会或酒会。宴前与宴后的鸡尾酒会可设在会见厅内、宴会厅休息区域或行政酒廊，在厅室左右两侧摆上酒台与小吃台，不设座位。

（2）中大型鸡尾酒会或酒会。按客人需要搭建舞台，供主人讲话和小型乐队演奏使用，舞台背景的布置要符合酒会的主题。根据酒会的形式、规模、人数和宴会厅的形状，设计宴会平面布置图。每 100 人设置 1 张临时酒水吧台与小吃台。酒台放在厅房的边上，最好靠门口与靠近主桌；会场内可放些 1.3 米圆桌（约每 30 平方米内放 1 张）或 0.9 米×0.9 米小方桌（约每 20 平方米内放 1 张），不放椅子。

思考训练

研讨分析 ●

案例 6-6 筵席摆台小毛巾放哪边？

某家庭 12 人来酒店举行家宴，可酒店只有 10 人座的 1.8 米标准圆台。为使气氛好与节省费用，客人要求挤一挤围坐一桌，按 12 人摆放餐具。因为每位客人所占餐桌圆弧边长不足 0.5 米，因此，每人餐具的边界不甚清晰。就餐开始后，不时发生客人拿错小毛巾的现象。宴后班会总结时，主管就"为客服务的小毛巾在特殊场合应摆放在哪边好"为案例，组织员工进行讨论，是放右边还是左边？或是其他方位？为什么？

讨论：为客服务的小毛巾放在客人的哪边好？要求既方便客人使用，又不会造成混用。

操作实训

1. 采用"五盘法"规范摆放筵席餐具与酒具。
2. 组织折餐巾花与摆餐巾花比赛，要有新意。
3. 组织台面美化造型比赛，要有新意。
4. 灵活运用位置排序的原则，确定宴会的主桌和每桌筵席的主位。
5. 收集酒店宴会厅举办大型宴会时的各种台型设计的案例，进行分析评价。

项目七 宴会服务设计①

学习目标

知识目标：
1. 认知分餐与分餐制知识。
2. 比较中西宴会服务特点。
3. 认知筵席菜点服务规范。
4. 认知中式宴会、西式宴会与酒会的服务程序。

能力目标：
1. 掌握宴会与酒会的服务程序。
2. 掌握上菜、分菜与侍酒的服务时机与操作规范。
3. 掌握分餐的方式与方法。

导入案例

绽放在 G20 杭州峰会国宴上的"五朵金花"②

2016 年 9 月 4 日晚，G20 杭州峰会东道主中国为与会的各国领导人在杭州西子宾馆举办了一场最高规格的宴请。现场身着水墨西湖手绘风格的中式上衣、黑色百褶长裙的女子，薄施粉黛，淡扫蛾眉，清新脱俗，仿佛刚从江南雨巷中走出来的"仙子"，将中国风演绎得淋漓尽致。她们是来自开元酒店集团的本次宴会服务员。此次国宴共邀请了约三百位各国重量级嘉宾，参与本次国宴厅面的服务员近一百名。为了确保这场高规格的国宴"零瑕疵"，对服务员的挑选可谓千里挑一，经过了服务技能、个人素质、外形等方面的层层选拔。

徐庆龄服务 4 号桌俄罗斯嘉宾。每上一道菜，她都会用中文和俄语分别报菜名，并简单解释菜的原料和做法。林露露服务 23 号桌，嘉宾来自联合国、WTO 等国际组织。在上菜时，她发现其中一位嘉宾因频频与他人交流，上一道菜还没动过，下一道菜已经要上了。她在服务好其他客人后，端着那道菜静静地等待这位嘉宾先用上一道菜。"上第一道菜时我比较紧张，后来慢慢适应了。"19 号桌是国宴的副桌，除主桌嘉宾外，这张桌前的嘉宾是国宴上最具分量的。对朱艺青来说这场硬仗最大的压力不是技能而是心理，而她成功地战胜了自己。张丽丽服务的 5 号桌是来自塞内加尔的贵宾，他们对饮食有严格的禁忌，她分毫不差地记住了每位贵宾的饮食喜恶，根据他们的饮食习俗上菜。毛芳芳原本手臂不太能

---

① 资料来源：李勇平. 餐饮服务与管理[M]. 4 版. 大连：东北财经大学出版社，2010.

　杜建华. 酒店餐饮服务技能实训[M]. 北京：清华大学出版社，2009.

② 资料来源：王玮. 绽放在 G20 杭州峰会国宴上的"五朵金花"[J]. 中国旅游报，2016-10-06.

受力，但她在国宴上稳稳地托着 14 斤重的托盘。那一晚，开元的五朵金花就这样静静地绽放着，她们把丰富的宴会经验和个性化服务带到这连盘子间的距离都要用卷尺一寸一寸测量出来的国宴上，并获得了嘉宾的赞扬。

台上一分钟，台下十年功。国宴不过短短的 45 分钟时间，不仅考验着这群姑娘的工作素养，也与那一个月的"魔鬼培训"分不开。"抠细节包括站姿、动作、言语、走姿和微笑。到了集训阶段，每天练习 8~9 小时，有时整周都不休息。托盘、上菜、撤菜等，14 斤的托盘，一托就是几个小时，每个动作都不能有偏差。""我们将每个服务点精确到秒，一杯饮料倒 7 分满，3 秒钟倒完。""我们是一边训练一边淘汰，要求相当严格，不敢有一丝怠慢。训练艰苦，还要保证健康。一旦感冒也会面临被淘汰。"尽管如此艰苦，但要这五位"90后"姑娘用一个词来形容时，她们还是用了"苦中有乐""精益求精""激动""感恩"甚至是"好玩"这样的词。

模块一　分餐与分餐制

任务一　用餐方式

（一）中国人用餐方式的历史演变

人们聚在一起进餐有两种方式，一是分餐，二是合餐。中国人的用餐方式经历了一个从分餐到合餐，再逐渐进入到更多形态的分餐的历史发展过程。历史文献和考古文物都证明了分餐制是中国的本土文化，其源头可以上溯到史前。先秦时期的"肆筵设席"、席地而跽，分"案"面"鼎"而食就是分餐制的雏形。五代时期，贵家宴饮就是实行一人一席的分餐制。合餐制是历史发展的产物，诞生于唐代，流行于宋代，鼎盛于清代。唐代宴饮图描绘了众人围坐在一起合餐的场景，证实了隋唐时期宴会逐步转变为聚餐的形式。明清时期出现了八仙桌、团圆桌，人们习惯同桌共食。民国时期西风渐进，把分餐制引入了高端餐饮市场。新中国大胆探索，尝试各种宴会分餐新形式。改革开放时期全面借鉴创新、扬长避短、融会贯通中西饮食文化的长处，形成了具有中国特色的现代分餐制。

（二）合餐制（又称共餐式、聚餐式，共食、和食、会食）

合餐制是就餐者在聚餐中直接用个人餐具在公用食器中取食进餐的一种用餐模式。

1. 合餐制蕴含着中国人的情感心理

（1）团圆和合。饭局，吃的不仅是饭菜，更是一种文化。中国文化最明显、最重要的特征是"团圆"。著名语言学家王力曾在《劝菜》中写道："中国有一件事最足以表示合作精神，就是吃饭。十个人共一盘菜，共一碗汤。酒席上讲究同时起筷子，同时把菜夹到嘴里去，只差不曾嚼出同一的节奏来。"

（2）情深意浓。中国人重视感情，感情靠交往沟通来维系，而吃饭是最好的方法之一。合餐共食拉近了人与人之间的关系。亲朋好友围坐一桌，举杯痛饮觥筹交错；老少家人促膝围餐，共涮一锅共叙家常。一个锅里耍勺子，一个碗里吃菜肴，其乐融融，其情切切，其意浓浓。

（3）凸显礼仪。筵席上诞生了一套酒桌文化、饭局礼仪，入席人选、饭桌座次、上的菜肴、喝的酒水、说的话语、迎送往来都有严格的规矩（详见项目十的内容）。

（4）万事通融。合餐而食建立了人际沟通场所，培养了人际沟通能力，养成了好商量、好通融的性格，促进相互了解，增加合作机会，是解决矛盾争端的一种好方法。

2. 合餐制的弊端十分严重

合餐饮食体现了"同夹一盘菜，共舀一碗汤"的情谊，延续了中国人情感交往与尊卑有序的观念，但十筷齐下、搅于一盘，你一瓢、我一匙，不管有无传染病，互不忌讳；高谈阔论、菜渣四溅、唾沫横飞、菌毒汇流，很不卫生。"口—口"是许多病菌传播的主要途径，据调查数据显示，我国幽门螺旋杆菌成人感染率高达 50%～60%。"餐具亲昵""不分彼此"其实是一种"餐桌污染""不洁饮食"，存在病毒、细菌交叉感染的可能，导致"病从口入"，实在是一种不卫生的饮食习俗。

（三）分餐制（又称分食制）

1. 分餐与分餐制

分餐是指宴会中服务人员使用公用餐具分派菜点，就餐者使用公用餐具挟取菜点，使用个人餐具食用的就餐方式。通俗地说，就是用自己的餐具吃自己的食物。

分餐制，是餐饮服务单位为两人以上聚餐的就餐者提供分餐服务的一种模式。

2. 分餐进食好处多多

（1）干净卫生、预防疾病。最大的好处就是拒绝"口水菜"，切断口口相传的食源性感染，降低"病从口入"的风险。据统计，实行分餐制，可以预防各种疾病并减少交叉感染的机会，能使疾病的感染率由合餐制的 42%降为 17%。

（2）注重营养、科学搭配。可以根据每个人的需求配置不同营养成分和食材分量的菜点，养成注重营养、卫生的好习惯。

（3）控制饮食、预防肥胖。据研究，结伴合餐会吃得更多，分餐可有效控制食物摄入量，改变大吃大喝的不良习惯。

（4）减少浪费、文明餐饮。宴会多余菜点可以放心打包回家，这也是一种"光盘行动"，在减少浪费的同时，还培养了人们环保节约的意识。

3. 推行分餐进食难度较大

（1）认知盲点。缺乏科学饮食知识，对合餐制弊端认识不足，"多余论""生分论""麻烦论""作秀论"等心理原因阻碍了分餐进食，应让食育教育走进课堂、走进市民家庭。

（2）情感堵点。分餐制与我国传统文化和餐饮习惯相左，难于体现浓浓亲情与热闹气氛。可见，阻碍主要来自人的社会心理因素，合餐习惯难以在短时间内彻底改变。

（3）操作痛点。对就餐者来说，分餐在操作上的分盆、分菜、分筷都比较麻烦。

（4）推广阻点。对餐饮机构来说，最主要的原因是分餐会增加配菜、分菜的设施、餐具、洗涤用品、水资源与人工的成本，减少了利润。

（四）践行分餐制

1. 在外聚餐

（1）选择用餐形式。高档宴会可采用位上式各吃或要求酒店提供全席分菜服务，一般就餐可选用套餐、快餐、自助餐。

（2）提供公筷公勺。一般聚会或零点餐厅，要求提供公筷公勺。尤其在吃火锅或吃必须在餐桌现场进行制作的菜品时，应提供"生料专用公筷"。

（3）自带备用餐具。外出旅游，在尚未推行分餐制的餐饮企业，顾客可带上自己的筷勺进食，把餐馆的餐具作为公筷公勺。

（4）剩菜科学打包。详见剩菜打包服务的内容。

2. 家庭用餐

从重点人群（老人、儿童与体弱多病者）做起，再推广到家庭所有成员。

（1）固定餐具。每位家庭成员应有自己专用的碗、筷、勺、杯，外形或颜色上容易辨别。不要混用餐具，避免交叉感染。

（2）公筷公勺。在每个菜品、汤盆、米饭盆中先放好公用餐具再端上桌。

（3）分盆分菜。凉菜应事先拌好，不要在饭桌上现吃现拌。把做好的饭菜直接分到家庭成员各自的盛器里，大家只是围坐在桌子旁一起吃饭。

（4）科学喂养。对不能进食的婴幼儿，家长或监护人应用适当的方式感知食物温度，严禁用嘴尝试孩子食物、帮助孩子咀嚼食物、口对口喂食孩子、与孩子共用同一餐具等不当做法。鼓励孩子尽早独立进食。

（5）清洁消毒。彻底清洗、严格消毒餐具，及时更换不符合卫生标准的筷子。

（6）残渣处理。实行垃圾分类，食余残渣应置于专用的湿垃圾桶内。

任务二　分餐方法

分餐方法分类：按操作者分，有厨师分盆、服务员分菜和客人分筷。按桌面分，有餐桌分菜、旁桌分菜。按操作人数分，有单人分菜、双人分菜。按依托用具分，有托盘分菜、转盘分菜等。2020 年 4 月 29 日，上海市市场监督管理局颁布了《餐饮服务单位分餐制管理规范》（以下简称《规范》），把分餐方法归纳为四种模式：位上式、分派式、公筷公勺自取式和自助餐式。《规范》要求餐饮企业以分餐为基本原则，从服务场所实际和企业经营战略出发，开展分餐模式遴选及相应的流程构建。每种分餐模式均应从菜单设计、菜品制作、装盘盛放、传送保温、上菜、分菜等全过程进行节点梳理、程序设计、质量要素识别及控制措施构建等。

（一）位上式（厨师按人分盆）

借鉴美式宴会上菜的服务方式，人各一份、分盘而食。由厨师烹制菜品，按人装盆，由服务员送至餐位上菜，每位客人进食自己餐盘的菜品，称为位上式服务，行话俗称各吃、每人每（有的写成每人美）。服务高档雅致、清洁卫生，但人力成本与食材成本较高，餐具使用较多。适用于分餐制的高档宴会，大型宴会的主桌，筵席高档炖品、汤类与羹类菜品，以显示宴会规格和菜肴名贵。

（1）厨房分盆。热菜在厨房烹制，冷菜、水果在专间拼切，分装成每人份上席。要保证菜品温度和适宜口感。热菜应先对餐具加温或选择自带加温功能的餐具；冷菜应配冰块、干冰等制冷措施。

（2）餐厅分盆。① 现场片割分盆。例如，烤乳猪、烤全羊、烤鸭等特色菜肴，厨房烹制完成后，通过服务餐车（行业俗称牛车）送至宴会厅。展示后，由厨师在现场片割、装盆、上席，具有观赏性。② 现场烹制分盆。自助餐宴会在宴会厅设置捞煮台、煎烹台、汤羹台、刺身台、切割台等"明炉明档"，由厨师在宴会现场烹制、装盆，由客人自取。

（二）分派式（服务员分菜）

详见本模块的宴会分菜服务的内容。

案例 7-1　20 世纪 50 年代中国国宴上的旁桌分菜服务[①]

20 世纪 50 年代，随着新中国对外交往的扩大，越来越多的外国政要来到中国。当宴会主宾有十几个国家元首时，该如何设置主桌与安排席位呢？北京饭店大胆创新，采用二三十人的特大型圆桌，可是客人夹菜、主人布菜很不方便（20 世纪 70 年代才发明转盘），

---

① 资料来源：邵万宽. 美食节策划与运作[M]. 沈阳：辽宁科学技术出版社，2000.

得站起来，既不雅观，有时还够不着。能创新其他方法吗？正巧周恩来总理从东欧访问归来，他对饭店王总说："北京饭店要改进了，这次我去东欧，看到人家那里上菜是服务员手托菜盘逐一端到客人面前，你们为什么不能主动给客人分菜呢？也省得主人给客人分菜影响交谈嘛。"总理的话使大家深受启发。一些老员工说，过去北京饭店就采用过"分菜托让"的服务，只不过后来废除了，只要是好的东西，不管是哪个国家的，我们都可以采用。于是，宴会上菜形式就改为服务员在旁桌为客人逐一分菜后再"托让"上席，使主宾都感到既方便又雅致。

（三）公筷公勺自取式（顾客分筷）

1. 公筷制

宴会餐具可分为公用取食餐具与私用进食餐具两类。公筷公勺是泛指取拿餐台菜品的公用取食餐具，如筷子、勺子和刀叉。上菜后，客人用公筷取食，把菜点夹到自己菜盆，再换成私筷进食。公用餐具是文明、健康、安全、卫生用餐的重要保障。但在实际操作中，会经常混淆两类筷子，因此有人提出采用公夹（夹子）取菜，既容易区分，又方便使用。

2. 公筷制作

（1）要求。一要醒目，公用筷勺的外形应明显不同于个人私用筷勺。颜色：私筷宜用深色调，公筷宜为白色、类白色的浅色调。长度：公筷应比私筷长3～5厘米，筷头略尖细。公勺长度应大于20厘米，勺头窄处不小于4.5厘米。标识：在公筷粗端、公勺尾端的显著处，印烫公筷、公勺、公用字样。二要美观，具有艺术性，有的具有收藏价值。

（2）材质。筷子材质应符合DB31/T 1223规定。① 涂彩漆或生漆的筷子：不要使用，因为涂料中的重金属铅以及有机溶剂苯等物质随着筷子的磨损会进入人体，严重危害人的健康。② 塑料筷子：质感较脆，高温下易变形、熔化，产生对人体有害的物质。③ 银质、不锈钢等金属筷子：太重，手感不好，导热性强，进食过烫食物时，容易烫伤嘴；价格高。④ 密胺筷子：清洗得当，滋生细菌的可能性较小。⑤ 竹筷或本色木筷：天然材质，无毒无害，环保，是首选；但筷头易磨损，要及时更换。

3. 公筷配置

（1）一客一配（按人配）。实行"双筷制"，每个餐位摆放一双公筷取食、一双私筷进食。取食筷摆在筷架右侧或横摆在酒杯前方，进食筷摆在筷架左侧。

（2）一菜一配（按菜配）。按照"一菜一公筷、一汤一公勺"的原则，将公筷放在菜盘上的右侧，或另置于托架上。席间做好巡察调整服务。撤盘时，先撤公筷后撤菜盘。

（3）一席一配（按桌配）。4～6餐位摆放两套，8～12餐位摆放四套。普通宴会无须更换公筷，高档宴会可每上2～3道菜肴新配一份公筷公勺。

（四）自助餐式（顾客分筷）

详见项目九中有关大型自助餐宴会的内容。

模块二　中式宴会服务设计

案例 7-2　海底捞富有人情味的服务[①]

在海底捞，你真的可以体会到富有人情味的服务。在酷暑，若中午到店，下车时不免

---

① 资料来源：罗旭华，王文惠. 餐饮企业品牌经营[M]. 北京：高等教育出版社，2010.

被阳光暴晒，海底捞的员工会在第一时间给你送上遮阳伞，护送你进入门店。人多等座时，海底捞为你准备好了各项活动：嗑嗑瓜子，吃点虾片、点心和水果，喝点豆浆、柠檬水、薄荷水等饮料；女士顺便做做美甲，男士趁机擦擦皮鞋；还可下跳棋、打牌，免费上网冲冲浪，等待时间转瞬即逝。入座后，殷勤的服务员会帮你把手机装到小塑料袋内以防进水，会给长头发的女士提供橡皮筋和小发夹，为戴眼镜的朋友送来擦镜布；如厕洗手后，会有服务员呈上纸巾……带孩子来就餐的父母不必担心淘气的孩子，因为这里有儿童天地，可以尽情玩耍。就餐时，能看到服务员表演，厨师的甩面功夫自不必说，连服务人员擦桌子都像一种艺术表演。所有的服务员都面带微笑并以饱满的精神状态投入工作，传递自己的快乐并点燃客人的快乐。显然，海底捞吸引顾客到来的不仅仅是味道，更是细致新颖的服务。在大众点评网、饭统网等著名餐饮网站上，海底捞一直牢牢占据"服务最佳"榜单的前列，甚至跨国餐饮巨头百胜也放下姿态前来观摩请教，组织 200 名区域经理到海底捞参观取经。事实上，百胜旗下的必胜客和肯德基已经是餐饮业界管理的典范。

任务一　中式宴会服务程序

（一）人员组织与物资准备

1. 建立组织

（1）组建机构。普通宴会可按照原有管理体制的部门分工，明确任务职责。特大型宴会涉及面广、工作量大，在组织协调衔接、工作执行落实等方面任务很重，要整合各部门的力量，就需要临时组织一套接待班子，确定总指挥。

（2）联络各部。根据工作计划制订宴会任务书，通知厨房、宴会厅、酒水部、采购部、工程部、保安部、人事部等有关部门。各部门认真做好各项准备工作，群策群力，密切合作，保证宴会成功举行。

2. 选配员工[①]

（1）素质要求。按照宴会要求，做出人员质量与数量的配备计划。仪表仪容端庄，态度热情礼貌，服务技能娴熟，工作经验丰富，男女比例恰当。宴会重点区域，如服务主桌贵宾席的员工要技术熟练，观察力、沟通力与应变能力强。主管要工作经验丰富，协调能力与处理突发事件的能力强。员工要淡妆上岗。工服整洁挺括、富有特色，重要宴会须戴白手套。行为举止规范，有良好的第一印象和令人愉悦的美感。大型宴会人员紧缺时，可从其他餐厅和部门临时抽调，或向兄弟酒店、旅游院校商借员工或学生。调配和外借人员必须进行严格的突击培训，达到要求后才能上岗。调配和外借人员、新员工上岗应有熟练工带教，按照"一老带一新"的组合原则，以老带新，2 人一档进行服务。

（2）服务员。任务是餐台服务。根据餐桌数配备服务员。高档单桌筵席或大型宴会主桌配 1～2 名服务员，中档宴会或其他各桌 2～3 桌、普通宴会 4～8 桌配 1 名服务员。

（3）传菜员。任务是传菜（又称走菜、跑菜与送菜），从厨房用托盘将菜送到宴会厅备餐台，返回时将撤下的餐具带回洗碗间及时清洗；或协助服务员做位上式服务的上菜。1 个备餐台配备 1 名传菜员。高档单桌筵席或大型宴会主桌设置 1 个备餐台，其余每 4 桌设置 1 个备餐台；普通宴会 4～8 桌设置 1 个备餐台。备餐台设置在宴会厅靠墙两侧，可分别从两侧同时跑菜。按走道把传菜员分成 AB 两组，如中间通道布置备餐台，再增加 C 组。每组设主管 1 名，负责指挥按序取菜与掌握传菜节奏。每组传菜路线要精心设计，先传远处、再传近处，降低劳动强度。

---

① 这里仅分析前台部门，后厨部门以及其他部门不做阐述。

（4）收档工作。收档不同于铺台，铺台是在干净桌面上摆放干净客用餐具。而收档的桌面、餐具都是脏的，剩有残菜余酒杂物，需要整理后收集叠放，再送往洗碗间清洗消毒。大型宴会餐具数量多、类别多，宴前就要组织分工，2～4人为一组，按任务分为若干工作小组（详见本项目大型宴会收档工作与项目九大型宴会翻台的操作流程），这样做既能提高工作效率，也能降低劳动强度，还能降低餐具损耗。

（5）其他岗位。根据宴会要求设置一线的主管、迎宾、值台、传菜、酒吧、衣帽间、贵宾室等岗位，二线的厨房、安保、工程、销售、人事等部门的明确岗位分工。要有专人负责账务，在客人临时增加菜点、酒水时，避免漏账、错账现象。

3. 明确任务

各部门、各岗位、各员工要做到：工作区域、服务范围、工作目标、任务要求、操作细则、时间节点、质量标准、相互协作的"八明确"，所有这些都要用书面文件加以确定。为保证服务质量、方便管理，可将宴会桌位、人员分工、任务分配写在分工簿上，也可写在告示栏上，或标在宴会台型图上。具体要知晓并掌握六个要求。

（1）宴会要求。知晓宴会主题、形式、规格、程序，开宴时间，出席人数或宴会桌数，宴会环境、主席台布置，了解客人风俗习惯、喜好忌讳、特殊需求等，知晓员工仪表仪容、工作纪律、工作时间等。特殊、重点之处要讲明白应该怎样做，为什么要这样做，并进行操练、检查，合格后方能上岗。

（2）菜单要求。熟记菜单，掌握菜名（如有外宾须有英文菜名）、主要原料、配料、烹调方法、口味、所跟小料、装盆、菜点温度、上菜顺序与时间、摆放位置、分菜方法以及菜肴掌故，便于示菜时能主动、流利地介绍。

（3）摆台要求。明确餐具摆台的件数、摆放规范（详见项目六中的相关内容），操作娴熟。按照设计要求，主管先摆一个台样，员工按样摆台，保证全场一致。

（4）服务要求。明确迎客与送客、站立与走位的位置，何时、何处取菜与出菜，装托盘要求，走菜队列。了解每道菜上菜的具体时间、跟配的作料、分派菜的方法，更换餐具的位置、要求和时间，斟续酒的时机与要求，每桌酒水、水果、烟茶的配备情况。

（5）收档要求。掌握宴后清场工作分工、各种餐具回收规程、各类工具的正确使用方法。

（6）时间要求。掌握宴会举办时间、续会时间、结束时间。重要时间节点要细化到每道菜肴、每个服务环节，精确到分秒。

4. 培训演练

普通宴会在开宴前一小时召开宴前例会（午宴班前会为上午10时，晚宴班前会为下午4时），会议时间15分钟左右。讲意义、交任务、提要求、明责任、究奖惩，使员工对工作充满热情，具有敬业精神和专业技能。重要宴会与特大型宴会为了保证优质服务，做到全场在同一时间采用同一种服务方法进行标准化、规格化、统一化服务，必须安排时间组织专项培训，对所有的摆台、跑菜、上菜、斟酒、撤换餐盘等各服务环节和操作规范进行严格训练、严格考核，实地模拟演练，确保万无一失。

5. 环境物资准备工作（详见项目二、项目三、项目六中的相关内容）

（1）布置场境。根据宴会设计要求，派传菜员去美工部取来指示牌、欢迎牌等，放到酒店大堂、通道口及宴会厅门口；去酒店花房搬拿宴会绿植装饰品，或协调采购部外购绿植，如讲台花、主桌台面装饰品，宴会厅的绿植花草等，并配合布置完毕。配合美工或厨房布置食品雕刻艺术品展台，协调工程部做好电子屏幕或投影仪、音响设备与灯光设备的播放调试工作。宴会场境布置在开餐前4小时完成，宴会台型布置在开餐前2小时完成。大型宴会厅提前30分钟、小型宴会厅提前15分钟开启照明灯光和空调。

（2）布置台型。根据宴会任务单的要求，去餐厅物品仓库运出宴会所需餐桌、转台、长条桌和餐椅。在指定宴会厅按照设计要求布置台型，所有家具要求整齐划一，横竖成线，具有视觉形式美。

（3）设置备餐台。备餐台知识详见项目三中的相关内容、设置备餐台详见项目六中大型宴会台型布局的相关内容。

（4）准备餐具。根据宴会任务单的人数或桌数，按照酒店宴会铺台摆位的标准要求，开出餐具领用单，去管事部领取相应数量与品种的餐具与酒具。检查餐具酒具是否完好和是否有污渍，将损坏的餐具检出，与管事部调换完好的，将污渍擦拭干净。

（二）宴前准备工作程序

（1）铺台摆位。详见项目六筵席摆台的内容。

（2）摆放冷盆。宴会开始前 5～15 分钟（大型宴会为 30 分钟）在转盘上摆放冷盆。冷菜上早了，既不符合卫生标准，也容易被空调风吹干，影响菜肴造型。不准用手拿取冷盆，必须使用托盘；不准盆子摞叠，以免损坏冷盆拼摆的艺术形象。要按每桌规定的冷盆数拿取，不要多拿、错拿；如发生错拿，一定要把错拿的冷盆送回厨房，不要放在厅内。

（3）上开宴酒。根据菜单，宴前 30 分钟按照每桌用量准备好各种酒品、饮料与茶水以及水果，并准备好休息室用的茶碗、茶壶及热水。开宴前 5 分钟斟上葡萄酒。

（4）宴前检查。全部准备工作就绪，宴会前 1 小时，宴会主管必须一丝不苟地逐项检查，多变的、重要的事项必须反复检查，确保万无一失。查出问题立即解决。检查过的事与物，除主管外任何人不能擅自修改与改变。检查内容如表 7-1 所示，可细化为检查细目表，逐项检查、打钩，签名以示负责。

表 7-1　宴前检查内容

检 查 项 目		检 查 内 容
场地检查	环境布置	有足够的空间，出口通道不堵塞，空调提前打开，温度适合，通风良好，停车场所落实
	设施设备	舞台、讲台、横幅、指示牌、接待台、酒吧台等位置正确
员工检查	到位	各岗位的服务员已到位工作
	形象	仪容仪表规范等
餐桌检查	台型	符合主办单位的要求，主桌安排、桌距、餐位恰当
	餐椅	桌椅干净、牢固、舒适，摆放整齐
	台面	摆台按要求完成，杯具与酒水相配
	菜单	正确、美观，摆放符合要求
	台号、席卡	文字正确，摆放位置正确
	备用品	每桌应有的备用餐具及棉织品齐全
卫生检查	员工	工作服、双手清洁卫生，没有刺激性食物的味道
	餐、用具	餐具及用具干净、整齐、齐全，无缺口、无破损
	环境	地毯、门、墙壁及装饰物干净，洗手间用品齐全，专用洗手间有公共区域保洁员（PA）值守
	食品菜肴	菜点外观整洁，无异物
安全检查	通道	各出入口无障碍物，安全通道、太平门标志清晰
	消防	各种灭火器材按规定位置摆放，周围无障碍物，员工能够熟练操作
	用具	牢固可靠，发现破损立即撤换，不稳或摇动的餐桌应加固垫好
	陈设	吊灯、墙上的画框牢靠
	地板	无水迹、油渍等，如新打蜡地板应立即磨光，以免使人滑倒；地毯接缝处对接平整，如发现凸出应及时处理
	易燃品	专人负责酒精、固体燃料等易燃品，放置易燃品的地方安全

续表

检查项目		检查内容
设备检查	电器设备	各种灯具完好，电线无破损，插座、电源无漏电现象。检查全部开关，确保照明灯具效果良好
	空调设备	空调机良好，开宴前半小时宴会厅内就应该达到所需适宜温度。若厅房较大，开启空调时间相应提前
	音响设备	装好扩音器，调整好音量，逐个试音，保证音质。如用有线设备，应将电线放置在地毯下面，防止客人经过时绊倒

（三）宴会侍餐服务程序

宴会现场侍餐服务是时间最长、内容最广、环节最多、事务最杂的服务。中式宴会现场服务程序依次是：热情迎宾—领位引导—接挂衣帽—贵宾服务—宴前活动—拉椅让座—铺展口布—收台号、席卡、筷套—奉送香茗—递送香巾—示意开宴—斟续酒水—依次上菜—展介菜点—分派菜肴—更换餐盆—意外处理—敬告收尾—结账埋单—拉椅送客—取递衣帽—欢送道别—收台检查等程序。这里择其主要程序做阐述。

1. 迎宾引领服务

（1）站立迎候。开餐前10分钟，迎宾领位员身着制服站在门口迎宾，值台服务员站在各自负责的餐桌旁，面向门口迎候客人。如有重要人物出席宴会，为示礼貌尊重，有关领导在门口迎接。客人到达时热情相迎，目光专注，三米微笑，热情问好。在服务过程中要注意分辨主人和主宾。欢迎方式：① 夹道式。在酒店门口、宴会厅门口、包间门口的走廊夹道欢迎。② 领位式。领位员致意问好并引领客人到位。③ 餐位式。服务员站在餐桌前欢迎，客人到来后拉椅落座。

（2）引领。在客人侧前方1.5米处引领客人，脸带微笑，并且不时回头，根据客人步伐把握好距离，领到预订座位入席。重点照顾贵宾、主宾、女宾、年长和行动不便的宾客。

（3）贵宾休息室服务。宴会厅设有休息室，可迎接贵宾进入室内就座。服务程序与内容有：导入休息厅—接挂衣帽—领位引座—递送香巾—奉送香茗—敬上茶食—宴前活动服务。等宴会正式开始时，请贵宾入席。

（4）接挂衣帽。不专设衣帽间，在进门处置放衣帽架；大型宴会应专设衣帽间。衣物件数较多，用衣帽牌区别，一枚挂在衣物上，另一枚交给客人以备领取。VIP贵宾不用衣帽牌，服务员要凭记忆精准服务。提醒客人保管好贵重物品。接挂衣帽应握住衣领，切勿倒提，以防口袋物品倒出。贵重衣帽要用衣架，以防衣服走样。

2. 宴前活动服务

宴前活动开始时间早、举行时间短、事情变化多，服务人员要准时到岗、充分准备。

（1）会见。在贵宾室主背景墙前安排会见座位。沙发三面围坐（席位与排序详见项目六座位排序的内容），应留有主人迎客握手的空间。茶水可在主人到达后、客人来到之前倒好。会见结束后，及时整理贵宾室，避免宴会结束时主人再回来而措手不及。

（2）照相。一般在主、客握手和主、客刚入座时拍照，员工不要穿梭于其间，以免破坏相片画面。接见结束后需要集体照相，要预先摆好台阶，摆放台阶要事先进行过场操练，力争在最短的时间里一步到位，不影响宴会客人入场。

（3）采访。可在宴会任何地点采访，但要保持安静，避免干扰。

3. 拉椅让座服务

迎宾员把客人领到餐桌，值台员主动上前问好。站在椅背正后方，双手握住椅背两侧，后退半步时拉后椅子。右手做请的手势，示意客人入座。在客人即将坐下时，双手扶住椅背两侧，右腿膝盖顶住椅背，手脚配合将椅子往前轻送，使客人正好入座。拉、送椅的动作要迅速、敏捷，力度适中。如有儿童就餐，可取拿儿童椅并协助儿童入座。

4．筵席开餐服务

（1）铺餐巾、撤筷套。按服务顺序，在客人右侧为客人铺餐巾（如不方便，也可在客人左侧服务）。拿起餐巾，将其打开，右手在前，左手在后（左侧服务相反），将餐巾轻轻铺在客人膝盖上或将餐巾一角压在骨盆下面。注意不要将胳膊肘送到客人的面前。左手拿筷，右手打开筷套封口，捏住筷子的后端并取出，摆在原来位置。将每次脱下的筷套握在左手中，最后一起收走。

（2）撤补餐具。宴请人数临时如有增减，应及时用托盘撤去或补上餐具，并调整座椅间距；及时通知厨房客人数变化情况。撤花瓶（位上式宴会需保留）、台号。如果座位比较宽松，不撤席位卡；如果座位较紧，可撤席位卡，但在撤卡时要和客人打招呼说明。

（3）茶水服务。询问客人喜欢饮用何种茶，适当做介绍。上茶时，按序在客人右侧斟第一杯茶，8分满。斟完所有客人茶水后，续满茶壶水，放在转盘上，壶柄朝向客人，供客人自己添茶。

（4）香巾（小毛巾）服务。从保温箱中取出香巾，须干净、无异味，冬天要热（至少40℃）、夏天要温。左手托盘按序站在客人右侧，右手用服务夹夹住香巾，依次递给客人或摆放在客人毛巾碟中。用过的毛巾在征得客人同意后及时撤下。

（5）撤冷菜保鲜膜。若冷菜有保鲜膜，用服务夹撤去。

5．宴间服务

详见本项目上菜服务、分菜服务、酒水服务的相关内容。

6．意外处理

（1）客人不慎行为。客人不慎将餐具掉在地上时，员工应迅速将干净的备用餐具补给客人，并拾起地上餐具；客人不慎碰翻酒杯时，员工应安慰客人，及时用干餐巾吸去餐台上的酒水，再用干净餐巾铺垫在湿处，同时换上新酒杯，斟好酒水；客人不慎将菜汤洒到身上时，员工要迅速协助清除洒落物，递用湿毛巾擦干净。若有客人突感身体不适，员工应立即请医务室协助，并向领导汇报，将食物原料保存，留待化验。

（2）员工操作失误。员工如不慎产生如翻盘、洒酒等意外事件，管理者不要现场批评，应及时进行补救服务，以免影响工作情绪与宴会气氛。

（3）酒店意外事件。对突发事变，要有应急预案，冷静理智、迅速灵活地按预案处置。领导者必须在关键的时刻出现在关键的地方，进行现场指挥工作。

案例 7-3　同一天的红白宴[①]

某周六中午，酒店计划有两场大型婚宴。前二天，宴会预订部门又接受了一场宴会预订，在周五晚上召开酒店管理层会议时，才得知明天这场宴会是丧宴。酒店可同时接待几家喜宴，但十分忌讳同时接待红白宴。在中国人的传统观念里，红白事撞在一起，对新人不吉利。酒店老总决定马上与客人联系，建议取消预订或调换时间，酒店也愿做一点补偿，可客人坚决不同意。怎么办？酒店只能做出同时举办红白宴的决定，但希望客户积极配合。当晚，酒店做了周密安排，错开宴会举行时间、举办场所、行走通道，专人负责引领陪同。要求保安部、迎宾员及各部门密切关注莫宴客人动态，决不能让两拨客人同时出现在一个场所。

第二天，当喜宴客人刚进场不久，丧宴客人的大巴也到达了餐厅门口。一位男士抱着逝者遗像，所有丧宴客人都佩戴了孝章陆续走下车。酒店老总亲自上前迎接，同时希望客人暂时把遗像遮挡一下，孝章隐藏一下。因事先做好了工作，客人给予了积极配合。保安

---

① 资料来源：由北京新世纪青年饮食有限公司易宏进提供。

及时引导把大巴停在指定处。老总亲自引导客人到指定的包间就餐，避免丧宴客人走错场地。当大部分客人进入房间，这时，突然从楼面传来消息，说有个别客人走向二楼宴会厅婚礼现场，老总立即命令楼面主管引领客人从二楼员工通道走到丧宴就餐区，由于处理及时，未让喜宴客人发现。在就宴全过程中，酒店专人监控、引领，在有客人走动时，员工也紧随身旁，想方设法把客人胳膊上的孝章及时遮挡。丧宴结束，及时指挥全体顾客上车离店。谢天谢地，控制得当，总算没有在接待过程中出现红白两宴客人相互碰头的事情。

（四）宴后送客服务程序

1. 结账服务[①]

（1）结账要求。① 掌握结账时间。上完水果后，再给每位客人斟杯热茶，送上香巾，准备结账。结账应由客人主动提出，以免造成赶客离开的错觉。不得催促客人结账，不得在客人没要求结账时将账单交与客人。② 掌握结账对象。要了解谁是结账付款者，如果搞错了结账对象，容易造成客人对酒店的不满。③ 打印核实账单。清点已消费的酒水以及菜单以外的各种消费，仔细写明各项内容的费用，不能漏账，确保无误。服务员到账台打印账单。账单要清洁、清楚，认真核对账单上所列的各个项目与价格是否正确。④ 服务态度热情。客人如有疑问，要认真核对、耐心解释，决不允许与客人发生冲突。不允许催促客人或暗示客人付小费。结账时如出现跑账或跑单的情况，要注意策略、艺术处理。

（2）结账方式。员工将账单放入账单夹内或放于托盘内，用口布盖好（这就是"埋单"的来源），走到客人右侧，打开账单夹或掀开口布，右手持单递给客人核审，账单正面朝向客人，用手势将消费金额示意给客人。过去结账方式有现金结账、票证结账、签单结账、刷卡结账。礼貌收取现金，应注意辨别真伪和币面是否完整无损，应当面点清唱收，但要尊重客人隐私，不要大声唱收唱付。请客人稍等。将账单及现金交给收银台，收银员收账找零，并加盖"付讫"章。核对收银员找回的零钱及账单联是否正确，站在客人右侧，将账单上联、收据及所找零钱送给客人，待宾客查点收妥后真诚地向客人致谢，并征询客人对宴会菜肴、服务的意见。结账后仍应热情满足客人的要求，继续提供服务。若是票证结账，收银员要仔细检查支票开户行账号和名称，印鉴（含公章与私章）是否完整清晰，并背书留下联系人的姓名与电话。住店客人签单时，礼貌要求客人出示房卡，示意客人写清房号并签名。非住店客人签单时，须核实客人是否具有签单权。刷卡结账在客人输入密码时，员工应回避。划账后打印收银条，并请客人签字。现在流行网上点菜、结账。客人在就座的餐桌上，用个人手机扫二维码点菜，就餐完毕，扫码结账，移动支付，快速准确又方便。

2. 打包服务

提倡"光盘"行动、绿色消费。宴会结束有多余剩菜时，婉言提醒客人可以提供食品打包服务。当客人同意或主动提出打包服务时，应提供相应的食品盒袋，将需要的剩菜（蔬菜、凉拌菜、"围边菜"不宜打包）"合并同类项"，分类装入食品盒内，做到冷与热、荤与素、干与湿、鱼与肉分开盛装，色味相差较大的菜式不能混合，保持菜品原有风味。请客人过目后，将打包食品交给客人或放在服务柜上。如客人自行打包，员工要做好配合。温馨提示客人：打包食品到家后请立即冷藏保存，不必等凉透再放入冰箱冷藏，存放时间不超过5～6小时。从冰箱取出打包食品，确认感官无异后，将大块食物改刀成小块，煮透后再食用。一旦发现变质，坚决停止食用。

3. 倾听意见

通过书面或口头方式主动征求客人意见，态度要真诚，不要使客人感到变相的"讨表

---

① 从客人消费角度称为"买单"，从酒店服务角度来说俗称"埋单"。

扬"，如在宴会中发生了令人不愉快的场面，要诚恳道歉，妥善处置，求得谅解。整理客人意见，填写在宴会工作记录本上，以利总结经验，提升服务水平。

4. 热情送客

宴会即将结束时，员工要把工作台上的餐具、酒水归置好，然后退到桌边等候客人起座。主人宣布宴会结束，起身离座时，要主动拉开座椅。照顾好重要客人、老弱客人、妇女与儿童离席。要疏通走道，方便离席行走。提醒客人带好自己的手机、提包等贵重物品，主动、及时递送衣物与打包食品。出餐厅时，根据取衣牌号码，及时准确地将衣帽或提包递给客人。客人步出宴会厅时要热情道谢，目送至宴会厅门外三米。

5. 检查现场

在客人离席的同时，员工要迅速检查台面或地毯上是否有未熄灭的烟头与客人的遗忘物品，如发现有遗留物品，要及时通知客人或上缴有关部门处理。

（五）宴后收档工作程序

（1）撤台翻台。收拾餐桌，按酒具、小件餐具、大件餐具的顺序规范撤台。清扫、整理餐桌后，按要求重新摆台。收拾整理备餐台，补充必备品，准备迎接下一批客人。操作文明，动作轻盈，程序规范，不要损坏餐具，不应惊扰其他还在用餐的客人。

（2）清洁卫生。按要求做好宴会场地、附属场地和周围环境的清洁卫生工作。

（3）安全检查。关闭空调、音响、灯具；关闭厨房煤气总开关、水闸，切断电源；锁好所有橱柜，除员工出入口外关好所有门窗。主管在全面检查确保无烟头、电器火灾隐患后，填写《班后安全检查表》。

（4）善后工作。善后工作包括酒水销售复核结账，餐具点验归位，备餐用具复原归位，布草清点送洗，补充物品和维修项目登记，打扫卫生达标，顾客用餐效果及相关意见反馈的收集汇总，VIP 客史档案内容充实，已预订下一餐客情落实情况，等等。收藏清点或归还特殊的陈列品、装饰品、设备和借用品，归还时向有关部门与人员致谢，有的可赠送感谢信。与有关部门协调处理未了事项。召开宴后工作会，认真总结经验教训，表扬先进，弘扬正能量。向上级与有关部门汇报或呈送工作总结。所有材料（含纸质与电子版的文字、照片、图片）立卷归档。

（六）大型圆桌宴会收台

将餐厅服务员、传菜员与管事部员工组成若干回收组，明确分工任务。宴会结束前，准备好收台使用的转盘车、杯格杯筐、布草车等用具，进行回收工作。

（1）玻璃器具回收组。工具是杯筐车与各型号的空杯筐、周转箱。从宴会厅最里面开始回收，把杯中剩余酒水倒入桌面餐具内，把桌面和服务台上的水杯、酒杯分类放入相应的杯筐、周转箱，送往洗碗间清洗。酒具要轻拿轻放，以防破损。若要翻台，摆放会议水杯。

（2）餐余垃圾回收组。由管事部派员工负责回收台面上的剩菜及骨盆里的残渣与垃圾（要求干湿分开），清理干净桌面。用平板手推车放干、湿两个垃圾桶，或 1 个带轮子的大型垃圾桶装湿垃圾，小垃圾桶或大号垃圾袋装干垃圾。戴专用手套。从最后面的餐桌回收起，逐渐向厨房的进口处移动。将餐厨垃圾从厨房内部货物通道送至垃圾房。

（3）酒水饮料瓶回收组。工具是大垃圾桶或带轮子的周转箱或装酒水的纸箱，回收用过的各种酒水瓶、饮料包装。从宴会厅最里面开始回收，空瓶放回原包装纸箱，纸盒包装与罐装回收到垃圾桶或周转箱里。收完用手推平板车送到酒店指定回收处。

（4）台面餐具回收组。工具是餐具回收推车、周转箱、塑料筐等。把台面客用餐具、用品分类整齐叠起，放入周转箱和餐具回收推车，避免损坏，再送洗碗间清洗。若要翻台，宴会铺台摆位。高档宴会或大型宴会主桌的金银器餐具要点清数量，收拣保管好。

（5）厨房餐具回收组。工具是餐盘车、周转箱、手推车等。从里到外把除去残菜垃圾的菜盆分类回收，按同一类型叠放到专用的餐盘车里或周转箱里，再送往洗碗间清洗。若要翻台，布置会议桌椅。

（6）大件餐具回收组。汤碗（窝）、铁板、锅仔、大砂锅，数量不多，体积较大、分量重，混放易损坏其他餐具，须专门回收。把大餐具分类回收到不同的周转箱里，不要叠放太多，以免损坏，然后送往洗碗间清洗。若要翻台，布置会议桌椅。

（7）转台回收组。工具是转台存放车。把桌面上转台回收到转盘车上（转台是钢化玻璃制作，不能直接放在硬地上），然后送往库房储存。酒店如无转台车，可在库房做几个转台存放底架（底架用两根长木条并行放置，两根木条相向的内侧做成斜边，两根木条的平行间距，以放上转台后离地面大于2厘米为准，在木条的斜边上包上废弃地毯或橡胶条）。把转台放在底架上，靠墙的那块转台用旧地毯或纸板箱片垫好，不要直接靠在墙上。转台要按规格大小分开摆放整齐。若要翻台，布置会议桌椅。

（8）布草回收组。工具是布草车和大号垃圾袋。先回收口布和小毛巾，再拆下椅套，待台面餐具与转盘收掉后，把台布上的垃圾先抖落到盛装垃圾的空布草车里，再放入回收专用布草车。各种布草10块一组回收，便于清点数量。若要翻台，铺会议桌台布。

（9）餐桌椅回收组。工具是椅子车、餐桌车。收拢餐桌桌腿，放到餐桌车上，送往库房存放。无餐桌车，用滚动方式，将餐桌送到库房。运送长台时用双手提起，不得在地毯上拖拉。运送特大和特殊台面时，由多人抬起运送。库房做几个类似存放转台用的底架，按餐桌规格大小分开叠放整齐。如有椅套，取下10只一叠，摆放整齐。用椅子车运往宴会厅两边靠墙处，以备翻台时再次使用，或方便清洗地毯。如不翻台，拖到库房存放。若要翻台，布置会议桌椅。

（10）场地清理。把餐桌椅全部运出宴会厅或摆放在墙边，从里到外捡起地面上的垃圾，尤其是牙签与鱼骨（被吸尘机吸入后会扎坏机器管子），干湿分开放进垃圾袋，送到酒店垃圾收放区。如无下场宴会，恢复平时台型布置；如有下场宴会，请客房PA部清洁宴会厅地面；如地面较脏，填写地毯清洗单或做地板清洁保养和打蜡工作。

任务二　宴间侍餐服务规范

（一）上菜服务

案例7-4　别致的上菜仪式[①]

1986年10月18日，广东省政府在白天鹅宾馆举办欢迎英国女王伊丽莎白二世的大型宴会，菜肴6道，主菜是"金红化皮乳猪"。上席时，由两位"侍女"提着宫灯作前导，穿着唐装的轿夫一前一后抬着古香古色的轿子，轿子内摆着两只金红色的化皮乳猪，步入席间；跟在轿子后面的两列各6名服务员，从轿子内卸下乳猪，用手托着，像在舞台上跑龙套似的鱼贯而上。轿子绕着主宾席一圈，乐队奏起了欢快高亢的广东音乐《得胜令》，显得气派非凡，场上跟着爆发了阵阵掌声，顿时整个宴会进入高潮。

上菜，由服务员将厨房烹制好的菜点按一定顺序端送上桌，由传菜与上菜两个环节构成。

1. 传菜规范

传菜员要认真检查上菜工具的清洁和准备情况，熟悉菜单、菜名，了解上菜时间、顺

---

① 资料来源：邵万宽. 美食节策划与运作[M]. 沈阳：辽宁科学技术出版社，2000.

序与数量。仔细检查菜品质量与盘饰，仔细核对桌号、品名和分量，避免上错菜；发现菜品差错自己又拿不准时请教厨师长。厨房要分设一进一出两扇弹簧门（无须用手开关门），设计最近距离的走菜路线。大型宴会出菜时要两人一排，队形整齐，按序快速行走。用托盘高托传菜，一手扶盘边，一手托盘底。姿势平稳，走路迅捷，但切忌奔跑。避让来往客人，当触碰无法避免时，应向客人致歉。留心周围情况，以免发生意外。传菜时严禁口对托盘讲话，以防口沫飞入菜肴。菜点送至备餐台，由值台服务员检查无误后上菜。位上式宴会中，菜送到餐桌旁，配合服务员上菜。回厨房时，将撤下的各种餐具送回洗碗间。餐后，协助服务员收台。

2. 选准上菜位置

上菜位置俗称"上菜口"，选择原则是：方便客人就餐、方便员工服务。① 零点、便宴、团餐：避开老人、小孩及穿着入时的客人，选在不干扰或少干扰客人的进门处。② 围餐式正式宴会：选在陪同与翻译之间，或副主人右侧（便于翻译或副主人向客人介绍菜肴名称、口味特点、典故和食用方法），严禁从主、宾之间上菜。选好"上菜口"后，始终在这个位置上菜。③ 位上式宴会：从主宾开始，在右侧按顺时针方向依次为每位客人上菜。

3. 上菜时机

（1）零点筵席。散客进餐，入座点菜。点完菜，及时送上酒水饮料及冷盘。冷盘在10分钟之内上席，第一道热菜在15～20分钟之内上席。宾客较少时，30～45分钟左右上完全部菜品，也可根据客人要求灵活掌握时间。

（2）团队包餐。因进餐时间较短，要在进餐前5分钟，按预订菜单摆好冷盘，客人入座后，要快速将热菜、汤、点心全部送上。

（3）普通宴会。宴会开始前5分钟，按预订菜单摆冷盆。把握好上第一道热菜的时机，当冷盘吃去1/2或1/3左右时（约10～15分钟后），主动询问客人是否"起菜"，得到确认后即通知厨房及时烹制。其他热菜要根据客人用餐速度及热菜道数统一考虑、灵活确定。

（4）高档宴会。宴会经理现场指挥，严格遵循宴会程序，把准上菜时间节点、速度与节奏，时间要精确到分秒。大型宴会上菜速度要以主桌为准，决不可主次颠倒，不允许任何一桌擅自提前或错后，以免错上、漏上。

（5）席尾。无论零点还是宴会，上完最后一道菜，要轻声告诉副主人"菜已上齐"，并询问是否需要加菜或其他帮助。接着上水果，暗示客人宴会已近尾声。

案例 7-5 只因少说一句"菜已上齐"[①]

某酒店大包间的特大圆桌，朝南坐的是位白发苍苍的八旬老翁，从墙上的大红寿字和老少宾客可知，这是一个庆祝寿辰的家庭宴会。客人们对一道又一道缤纷夺目的菜肴显然感到心满意足，寿星的阵阵笑声为宴席增添了欢乐。又是一道造型别致的点心上席，整个大盆连同四周点心拼装成象征长寿的仙桃状，客人们异口同声喊出"好"来，笑声、祝酒声、贺词声汇成了一首天伦之曲。可是不知怎么回事，上了这道点心之后，再也不见端菜上来。闹声过后便是沉寂，客人面面相觑。众人怕老翁不悦，便开始东拉西扯，分散他的注意力。一刻钟过去，仍不见上菜，坐在副主人席位上的中年人按捺不住，站起来向服务台询问。接待他的是餐厅领班，回答竟是："你们的菜不是上完了吗?"中年人把这一消息告诉大家，人人感到扫兴，在一片沉闷中，客人快快离席而去。

4. 上菜顺序

（1）出品上席顺序。一酒（以酒为引导，遵循"因酒布菜"的进食原则）、二菜（冷

---

① 资料来源：蒋一飘. 酒店服务180例[M]. 上海：东方出版中心，1996.

菜、热菜）、三汤、四点、五果、六茶。"席无定势，因客而变。"按照三水（黄河、长江、珠江）四方（东、南、西、北）的中国四大菜系辐射区域的食俗，筵席出品上席顺序因地而异。例如，汤菜，广东习惯热菜头道是炖品汤，结尾也是汤；安徽某些地区头道也是汤，鱼在座汤前面上。上点心，各地习惯亦有不同，有中间上，有将结束时上。席点，有咸、甜点心一起上，也有分二次上。对于水果，现在不少地区宴会开始时先上水果。

（2）菜点上席"九先九后"原则。先冷后热，先主（优质、名贵、风味菜）后次（一般菜），先炒后烧，先淡后浓，先荤后素，先咸后甜，先干后稀，先菜后汤，先菜后点。

（3）热菜上席顺序。筵席突出热菜，热菜突出头菜和大菜。头道菜确定筵席规格，如头菜是金牌鲍鱼，筵席就称为鲍鱼席。第二道烤炸菜，如北京烤鸭、烤乳猪、烧鹅仔、煎炸仔排等，配白味小吃，配葱酱或其他蘸碟。第三道汤菜，采用清汤、酸汤或酸辣汤，用来冲淡酒精，起到醒酒作用。随汤跟上一道酥炸点心。第四、第五、第六道菜可灵活安排，为鱼、鸡、鸭、牛、猪肉菜。第七道素菜，笋、菇、菌、时鲜蔬菜均可。第八道甜菜，羹泥、烙品、酥点、蒸炸均可。喝酒、品菜已近尾声，调整口味才舒服。第九道饭菜，上主食。第十道座汤，全鸡、全鸭等浓汤、高汤，意味着虎头豹尾，全席精彩结尾。

5. 上菜规范

（1）右上右撤。右脚在前，侧身插站在上菜口，左手托盘（若是二人合作，传菜员托盘协助递菜，服务员规范上菜），右手掌心与四指托住盘底，拇指向上扣住盘边。围餐式宴会将菜上到转台，位上式宴会从客人右侧上到餐位；上完一位，后退一步，依次为客上菜；如客人上一道菜没用完，可先为下一位客人上菜，回头再为其服务。

（2）四字要诀。一平：身体站立重心要稳，端拿菜盘手势要平，不能倾斜滴出汤汁。二准：每上一道新菜前，都要调整餐盘，挪出空位，保证菜盘能准确落位。三轻：放下菜盘动作要轻。四正：看面朝向主宾席或客人。

6. 摆菜艺术

（1）对称摆放。根据菜点品种、色调的分布、荤素的搭配、菜点的观赏面、刀口的逆顺、菜盘间的距离等因素来艺术摆放，使得整个席面荤素搭配、疏密得当、整齐美观。讲究对称摆放，如鸡对鸭、鱼对虾等，同形状、同颜色的菜肴相间对称摆在餐台的上下或左右位置上。摆放位置与形式根据席面菜点数量而定，摆放原则与艺术如表7-2所示。

表7-2　不同数量菜点摆放原则与艺术

数　　量	原　　则	摆 放 艺 术
1 只菜	一中心	1 菜时，放于餐台中心
2 只菜	二平放	2 菜时，摆成横一字形；1 菜 1 汤时，摆成竖 1 字形，汤在前、菜在后
3 只菜	三三角	3 菜时，摆成品字形；2 菜 1 汤时，汤在上、菜在下
4 只菜	四四方	4 菜时，摆成正方形；3 菜 1 汤时，以汤为圆心，菜沿汤内边摆成半圆形
5 只菜	五梅花	5 菜时，摆成梅花形；4 菜 1 汤时，汤放中间，菜摆在四周
5 只菜以上	六圆形	以汤或头菜或大拼盆为圆心，其余菜点围成圆形

（2）突出看面。菜肴看面就是菜肴最宜于观赏的一面。上菜时，围餐式宴会菜肴看面要对准主位，位上式宴会要对准每个餐位。各类菜肴的看面如表7-3所示。

表7-3　各类菜肴的看面

看　　面	实　　例
头部	凡是烤乳猪、冷盆"孔雀开屏"等整形的有头的菜或椭圆形的大菜盘，头部为看面
身子	头部被隐藏的整形菜，如八宝鸡、八宝鸭等，其丰满的身子为看面
刀面	双拼或三拼，整齐的刀面为看面

续表

看 面	实 例
正面	有"喜""寿"字的造型菜,字画正面为看面
靓部	一般菜肴,刀工精细、色调好看的一面为看面
腹部	上整形菜时,如整鸡、整鸭、整鱼,要"鸡不献头,鸭不献掌,鱼不献脊",将其头部一律向右,腹部朝主人,表示对客人的尊重,腹部为看面
盆向	使用长盆的热菜,其盆子应横向朝主人

案例 7-6 让市长"终生难忘"的一次宴会服务[①]

20 世纪 90 年代中期,某中心城市的一家外资五星级饭店宴会厅举行了一个政务宴会,该市的一位副市长身着白色西服套装,热情款待西方的一位政要。宴会进程过半,宾主双方交谈渐入佳境,气氛相当热烈。此时,值台服务员在上一道菜,可能由于紧张,服务员手中的餐盘翻倒在侃侃而谈的副市长的白西服上。顷刻间,宾主与服务员均一脸通红、十分窘迫。宴会经理与其余服务员赶紧将翻落在副市长身上的残菜及汤汁擦掉,并立即找了件合身的西装为其换上,如此,宴会才得以继续进行。当宴会结束,宾主握手相别时,值台服务员手捧整洁如初的白西服出现在宴会厅,这位副市长认真地说:"你们的餐饮服务,当然还包括后面的补救措施及速度,将使我终生难忘!"

7. 展介菜品

(1)展示。冷菜大拼盘、头菜摆在餐台中心,其余菜在"上菜口"上席后,将转台按顺时针方向慢慢转一圈,最后停在主宾席前,使所有客人均可领略到菜品的色、香、味、形、质的风韵。

(2)介绍。后退半步(防止唾沫溅到菜点),脸带微笑,吐字清晰,声音悦耳。向客人介绍菜名、食材、烹调、风味、民间掌故以及有些特殊菜肴的食用方法。若要分菜,按分菜规范操作。

8. 上菜节奏

(1)速度:先快后慢。普通宴会根据菜肴道数和客人就餐速度确定上菜时间,高档宴会根据宴会程序严格控制出菜、上菜速度。宴会主管随时与厨房保持联系,以免早上、迟上、错上、漏上或造成各桌上菜速度不一致的现象。一般来说,控制在 10~15 分钟上一道菜或点心。宴会开始之初,上菜速度可快一些;上了四五道菜之后,可放慢速度,否则会出现盘上叠盘的现象。上菜关键是"一头一尾",杜绝宴会开始后第一道菜迟迟难以上席,宴会接近尾声而水果或点心不能及时跟上,甚至顾客离席后还有菜品未上席的现象出现。热菜要趁热上,如果出菜距离较远,可用银盖或不锈钢盖保温,上菜后再取下盖子。

(2)要求:符合客情。根据客人要求或进餐情况上菜,如客人需要加快速度或延缓时,应及时通知厨房,做出相应调整。

9.(特殊菜肴)跟上佐料

(1)作用。① 菜肴调味。有些菜肴烹制时不便调味,上席时需要跟上调味品,如蒸制菜在蒸前加醋,遇热易挥发,不仅起不到调味作用,还会改变食材的白嫩色质。北京东来顺涮羊肉的精妙之处,不仅是用了精选的羊肉,特殊的烹饪技法、别致的吃法,而且有赖于十多种精美可口的作料调味。② 满足口味。顾客来自天南海北、四面八方,口味各有所好,可摆上酸、辣、麻、咸等各种调味品,顾客各取所需。

---

① 资料来源:李勇平,杨柳. 餐饮企业流程管理[M]. 北京:高等教育出版社,2010.

（2）时机。① 先上。将盐、醋等调料在准备餐台时摆台，由客人自取、自配、自用。有些需要配作料的菜肴，如上油浇全鸭菜之前，先上大葱段、甜面酱两个味碟。② 同时上。或是分别装盘，或是将作料摆放在菜盘四周，将作料和菜肴一起端上餐台。

（3）因素。上什么菜跟什么料。① 食材。例如，鱼、蟹、虾等海河鲜类菜、羊羔肴肉、汤包等带有肉皮的菜点，跟姜、醋等作料，起到提鲜、助香、去腥、解腻、助消化作用。又如鸡丝拉皮、白切鸡、白切肉等凉菜，性凉、油腻重、味较轻淡，跟芥末、芝麻酱等作料，起到暖胃、起香、增味的作用。② 烹法。例如，炸制菜，干炸、脆炸、软炸菜，跟花椒盐；面拖、上糊、拍面包粉后煎炸菜，如炸猪排等，菜味较清淡，用花椒盐、辣酱油助香、增味。又如烤鸡、烤鸭、锅烧鸭、叉烧肉等烧烤菜，油腻较重，有的还带有毛腥气、鸭腥气或烟熏味，跟大葱段、甜面酱，并跟荷叶夹、家常饼、空心饽等煎制或烙制的面食，跟用鸡骨、鸭骨、排骨等熬制的清汤，作料、面食、清汤佐食，去腥、解腻、调味、润口。再如油炸爆炒菜，凤尾明虾、炸虾球、油爆肚仁等，易变形，一出锅立即上席，配番茄酱和花椒盐。③ 地区。比如挂炉鸭，除普遍跟大葱、甜酱外，北京跟卤虾油，广东跟蚝油，四川跟麻辣味调料。又如油爆肚、爆双脆、火爆菊红、爆腰花等爆类菜肴，北方跟卤虾油，其他地区则不跟。④ 口味。四川人喜麻辣味，跟红油、椒麻、豆瓣酱；北方人喜食大葱、大蒜、香菜；江浙人喜食甜味，跟糖醋、甜酱、甜面酱；粤闽人喜食海鲜，跟蚝油、海鲜酱等作料。

10. （特殊菜肴）跟进服务

（1）外包类菜。泥裹、纸包、荷叶包的菜肴，如叫花鸡、缅甸鸡、荷香鸡等，先上桌展介，再到操作台剥去泥、叶（高档宴会再分菜），再次端送上桌食用。

（2）炖品盅菜。上桌后，客前启盖，香气散发。揭盖时，将盖竖起或左手拿布巾垫在下面，以免水滴下落。

（3）虾蟹类菜。跟洗手盅和小毛巾，盅内盛装约1/2的温水，放有花瓣或柠檬片装饰，用托盘送至酒杯上方位置，上桌时稍做说明。高档宴会每人一盅，收盘时必须一起收走。如上大闸蟹，必须跟姜醋并略加绵白糖，祛寒去腥；跟蟹钳；吃完后上一杯糖姜茶暖胃。

（4）汤汁类菜。汤品与多汁菜，跟上小汤碗，方便食用。

（5）拔丝类菜。例如，拔丝鱼条、拔丝苹果、拔丝山芋、拔丝荔枝肉等，上菜动作要快，或在菜盘下托盆热水，防止菜肴冷却，跟上凉开水，做到即上、即拔、即浸、即食。

（6）高温菜。例如，铁板类菜、响声类菜、锅仔类菜，上菜时要注意安全，防止烫伤。铁板大虾、铁板牛柳、铁板鸡丁的铁板温度要适宜，向铁板内倒油，放入香料及食材时，距离要近，用盖半护，以免油爆烫伤。锅巴肉片、响铃海参一出锅就快速上菜，客前把汤汁浇上，使之发出响声，既烘托气氛，又可保温。

（二）分菜服务

1. 分菜含义（又称分餐、派菜、让菜）

菜点在员工展介、客人欣赏之后，由服务员将菜点分派给宾客，常见于西式服务，现在高档宴会经常使用。分菜是宴会服务中技术性很强的工作，具有观赏表演性和服务针对性，但用工较多，需要服务空间较大。

2. 分菜工具

根据不同菜点，正确选择分菜工具。分菜工具清洁、无污渍，大小适当。① 匙、筷配合。用于中餐分菜。② 勺、筷配合。用于中餐分汤。③ 刀、叉、匙配合。用于西餐分菜，分切带骨带刺的菜肴，如鱼、鸡、鸭等。先用刀叉剔除鱼刺或鸡鸭骨，然后分切成块；后用服务叉、匙进行分菜。④ 叉、匙配合。用于热菜分菜，最为常用。中指、无名指和小指稍加弯曲，勾着匙把的后部；也可将中指和小指放在匙的一边，无名指放在匙的另一边，三指配合夹住匙把，然后让食指垫于匙、叉之间，与拇指配合捏住叉把。操作时右手背向下、掌心向上，用匙先插入菜中，同时用拇指和食指将叉、匙分开，待匙盛起菜肴后，将叉夹紧送至餐碟。

3. 分菜规范

（1）手法卫生。分菜工具、操作手法干净卫生。手拿餐盆边缘，避免污染；不得将掉在桌上的菜肴拾起再分给客人。留意菜的质量和菜内有无异物，及时将不符合标准的菜送回厨房更换。用湿抹布及时擦拭台面上的滴留汤汁或食物。

（2）动作规范。技能娴熟，操作规范。选择自取有难度的菜点进行分菜。整体造型菜，先展示后分派。从主宾位左侧开始，按顺时针方向依次为客人分菜，要快速、准确、利索，不允许将一勺菜或汤分给左右两位客人。有作料的菜肴要跟上作料，并略加说明。动作轻盈，不能发出较大声响。分送菜品时，不可越位（即隔人上菜），更不可从客人肩或头上越过。

（3）分量均匀。要考虑分派数量、主辅料的搭配、分派后的形态、菜汁以及上菜速度、菜点温度等因素。将菜肴的优质部分分给主宾，分配数量均匀，宁可起先少分一点，以免最后不够分配。可一次性将菜全部分完，也可略剩余 1/10，稍加整理，待客人用完后自行取用或由服务员再次分派。骨和肉要分得均匀，头、尾、翼尖部分不必分派。有卤汁的菜，分派后要浇淋卤汁。

（4）跟上作料（详见上菜的跟进服务的内容）。

（5）抓紧服务。分菜时应留意客人对该菜肴的反应，是否有人忌食或对该菜肴有异议，并立即进行适当处理。分完一道菜，抓紧时间做其他服务工作，不能光等下一道菜。

4. 分菜方式

（1）餐桌分派式（也称临桌分菜、餐位分菜、台面分菜）。① 单人独立分派。服务员站在客人的左侧，左脚向前，上身微前倾，左手托盘（下垫口布），靠近客用骨盆，右手拿叉勺，将菜从客人的左侧派给客人。每派完一位客人，退后两步，再转身给下一位客人服务。② 双人合作分派。大型宴会主桌或高档筵席为加快服务速度，可由两位服务员配合分菜，一位负责分菜，另一位负责撤脏盘与送菜。

（2）旁桌分派式（也称备餐台分菜、边桌分菜、离桌分菜）。旁桌是指备餐台或服务餐车。示菜后，将菜端至旁桌，快速、均匀地分菜分盆，再装入托盘送至餐桌，按序依次用右手从客人右侧上菜，使用礼貌用语"您请用"。常用于普通宴会。

5. 分菜方法

（1）托盘分菜法。左腿在前，上身微前倾；左手托盘（菜盘下垫口布），右手拿叉匙。

（2）转盘分菜法。上菜展示后，直接将转台上的菜依次分派到客人的骨碟里。服务技巧娴熟，给客人以亲切感。因需要留出服务空间，会使围餐筵席的客人感到不便。

6. 特殊菜肴分菜方法

（1）鱼翅菜。高档佳肴。一盘鱼翅上面一层为鱼翅，下面一层为配菜。分菜时，不可将鱼翅跟配菜打散，否则鱼翅会分派不均。首先将垫底配菜分在每位客人的碗底，再将鱼翅分在配菜上。等到积累经验后，即可在汤勺上一次完成配菜与鱼翅的分派。

（2）全鱼菜。在转台或撤下在备餐台分鱼，鱼头朝左、鱼腹朝桌边。将鱼身上的配料拨到一边，左手握叉轻压鱼头，右手用刀在鱼头下端和鱼尾处切一刀，将鱼脊骨切断。用餐刀从鱼头刀口处沿鱼腹中线，刀刃向右将鱼肉切开至鱼尾刀口处。将刀、叉同时插入鱼中线刀口处，用叉轻压鱼身，用刀沿鱼脊中线将鱼肉两边剔开，让整条脊骨刺露出。左叉轻压脊骨，右刀从鱼尾刀口处刀刃向左将鱼脊骨整条剔出。将上片鱼肉与下片鱼肉吻合，恢复成无头尾的鱼形。将鱼肉切成十等份，分别盛于餐碟中送与客人。

（3）全鸡（鸭）菜。先用刀、叉剔去胸骨，分让时要按鸡（鸭）的自身结构来分割及分派，保持其形状的完整和均匀。一般头尾不分派，由客人自行取用。

（4）冬瓜盅。冬瓜盅是夏令名菜、带皮的炖品，由于瓜身高，一般要两次分派。第一次先用服务勺将冬瓜肉和盅内配料汤汁均匀地分给客人。由于分让后的瓜皮很薄，容易破裂，所以必须横切去上部瓜皮后，再进行第二次分让。

（三）席间服务

1. 撤换餐具

为保证宴会服务质量，突出菜肴风味特点，保持桌面卫生雅致，使宾客就餐方便舒适，宴会席间需要多次撤换餐具。按照"右上右撤"原则，站在客人右侧，左手托盘，右手操作，按序撤换，不能跨越递撤。摆放餐具要轻拿轻放。

（1）撤菜盆。上新菜之前要及时收撤空菜盆，撤盘需在盘中食物吃完后方可进行。如餐桌菜盆过多，客人要求保留未吃完的菜肴时，可为客人分菜、并盆或换小盆。

（2）换骨盆。普通围餐式宴会换骨盆2～3次，高档宴会每道菜都更换。遇有下列情况需及时更换骨盆：装过有鱼腥味的食物时、吃过带芡汁的菜肴时、要吃甜菜和甜汤时、要上水果时、当盘内骨刺残渣较多时、来不及上菜时。撤换骨盆应注意操作卫生，餐具不能有破损，使用礼貌用语。使用托盘，把干净骨盆放在靠近身体侧，更换时要边撤边换，撤换交替进行。撤脏骨盆时，应先将残物倒在另一骨盆内，方可与其他骨盆叠起，否则容易倾斜跌落。如有客人将筷子、汤匙放在骨盆上，在换上干净的骨盆后，要将筷子、汤匙按原样放回骨盆。必须更换好全桌宾客骨盆后，才可上下一道菜。

（3）换汤碗。先将小汤碗整齐地摆放在转台边缘，再上汤，进行分汤服务。每个席位一般只留一个汤碗，有空碗时要询问客人是否还需要添加或撤掉。

（4）换香巾。高档宴会在上第一道热菜、上需要用手助食的菜、上海鲜类菜、上甜品，以及客人离席归来时，均需更换香巾。

（5）上洗手盅（详见上菜跟进服务中的大闸蟹服务的内容）。

2. 酒水服务[①]

预订宴会时，客户提出自带酒水的要求，请客人签订酒水质量保证书，以避免因混有假酒等质量问题而引起的法律责任。宴会前，将客户自带酒水饮料存放到临时场地封存，做好保管工作。宴会中，要保留好已用的空瓶和罐盒；宴会结束后，及时结清使用数量，将多余酒水退还。宴会中，如客户自带酒水用完需要使用本店酒水，经宴会主办方同意方可发放。

3. 水果服务

除留下酒杯、茶杯和牙签外，撤去餐台上全部餐具，清理餐台。上水果。根据不同甜点和水果，送上相应的水果刀、叉和小毛巾。如是各吃，将水果盘从客人右侧放上看盆。用完水果，从右侧撤下水果盆、刀叉、垫碟。擦净转台，重新摆上鲜花，以示宴会结束。

4. 餐间巡台服务

宴会主管巡视检查的内容有：上菜顺序、速度与节奏控制，人员调整、劳动量平衡，服务规范、卫生整洁执行情况，主宾席的服务、重点客情、常客的关照，结账效率与准确性等。一旦发现与服务规程不符，立即纠正，保证客人满意、宴会成功。

5. 其他服务

客人起立祝酒或席间暂时离座，应主动提供拉椅服务，整理餐巾；客人回座时应拉椅

---

① 操作程序与规范参照本项目西式宴会与酒会酒水服务程序的内容。

让座、递铺餐巾。客人上洗手间归来，为其更换毛巾。客人提出加菜，要了解加菜原因（所点的菜肴不够吃，想将菜肴带走，对某一道菜肴特别欣赏，想再吃一次，对某道菜肴不满意或是点错了），主动介绍菜肴，帮助选择菜肴。关于吸烟服务，根据文明就餐、公共场所禁止吸烟的规定，酒店取消了这项服务。如某些情形允许吸烟，要主动为客点烟，更换烟灰缸，操作要规范。

模块三　西式宴会服务设计

任务一　西式宴会服务方式

（一）西式宴会服务方式简介

1. 法式服务特点

（1）豪华高雅。源于欧洲贵族家庭与王室的贵族式服务，是最豪华的西餐服务，用于高档零点和小型宴请。环境幽雅，设施豪华，礼仪讲究，服务周到，节奏较慢，费用昂贵。摆台按菜肴配备餐具，全部铺在餐桌，餐具贵重投资大。有专职酒水服务员用酒水服务车，按开胃酒、佐餐酒、餐后酒的顺序依次提供酒水服务，餐厅服务面积较大，空间利用率与座位周转率较低。

（2）客前烹制。头道冷菜现场加料、搅拌，主菜及其他菜肴在厨房半加工后，用银盘端出，置于有加热装置的餐车上，由首席服务员在客前分切、焰烧、去骨、加调味品及装饰，烹制过程具有"表演性"；甜品现场加工成型，再一一派给客人。

（3）双人服务。经验丰富的首席服务员负责诚请顾客入座、接受顾客点菜、桌边烹制、装盘、斟酒和结账，助理服务员负责传菜、上菜、收撤餐盆。员工技艺精湛，着装规范（标准的小燕尾服套装，佩戴白手套），服务客人较少，是豪华式的个性化服务。

2. 俄式服务特点

（1）银盘托送。源于沙皇宫廷与贵族的豪华服务，是目前世界上所有高级餐厅中最流行的服务方式，被称为国际式服务。讲究礼节，风格雅致，服务周到；表演较少，费用较少，节省人力；服务效率高，服务速度快，为客服务较多；餐厅空间利用率较高。餐桌摆台与法式摆台相同，采用精美银质餐具（一次性投资较大），热菜上热盘，冷菜上冷盘。厨房烹制好的菜肴盛入大银盘，并加以装饰。服务员左手高托大银盘，优雅送入餐厅。

（2）托盘分菜。服务员左手托盘示菜，右手拿叉勺，站在客人的左侧，先女宾、后男宾、最后是主人，依次分菜。分两次派菜，按客人需求派菜，浪费较少。

3. 英式服务特点

（1）私人家宴。私人家宴又称家庭式服务，起源于英国维多利亚时代的家庭宴请，是一种非正式的、在服务员协助下由主人完成服务的服务方式。家庭气氛很浓，客人感到随意，用餐节奏缓慢，自主服务较多，节省人工成本。私人宴请、小型宴请采用较多。

（2）主人服务。服务员负责摆台、传菜、清理餐台等。菜肴传送到餐厅，由男主人切肉装盘，女主人配上蔬菜及装饰，各种调味汁和一些配菜摆放在餐桌上，客人自己取菜，自行调味。

4. 美式服务特点

（1）各客分盘。起源于美国餐馆，适用于中低档的零点和宴会。厨师根据订单制作菜肴，菜食在厨房分盆，每人一份，不做献菜、分菜服务，由服务员直接端盘送给客人。装盆后多余的主菜另装大盆，放在色拉台上让客人自由添加。目前，国内高端中式宴会常采用位上式的各吃服务。

（2）简单快捷。快速、简单、方便，一名服务员同时可服务多人，服务效率高，空间利用率及餐位周转率较高。对客人而言，不乏亲切、细腻和个性化；对员工而言，操作简单，技术要求较低，容易学习；对企业而言，不需要昂贵的设备，人工成本低。

（二）中西宴会服务比较[①]

（1）尊重客人。西式服务中任何服务都须征求并服从客人的选择，如牛排需加工到几成熟，是嫩、中等熟，还是老一点；上一道菜的调料有多种选择；上酒水也有选择。"选择"一多，客人得到热情服务的机会就多。相对于服务员来说，要求高、劳动强度大，动作也需要更麻利。而中餐的客人选择较少，被动地接受菜品和服务较多。

（2）技能专业。西式服务对服务员的知识和技能要求高，服务难度大。以酒水来说，中国仅白酒、黄酒、葡萄酒几大类，而西餐市场上流行的酒有三千多种，什么菜配什酒颇有讲究，从开瓶、掀瓶、用杯到斟酒的姿势和深浅都各不相同，如白葡萄酒要当场开；红葡萄酒要提前半小时开，让酒中微生物与空气接触，产生第二次化学反应，味道更醇。中餐就简单得多，大多数场合一句"满上"可以解决所有问题。中餐配调料，无非酱油、醋等有限的几种。有名的涮羊肉，虽然有几十种调料，但事先调好，对服务员来说，只是"一种"或"几种"而已。而西餐每道菜都配调料，如上大马哈鱼，要给客人上芥末、黑胡椒、柠檬、小洋葱等专门配料。从更高要求看，说西餐服务员相当于半个厨师绝不过誉。正规的法式扒房，服务员要掌握面对客人切、煎牛排，做沙律，自制甜品的技能。

（3）标准规范。西式服务标准化、规范化程度高。一桌筵席无论客人多少，每位客人占有桌面的宽度是一样的。不像中餐圆台，10 人一桌可挤到 12 人，也可减到 8 人。奥林匹克大赛中比赛斟酒，西餐出身的服务员走 3 步倒一杯酒，步法一点不差；而从中餐转行西餐服务的员工，没有精确走步的习惯，不是走步过头就是走步不够，影响服务质量。茶是中国人最常喝的饮料，但茶的沏泡方法却从未有过标准。西方酒店沏红茶用漏格、勺子量出茶叶用量或用袋泡茶，一壶一沏，倒光了再新来一壶。

（4）注重服饰。西式服务讲究服装的多样性、整洁性，白天的服装与晚上的服装有严格的区别，服务员每开一顿饭必须换一次衣服，服务员养成了定期换衣洗衣的好习惯。中餐服务服饰虽也不错，若细看整洁性就差远了，大大影响了酒店文明。

任务二　西式宴会服务程序

（一）宴前准备

（1）人员分工。法式或俄式服务，1 名服务员服务 15 位客人，美式服务按 1∶20、自助餐宴会按 1∶30 配备。召集员工会议，布置任务，明确工作职责、要求、规范和注意事项。员工 2 人为一组，1 人负责前台，1 人当助手，始终保持前台服务区域内至少有一人值台，不会出现"真空"现象。服务人员制服整齐，戴白手套，仪容大方。

（2）掌握信息（参照中式宴会准备工作中的明确任务的内容）。重点掌握：① 常见菜肴烹制时间。鸡蛋沸水下锅 10 分钟；鱼 10～15 分钟；牛排（一英寸厚）半生熟 10 分钟、适中 15 分钟、熟透 20 分钟；羊排 20 分钟；猪排 15～20 分钟；野味 30～40 分钟；炸鸡 10～20 分钟；蛋奶酥 35 分钟。正确掌握烹制时间，可控制宴会上菜速度。有些预制食品

---

① 资料来源：王大悟，刘耿大. 酒店管理 180 个案例品析[M]. 北京：中国旅游出版社，2007.

菜肴可事先烹制好，上席前只需在微波炉中加热即可。② 配料调味。鱼菜配 V 形柠檬片；鱼和海鲜类配鞑靼调味汁（含有碎熟蛋黄、碎酸菜、橄榄油、干葱粒等）；汉堡包配番茄酱和泡菜；牛排配牛肉酱汁；热狗配芥末汁酱；土豆薄煎饼配苹果酱；薄煎饼配糖酱、蜂蜜；色拉配调味汁（3 种以上供选择）；面包配黄油；烤面包配黄油、果酱；汤配咸苏打饼干；龙虾配澄清的黄油；烤鸭配薄饼、葱和甜酱；煎炸的鸡鸭配椒盐和番茄酱；主菜配欧芹以增加色彩；咖啡配牛奶和糖；茶配柠檬切片和糖；螃蟹、龙虾等配洗手盅（倒入 5 成温水，放入少许柠檬片、菊花瓣）等。

（3）布置餐厅。宴会最好在单厅举行，以利服务工作和安保工作。认真做好宴会厅、过道、楼梯、卫生间、休息室等处的清洁卫生。按"宴会通知单"要求进行陈设、墙饰、绿化。家具与设备安全牢靠，备餐台靠近餐桌，便于服务。

（4）备齐餐具（宴会用的餐具、杯具、布件及服务用具详见项目三中的相关内容）。

（5）备好酒水（参照酒会备酒的内容）。

（6）备够食品。准备好足够的开胃品、新鲜面包、面包篮、黄油、果酱等。开席前 10 分钟，把面包及黄油、果酱摆放在面包篮、黄油碟中，或每人一盘，或集中摆在餐桌上，由客自取或由服务员分派。水果新鲜饱满并洗涤干净，准备好去皮剥壳的工具。准备好色拉油和其他调料，按菜单配制辅助作料。

（7）宴前摆台。内容有：摆餐桌椅、铺餐台布、摆放餐具、摆开胃品（开宴前 10 分钟，摆放每人一盘开胃品，也有的把各种开胃品集中摆在餐桌上，由客人自取，或由服务员帮助分让）、摆黄油面包（开宴前 5 分钟，在面包盘、黄油盘中均匀摆好黄油、面包）、摆酒水饮料（准备好各种酒、水、饮料，符合饮用要求）。详见项目六的西式筵席摆台程序的内容。

（二）宴前服务

（1）迎候宾客（详见中式宴会迎宾内容）。

（2）宴前鸡尾酒会。在宴会厅前的中厅、走道或其他场地举行，时间为半小时至一小时，让客人互相问候、认识交流。厅内摆设小圆桌或茶几，站立为主。备几种干果与小吃、鸡尾酒（预调、现调都可）和其他饮料，服务员用托盘端上鸡尾酒、饮料，巡回派送，也可让客人在吧台自取。

（三）侍餐服务

1. 出菜服务（参照中餐宴会出菜服务的内容）

2. 上菜要求（参照中餐宴会上菜要求的内容）

（1）顺序：开胃品（头盆）—汤—沙拉—主菜—甜点和奶酪—水果—餐后饮料（咖啡或茶）。待客人用完后撤去空盘，再上另一道菜点。

（2）位置：菜肴"左上右撤"、酒水饮料"右上右撤"。

（3）时机：根据餐别、习惯、宾客要求、进餐速度灵活掌握。

（4）次序：女士优先、先宾后主。按先女主宾、后男主宾、最后服务主人与一般来宾次序绕台服务。

（5）各吃：实行分餐制。或厨房分盆，托送上桌；或餐桌分菜；或自助餐。

3. 上菜服务

（1）上主食。宴会前几分钟摆上黄油，将面包放入装有餐巾的面包篮内。面包可在任何时候与任何菜肴相配，要保证面包篮内总有面包，直到客人表示不再需要为止。从客人左侧上面包。宴会中，不管面包盘上有无面包，都需保留到主菜盘撤后才能收掉；若菜单上有奶酪，需用完奶酪后，或在上点心之前，才能将盘子收走。

（2）上开胃品。从客人右侧上菜，放在看盘中央。上冷开胃品，如熏鲑鱼、鹅肝排、鱼子酱、各式虾类等，餐盘必须冷冻过，配烈性酒。多数客人放下刀叉后，可撤盘。

（3）上清汤或肉汁汤。上汤时应加垫盘，从客人左侧送至客前正中，汤匙放在垫碟右边。为保持温度，盛器必须加热，提醒客人小心。带盖的汤盅上席后揭去盖子，放于托盘带走。喝汤时一般不喝酒，但如安排了酒类，则应先斟酒再上汤。用完汤后，从客人右侧连同汤匙一起撤下。

（4）上鱼类菜。应先斟好白葡萄酒，再从左侧为客人上鱼类菜。吃完后，从客人右侧撤下鱼盘及鱼刀、鱼叉。

（5）上主菜。主菜又称大菜，是宴会主要菜肴。餐具要对应主菜，如吃牛排要配牛扒刀，吃龙虾要配龙虾开壳夹和海味叉，吃鱼要配鱼刀、鱼叉等。主菜摆放在餐台正中位置，将看面朝向客人，蔬菜、沙司、色拉放在左侧。客人吃主菜时，应礼貌询问意见。客人感到满意，方可礼貌离去；如有不满，反馈给厨房及时处理。

（6）上调料。冷调味酱如番茄酱、芥末等先摆台，由客人自取；热调味酱由厨房调制好后，跟在热菜上，以分菜方式服务。

（7）上甜点。有尖头的点心蛋糕尖头应朝向客人。热甜点，用甜点匙和中叉；烩水果，用茶匙；冰激凌，用专用匙。餐具放在垫盘内，与甜点一起上。若备有香槟酒，需先倒好香槟才能上点心。吃甜点时若有致辞，要提前斟香槟酒，方便举杯祝酒。

（8）上干酪。2只银盘垫上餐巾，分别摆上几种干酪、一副刀叉与烤面包片、苏打饼干，送到客人左侧。多数客人吃完，可撤餐具；但杯具不撤。

（9）上水果。从客人右侧撤下除水杯、酒杯、饮料杯以外的所有餐具，摆好水果盘、叉勺。或托着水果盘从客人左侧分派水果，或上各吃小果盘。

（10）上咖啡或茶。用托盘上配料（牛奶、糖，按客人要求还有柠檬和忌廉①）、上咖啡具（包括咖啡杯、底碟和茶勺，如客前还有点心盘或喝下午茶，可放在点心盘右侧）。咖啡杯柄朝右，咖啡勺放在杯柄下呈45度。上咖啡后，托上各种餐后酒品（如白兰地、蜜酒）、巧克力、雪茄烟（不要上给女宾）。员工左手拿一块干净、叠好的餐巾，便于随时擦掉壶口滴液，护住热壶以免烫到客人，右手拿咖啡壶或茶壶从客人右侧，采用桌斟法，依次斟满饮料。如是随餐服务的咖啡，续杯一次，但添加前应询问客人，以免造成浪费。撤掉咖啡具后，再上一次其他饮料，表示宴会到此结束。

4. 酒水服务

（1）酒水饮料服务（详见本项目中有关酒水服务的内容）。

（2）冰水服务。在西方，人们饮用冰水已成习惯，在筵席中冰水尤其不可或缺。先冷却矿泉水，使其温度达到4℃左右；将玻璃水杯预凉；如是瓶装矿泉水，要当着客人面打开、倒入杯中，由客人决定是否要加冰块或柠檬片；用冰夹或冰勺将冰块盛入玻璃水杯中（绝不能用玻璃杯代替冰夹、冰勺到冰桶里直接取冰）；将盛有冰块的水杯放在客人桌上，再用装有冰块的水壶加满水；提供冰水时可用柠檬、酸橙等装饰冰水杯；冰水确保卫生。

5. 台面服务

（1）同步服务。大型宴会以桌为单位，同步撤盘，同步上菜。撤盘时要留意客人餐具摆放，刀叉并拢放在餐盘一边或横于餐盘上方，表示不再吃了，可以撤盘；如呈八字形搭放在餐盘的两边，表示暂不撤盘。小型宴会，等到所有客人都吃完，才可撤盘。

（2）保持清洁。拿餐具时，应手拿刀叉的柄或杯子的底部。餐桌上摆设的胡椒罐、盐罐或杯子等物品要保持干净。上菜时需注意盘边是否干净，若不干净，应用服务巾擦净上席。撤盘时不要在餐桌上刮盘子里的残羹剩菜，或者将盘子堆放在餐桌上。

---

① 忌廉是新鲜白色的牛奶制成的液体，乳脂含量较牛奶高。

（3）保持温度。盛装热食的餐盘或咖啡杯须预先加热，存放在保温箱内；加盖的菜肴上桌后再打开盘盖。

（4）放准位置。摆设印有标志的餐盘时，应将标志正对着客人。菜点的看面朝向客人。

（5）补置餐具。客人用错刀叉时，须将误用的刀叉收掉，务必在下一道菜上桌前及时补置新刀叉。

6. 巡视服务

开宴过程中，照顾好每一个台面的客人，各项服务均做到适时、准确、耐心，操作规范，让客人满意。

（四）宴后收档

参照中式宴会收档工作程序的内容。

任务三　西式宴会与酒会酒水服务程序

（一）宴前备酒服务

1. 备吧台

根据酒会的形式、规模和人数，按照宴会编排表的平面布置图设置临时酒水吧台。如宴会厅内部没场地，可在宴会厅外的通道上布置。安排酒水员专司酒水服务与管理，宴会主桌要有专人为宾客提供酒水服务。200 人以上的中大型酒会酒吧配调酒师 2 人、实习生 1人；小型酒会配调酒师 1 人、实习生 1 人。酒吧设置注重美观、方便工作。酒会前 30 分钟设置完毕。

2. 备用具

准备运送酒水饮料的推车；布置临时酒水台的桌子与台布、侍酒用的口布、骨碟；准备开瓶器、瓶盖扳手、醒酒器、酒篮，备好白酒杯与公杯等；立式冰桶与冰桶冰夹，检查制冰机是否正常工作等。

3. 备酒水

（1）查阅订单。宴会前一天，根据宴会任务单按来宾人数与消费额准备酒水的品种、品牌、规格与数量。数量按每人每小时 3.5 杯计算，晚餐酒会按 3 杯计算，每杯约 220～280毫升。如餐饮部酒水库房的酒水品种（包括茶叶、咖啡、矿泉水以及鲜榨汁使用的水果蔬菜原料）及数量不足，开出领料单去酒店总库房领用，如无酒店总库房，开出申购单，请采购部采购。

（2）领取酒水。根据领用单上的品种、品牌、规格与数量，酒会前 2 小时将酒水运送到宴会厅内的各备餐台，剩余的送往临时酒水台备用。擦净瓶身，特别是瓶口部位，观察商标是否完整。瓶装酒水要从外观逐瓶检查酒水质量，若发现瓶子破裂或酒水中有悬浮物、浑浊沉淀物等变质现象，应及时调换。将酒水分类整齐摆放在吧台，矮瓶在前、高瓶在后，既美观又便于取用。酒体绝对不许晃动，防止汽酒造成冲冒现象、陈酒造成沉淀物窜腾现象。

（3）调制酒水。冰镇的酒水如啤酒与白葡萄酒等要预先放入冷藏冰柜存放，准备红酒篮，并将红酒提前半小时打开，斜放在酒篮中醒酒。按酒会任务单制作冷、热饮料与鸡尾酒，将制作好的热饮装入饮料壶，将鲜榨汁制作好装入饮料壶，如无盖子，用保鲜膜封口，分别放入保温箱或冰柜存放。宴会进程中，始终保证宴会酒水饮料和冰块的供应，如某种酒水饮料品种用完，或有客人自己来拿酒水饮料，必须经过客户会务组同意方可添加。

4. 备酒杯

（1）选杯。不同酒水选用不同酒杯。各种专用酒杯会使客人体会到餐厅的专业化程度和针对性服务。① 啤酒杯。容量大、杯壁厚，保持冰镇效果。② 高脚葡萄酒杯。喝葡萄酒不能使用啤酒杯或一次性纸杯，以免影响美观和口感。葡萄酒杯用水晶或无色玻璃制成，不要雕琢和装饰，以便更好地看到酒的颜色。葡萄酒对温度非常敏感，温度的差别影响葡萄酒的风味，所以要用高脚杯，不必直接用手握杯身。③ 烈性酒杯。容量较小，玲珑精致，使人感到杯中酒的名贵与纯正。酒杯数量充足，按酒会人数乘以 3.5 预备。西式宴会各类杯具容量、斟酒量及其用法如表 7-4 所示。

表 7-4　西式宴会各类杯具容量、斟酒量及其用法

酒　　类	常见杯具及名称	杯具容量	使 用 说 明
烈酒类	净饮杯	1～2	用来盛酒精含量高的烈酒类，斟酒量为 1/3 杯
威士忌	古典杯、矮脚古典杯	2	杯粗矮有稳定感，斟威士忌酒、伏特加、朗姆酒、金酒时常加冰块，斟酒量为 1/3 杯
饮料果汁	水杯、哥士连杯、森比杯、库勒杯、海波杯	8～16	用来盛各类果汁、冰水、软饮料或长饮类混合饮料，斟水（果汁）量为 8 分
啤酒	皮尔森杯、啤酒杯、暴风杯	1	用来盛瓶装啤酒，独特形状使斟酒较为容易和方便。带柄的啤酒杯又称扎啤酒杯，用来盛装大桶扎啤。斟酒量为 8 分
白兰地	白兰地杯（矮肚杯、拿破仑杯）	1	不能冰块冰镇。杯形肚大脚短，使用时以手托杯，让手温使酒微温，以便酒香散发，斟酒量为 1/5 杯
香槟酒	马格利特杯、郁金香杯、浅碟香槟酒杯、笛形香槟酒杯	5～6	冰桶冰镇后饮用。马格利特杯、浅碟香槟酒杯便于客人干杯时相互碰杯；笛形香槟酒杯、郁金香杯能夸张香槟酒冒气泡的情形。分两次斟香槟酒，先斟 1/3，待泡沫退去后再续斟至 2/3 处
鸡尾酒	三角、梯形鸡尾酒杯	2～3	高脚酒杯，避免手温影响酒感，斟酒量为 2/3 杯到 8 分
利口酒、雪利酒	利口酒杯	3～4	餐后饮用的甜酒或喝汤时配的雪利酒，斟酒量为 2/3 杯
酸酒	酸酒杯	4～6	杯口窄小而身长，杯壁为圆桶形，专用来盛餐后饮用的酸酒，斟酒量为 2/3 杯
葡萄酒	红葡萄酒杯 白葡萄酒杯	4～5	高脚杯，红葡萄酒杯比白葡萄酒杯大。红葡萄酒斟酒量为 1/2 杯，白葡萄酒斟酒量为 2/3 杯
咖啡	咖啡杯	每杯 11 克	冲煮咖啡浓淡要适宜，冲泡时间要尽可能短；煮咖啡的温度在 90～93℃，使用陶瓷咖啡杯，并马上给客人送去
茶	茶具、茶杯		使用前洗净、擦干，斟茶量为 8 分。杯中水剩 1/3 时要及时添水；看到客人将茶壶盖半搁在茶壶上时，及时加热开水

注：杯具容量单位为盎司（1（英制）液体盎司≈28 毫升）

（2）用杯。酒会前 1 小时，将酒杯全部洗干净，放入杯筛中。酒杯要用温水清洗，不用或少用洗涤剂，擦拭酒杯时先把杯子在开水的蒸汽里蒸一下，然后用干净餐巾裹住杯子里外擦拭，直至光亮如新为止。擦干的杯子要立放或倒挂起来，不能染上其他气味。摆台前应仔细检查每一只酒杯的清洁卫生。运送酒杯（无论是干净的还是脏的杯子）必须使用托盘。宴会摆台拿杯时，可把葡萄酒杯反过来，杯脚插在左手手指间。任何时候拿杯子都必须握住杯子的脚或底部，绝不能碰杯口与内壁。喝葡萄酒持杯时，拿住杯柄和杯托，忌手掌直接接触杯身，以免手的温度影响杯中的酒温。

（二）宴间侍酒服务

中西宴会的侍酒服务可根据不同情况选择全部或部分程序执行。

1. 选酒（接受客人点酒）

（1）点单式。将酒店的酒单双手递给客人，请客人选用。准确记录客人点酒要求，如有多位客人，写单时要按照客人座次顺序清楚记录。避免使用简单缩写，防止产生混淆。葡萄酒通常是客人选定食品后才点单；餐后酒在上咖啡前点单，可和咖啡一起上。

（2）托盘式。按宴会所备常用酒水放入托盘，请客人选用。上果汁时，如为盒装果汁，为示高贵大方，应将果汁倒入果汁壶再进行服务。如客人提出不用酒水时，应将客前的空杯撤走。

2. 温酒（酒的温度的降低与提升）

（1）各类酒水最佳饮用温度如表 7-5 所示。

表 7-5 各类酒水最佳饮用温度

酒 品	最佳饮用温度
白酒	中国白酒。冬天喝白酒可用热水"烫"至 20～25℃为佳，除去酒中寒气。名贵的酒品如茅台、五粮液、汾酒等一般不烫，保持其原"气"。 西方白酒。根据客人要求可加冰块，其余是室温下净饮
黄酒、清酒	最佳温度为 40℃，更有独特滋味。需要温烫
啤酒	最佳温度为 4～8℃，夏天饮用可稍作冰镇，但不能镇得太凉，因啤酒中含有丰富的蛋白质，在 4℃以下会结成沉淀，影响感观
白葡萄酒	干型、半干型白葡萄酒的芬芳香味比红葡萄酒容易挥发，在饮用时才可开瓶，无须醒酒。饮用温度 8～12℃，味清淡者 10℃、味甜者 8℃。除冬天外，白葡萄酒都应冰镇饮用；应采用冰块冰镇，不可用冰箱冰镇
红葡萄酒	桃红酒和轻型红葡萄酒一般不冰镇，温度在 10～14℃。 鞣酸含量低的红葡萄酒的最佳饮用温度为 15～16℃，鞣酸含量高的红葡萄酒的最佳饮用温度为 16～18℃。 先放在餐室内，使其温度与室内温度相等。但在 30℃以上的夏天，酒温降至 18℃左右为宜。服务时打开瓶盖，放在桌上醒酒，使其酒香洋溢
香槟酒	香槟酒、利口酒和有汽葡萄酒饮用温度为 6～9℃，为了使香槟酒内的气泡明亮，闪烁时间久一些，香槟酒在碎冰内冰镇后再开瓶饮用

（2）酒水冰镇（降温）或温烫（提温）的方法如表 7-6 所示。

表 7-6 酒水冰镇或温烫的方法与流程

方 法		流 程
降温	冰桶冰镇	冰桶架上置冰桶，桶中放入各占一半的冰块与冷水，冰块不宜过大或过碎。将酒瓶斜插入冰桶，约 10 分钟可降温
	冰箱冷藏冰镇	杯具在冷藏柜内降温 提前将酒品放入冷藏柜，使其降至饮用温度
	冰块溜杯	将杯子冷藏或手持酒杯下部，在杯中放入冰块，摇转杯子降低杯温
提温	烧煮	把酒倒入容器后，用燃料或电加热
	水烫	将酒瓶放入暖桶，在暖桶中倒入开水，使酒水升温；客前操作
	燃烧	将酒盛入杯盏，直接点燃酒液使其升温，客前操作
	冲泡	向沸滚的水、茶、咖啡冲入酒液，或将酒液注入热饮料中升温

3. 示酒

从酒吧取来宾客所点酒水，用托盘（酒瓶立式置放）或酒篮（酒瓶卧式置放，酒标朝上）或冰桶送至客人处。取出时，用一块折叠的口布护住瓶身，避免冰水滴洒弄脏台布和客人衣服。立于客人右侧，左手托瓶底，右手扶瓶颈，酒标朝向客人，请客人确认。若客人不认同，则更换酒水，既可对客人表示尊重，也可避免差错。

4．开酒

（1）开瓶要求。酒瓶封口有瓶盖和瓶塞两种，开瓶器有酒钻（开瓶塞，螺旋部分要长，有的软木塞长达 8～9 厘米，头部要尖，不可带刃，以免割破瓶塞）和启盖扳手（开瓶盖）。① 清洁卫生。开启前与开瓶后，要用干净的布巾擦拭瓶口，不让瓶口积垢落入酒中。开瓶后的封皮、木塞、盖子等杂物，放在小盘子里，操作完毕一起带走，不要留在餐桌上。② 当面开启。③ 动作轻盈。整个操作过程不能晃动酒瓶，以免底部沉淀物泛起，影响酒味。拔出瓶塞时不要弄出响声，防止发出突爆声。④ 保存要求。保存葡萄酒一要密封、二要低温。瓶酒开启后，一次未斟完，瓶可留在桌上，放在客人右侧。葡萄酒与空气接触后会氧化，影响口感。没喝完的酒应在两三天内喝完（白葡萄酒可存放 2 天，红葡萄酒可存放 3～4 天）。

（2）开启葡萄酒。客前用酒刀切掉瓶口铝箔，揩擦干净瓶口。将瓶放在桌上，把酒钻慢慢钻入瓶塞，如软木塞有断裂迹象，可将酒瓶倒置，靠酒液压力顶住木塞，再旋转酒钻。开拔瓶塞动作越轻越好。

（3）开启香槟酒。左手握住酒瓶按 45 度倾斜（减少冲力），右手扭开瓶颈外的铁丝圈。左手拇指紧压软木塞，转动瓶身（动作要既轻又慢，不可直接扭转软木塞，以免将其扭断而难以拔出），大拇指适度松开，使瓶内气压将软木塞弹挤出来。右手拿餐巾轻握瓶口，木塞受气压弹到餐巾中。开瓶时（包括汽酒、啤酒等），应将瓶口对着天顶，绝不能对着他人和自己的脸，防止气泡或软木塞喷到客人身上。

（4）开启烈性酒。① 开启塑料盖瓶封。用打火机将瓶口外的塑料膜烧融取下，再旋转开盖。② 开启金属盖瓶封。用力拧裂瓶盖下部断点，若断点坚固难于拧裂，可用小刀划裂断点，再旋转开盖。

（5）开启罐装饮品。防止摇晃带气饮品，用手拉起罐顶部金属环时，会有气体喷射出来，开口方绝不能对着任何人，并以手握遮，以示礼貌。

5．验酒

拿出瓶塞后，嗅闻插入瓶内部分的瓶塞味道，以检查酒质（变质的葡萄酒会有醋味）。将瓶塞放在垫有花纸的骨盆里，让客人验看。有时会有一股不好的味道，这不是酒的酿造原因所致，通常是瓶塞发霉，把这种不好的味道传给了酒，俗称"瓶塞味酒"。在餐馆用餐，可以拒绝接受；在家，可用其做菜。

6．醒酒

红葡萄酒及部分白葡萄酒需要醒酒，使之与空气接触后，更有利于散发酒香，口感更惬意。提供葡萄酒服务之前，询问客人是否需要醒酒。客人同意，开启红葡萄酒，置于酒篮中 5～10 分钟或将瓶中的酒液倒入醒酒器中醒酒。醒酒时间因酒品而异。

7．滗酒

陈年酒有一定沉积物沉于瓶底，斟酒前应先剔除混浊物质，以确保酒液纯净。可用滗酒器，也可用大水杯代替。滗酒前，将酒瓶竖直静置数小时，使沉淀物完全沉降于瓶底。滗酒时，准备一光源，置于瓶子和水杯的对面。用手握瓶，慢慢倾倒，将酒液滗入水杯。当接近含有沉渣的酒液时，果断停止，争取滗出尽可能多的酒液。

8．试酒

试酒是欧美人在宴请时的斟酒仪式。徒手式斟酒 15 毫升（约 1/5～1/4 酒杯处），在桌上轻晃酒杯，使酒与空气充分接触，请主人试酒。得到赞同后，按序给客人斟酒。如不满意，道歉后撤走，向经理汇报并采取补救措施。

9．斟酒

（1）斟酒时机。① 首杯。中式正式宴会祝酒时饮用的第一杯是中国白酒；受西宴影响，非正式宴会第一杯酒改为低度果酒。西宴斟开胃酒。开宴前 5 分钟或等客到齐后开始斟酒。② 续杯。详见续酒的内容。

（2）斟酒方式。按斟酒者分，有自斟式（酒水开瓶后放在餐桌上或将白酒倒入公杯，由客人自己斟酒，适用于家宴、普通宴会）、他斟式（由他人或服务员斟酒，也称伺酒式）；按使用工具分，有托盘式（适用高档宴会或宾客人数较多、酒水品种较多的宴会。左手托盘，酒水放于托盘内，高的重的放在里面，轻的矮的放在外面。根据客人需要选斟酒水）、徒手式（左臂搭挂服务巾自然弯曲于身前，右手持酒瓶，向餐桌上的酒杯斟酒。适用于比较拥挤的场合、客人零点与冰镇过的红、白葡萄酒）；按酒杯位置分，有桌斟式（详见下述）、捧斟式（左手握杯，右手握瓶，左右手相互配合，往杯中斟酒。较桌斟法容易。适用于酒会、酒吧服务与非冰镇的酒品）。

（3）托盘桌斟式斟酒操作规范。服务员侧身站在客人右侧，左脚在后，右脚向前，伸入两椅之间，重心移至右腿，身体微向前倾，但不要紧贴客人。左手托盘（徒手式时，左手拿餐巾），向后自然打开，掌握托盘重心，不可越过宾客头顶。右手拇指张开，四指并拢用力均匀，掌心贴在瓶身中下部，手臂弯曲呈 45 度，酒标朝向客人。示酒同时，介绍酒的特点。瓶口与杯沿保持 1～2 厘米间距，不可搁在杯沿或高溅注酒。掌握好酒瓶的倾斜度（满瓶酒和半瓶酒的流速不同，瓶内酒越少流速越快），控制流速与流量，将酒水缓缓倒入杯中。斟倒啤酒、香槟酒应沿对面杯壁注入，速度要慢；泡沫过多时，分两次斟倒，至规范酒量为止。杯子上部带一圈泡沫，酒液占 3/4，泡沫占 1/4。斟完酒时，应顺势绕酒瓶轴心线转动 1/4 圈，抬起瓶口（俗称"收"），使最后一点酒随着瓶身转动，均匀分布在瓶口边沿，防止酒水滴洒在台布或客人身上；用左手餐巾擦拭瓶口。先左脚跟落地，再撤回右脚，更换到下一位客人的右侧继续服务。斟酒不能左右开弓、探身对面、手臂横越客人视线。如果瓶中酒未倒完，将瓶子放在餐桌上杯子的右边，酒瓶标签朝向客人。

（4）斟酒顺序。① 单人服务。便宴：先为长者斟酒，如有夫妇，先为女士斟酒。正式宴会：遵循先主宾后主人、先女宾后男宾的原则，从主宾开始，按顺时针方向斟酒；有时也从年长者或女士开始斟酒。② 两人服务。一位服务员从主宾位置开始，向左绕台进行；另一位从副主人一侧开始，向右绕台进行。续酒时，可不拘顺序。

（5）斟酒量。① 中式斟酒量。古语说："七分茶八分酒"。酒倒 8 分，茶倒 7 分，以示对宾客的尊重，如表 7-7 所示。② 西式斟酒量。红葡萄酒斟 1/2 杯，白葡萄酒斟 2/3 杯，白兰地斟 1/5 杯，香槟酒先斟 1/3 杯，待大量泡沫消失后，再斟至 2/3 处。当酒斟至杯中面积最大处时，可使酒与空气保持充分接触，让酒的香醇味道更好地挥发。

表 7-7　不同酒水的斟酒量

酒　　类	斟　酒　量
白酒	中国白酒与药酒都净饮，不与其他酒掺兑，酒杯容量较小，斟 1/2～1/3 杯为宜
啤酒	泡沫较多，极易溢出杯外。以泡沫不溢为准，八分满为佳
黄酒	征得客人同意，加热过程中可加入少量的姜片、话梅、红糖等调味品，提高口感
果酒	红葡萄酒斟 1/2 杯，白葡萄酒斟 2/3 杯

10. 续酒

（1）致辞时。致祝酒词前，服务员要为每位宾客斟满酒杯。主、宾致辞时保持安静，端正地肃立在僻静位置，宴会厅内暂停一切服务活动，暂缓出菜、传菜。

案例 7-7　致辞时有菜端出[①]

某四星级酒店，富有浓烈民族特色的宴会厅热闹非凡，三十余张圆桌座无虚席，主桌

① 资料来源：蒋一飘. 酒店服务 180 例[M]. 上海：东方出版中心，1996.

上方悬挂"隆重庆祝×××（集团）公司成立 10 周年"横幅，赴宴的都是商界名流。由于人数多、规格高，酒店上自经理下至员工早就忙坏了。宴会前 30 分钟，所有服务员均到位。宴会开始，一切井然有序。按宴会议程，上完"红烧海龟裙"后，主、宾要致辞，服务员给每位客人斟满了酒和饮料。主、宾款款走到话筒前，一位英俊的男服务员站在离话筒几步之处，手中托着一只垫有小毛巾的圆盘，圆盘上放有两只斟满酒的酒杯。在主、宾简短而热情的讲话结束，提议祝酒时，服务员及时递上酒杯。当来宾全体起立举杯祝酒时，厨房里却走出一列传菜员，手中端着刚出炉的烤鸭，向各个不同方向走去。客人不约而同地把视线朝向这支移动的队伍，热烈欢快的场面就此被破坏了，主人不得不再次提议干杯，但气氛已大打折扣。

（2）敬酒时。东道主或主要嘉宾为每一位（桌）客人敬酒时，服务员要托着酒瓶跟随身后，以便随时续斟，直至客人示意不要为止（如酒水用完应征询主人是否需要添加）。客人相互敬酒时，服务员左手托盘，备一至两杯甜酒或瓶酒，注意宾客杯中酒量剩 1/3 时，右手举瓶及时斟酒。斟酒前，礼貌示意。当客人起立干杯、敬酒与就座时，应提供拉椅服务。斟酒时不要弄错酒水。因操作不慎而将酒杯碰翻时，要表示歉意，扶起并检查酒杯，若有破损立即更换新杯；若无破损，迅速将干净口布铺在酒迹上，将酒杯放回原处，重新斟酒。

（3）更换餐酒时。再饮相同餐酒时，除非客人要求，一般不换杯；如是两瓶不同餐酒，须换新杯，放在稍离原酒杯处。餐后酒的每一次点单，都必须换新杯。

（三）酒会酒水服务

1. 第一轮酒

（1）斟第一轮酒水饮料。小型酒会可按客人要求斟酒，中大型酒会人数多，要在客人来之前 10～20 分钟，预先调好一些常见酒类或饮料，斟入杯中，摆在吧台。果汁和什锦水果宾治（由柳橙汁、凤梨汁、红石榴糖浆和七喜汽水调制而成的一种鸡尾酒）是酒会中用量最大的两种饮料，可按每人 1 杯计算调制。

（2）各就各位。所有服务员在酒会开始前，端着放置着小餐巾纸、各式饮品数杯的托盘，列队站在入口处迎接客人。客人一进宴会厅就可在吧台或服务员盘中自行挑选喜好的酒水。

（3）开场 10 分钟。酒会致祝酒词前后是用酒最繁忙、最拥挤的时刻，要把酒送到每位客人手中。宴会开始后，服务员端着托盘穿梭于会场，随时提供饮品服务。托让酒水时，服务员不要同时进入场地又同时返回，以免造成场内无人服务的局面。有专人负责及时收回客人手中、台面上已用过的空杯，保证台面整洁和酒杯更替使用。不要在一个托盘中既摆放斟好的酒杯，又摆放回收的脏杯。

2. 第二轮酒

（1）斟第二轮酒水饮料。15 分钟后，客人就会饮用第二轮酒水。调酒员要迅速将干净的空杯按正方形或长方形排列在吧台，不能零散乱放，让客人看了以为是喝过或用剩的酒水。数量与第一轮相同，斟满第二轮酒水。

（2）补充酒杯、酒水。两轮酒水斟完后，赶快到洗碗间补充酒杯。要经常观察和留意酒水的消耗量，在某些酒水将近用完时，及时派员领取，保证供应。

3. 高潮时段

酒会致完祝酒词，酒会结束前 10 分钟时，是酒会的高潮时刻，也是酒水饮用较多、酒吧供应最繁忙的时刻。要求调酒师动作快、出品多，尽可能在短时间内将酒水送到客人手中。酒会中，要处理一些特别事项。有时客人会要酒吧设置中没有的品种，如是一般牌子的酒水，可立即去酒吧仓库取，如是名贵酒水，要征得主人同意后才能取用。打碎酒杯或翻倒饮料时，立即用餐巾盖上，立即处理碎酒杯，数分钟内清理完毕。

（四）宴后收档登账

（1）填写酒水销售表。宴会一结束，立即清点酒水实际用量，开好消耗单，交到收款员处开单结账。要求数字准确、实事求是，不能胡乱填报虚数。许多客人对饮品用量很熟悉，如果数字不合理会引起许多麻烦。如果实际用量很大，要向客人合理解释，否则会在账单问题上纠缠不清。

（2）收吧工作。结账后清理酒吧，将用完的酒瓶回收重新装箱，将所有剩下的饮料运回仓库。用剩的果汁和什锦水果宾治要立即放入冰箱存放或调拨到其他酒吧使用。酒杯要全部送到洗杯机处清洗，洗完后装箱，清点数量，记录消耗数字，退回管事部。将废弃的酒瓶、易拉罐等送到酒店废品站集中处理。

（3）完成宴会销售表。做一式两联的宴会销售表，将宴会名称、时间、参加人数、酒水用量、调酒员签名等填写好。第一联送交成本会计计算成本，第二联交酒吧经理保存。

思考训练

研讨分析

案例 7-8　派菜派出个不满意

20 世纪 90 年代初，江苏南部的某市刚从县升格为市，建造了一家准三星级的涉外饭店。一个周末的晚上，本地一位小有名气的企业家特意选中该酒店为老母亲举办 60 大寿家宴。主宾共 6 桌，服务员规范地站立一旁。每道菜送上时，服务员照例旋转一次，报个菜名，让每位客人先饱个眼福。然后便是按程序派菜，换餐盘、斟饮料等服务也都正规，菜烧得也不错。宴会结束后，餐饮部经理征求那位企业家的意见，然而，客人的一句话使他大吃一惊，"不满意！"听到此话，经理的心凉了一大截，如入云里雾里，不明何因。

讨论：客人为什么不满意？酒店该如何进行宴会服务？

操作实训

1. 组织学生到一家酒店从旁观察一次完整的宴会服务，体验宴前准备工作、席间服务工作和收尾结束工作的内容与操作规范。
2. 实操菜肴上席的操作流程与规范。
3. 实操分全鱼菜的操作流程与规范。
4. 观看四种西式餐饮服务操作的有关视频。
5. 实操酒水服务的操作流程与规范。

项目八　宴会组织管理

学习目标

知识目标：

1. 认知宴会部经营管理的特征和内容。
2. 认知建置宴会部组织机构的原则和形式。
3. 认知设置岗位的基础知识。
4. 认知配置员工的原理与方法。
5. 认知严爱结合、管事理人的领导艺术。

能力目标：

1. 能编制宴会部各岗位的工作说明书。
2. 能科学合理地配置宴会部各类人员。
3. 掌握科学管理的内容。
4. 掌握员工管理的领导艺术。

导入案例

烹饪"开国第一宴"的"神厨"们①

新中国开国盛宴有贵宾六百多人，宴会由北京饭店承办，任务光荣而艰巨。"开国第一宴"宛若一部大合唱，从选订菜谱、原料采购、质量鉴定、烹调制作，直到摆桌上菜、筵席服务，必须配合默契，才能有最完美的艺术效果。郑连富大师身负"宴会总管"重任，后来，他还成为获得新中国"宴会设计师"专业称号的第一人，可谓餐饮业中的国宝级人物。宴会的组织与安排完美无瑕，几十张餐桌摆得疏密得当，主桌安排突出，能和其他来宾席互相呼应。上菜路线宽窄适当、布设合理，服务程序周到细致。

宴会菜谱由政务院典礼局局长余心清精心设计。中国八大菜系中，淮扬菜系口味适中，南、北方人都可以接受，因此决定菜谱以淮扬菜为主。因大型宴会参加人数多，菜品不能太复杂。余心清精心设计了"开国第一宴"菜单（详见案例 5-8）。国宴菜肴必须是上品，除了用料考究外，更要有名厨掌勺，展现烹饪大国的水准。总厨师长由出身鼎镬世家的朱殿荣大师担任，他精通淮扬菜的各种技法，其他几位掌勺厨师也个个身手不凡。点心、冷菜可以先做好，但热菜必须现烧现上。六十多盘菜要烧得色香味俱佳，是厨师们面临的一大难题。该上主菜了，只见朱大师抄起一口大食堂炒菜用的大锅，一位等着传菜的服务员大吃一惊，"开国第一宴"怎么用大锅来炒？说时迟那时快，朱大师已经把主料投入大锅，只见火光闪动、炒勺飞舞，接着下辅料、配料与调料，迅速果断，几百人的菜一锅烧出来

---

① 资料来源：鞠志中，叶伯平. 宴会设计[M]. 长沙：湖南科技出版社，2004.

了，顿时只觉香气四溢。

按上菜顺序，先给几桌民主人士与解放军高级将领上菜。部队同志吃筵席也有战斗作风，菜一上桌就进了嘴，评价跟着出了口："嗯，味道好极了！到底是世界有名的大饭店！"那些民主人士好多都是美食家，纷纷赞不绝口："好！味道极佳，真可谓上品。""依我拙见，可称'神品'。只不过有一事不明，请各位赐教：宴会规模盛大，同时上的六十多桌的菜，不知饭店动用了多少厨师，开了多少灶头，菜的颜色、式样如此一致，莫非是一口锅烧出的？""那不可能！要是用大锅能做出这种'神品'，那除非是'神厨'。"其实这正是朱大师的"绝活"——善用大锅。几百人的宴会，他用一口大锅一次烧出，下料果断，火候把握准确，口味极准。"开国第一宴"以后，他这口大锅声威大震。

模块一　组 织 建 设

案例 8-1　80 个小时搞定 2500 人大型晚宴①

国际风景园林师联合会（IFLA）第 47 届世界大会于 2010 年 5 月 28 日在苏州举行。因种种原因，在 5 月 25 日凌晨的 IFLA 大会指挥部协调会上，才确定 2500 人的开幕晚宴由胥城大厦、书香连锁酒店承担。酒店领导得到指令，立即抽调各方精兵强将组成接待小组。经实地考察，发现苏州国际博览中心晚宴现场与厨房不在同一楼层、厨房生产条件不理想，难以胜任如此规模的晚宴。在宴会顶层设计会上，对策划方案、组织人员、协调工作等进行细致讨论，决定采用自助餐宴会形式，由酒店进行菜肴预制后运到现场布台，20:00 菜单出台；半夜，方案得到市领导审批认定，各部门迅速落实。采供部立即组织人员赶往上海取货备料，26 日凌晨，80 多种食材全部到齐，安保部在电梯口指挥运输物品，厨房立即进行初加工与深加工。酒店工会配合卫生监督部门，对上桌的每一道菜进行检测。人事培训部筹集人马，进行服务突击培训。销售部为主桌领导提供贴身服务。餐饮部组织布置会场、台型。各项工作有条不紊地进行着。5 月 28 日上午，上级领导检查各项准备工作。当天 19:30，宴会隆重开始，宾主尽欢。一场仅有 80 多小时准备时间的大型宴会圆满结束，受到了市政府的好评和称赞。

任务一　建置组织机构

（一）组织设计

1. 组织设计原则

（1）服务目标，按需设置。组织机构设计应服从于企业目标与愿景，服务于企业生产经营活动。应根据酒店的档次和规模、经营目标、工作性质、人员素质、设施设备、厨房布局等实际情况，合理设置宴会部的组织机构，达到分工明确、关系协调、职责清晰、人员安排科学合理之目的。

（2）统一指挥，责权相应。责任是权力的基础，权力是责任的保证。组织机构设计要做到逐级授权、分级负责，责权分明，以保证各项业务活动有条不紊地进行。组织必须统一指挥，形成有序的指挥链，保证信息畅通，步调一致，不得越级指挥与多头指挥。各级

---

① 资料来源：佚名．80 个小时搞定 2500 人大型晚宴[N]．苏州日报，2010-06-07．

管理者必须放手让下属履行职权，而不应事事干涉，样样插手，但要加强督导，最终对下属的行为负责。每一位员工都要了解岗位职责，加强执行力，坚决完成任务。

（3）分工协调，执监分设。分工有利专业化，可提高工作效率；明确各岗位的工作职责与职权范围，减少扯皮。在分工基础上加强协作，提倡团队精神和合作意识。执行机构与监督机构分设，防止权力滥用。

（4）精兵简政，精干高效。组织机构的规模、形式和内部结构必须用最少的人力去完成最多的任务，不应有任何不必要或可有可无的职位。每个人都要满负荷工作，工作效率高。做到职责明确，精干高效，减少内耗，提高效益。

2. 组织设计内容

一是结构设计，建立合理的组织机构；二是职能设计，明确各级组织的职能任务，包括经营职能、管理职能；三是协调设计，解决各级组织的分工、协作、监督等问题。

（1）纵向结构设计。纵向到底，分层次。管理层次有顶层设计、高层决策、中层管理、基层作业。一个企业设计多少管理层次，应从实际出发；现代管理提倡扁平化管理，减少管理层次，提高管理效率。管理各层次的权责明确，分工清晰。基本原则是集权与分权、民主与集中相结合。

（2）横向结构设计。横向到边，分部门。横向结构设计是指一个管理层次分多少部门、班组与岗位，基本原则是分工与合作相结合。传统管理强调专业化与分工，但分工过细弊端很多，如管理程序复杂，信息传递减慢，协调工作增加，成本支出增加。现代管理强调综合化，弱化分工，减少部门，职能综合，简化管理程序和手续，提高管理效率。

（二）宴会部与宴会经营管理

1. 宴会部的地位与作用

（1）酒店经营的重要场所。宴会部不仅是宴饮场所，更是各种会议、培训、展销、演出、洽谈等活动举办的场所。宴会厅和多功能厅的占有面积大，宴会厅房数量多，舒适美观，设备齐全，能根据客人的不同需求开展多种多样的经营活动。

（2）增收创利的重要部门。宴会部营业面积大，接待人数多，消费水平高，营业利润与毛利率要高于餐饮其他部门，是酒店收入的重要来源之一。

（3）企业形象的重要窗口。酒店举行的各种如推销产品、新闻发布、洽谈业务、签订合同、招待客人、举行会议等大型宴会活动，接待人数多，宾客地位高，服务要求高，活动影响大，是新闻媒体宣传报道的焦点，扩大了酒店的知名度与美誉度。

（4）营销推介的重要渠道。宴会部负有产品开发、市场拓展、营销预订的任务，吸引外来消费人群，以保证完成酒店与餐饮部的营收计划指标。

2. 宴会的经营管理特点

（1）满足顾客需求，突出主题风格。围绕顾客宴饮需求，突出宴会主题与风格是宴会设计的第一要求。宴会设计必须尊重宾主的民族习惯、宗教信仰、身体状况和喜好忌讳。宴会要通过地方名特菜点、民族服饰、地方音乐、传统礼仪等内容展示宴会的民族特色、地方（乡土）特色和本店特色，反映一个地区或民族的民俗风情。

（2）消费标准很高，心理预期更高。宴会是集饮食、社交、娱乐于一体的高级宴饮聚会，本质上是一种体验"经历"的心理活动，其经济消费水平与购买心理期望都很高。宴会消费水平高，客人必然对宴会产品，包括宴会环境、筵席菜点和服务的期望值更高。宴会客人不仅在用"嘴巴"吃菜点、吃味道，还在用"眼睛"、用"耳朵"吃环境、吃氛围，更在用"大脑"吃健康、吃长寿、吃感觉、吃体验。因此，酒店一定要设计和生产令顾客至少"物有所值"、最好"物超所值"的功能产品与心理产品，让客人"达到满意，赢得惊喜，创造感动，产生信赖"。

（3）氛围高雅舒适，菜点丰富精美。宴会是一种欢快友好的社交活动，也是一种怡心养性的娱乐活动。赴宴者乘兴而来，为的是获得一种精神和物质的双重享受，包括优美的宴会环境、清新的空气、美观的台面设计、可口的菜点组合、悦耳的音乐、柔和的灯光、周到细致的服务以及员工令人愉悦的容貌、语言、举止、装束等。

（4）工作繁复多变，管理协同配合。一场大型活动或重要宴会少则十几人，多则数百、上千甚至数千人，众多客人同时进餐，每桌筵席用餐标准统一，使用完全相同的菜单，在同一时间内要求提供相同的大量的餐饮服务，工作涉及面广、难度大、费工多、历时长、要求高。宴会部在人力、物力、出品、服务等方面与各部门统筹安排，统一指挥，协同作战，完成任务。而在节假日来临之际，预订宴会多，就更需要统筹安排。

（5）产品研发频繁，持续推介新品。宴会部要提供优质产品，挖掘市场、寻找客户，把潜在的客户变成现实的客人，让客人满意、惊喜、感动，成为满意客、回头客和忠诚客。

（6）加强成本核算，注重绿色环保。酒店效益包括经济效益、环保效益、社会效益和文化效益。经济效益的最终目的是赢利，因此，宴会设计一定要对各个环节、各个消耗成本的节点进行科学、认真的核算，确保宴会的毛利率和盈利。同时，现在社会越来越强调绿色理念，保持和大自然的和谐发展。因此，宴会原材料的绿色选用、废弃物的安全处理越来越受到社会公众和酒店的关注。

（三）宴会部组织机构形式

1. 按独立建制分类

（1）不设宴会部。中小型酒店只有接待零点的餐厅和包间，没有大型宴会厅，一般不专设成建制的宴会部，宴会的销售、出品、服务等生产与管理均由餐饮部负责。

（2）专设宴会部。大型酒店有一至若干个宴会厅以及众多包间，经营面积大、餐位数量多、工作要求高、营业额与利润高、与其他部门联系广，可专设成建制的宴会部。

2. 按管理层级分类（专设宴会部）

（1）一级管理部门。宴会部由酒店总经理领导，是与餐饮部平级的酒店一级管理部门，适宜于宴会场所面积大、宴会任务多、接待规格高的大型酒店。内部组织结构较为复杂，如图 8-1 所示，有 3～4 个部门，如宴会预订部、宴会厅服务部与宴会厨房部。管理层级有 3～4 个层次，如部门经理、主管、领班与服务员，有二十多个工作岗位。

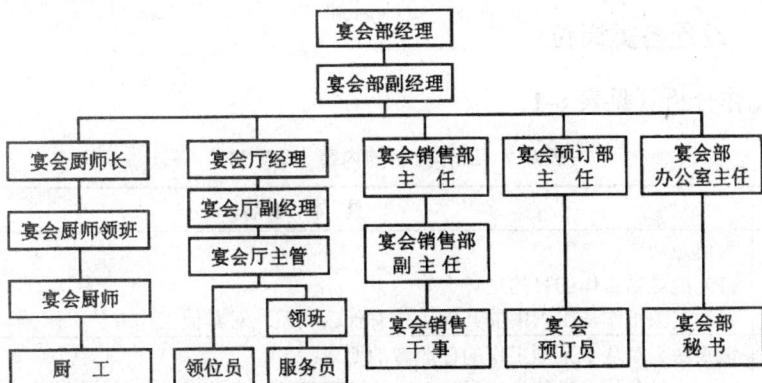

图 8-1　独立于餐饮部的宴会部组织机构

（2）二级管理部门。宴会部隶属于餐饮部，适宜于一般的大型酒店，宴会部内部组织结构较为简单，如图 8-2 所示。

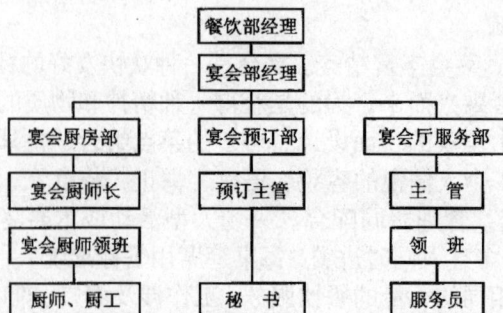

图 8-2　隶属于餐饮部的组织机构

　　按生产与销售分类，还有产销合一模式与产销分体模式。各种组织结构各有利弊。各酒店的规模、档次、市场目标、营运模式等不同，应从实际出发建立相应的管理机构。

案例 8-2　"共和酒店的接待水平令人震撼"[①]

　　2010 年 7 月 23 日至 28 日，为期 6 天的"中国·常德杯"世界围棋名人争霸赛在国际会议中心举行，为做好此次接待，酒店做了充分的准备。23 日的欢迎晚宴采用位上式分餐制。酒店特别邀请曾在人民大会堂服务过的专业人员对服务员进行了礼仪及分餐服务流程的培训，并先后进行了 3 次大型演练。

　　为了配合晚宴主题，酒店精心布置宴会厅，白色的桌布、花团锦簇的摆台，晶莹透亮的餐具、紫红的玫瑰花餐巾，以及林立两侧、训练有素的服务员，让人赏心悦目。考虑到客人来自全国各地，并有多位嘉宾来自日本和韩国，菜品设计充分照顾不同客人的饮食习惯。所有菜式融入了传统与时尚、大众与特色等众多元素，不仅让广大宾客能尝到常德的特色菜肴，也能品尝到韩国泡菜、雪花牛肉等日韩食物。以桃花为背景的菜单制作十分精致，分别用中日韩三国文字标明菜品，迎客风味碟、鲍汁扣百灵菇、竹荪酿芦笋……让人垂涎欲滴。

　　随着宴会的正式开始，服务员严格掌握每道菜从起锅到上桌的时间，确保按时完成。当晚的宴会取得圆满成功，赢得众多领导和嘉宾的交口称赞，不少日韩的客人更是对常德的美食竖起了大拇指。中国围棋协会副主席、"棋圣"聂卫平称赞道："常德承办的本次名人赛办出了国际大赛的水平，服务接待非常人性化，接待水平令人震撼！"

任务二　设置各类岗位

（一）工作分析（见表 8-1）

表 8-1　工作分析的内容（6W1H）

项　　目	具　体　内　容
工作目的 （why）	为何做： （1）做这项工作的目的是什么？ （2）这项工作与组织中的其他工作有什么联系？对其他工作有什么影响
工作主体 （who）	谁来做。对从事某项工作的任职者的要求： （1）应具备什么样的身体素质？ （2）必须具备哪些知识和技能？ （3）至少应接受过哪些教育和培训？

---

① 资料来源：罗旭东. 酒店管理论语[M]. 深圳：海天出版社，2012.

续表

项　目	具　体　内　容
工作主体 （who）	（4）至少应具备什么样的经验？ （5）在个性特征上应具备哪些特点？ （6）在其他方面应具备什么样的条件
工作内容 （what）	做什么。任职者所从事的工作活动的内容： （1）岗位要完成的工作内容、工作职责是什么？工作任务的复杂程度如何？ （2）这些工作活动会产生什么样的结果或产品？ （3）工作活动结果要达到什么样的标准？ （4）工作活动对其他工作、财物、资金的影响程度如何
工作时间 （when）	何时做。任职者所从事的工作活动的时间要求： （1）工作活动的开始与完成的时间是何时？是否要加班、倒班？ （2）哪些工作活动是有固定时间的？在什么时候做？ （3）哪些工作活动是每天必做或是每周必做或是每月必做的
工作地点 （where）	何地做。表示从事工作活动的条件与环境： （1）自然环境。包括地点（室内与户外）、空间、温度、光线、噪声、安全条件、设施设备条件等。 （2）社会环境。包括工作所处的文化环境（如跨文化的环境）、小团体环境、人际交往氛围、环境的稳定性等
工作关系 （for whom）	与谁做。在工作中与哪些人发生关系，发生什么样的关系： （1）工作要向谁请示和汇报？接受何人的指挥和监督？ （2）可以指挥和监督何人？ （3）与什么人交往沟通？向谁提供信息和工作结果
工作方式 （how）	如何做。任职者完成工作的方法与程序，以获得预期的结果： （1）工作活动的程序和操作流程是什么？ （2）工作中要使用哪些工具？操纵什么机器设备？ （3）工作中要涉及哪些文件或记录？ （4）工作中应重点控制的环节有哪些

（二）做好"四定"

1. 定岗——界定岗位职责

从工作分析"厘清该做的事"开始，"因事设岗、按岗定标、以标择人"。科学设置岗位，界定各个工作岗位的分工、协作与监督关系，规定各个岗位的职责范围、人员素质要求、任务总量和工作程序及操作标准。

（1）管理层岗位。① 高管层。由酒店总经理及其他高管人员组成，抓酒店的大事、要事、未来发展的事情。高管要有预测力、决策力与指挥力。② 中坚层。中层管理人员是指挥链条的中间环节，是承上启下的关键岗位，他们制定企业的短期目标并落实部门目标。中层管理人员要有转化力与协调力。③ 督导层。直接面对基层员工进行现场督导管理，做的是经营管理奠基性的工作，被喻为"缝合针"，因此要有执行力。宴会部各管理岗位属于酒店中、下层管理岗位。可设宴会部部门经理（部门级），下设主管级的宴会销售经理（或称主管，以下同）、宴会厅（包房）经理、宴会厨房厨师长，下设领班等管理岗位。

（2）操作层岗位。① 厨房生产人员。厨师负责菜肴和面点的生产（即红案与白案），厨工负责原料粗加工与深加工。② 宴会服务人员。宴会厅领位员、值台服务员、吧台调酒员、传菜员、洗碗工等。③ 其他服务人员。宴会部秘书、宴会预订员等。

2. 定额——确定劳动定额

劳动定额是员工在一定营业时间内应提供的服务或应生产制作的产品数量。科学的劳动定额应在工作分析基础上，根据产品质量标准及工作难度等来制定。通常按各工种的上班时间数来确定其劳动定额量，如要求厨师在 8 小时内烹制 80～120 份菜肴，零点服务员按早餐 2 小时、午餐 3 小时、晚餐 4 小时计算，每小时接待 20 位点菜客人。

3．定编——核定人员编制

对确定的岗位进行各类人员的数量及素质的配备，详见配置合适人员的内容。

4．定员——选定合适人员

详见配置合适人员的内容。

（三）撰写岗位（工作）说明书

1．岗位（工作）说明书内容（见表 8-2）

表 8-2 岗位说明书的内容

类 目		要 求
基本资料	岗位名称	从事什么工作。好的工作名称应贴近工作内容，又能与其他工作区分。确定工作名称时要重视其心理作用和职务等级。一个企业同一岗位名称要统一，并且与组织机构图中的名称相一致
	岗位编号	进行分类，每一工种都编一个代码，便于查找
	所属部门	该职务所属部门
	岗位等级	该职务在企业组织层次中的纵向位置、地位与其他岗位的关系。便于实行岗位工资制，一岗一薪，易岗易薪
	直接上司	本岗位的直接管理者。明确服从谁的工作指令，向谁汇报工作
	管理对象	针对管理岗位而设。按照管理跨度原则明确管理的范围与下属，避免越级指挥或横向指挥等交叉、混乱现象的发生
	工资等级	根据企业的薪酬制度确定其工资等级
	制定日期	该职务描述的编写时间
工作内容	工作综述	概写工作的总体性质、主要功能与活动
	工作权限	界定工作承担者的权限范围，如决策权限、督导权限、奖惩权限、资源支配权限、经费预算权限等
	工作关系	明确请示报告的对象、督导管理的对象与合作协调的对象
	工作职责	要逐项详细地列出
	工作流程	工作程序步骤、各活动内容所占工作时间的百分比
	工作绩效	执行工作应产生的结果，尽可能定量
	工作设备	使用设施设备的名称与方法，使用信息资料的形式
工作环境	工作场所	室内、室外或特殊场所
	舒适程度	物理条件如温度、湿度、采光、照明、通风等，是否为恶劣环境，是否有愉悦感
	危险因素	危险性的原因、存在概率大小、可能伤害的程度、具体部位、已发生的记录
	职业疾病	可能患上的职业病性质说明以及轻重程度
	社会环境	工作团队情况、同事的特征及相互关系、各部门之间的关系、团队氛围等
任职条件		根据岗位工作描述要求，拟定有效承担这个职务必须拥有的资格标准，配备符合数量与质量的人员，做到合理科学，结构优化
	态度要求	工作态度与个人职业品德要求
	资历要求	文化程度、专业知识、技能证书、操作经验、工作经历、生活阅历等
	技能要求	从事该岗位工作所必须具备的专业基本知识与职业技能等
	生理要求	年龄性别、体貌长相、体能要求、健康状况、感觉器官的灵敏性等
	心理要求	语言表达能力、团队合作能力、人际交往能力、合作能力、进取心、性格、气质、兴趣等

2. 岗位说明书案例

案例 8-3　上海某五星级酒店宴会部经理（隶属于餐饮部的二级管理部门）岗位说明书

一、基本情况

所属部门：餐饮部

直属上司：餐饮部经理

直接下级：餐厅经理、销售经理

工资等级：管理×级

二、工作职责

基本职责：制订与落实宴会部工作计划，组织、协调各方力量完成宴会活动，进行成本控制，实现预定目标。

（1）对餐饮部经理负责，并接受其工作安排、检查与考核。

（2）负责宴会部的日常工作，确保宴会部经营业务的正常进行。

（3）负责制定宴会部的服务质量标准及相应的服务程序。

（4）负责员工业务培训计划的制订，不断提高员工业务素质。

（5）授权主管按照培训计划，进行业务、服务技巧训练。

（6）对服务现场进行督导与检查，及时发现和纠正存在的质量问题。

（7）进行客户关系管理，制定宴会部的客人投诉处理制度，解决客人投诉。

（8）协调宴会部与厨房以及与其他部门之间的工作关系。

（9）拟订宴会接待任务的服务方案，设计宴会产品，授权主管具体执行。

（10）灵活安排员工的作息时间。

（11）完成上级交办的其他任务。

三、每日工作任务

（1）准备工作。① 检查客情报告单。对客人要求与重要客人要亲自照顾。在餐前会上特别提醒注意、关照，提供个性化服务。② 检查餐厅设施（略）。③ 签署领料单。与负责主管一起检查备用物资与物资库存情况，保证适当库存量。④ 检查备用品。有足够数量的更换餐具和布件，工具完好，调味品品种齐全。⑤ 检查菜单。与厨师长核对今日宴会菜单及原料，检查餐厅菜单。⑥ 上下沟通。对特殊事项、特别问题和紧急事情进行沟通。可采用口头或书面沟通，在餐前会、检查出勤与非管理层时可做口头沟通。

（2）接受预订。按接收预订程序标准操作。认真检查预订单，每项内容完整明确，查对任务接待记录有无冲突，做好签收与登记，落实预订。

（3）检查出勤。召集员工开班前会，记录考勤，检查员工仪表仪容，简述任务、特别活动、重点宾客与要求、特别菜肴等，强调正确的服务程序和客人需求，保证专业水准。

（4）迎候客人。微笑服务，用客人的姓或职务称呼。征求客人意见，将其引领到合适的餐厅，招呼客人入座。

（5）检查巡视。检查一切准备工作。准确把握时间，在客人到达前解决存在的问题。巡视每一工作场所，了解工作程序、工作安全和工作环境，以及每位员工的工作态度、工作技能。

（6）处理投诉。耐心聆听，态度诚恳，礼貌、冷静，不打断客人的叙述，做好记录，扼要地复述客人投诉，表示理解。对给客人带来的不便表示抱歉，感谢客人反映问题。对客人投诉提出迅速解决的方案，显示工作效率。如非职权范围内所处理的问题，立即反映给上级。永不指责客人。记录汇报，记下客人的投诉信息及处理经过。

（7）书面记录。① 工作日记：记录有关表扬和批评意见，记录每个班次的客账数、销售量、饮食收入等；② 日程计划：提前一周安排，包括工作时间、所上班次等，每周抽一天时间处理特殊事情；③ 月会记录：记录每个月开会的时间、内容；④ 考勤记录：详细记录员工的出勤；⑤ 经理工作日记：管理层之间的沟通。

（8）结束收尾。检查打扫过的工作区域，撤走所有用过的餐用具等，送到指定地点。整理餐厅，检查卫生，摆好餐台，保持营业状态。打出营收、现金收入报告，停止收银机工作。随意抽查账单。检查通道、饮料室和设施。关闭所有电源开关。关锁所有进入餐厅的门，防止盗窃和破坏。

（9）沟通关系。与顾客保持良好沟通，时刻准备向客人提供帮助，乐于助人，努力使顾客满意。发展与员工的良好关系，每个月应与员工讨论有关工作问题，和员工个别谈话时，对要解决的问题必须做好记录。鼓励团队精神。加强汇报，使上级掌握真实的经营情况，所有客人意见无论好坏都要汇报。只有自己不能解决的问题才转交上级。根据员工守则和其他各种规定行为，严格按规章制度执行。

（10）部门例会。出席餐饮部会议，记录本周餐饮部所抓的工作重点，收集下周所有餐饮活动的信息。落实上级及本部门的工作。

（11）培训教育。使员工熟悉经营体系、管理制度、服务程序、设施设备，达到餐饮部制定的工作标准。

四、上岗资格（能力要求）

（1）专业知识。熟悉宴会工作流程和要求，懂得接待礼仪。掌握菜点、酒水知识和营销知识。了解食品安全法和食品价格政策。了解酒店安全保卫和各种规章制度。

（2）专业技能。有组织、指挥员工按服务规程完成宴会任务的能力。检查宴会服务规格与服务质量。做好与其他部门的协调、配合工作。指导餐厅装饰工作。

（3）工作能力。全面负责宴会日常工作，保证宴会部经营业务的正常进行。负责餐厅员工的业务技能培训计划的制订与落实。负责制定服务质量标准及服务程序。能正确向下级授权。负责与客人建立良好的关系，制定客人投诉处理制度。拟订本餐厅菜点推销方案，制作大型宴会及重要活动的工作方案。

（4）学历经历。具有大专以上或相当同等学力，外语A级以上，中、高级专业技术等级，有主管部门颁发的上岗证书。具有在高星级酒店担任过基层领导或酒店餐厅经理任职3年以上工作经历。

（5）职业素质。① 职业行为。准确的时间观念；热爱企业，积极向上的工作态度；在任何时间都能正确认识自己的身份与行为；成熟的判断能力；困难处境中保持冷静；有条不紊地工作；严格遵守保密制度。② 性格乐观。随时保持微笑与问候；待人接物表现出热情友好和愉快行为。③ 善于沟通。有良好的倾听习惯与技巧；对客人的需求非常敏感；有得体的回答问题的才智；能很好地与客人、员工和领导配合。④ 学习创新。愿意接受不同的工作要求与岗位；懂得不同的观察问题的角度与位置；工作有创新，愿意试用新方法。⑤ 仪表端庄。合适的发型、服饰；良好的站、坐、行姿态。

任务三　配置合适人员

案例8-4　"宴会嫂"——中国大饭店宴会厅一道靓丽的风景线

酒店宴会厅和包间的服务员，一般都是长得"亭亭玉立"的"宴会妹"和"伟岸挺拔"的"宴会少"。可是最近几年，中国的人口红利逐渐减少，酒店面临着用工困难，尤其是面容姣好、年龄较小的一线员工很难招聘，更难留住。北京中国大饭店在用工招聘的年龄、身材的条件上进行了创新，招用了一批工作认真、风韵犹存的大龄下岗女工进入酒店餐饮部门工作，成为名副其实的"宴会嫂"，有的甚至是"宴会妈"。这些大嫂、大妈们待人和蔼可亲，态度勤奋踏实，工作认真细致。她们在工作中的出色表现受到了客人的好评，也为酒店解了用工之困境。近年来，"宴会嫂"已逐渐被一些大型酒店学习采用，成为国内酒店业中一道靓丽的风景线。

（一）人员选配

1. 人员选配质量标准

（1）"五合配备"。人员选配的关键在适人适所、适才适用。清朝诗人顾嗣协诗云："骏马能历险，力田不如牛；坚车能载重，渡河不如舟；舍长以就短，智者难为谋；生材贵适用，慎勿多苛求。"选配员工要做到"五个适合"：适合餐饮行业特征，适合酒店经营特色，适合岗位工作特质，适合团队氛围特点，适合员工个人特性。适合就是人才，不适合的人可能是企业的"捣乱分子""定时炸弹"。事得其人、人在其位、位尽其才、才竟其功。"只有混乱的管理，没有无用的人才。"领导就是要创造可用的工作条件，明确岗位责任要求，制定用人标准；找到可用之人，做到用人所长，量才任职，防止人才错用、混用、乱用。大材小用是人才浪费，小才大用也会贻误工作，此才彼用、彼才此用，就如乱点鸳鸯谱。

（2）"四有素质"。一有积极的职业心态：肯干、想干、爱干的敬业精神，舍得时间和精力上的投入，有吃苦耐劳精神。二有良好的职业习惯：有强烈的服务意识，心中有人，眼中有活。热情、细心，善于发现客人的需求，善于沟通。三有特殊的职业技能：先要专业，掌握应知应会的必备技能；更要精业，有工匠精神，精益求精。四有愉悦的职业形象：三分长相、七分打扮，行为端庄，举止高雅，文明礼貌。

案例 8-5　酒店招聘有表演才艺的人才做员工

据人民网、浙江《钱江晚报》报道，魔术师、捏面人……形形色色的"手艺人"纷纷成为宁波一些高星级酒店餐饮部的服务生。此消息一经发出，立即引来众多议论。酒店是为客人提供菜点产品与服务产品的，只需要烹饪技术人才和服务人员就可以了，为什么需要诸如魔术师、捏面人等"手艺人"呢？而宁波高星级酒店管理层认为：作为酒店文化项目，文艺演出十分重要，它既能表现酒店文化，还能通过表演彰显酒店特色。然而，大多数酒店的餐厅、多功能宴会厅以及大堂，表现酒店文化主题的才艺表演寥寥，人才罕见。通常见到的是大厅及酒吧钢琴表演、餐厅名厨片鸭表演、酒吧鸡尾酒勾兑表演、咖啡厅西乐演奏等"大路货"，能给宾客留下独特印象的、富含民俗特色或者表现酒店主题文化的才艺表演屈指可数。回顾往昔，在酒店表现才艺的人和现象也有一些，但大多数是即兴发挥，未能形成常规性表演。比如，前些年北京某饭店春节期间在餐厅里推出简单的"财神表演"，某饭店迎宾宴中表演京剧《贵妃醉酒》，五台山风景区的某餐馆向游客推出山西地方剧——北路梆子、二人台等。但是，这些演员都是外面请来的，演出的节目也是偶尔见之、昙花一现。酒店通过内部培养、在社会上发现有表演天赋的人，而后经过专业人士的指导、培训、考核，最终成为酒店正式员工，使酒店不仅拥有管理人才、公关人才、餐厅服务人才、烹饪技术人才、工程技术人才，还拥有一支才艺不凡、表现内容新奇有趣的表演人才队伍。

---

2. 人员选配数量依据（见表 8-3）

表 8-3　不同档次酒店宴会部员工配备数量参照表

饭店星级标准	宴会厅餐位/个	餐座率/%	人数/每餐位	总人数/个
五星级	300	80	0.2	60
四星级	300	80	0.15	45

续表

饭店星级标准	宴会厅餐位/个	餐座率/%	人数/每餐位	总人数/个
三星级	300	80	0.12	36
一、二星级	300	80	0.1	30

备注：① 总人数中（人员及岗位构成详见定岗中的内容），服务员占55%、宴会厨师占35%、其他人员占10%左右。② 后厨人员与前台服务人员比例为4∶6或3∶7左右。③ 每100～150个餐位配1名销售人员或每个宴会厅安排 1～2名销售人员。

原则是精干高效，用最少的人、办最多的事、产生最大的效益，圆满完成工作目标，防止出现"有事无人干，有人无事干""一线紧、二线松、三线肿"的效率低下现象。影响人员定编的因素：① 酒店档次。酒店档次高，装潢新颖，功能齐全，经营有特色，顾客消费水平与档次较高，人员配备就多。② 接待规格。③ 部门规模。独立的宴会部管辖范围广、专业化程度高，人员就多。④ 餐位数及餐座率。营业面积大、餐位多，翻台次数多，餐座率高，所需人员就多。⑤ 经营时间。经营时间长、餐别多（早餐、午餐、晚餐和消夜），所需员工就多。⑥ 设备设施。宴会厅大、包间多、接待能力强，使用频率高，用人就多。⑦ 淡旺季节。淡季用人少，旺季用人多。⑧ 其他因素。工作程序的合理与否、主管领班业务能力的强弱、员工素质的高低与技能的熟练程度、接受宴会任务的明确程度、团队的协作精神、人力资源政策的不同等。

3. 人员选配方法（见表8-4）

表8-4　宴会部人员配置方法

配 置 方 法	适用岗位与计算公式
接待人数定员法	适用于各种类型的餐厅、酒吧服务员岗位 计算公式：岗职人数=(餐厅餐位数×餐厅上座率×每日班次)÷(接待定额×计划出勤率)×(7÷5)
餐位、餐桌比例定员法	根据餐饮企业等级、规模，按餐位数的配比、包间、餐桌确定人员数量 高级宴会10座圆桌配2～3名服务员，包间10座圆桌配1名服务员；大厅一般宴会2～4桌配1名服务员；大型宴会1个备餐台配1名传菜员
看管定额定员法	按员工看管设备（如炉灶、备餐台、餐台、机器设备）数量确定人员数量，适用于炒菜厨房、洗碗工、设备维修工、清洁工等岗位 计算公式：岗职人数=(设备台数×每日班次)÷(看管定额×计划出勤率)×(7÷5)

（二）人员安排

1. 用人制度灵活

（1）弹性休假。闲时多休假，忙时多加班。利用淡季开展培训、岗位练兵，做到季淡人不闲。

（2）灵活排班。实行两班制或多班制。餐厅最忙的时段是 11:00—14:00，18:00—21:00，将早、中两班都安排在这一时段，如早班为 6:00—14:00，中班为 12:00—20:00。也可采取不规则的上班时间和分段工作时间。

（3）计时工资。采用计时工资方法，降低劳动成本。

（4）一岗多职、一专多能。培训多面手，提高服务技能，以便在忙时抽调其他部门员工来支援。淡季工作量较小，或酒店规模较小，许多岗位不需要全职工，一些工作可以合并，一些工作可由管理人员兼职。

（5）临时用工。"无固定员工队伍不稳，无临时员工用工不活。"酒店经营季节性强，客人时多时少，旺淡忙闲不均。忙时可聘用临时工、季节工、钟点工、餐饮院校实习生和内部钟点工，当然事先进行过培训。高档宴会可外聘宴会服务公司专业服务员。

2. 班次安排合理

（1）班次。根据工作需要，分为：① 单班制。每天只需组织一班就可完成工作任务，因大多安排在白天，又称日班制。可分上、下午两时段，每段 4 小时左右；也有 8 小时连续，中午有半小时午餐时间。② 多班制。有两班制、三班制（有些工作需要值夜班）等。

（2）倒班。由于人的生活习惯、生物钟影响、劳动条件、家庭、交通等因素，夜班对员工的生活和健康有较大影响，因此合理倒班十分重要。方法：① 正倒班。甲、乙、丙三班员工，按早、中、夜正顺序倒班，如表 8-5 所示。② 反倒班。按早、中、夜反顺序倒班，如表 8-6 所示。

表 8-5 正倒班排班表

班 次	第 一 周	第 二 周	第 三 周	第 四 周	第 五 周
早	甲	丙	乙	甲	丙
中	乙	甲	丙	乙	甲
夜	丙	乙	甲	丙	乙

表 8-6 反倒班排班表

班 次	第 一 周	第 二 周	第 三 周	第 四 周	第 五 周
早	甲	乙	丙	甲	乙
中	乙	丙	甲	乙	丙
夜	丙	甲	乙	丙	甲

（3）多班制要求。① 均衡搭配人员。各班的人数与技术力量要大致相当，以保证每个班组生产的正常开展。② 严格交接班制度。"七交"：交任务完成情况；交质量要求和措施；交设备运行情况；交配件、工具数量及完好情况；交安全设备及措施；交为下班生产准备工作情况；交上级指示及注意事项。"七不接"：任务不清不接；质量要求和措施不明不接；设备保养不好不接；配件、工具数不对不接；安全设备不正常，工作场所不整洁不接；原始记录资料不全、不准不接；上班为下班准备工作做得不好不接。③ 合理组织轮休。在顾全大局的前提下协调好轮休，尽量满足员工的安排要求。

（三）部门协调

举办大型宴会需要酒店各部门通力协作，详见项目九的内容。

模块二 员 工 管 理

管理就是"让他人做事，把事情做好"。管理就是管事、理人、安心。事情靠制度与流程来管，人靠理智、情感与价值观来理，心靠抚慰与关怀来安。管事要严，理人须尊，安心应爱。管理就要刚柔相济、严爱结合。

案例 8-6 科学管理"六常"法，友谊宾馆更精彩[①]

洛阳友谊宾馆通过实践和探索，建立了一套适合自身机制和模式的管理"六常"法，不断提升企业管理服务水平，成为洛阳旅游标准化的标杆和示范企业。"六常"法管理的核

---

① 资料来源：郑宝亚，陈瑞华. 科学管理"六常"法 友谊宾馆更精彩[N]. 中国旅游报，2013-07-19.

心是建立健全、贯彻落实企业标准体系。友谊宾馆是名副其实的"处处有标准，事事用标准"：原料储存有标准、上菜有标准、摆台有标准、迎宾有标准，连办公室的电脑、桌椅、垃圾桶、茶杯等摆放都有标准……从宾馆老总到服务员，从一线到二线，从餐厅到后厨，每个人、每个岗位、每个部门、每个场所，都在自觉地按标准办事，都在严格地执行标准。

1．常分类

要求所有岗位、部门和场所把能看到的物品都按照"有用"和"不再用"分类，将不再用的物品清理归仓，把要用的物品数量降至最低安全用量。按使用时间的长短、使用量的多少分类，井然有序地存放，放在最容易拿到的地方。每样物品"有名有家"，贴有不同数字、颜色、形状，让任何人一看就明白的标签（标有类目、名称、存量、负责人、操作规程），保证在 30 秒之内能将任意物品放进和取出，即使该岗位员工离开，临时换他人也能准确操作。所有电器设备都标有使用时段、开关时间、负责人姓名。电源开关都有相应灯具的标识，不至于开灯时要将所有的灯都试一遍。垃圾箱、簸箕、维修工具等物品的摆放地点，都画有与其形状相符的醒目黄线。后厨的每个冰柜上都有标签，按蔬菜、鱼肉等原料分类、分格、定位存放。

2．常整理

所有用具、物品、设备、原料每次使用完毕，都必须立即物归原位，按类别、按原位摆放得井井有条。每过一段时间，对物品按要求进行一次整理。

3．常清洁

明确清洁卫生责任区，责任到人，制度上墙，保证酒店任何区域没有卫生死角，处处干净整洁，光洁明亮，纤尘不染。

4．常维护

体现在操作和管理的每一个环节。物品"四定"，即"定位、定量、定人、定期"。发现问题后，要么帮责任人将物品归位，要么提醒责任人及时整理。

5．常规范

宾馆制定各类标准 308 条，每一项工作都有一套详尽的操作流程与工作标准来规范。岗位职责和工作标准张贴在工作场所的墙面上，而标准规范通过"傻瓜模式"表现，一看就明白。实现岗位职责明确化（张榜式）、工作内容程序化（每日、每事必做）、员工行为规范化（"傻瓜式"）。

6．常教育

通过学习、教育、督导，使全体员工自觉养成"六常"习惯，形成定期培训、考核制度，每天下班前 5 分钟检查制度（"六常"实施情况，今日事今日毕），报表登记制度（用报表和数字说话，规定员工的工作和经理的检查，必须在相应的报表上有详细而准确的记录）。

友谊宾馆管理"六常"法的落实得力于一系列严格有效的制度和措施。宾馆将标准化列入"一把手"工程，总经理任领导小组组长，各部门经理为成员。设立标准化办公室，配备专职标准化工作人员。加强统筹规划、组织协调、指导监督，分岗位、分班组、分区域、分部门逐级落实，使标准化工作形成一个完整的体系。本着"谁主管，谁负责"的原则，出台"六常"法验收评估标准，建立以部门为主的层级检查网络，完善奖惩措施。从宾馆总经理到各部门、各班组、各员工层层签定目标责任书。质检部负责对宾馆各部门、各区域的标准化落实情况进行监督检查，每天通报标准落实检查情况，检查结果与部门经理和员工的绩效考核相结合。部门分区域设定检查卡 126 处，附带检查表。明确检查标准、责任人等，员工、领班、主管、经理逐级监督检查确认。针对查出的问题，各部门组织"对标自查整改"。定期对各部门标准化工作进行考核评比，先进者予以奖励，考核分数不及格的部门，责任人自动离职。通过责任到人，奖惩到位，确保标准化"六常"法管理的落实。

任务一　严字当头、科学管理

（一）严谨计划：树立共同愿景

（1）管理的首要职能是目标计划。人要有理想，企业要有愿景。管理就是三句话：做正确的事，正确地做事，把事做正确。管理的核心就是建立共同的愿景与目标。一个人在没有目标的情况下拼命奔跑是没有任何意义的，就像海洋中的大船首先是航标。一个组织必须有共同目标才能形成合力，没有共同目标不可能诱导出协作意愿。做任何事情都要"谋定而后动"。目标要分解成计划，计划就是为完成一个目标所做的工作计划表，内容包括：何故（为什么做）、何事（目标是什么）、何处（在哪里做）、何时（什么时候完成）、何人（由谁做，职责）、如何（怎么工作、衡量与奖惩）。

（2）领导的核心作用是总览全局。企业中各类人员的岗位职责是不一样的。基层员工是活在"昨天"的人，他们要有执行力，必须按照以前制定的规章制度办事，干紧急而又不太重要的事。中层管理人员是活在"今天"的人，必须随时解决当下出现的问题，干紧急而又重要的事，进行现场管理。他们要有转化力，使高层的目标能转化成具体明确的指令，上情下达、下情上达。高层领导是活在"明天"的人，要有前瞻力、预测力，思考不太紧急而又十分重要的事。领导的头等大事是战略指挥，即做正确的事情，忽视战略是小生产者的观念。领导要把方向、管大局、做决策、保落实。领导要集中精力抓大事、做实事、不出事，从烦琐小事中解放出来。领导要看别人看不见的事，做别人做不了的事，算别人算不清的账。领导之妙在于"管头管脚"，而不是从头管到脚。

（二）严密制度：建立管理标准

（1）制度意识。科学管理的核心是制度。管理一定要制度化，仅靠情感、良知维系一个组织是不够的，还必须运用制度的力量。制度是组织运行的一系列规则的总和，是特定的管理体系，长期运作会成为一种机制，使其竖能传代、横能复制。制度不是万能的，但没有制度是万万不能的。在管理中，规则比技术重要，制度比道德重要。好制度与环境是比个人素质更重要的东西。邓小平说："有好制度，坏人也干不了坏事；无好制度，好人也可能干坏事。"把制度立在前面，用制度管住人，让纪律成为"带电的高压线"。

（2）制度原则。对员工而言，"法无禁止即可为"，凡是制度未禁止的，都是允许的；对管理者而言，"法无授权不可为"，凡是制度未允许的，不可乱作为。

（3）制度特点。一要正式规范。标准格式，程序审核，形成文字。二要公平一致。对象没有例外，程序不容更改，标准不准变通，体系不能简化。三要执行有力。合乎人性，事前培训，领导率先。四要权变有度。处理灵活，平衡调整。

（4）制度内容。一是《员工手册》，它是企业的根本大法。二是组织机构图。三是岗位说明书。四是关于人、财、物等各方面的管理制度。五是每项工作的操作流程和规范标准。六是记录表单，把做的每一项工作详细地记录下来，便于检查、考核与奖惩。

（5）制度要求。一要科学。管理要制度化，但制度必须合理化：制度要符合客观规律、符合实际情况、符合人性人情。二要全面。管理要闭环，决策机制、执行机制、反馈机制和监督机制四方面的制度缺一不可；制度要与流程、表单配套；众多制度要协调互补，不矛盾、不冲突。三要细致。操作性的制度要具体、明确，尽可能细化与量化，使其具有可操作性、可检查性、可追踪性、可复制性。四要平衡。仅有制度管理绝对不是好的管理，过分强调制度会把人搞得很僵化。制度只能管例行，没法管例外。制度要与时俱进，动态平衡。修订制度要经过一定的程序。

（三）严格执行：没有任何借口

执行就是贯彻履行，承办经办，坚守操守。执行力就是人们按照特定的意志和目标贯彻下去并取得一定效果的能力。战略规划在于"做正确的事"，执行力在于"正确地做事"。有了计划，关键在于执行落实。制度不仅要有，而且执行要严。有令必行，令行必止。制度执行不严，等于没有制度。知道了，更要做到了。下大力气抓落实、抓执行。

（1）明确职权关系。在管理中，下级听谁的？有这么几种观点："谁大，听谁的""谁对，听谁的""谁与我关系好，听谁的""谁管我，听谁的"。正确的理念应该是"谁管我，听谁的"。但在管理中，经常会出现前面几种尤其是第一种情况，从而造成一把手直接指挥、越级指挥、多头指挥等管理混乱现象。正确处理好上下级关系，青岛海景花园大酒店认为要坚持六项准则：上级为下级服务，下级对上级负责；上级关心下级，下级服从上级；上级可越级检查，下级不允许越级请示；下级可越级投诉，上级不允许越级指挥；上级考评下级，下级评议上级；下级出现错误，上级承担责任。

（2）态度决定一切。认真做事，只是把事情做对；用心做事，才能把事情做好。手脚是靠大脑支配的，行为是由心理决定的。强化思想教育，始终把人的价值观念、工作态度的教育放在首位，坚守理想信念，补足精神之"钙"，筑牢思想之"魂"。基础在学，关键在做，学用结合，增强执行的自觉性、主动性和创造性。

（3）解码执行细节。把高端的愿望解码成执行的细节，要结合本单位、本部门的实际情况，将企业目标解码成每个岗位、每个人应该做的事情。上级要指导下级解码，下级要学会解码，将工作任务、操作流程分别落实到每一位员工身上。

（4）有效下达指令。工作指令要明确、清楚、完整，让下级五个"明了"：明了所做事情的目的、意义和目标；明了相关的制度；明了工作职责和权限；明了可利用的内外部有形、无形的资源；明了需要配合的相关部门、人员和权限。保证指令的统一性、一致性，不能经常变更指令，以免员工无所适从。下达工作指令时要提高下属接受指令的积极性。

（5）养成服从意识。对上级指令要坚决服从，没有任何借口。不要陈述不行的理由，要去寻找可行的办法。有制度，按制度办；没制度，按指示办；都没有，按先例办；什么都没有，"看着办"。

（6）细节影响成败。大事必作于细，难事必作于易。小事做透，举轻若重；大事做细，举重若轻。精细化管理时代，要讲精细、讲细节，要有绣花功夫、工匠精神。海尔集团总裁张瑞敏说：把每一件简单的事做好就是不简单，把每一件平凡的事做好就是不平凡。酒店有两个公式：100-1=0，100+1=满意+惊喜。这个1就是细节，要在"1"字上下功夫。

（7）养成汇报习惯。下级主动及时汇报工作，便于上级了解最新情况，使之放心，同时有问题便于随时修正。怎么汇报？尊重领导，伦理社会不可没大没小。不要提问题，而要有方案；不出"判断题"，要出"选择题"。汇报要实事求是、简明扼要，不可烦琐、啰唆，使人厌烦。上级怎么听汇报？让员工先讲，让下级学会动脑筋，善于把领导的意见变成下级的意见。领导要按组织系统听汇报，要善于听取各种不同意见。

（8）全程检查督导。执行要抓好三环节：班前准备，班中督导，班后检评。执行要抓住三关键：关键时刻、关键部位、关键问题。执行的要诀是：细节、细节、再细节，检查、检查、再检查。常抓不懈，持之以恒地抓早、抓小、抓细、抓常、抓长。

（9）学会诚实总结。学会每天晚上"过电影"，回忆、归纳、反思自己的工作。总结要三思而行，正思、反思、再合思。总结要实事求是，不要报喜不报忧，对自己多找问题，对下级与他人多看优点。

（10）敢于承担责任。坚持以上率下，强化责任担当，尽职尽责，奋发有为，真管真严、敢管敢严、长管长严。克服事事企求安稳、时时患得患失、处处畏首畏尾的情绪。遇到问题不回避，遇到困难不躲避，遇到风险不逃避。工作中有三种责任：一是领导责任，这是最浅的责任——道义责任。二是管理责任，管理有缺陷、制度不健全，做得不到位，领导应承担管理责任。三是直接责任，负全责。管理要做到有方、有力和有效，必须坚持责任制，落实领导班子的主体责任、纪委的监督责任和一把手的第一责任，才能形成层层担当、人人担当、共同担当的局面。

（四）严实督导：强化现场检查

（1）管理的一半是检查。完整的管理工作链，必须有计划、有布置、有检查、有反馈、有奖惩。没有监督，很容易产生无效管理；没有检查，管理就无从谈起；哪里没有检查，哪里就会出现问题；检查之后不处理，检查就流于形式。员工不会做你要求的，只会做你检查的。管理就是发现与解决问题的过程。管理者"要有一双发现问题的眼睛"，有问题不可怕，可怕的是查不出问题。检查只是手段，整改才是目的。发现与解决问题要三不放过：找不到具体责任人决不放过，找不到问题的真正原因决不放过，找不到最佳解决方案决不放过。

（2）质检要常抓不懈。质量检查是为了培养一种好的工作习惯。建立质检制度，理顺质检渠道，通过内部检查（如行政检查、职能检查、专职检查）、外部检查（如政府的消防、安全、卫生防疫部门的检查），自查、他查、顾客满意度调查与第三方的"神秘顾客"暗查等多种形式常抓不懈。海尔集团总裁张瑞敏说："管理是一项笨功夫，没有一劳永逸的方法，只有深入细致的反复抓、抓反复，才能不滑坡、上档次。现在抓到了，水平达到10，用不了多久肯定下落到8，或者下落到6；再抓，下次回落的时候就不会掉那么多了；逐渐就会非常自然地达到较高水平。"

（五）严肃评价：对标考核

（1）考核内容。一德：道德、品性、工作态度、敬业精神、进取精神、责任感、自觉性、积极性等。二能：学识水平、工作能力。三勤：纪律性、出勤率、人际关系、服务意识、合作性、礼节礼貌、仪容仪表等。四绩：数量质量、考勤守时、突出贡献。五廉：管人、管钱、管物的岗位须考核清廉。

（2）考核方法。在自考基础上，实行客人考核一线、上级考核下级、下级考评上级、平级相互考核、营业部门考核职能部门等全方位的考核。

（3）考核要求。事事有标准，人人要考核，个个被评估。考核必须客观公正，能量化的量化、不能量化的尽量细化。考核工作表现，少讲概念性的东西，要有行为的描述。考核要与教育结合，考核结果要与赏罚挂钩。

（六）严明赏罚：艺术运用奖惩

管理最终要落实到"胡萝卜加大棒"的物质与精神的奖惩上。坚持有责必问、问责必严，推动监督检查、目标考核、责任追究有机结合，以问责常态化促进履职到位。

（1）合乎民意。人的本性是"利之所至，趋之若鹜；害之所加，避之不及"。因此，"赏之以众情所喜，罚之以众情所恶；赏一人而万人喜，杀一人而三军震。"

（2）奖勤罚懒。奖罚与业绩挂钩，业绩好的多奖赏，业绩一般的少奖赏，没业绩的不奖赏，偷懒的必须惩罚。加大治庸治懒力度，防止干与不干一个样，干多干少一个样，干好干坏一个样。让忠诚、勇于担当、奋发有为、业绩突出者得到褒奖和重用，让阳奉阴违、阿谀奉迎、弄虚作假、不干实事者没有市场、受到惩戒。

（3）赏罚贵信。赏不可虚设，罚不可妄加。用赏者贵信，用罚者贵必。信赏必罚，其足以战。

（4）赏罚公平。赏不可不平，罚不可不均；罚之贵大，赏之贵小。

任务二　爱在其中，心本管理

案例 8-7　"海底捞"的员工对企业有家庭归属感[①]

　　"海底捞"关爱员工的做法给广大餐饮企业带来了诸多启示。① 住宿条件。给所有员工租住正式小区或公寓的两居室或三居室，不能是地下室，距离酒店单程走路不能超过 20 分钟。居室有 24 小时的热水和空调，安装无线网络与计算机，享受免费的专业家政服务。② 父母工资。海底捞鼓励员工把自己的工资寄一部分给家里，酒店每个月都会打电话到员工父母家里进行询问抽查。③ 建立员工父母探亲规定。工作满 1 年以上的员工，1 年内累计 3 次或连续 4 年被评为先进个人，该员工的父母可来酒店探亲一次，往返车票酒店全部报销，享受在店就餐一次，该员工还有 3 天的陪同假。④ 子女教育。海底捞店长的小孩每年有 12 000 元的教育津贴，使他们能够和城里的孩子一样受到同等教育。这大大鼓励了基层员工：只要我在这里勤恳地工作，我的子女就可以在城市接受良好的教育。⑤ 员工配股。海底捞实行"员工奖励计划"，给优秀员工配股。以西安市东五路店作为第一个试点分店，规定工作 1 年以上的员工享受利润为 3.5% 的红利。海底捞希望更多的员工通过磨炼，在 5 年、10 年后为企业担当一部分责任，独立管理一个店。

　　管理的本质是"爱"。管理不是为了让人们听从你的使唤，而是为了让人们懂得热爱人生，热爱工作，实现人的自我价值。仅有严字当头的制度管理，只能使员工进入"顺从"的低级阶段；同时进行爱在其中的人本管理与心本管理，才能使员工进入自动自发"自觉"的高级阶段。

（一）尊重人

　　（1）尊重人权。天赋人权，人都享有宪法和法律赋予的各种权利，包括生命权、获得及维护私人财产权、追求幸福权、受尊重权、自由权、知情权、话语权、参与权、平等权、隐私权等基本权利。生命诚可贵，健康价更高。以人为本，首先要以人的生命为本；科学发展，首先是安全发展；和谐社会，首先要关爱人的生命。漠视和践踏一个人付出的劳动，实际上是对其生存价值的否定。正如"如家"酒店集团总裁孙坚所说："一家不能保障员工经济权利，却高唱尊重员工的企业是虚伪的"，"员工首先要赚得一份心安理得的工资，然后才能谈得上尊重的环境。"

　　（2）尊重人格。尊重，就是尊敬、重视。"理"人，就是心中有人，看得起他。人格平等，关键是起跑线要平等、程序要公正。工作中，"各人事、各做主，两人事、商量办"。领导就是"我支持你做什么，而不是我指示（命令）你做什么"。美国著名心理治疗大师维吉尼亚·萨提亚说："我想爱你，而不用抓住你；欣赏你，而无须批评你；和你在一起，而无须伤害你；邀请你，而不必强求你；离开你，也无须说抱歉；批评你，但并非责备你；帮助你，而没有半点看低你；那么我俩的相会就是真诚的，而且能彼此润泽。"

　　（3）尊重人性。曾有人一语中的，击中了"服务业基层员工长期不受尊重，被顾客当牛马使唤，被上司当不知疲劳的机器使用，但就是没人认真把他们当人看"的丑陋现象。把企业仅看成是一块写满利润程序的主板，那是无法兼容人性的。其管理的结果之一，或是惨痛的失败，员工像"野蛮人"，难以驯化，总是在管理者目力不及的时候恢复原形；结果之二，或是悲痛的成功，员工像"机器人"，按照事先设定的程序刻板地回应顾客要求。企业要成为基于人性的企业，牢记并践行"员工是人"的理念，了解人性，把握人性，符

[①] 资料来源：马开良，杨柳. 现代厨政管理[M]. 北京：高等教育出版社，2010.

合人性。

（二）理解人

（1）了解人。"没有调查就没有发言权"，科学决策产生于正确认知，正确认知来自深入的调查研究，陈云说："领导者要把80%以上的时间用于调研。"一要了解事，二要了解人。管理要了解员工、了解团队；经营要了解市场、了解顾客。知人，要知面、知心，知德、知才，知趣、知型，知长、知短。要了解员工的个人情况（人口统计学信息，家庭情况、住宿远近等）、学识才能（学历、经历、阅历，专业培训、知识才华）、性格性情（内外向、长短处、优缺点）、兴趣爱好（专业技能、特殊才能）、发展潜能（今后会展现的长处、独特优势）、行为方式（干得如何、言行一致）、价值取向（为什么做、原因何在）、业绩表现（以往业绩）等方面的内容。当然，领导也要让你的员工与团队了解你自己，了解你的愿景、工作作风、个性特点。相互了解，才能更好地沟通。了解人，要全面，避免片面性；要看到人具有层次性、多样性、复杂性和内在矛盾性的特点，避免简单化、片面化、绝对化。

（2）善解人意。理解是爱的别名，没有理解就没有爱。丰富而深刻的亲密感不是来自原始的体贴，而是来自彼此心灵的沟通。使人感到孤独的真正原因并不是独处，而是没有人可分享自己的感受，找不到一个可以畅所欲言、无所顾忌的倾诉对象。善解人意就要设身处地，将心比心。许多矛盾来自误会，许多误会是由于沟通不畅。解决之道是沟通，而沟通之术是善解人意。

（3）谅解人。无事不找事，有事不怕事。遇事要理智分析，冷静处置，尽快补救，减少损失；不可大惊小怪或视而不见或曲意包庇。事情处置要既讲原则，进行批评教育、严肃查处；又讲感情，要爱护、宽容、理解、抚慰。

（三）培育人

1. 学习理念

（1）终身学习的理念。终身学习是指人在一生中，从生命之初持续到生命之末，即从摇篮到坟墓的一辈子持续不断地学习。它把人生分为两半——学习和工作（"充电"和"放电"）截然分开的传统观念和"学历社会"的终结。学习，让人生更精彩，让事业更成功，让生活更美好。毛泽东曾说："我们队伍里边有一种恐慌，不是经济恐慌，不是政治恐慌，而是本领恐慌。"从某种意义上说，本领恐慌是最根本的恐慌。不克服本领恐慌，经济恐慌、政治恐慌等一切恐慌会接踵而至；克服了本领恐慌，一切恐慌则无须恐慌，都能从容应对。"终身学习是21世纪的生存概念"，学习化是新世纪的最佳生存方式。我们处于一个多变、巨变、速变的信息时代，"未来唯一持久的优势，是有能力比你的竞争对手学习得更快"。学习，处处可学，时时能学，事事好学，人人皆学。把学习融入人生的每时、每事、每地，成为"全时空学习"，"无一事而不学，无一时而不学，无一处而不学"，做到生存学习化、人生学习化、工作学习化。

（2）学习是成功之母的理念。人不是生而知之，而是学而知之、学而能之、学而领先之。学习是进步的前提、成功的基础、超越的基石、自我思想的产床。古人说"失败是成功之母"，按照强化理论也可说"成功是成功之母"。但是不总结经验、不刻苦学习，成功或失败都可以成为失败之母。从本质上说，总结经验、持续学习才是成功之母。要让员工按"人才—人财"的正道方向积极转化，而不是在"人在—人灾—人害—人裁"的路上消极转变，关键之一是要持续学习。

（3）人品决定产品的理念。根据企业价值链理论，要让客人满意，首先要让员工满意；有了高素质的员工，才可能生产高质量的产品。因此管理中只有做到了"员工第一"，才可能使员工做到"客人第一"；企业让员工得到了满意，员工才会让客人获得满意；只有让员工忠于企业，才能使客人成为企业的回头客、忠诚客。

（4）企业是学校、领导是老师的理念。企业发展人才优先，人才发展培训先行。好企业一定是所好学校，好领导必定是个好老师。企业不仅是个生产系统，更是训练系统、教育系统，它不仅生产产品，更多的是生产人。人的习性是训练出来的，工作就是最好的训练，企业应该成为一个学习型企业。

2. 培训原则

培训原则是"干什么，学什么；缺什么，补什么；发展什么，培训什么"。带着问题学，急用先学，学用结合，学出成效。以用为本，以用论教。用，就是实际、实践，培训要联系实际，为实践服务；用，就要以学员为中心开展培训活动。

3. 培训方法

有一套正确的培训机制，有一个运作顺畅的培训组织，有一套激励人向上、向善的政策，有一支立德树人的训导师队伍，有必备的培训经费和设施设备，有一套适合不同员工、不同岗位、不同内容的培训方法。

（四）信任人

1. 多放手

（1）用人不疑，疑人不用。欧阳修曰："任人之道，要在不疑。宁可艰于择人，不可轻任而不信。"用人关键是信任，不疑关键是放手（放心、放权）。领导是"我支持你做，而不是我命令你做"；管理是管工作如何，而不是管如何工作。对人尊敬首先是信任。信任你的操守，就不会把你当贼防；信任你的能力，就会把重要的事情委托给你。人被信任了，才会有责任感。信任不是说出来的，而是做出来的。

（2）用人要疑，疑人要用。著名企业家王石说："在企业管理上，要在道德层面假定善意（是指以善意与别人相处），但在制度层面要假定恶意，从制度设计上防止人的'恶'性发作。当恶还没产生或欲望还没产生的时候，就将其抑制住，在未出现问题时明确监管，出了问题后按照这个制度去解决。"所以，疑人仍可用，用人也要疑。疑则问、问则管、管则治、治则约，制度约束就是减少人性"恶"的释放。信任的标志是放手授权，要掌握逐步授权、相机授权的艺术。信任是把双刃剑，用得好，能使人飞起来；用不好，会把人压垮。授权会导致滥用权力吗？可能会，但不能为了杜绝少数极端自私和道德不端之人，而放弃对绝大多数人的信任。权力不论大小，没有制约都会被滥用。制约权力，要把权力关进制度的笼子。

2. 多宽容

孔子曰："宽则得众。"居上不宽是管理者的致命伤。人有多大胸怀，就有多高境界；人有多高境界，就能干多大事业。人的胸怀有多大，事业就有多大；人的视野有多宽，道路就有多宽；人的素质有多高，层次就有多高；人的心情有多舒畅，经历就有多顺畅。宽容待下，理解、善解、谅解下属，使其感到亲切和温暖，在工作中发挥潜能，实现自我价值。

（1）容人。一个人是否成功，关键不在"力量"，而在"雅量"。一要容人之长。看人首先看优点与长处，善于发现闪光点；先看其长、后看其短；善于短中见长、正视长中之短。二要容人之短。扬长避（容）短，庸人变人才；舍长就短，人才变庸人。三要容人之过。"水至清则无鱼，人至察则无徒"，非原则性的问题，不必较真。四要容人之异。承认差异，承认个性，允许别人发表不同观点。不要轻易争辩，指责别人的错误。

（2）容言。纳言优于纳才，法治优于人治。纳才重的是人，纳言重的是言，并不注重人的身份。宽容源于对人的尊重：我虽然不赞成你的观点，但我坚决捍卫你发表观点的权利；我虽然不支持你的行动，但我坚决维护你合法行动的自由。决策过程中要各抒己见，善于倾听不同的意见，保证决策的正确性。

（3）容事。领导要推功揽过：有功不贪而退、有过不推而揽、有难不惧而上。

3. 多表扬

"人性的第一原则是渴望得到赞赏。"管理中的每一项措施要让员工感到"您重要"。肯定是一个人的力量源泉，只要你觉得他重要，他就会重要。领导者要有"一双发现员工身上闪光点的眼睛"，常发现、肯点赞、多表扬。好孩子是夸奖出来的，好员工是表扬出来的。表扬要真诚、具体、及时。

（五）激励人

1. 激励目的

管理就是激励人的工作积极性，实现其目标的过程。事业靠人，人要会做事、干成事，从主观因素分析—靠能力、二靠努力。让人做事的最好方法是让他自己心里想做，激发起他内心的渴望与动力，这样焕发出的力量才是最深沉、最持久、最巨大无比的。能力可以通过培训使其专业化，但不愿努力，能力不仅发挥不了，而且对事业会产生危害；如果施以激励，能力可成倍提高、潜力可充分挖掘。

2. 激励起点

有欲才有求，有求才有为；无欲虽无求，但也无为了。要明白：员工为什么跟着你？理由何在？他们图的是什么？怕的是什么？渴望的是什么？恐惧的是什么？要通过多种途径与方法了解员工的需求与追求，他们关心的热点、难点、痛点与堵点，从员工最希望的事做起，从员工最不满意的事改起。

3. 激励艺术

（1）先激后励，激励互动。激励就是"给他鲜花给他梦"。做之前，激发人的梦想、热情、动机、潜能与创造性；让人愿意干、想干、喜欢干、有信心干。做之后，及时给予奖赏和肯定，给他鲜花、掌声、奖金或提拔他。

（2）既有力又给力，心智激励。激励有两大任务，要两手抓、两手硬。一是点燃激情，心激励，激发人的情绪、信念、热情、自信、兴趣、动机。二是开发潜能，智激励，提高人的智力、智慧、能力与创造力。

（3）先保健后魅力，双因素激励。保健因素是"没有它不行"的避免不满意的因素，让员工有基本的工作与生活的物质条件。魅力因素是"有了它更好"的赢得满意，甚至惊喜和感动的因素，取决于精神心理上的激励。

（4）既物质又精神，综合激励。只有精神激励而缺少物质激励那是"愚民政策"，只有物质激励但缺少精神激励那是"害民政策"，激励措施要双管齐下，缺一不可。

（5）先我后他，相互激励。管理者首先要发动自我、激励自我。一个连自己也激励不起来的人是不可能激励他人的，没有自我激励就没有领导者的影响力和领导力，在激励自我基础上，再千方百计激励员工。

（6）激励凝聚，形成团队。一盘散沙难成大业，握紧拳头才有力量。"项链理论"告诉我们，每个人都是珍珠，团队精神是"一条线"，把一颗颗零散的珍珠串起来的团队才具有协同一致的力量。弘扬团队精神、增强团队凝聚力，激励是前提。在激励基础上凝聚，在凝聚基础上激励。缺少激励，没有凝聚力；缺少凝聚，组织就不是一个战斗的堡垒，而成了堡垒里的内斗。

（六）关爱人

人需要生理、心理、物质、精神等多方面的关爱。据调查，员工对领导的情感需求，排在前6位的是：偶尔拍拍我的后背，多听我说话，别总逼我，让我提点建议，偶尔笑一笑，问问我的感受。领导给员工更多的关爱，员工给企业更多的回报。良好的企业文化应该是：像学校一样培养价值观念，像军队一样奉行严格纪律，像家庭一样营造温馨气氛，像狮子一样领导团队。管理应该以人为本、以用为本、以能为本、以心为本。对员工进行全面、细微与有责任心的关爱，主要体现在六个方面。

（1）身心健康。生命诚可贵，健康价更高。关心员工的身体健康，高度重视劳动保护与劳动安全，进行健康知识的教育；关心员工因压力所造成的心理紧张和各种心身疾病，帮助员工进行心理调适。

（2）薪酬优厚。按照市场机制与本企业、本岗位的工作强度和工作要求，制定合理、公平、具有吸引力的薪酬制度。

（3）氛围和谐。既要创造一个安全、舒适、方便、优渥的工作、休息的自然物理环境，又要创造一个温馨、温暖、和谐的文化、人际、心理环境。

（4）职业发展。准确了解和把握员工需求，正确评价员工个人能力和潜力，指导、考评、帮助员工制定与实现职业生涯规划，为员工创造有施展才华、发挥能力的平台，有接受培训、提高本领、实现自我价值的发展空间，有获得成就感和自我实现感的工作。

（5）生活质量。要了解员工的现状与难处、需求与不便、痛苦与问题，关心、解决他们最现实、最直接的利益相关问题。不仅要关心员工的工作质量，更要关心他们的生活质量；不仅要关心员工的物质生活，也要关心员工的精神生活；不仅要关心8小时以内的工作，也要关心8小时以外的生活；不仅要关心员工本人，而且要关心他们的家属；不仅要关心现在，而且要关心未来职业生涯的发展。

（6）敢于担当。领导要从严要求下级，真心爱护下级。在下级努力工作时，又要形成尽责免责、创新容错机制，为担当者担当，为负责者负责，为干事者干事。

思考训练

研讨分析

案例8-8　要学"鞠躬尽瘁死而后已"，莫学"事无巨细事必躬亲"

《三国演义》中描述，刘备去世后，诸葛亮唯恐别人不尽忠职守，立了一条"罚二十以上皆亲览"的制度，一概亲自处理。作为国家的丞相，诸葛亮既抱西瓜又捡芝麻，从国家大事，如外连东吴、内平南越、整顿戎装，到工械技巧等到民间诉讼，他都事无巨细揽在身，结果忙得日理万机、筋疲力尽，以致"过劳死亡"，留下"出师未捷身先死"的千古遗恨。有人曾劝诸葛亮："治家之道，在于各司其职，如果凡事家主必亲躬，将形疲神困，终无一成。"但平生谨慎的诸葛亮没有听进去。

讨论：诸葛亮的管理与领导正确吗？为什么？应该如何科学管理？

操作实训

1. 组织学生到一家酒店做调研，通过"解剖麻雀"，了解该酒店的宴会部门的组织机构、岗位说明书、人员配置、用工安排与管理艺术等情况。
2. 根据某酒店的实际状况，画出该酒店的宴会组织管理机构图，写出宴会部门各岗位说明书。
3. 能正确地用多种方法合理排班。
4. 采用头脑风暴方式，研讨如何解决招聘一线员工难的问题。
5. 讨论员工的管理、激励与培训的方法与艺术。

项目九　宴会运营管理

学习目标

知识目标：

1. 认知宴会预订的各种形式和特点。
2. 认知客史档案的作用和内容。
3. 认知宴会产品价格构成和定价的方式、方法。
4. 认知宴会出品管理、宴会服务管理和宴会安全卫生管理的基本知识。
5. 认知各类大型宴会的运行特点。

能力目标：

1. 掌握宴会预订、确认、更改、取消和跟踪的操作流程。
2. 掌握宴会菜点价格定价方式。
3. 掌握宴会成本控制的各个环节与措施。
4. 掌握宴会服务与安全卫生管理的运行要点。
5. 掌握各类大型宴会运行要求、程序与操作规范。
6. 掌握大型活动的翻台程序与方法。

导入案例

杭州汪庄宾馆推出"领袖宴"①

新中国成立后，第一代国家领导人毛泽东、周恩来、刘少奇、朱德、邓小平、陈云、叶剑英等数十次来杭州，下榻地就是名闻遐迩的汪庄宾馆。伟人们下榻汪庄，自然也留下了不少食谱菜单，如南乳小方肉、绿茵烤田螺、玉树菜心等家常菜，蟹粉狮子头、雪笋炒鲈鱼、干菜扣肉、镜箱豆腐等江浙风味菜，还有小米粥、小煎饼、烤地瓜等传统的粗杂粮，更有招待金日成、胡志明、尼克松、蓬皮杜等外国贵宾时的珍味鳖裙、蟹粉汤包等名菜。

宾馆为了拓展市场，发掘自身的名人资源优势，在这些珍贵食谱菜单的基础上，精心策划并隆重推出了独一无二的"领袖宴"，再现当年伟人风彩。宾馆在每道菜旁都附有详细的文字说明，简介伟人们的各自口味和有趣典故。与普通筵席相比，"领袖宴"在制作上要求严格，既要保证味道可口，受大众青睐；又要忠于历史原貌，保持原汁原味。为此，宾馆特聘了当年曾为毛泽东服务过39次的特厨韩宝林及为邓小平、陈云掌过勺的名厨张建雄把关，并让他们传艺带徒。当客人们坐在依山傍湖、花木扶疏的领袖们当年就餐的环境里，享受着当年为伟人们掌勺的名厨烹制出来的菜肴时，不是人生一大快事吗？

---

① 资料来源：饶勇. 现代饭店营销创新 500 例[M]. 广州：广东旅游出版社，2000.

模块一　宴会销售管理

任务一　接洽宴会预订

（一）专人受理预订

宴会运营管理要以营销为龙头，以管理为基础，以服务为保障，以效益为中心。预订，也称订餐，即根据客人需要，接受并为其安排合适的用餐场所、烹制约定的用餐菜品。

1. 落实预订人员

宴会预订是一项专业性很强的工作，代表酒店与外界洽谈和推销产品，并负责与老客户保持良好关系，拓展开发新客户，通过业务活动了解市场信息，协助上级制定营销策略，以求达到酒店年度计划和预算收入目标。预订人员资质：① 工作经历。有餐饮工作经历、了解市场行情和有关政策。② 工作态度。有事业心和责任心，工作认真仔细，态度热情周到，讲究信誉，履行承诺，保持职业风范。③ 仪容仪态。气质高雅，服饰、举止符合礼仪。④ 公关技巧。善于沟通，长于交际，有亲和力，具有良好的洽谈技巧和语言表达能力。如是涉外酒店，还需具有较强的外语会话能力。⑤ 熟悉业务。了解本酒店宴会接待能力、各类菜肴的风味特色、各档次宴会标准售价等信息，并能根据客户要求做出调整。

2. 准备相关资料

为方便客人预订，根据酒店档次、经营风格、目标市场等因素，事先制定一套图文并茂、简明完整、色彩艳丽，具有观赏性和艺术性的，有不同档次、不同规格的宴会书面或电子资料（视频和 PPT，使客人能更直观地了解酒店的设施设备及菜肴的情况）。内容有：① 宴会预订记录簿。供客户挑选举办宴会的日期，避免与已经预订了该日期的其他客户撞车。② 宴会场所平面图。标有场地面积与层高的尺寸，表明舞台与出入口的方位及人行通道与卫生间位置等。③ 宴会台型布置图。场地布置、环境装饰和各种台型布置的实例图。④ 宴会菜单。各类不同费用标准的宴会菜单和可变换、替补的菜单，主要菜点和名酒的介绍及实物彩色照片。由行政总厨或厨师长提供。⑤ 宴会设备。提供所有标有规格尺寸与价格的设备设施清单。如属酒店赠送，要明确具体内容。⑥ 宴会合同。宴会合同具有法律效果，保障宴会举办方与宴会承办方双方的权益。⑦ 自带酒水安全及搭建动火安全承诺书。

（二）宴会预订方式

宴会预订形式多种多样，请进来、走出去，尽可能采用能直接与客人双向沟通的方式进行预订，保证信息准确和适时推销。无论客人采用何种方式预订，都要礼貌待客、态度热情、主动介绍、规范接待。

（1）电话预订。最常见、最方便、最经济的预订方法。程序：① 礼貌接洽。铃响 3 下以内接电话，礼貌问好，自报酒店与部门。声音清晰、柔和，音量适中，快慢有序。② 了解要求。询问客人预订要求。③ 介绍酒店。宴会标准、宴会场所、特色菜肴。④ 接受预订。将预订信息记录在宴会预订登记簿上，向客人复述一遍，加以确认。如因种种原因不能接受预订时，应婉转解释并致歉。⑤ 致谢挂机。预订结束感谢客人，待客人挂机后，方可挂电话。⑥ 填写表单。填写宴会预订文书。⑦ 通告信息。将重要宴会通知单发至有关部门。⑧ 跟踪联系。与预订时间较长、初次预订的客户保持联系，以防意外。

（2）面谈预订。应用最广、效果最好的预订方式，有客人临时上门预订与事先预约上门预订两种。程序：① 预约客户。约定见面日期、时间和地点。② 告知同事。如客户要求参观酒店，应事先检查厅室预订情况，避免参观时被占用，保持厅室清洁卫生。将预约上门客户的相关信息告知相关人员，便于做好接待服务，使客人来临时能感到被欢迎和被重视。③ 准备资料（详见上述内容）。④ 迎客问候。对于初次上门的客人，热情相迎，交换名片；对于再次上门的客人，直呼客人姓氏，使客人产生亲切感。引领客人到酒吧或会议室，请坐上茶，问清信息，询问要求。⑤ 推介参观。主动、详细介绍本店资料。一般宴会，不主动向客人推介厅房；高档宴会尽可能提供客人喜欢的宴会厅。解说场地平面图和多种平面摆设图。引领参观时，各岗位的主管应热情介绍。不带客人参观非服务性区域。⑥ 接洽商谈（详见商洽内容）。⑦ 确认预订。准确填写宴会预订表，请客人审阅，如无疑议，签字确认。重大宴会须签订格式合同，一式两份。未定事宜，应注明最后确认时间。预付定金，开具收据。⑧ 感谢欢送。

（3）销售预订。推销员登门拜访客户，既可宣传酒店、推销产品、扩大知名度，又能为客人提供方便。优点是直接接触、印象深刻，双向沟通、方便交流，纠正偏见、改善关系，了解要求、得到许诺，介绍情况、提供预订。缺点是成本费用较高、覆盖面较小、工作量较大。销售预订对大型宴会、大型活动比较有效。程序：① 收集信息。收集当地举办全国性、地区性、行业性的由政府机关承办的各种会议，大公司、外商机构和高校的庆祝活动、开幕式、周年纪念、产品推广会、年度会议等信息。② 计划准备。明确访问对象、目的，列出访问大纲，备齐各种资料，如菜单、宣传小册子、照片和图片等。③ 礼貌沟通。上门访问洽谈时，态度和蔼可亲，仪容仪表端庄，讲究沟通技巧，以引起客户的好感与兴趣。④ 商定预订。根据客人心理，善于把握时机，运用各种销售技巧，如代客下决心、给予额外利益和优惠等，签订预订。⑤ 跟踪联系。对初次预订客户、预订时间较长的客户保持联系，以防意外。

（4）智能预订。21世纪是信息时代，高新技术、信息网络运用到酒店经营管理中，网上预订、手机点菜埋单、电脑设置烹调方法、云上客户管理等将成为一种趋势。

（三）商定宴会内容

（1）确定宴会客户信息。预订人的姓名、单位名称、地址和联系方法（企业与联系人的电话、手机、电子邮箱、微信）；参加宴会总人数，重要宾客的饮食习惯、喜好禁忌（特别是宗教饮食禁忌），有无特殊要求；有无司机、演员及其他人员用餐方式与标准等。

（2）确定宴会举办时间。日期要具体到日、星期×，时间要细化到大型宴会场景布置进场时间、开宴时间，宴会持续时间、宴中祝酒辞、演出的起止时间、宴会结束时间等。如会议后用餐或连续有宴会，必须预留1小时的翻台时间。

（3）确定宴会举办地点。要具体落实到某个宴会厅房，以免发生场地重复预订事故。

（4）确定宴会桌（人）数。人数是厨房准备食材、烹饪和就餐的重要依据。明确宴会准确桌数，最迟必须在宴会活动前24小时确认。厘清3个桌数概念：① 预订桌（人）数：由客户提供、酒店应做准备的意向桌数（铺台后、开宴前需上冷菜）。② 保证桌（人）数：客户要求酒店必须保证用餐的桌数。③ 备用桌（人）数：客户因大型宴会人数众多较难控制，酒店将按超过预订人数的10%的桌数准备餐位和食物（铺台摆位，而不必上冷菜）。

（5）确定宴会餐费标准及收费规定。确定宴会消费总额、人均消费标准、每桌价格标准，是否包括酒水费用，是否包括服务费及其他费用，预付定金细则等。不同消费情形下的宴会桌数收费规定：① 当出席人数低于保证人数时，按保证人数全价收费。经与酒店协商，未消费的桌数，顾客可于2周内补消费，而不再付费。② 当出席人数超过保证人数而未到预定人数时，按实际提供的膳食份数全价收费，剩余部分按半价收费或收取冷菜部分的费用。③ 筵席采用 10 人制标准，如客户要求每桌增加人数，按人均标准收费；如在某几桌里增加 1～2 人，有位上菜的按人均标准收费，围餐式的可酌情收费或不收费，视酒店与客户的关系而定。④ 备用桌数未消费，不收取任何费用；如消费则按实际桌数全价收费。

（6）确定宴会举办形式。确定宴会是围餐式宴会、位上式宴会，还是自助餐式宴会，因为三种宴会形式的餐台布置、菜单、出品和服务方式都是不一样的。

（7）确定宴会菜单。或提供宴会标准菜单，请客人挑选并确认，或协商定制专用菜单；是否需要调整某些菜肴，有无其他特殊情况和特殊要求。

（8）确定宴会酒水。餐标一般不含酒水饮料。明确酒水的品种、品牌、规格与价格。若客户提出赠送酒水，要在合同里注明品种、品牌与数量。为安全起见，不准携带外食。酒店若同意客人自备酒水，应签订酒水质量保证书，可酌情收取酒水服务费或免收费。

（9）确定宴会赠送项目。婚宴达到一定桌数赠送使用活动舞台、音响设备、新娘化妆室，主桌蛋糕、香槟与酒水饮料等。若赠送婚房数晚，确定后协助办理相关用房手续。

（10）确定宴会活动程序。有无开场仪式、祝酒词、音乐或文艺表演、电视转播、产品发布、接见、会谈、合影、采访、鸡尾酒会等活动及其要求。

（11）确定宴会场地布置。① 委托酒店布置。酒店按照客户宴会台型设计布局、宴会舞台或背景墙、会标、色彩与文字要求设计布置方案，经客户同意后进行布置。酒店收取设计费和布置费用。这些内容均需写进宴会合同。② 客户自行布置。客户自行搭建舞台和现场装饰需要使用电焊、风焊时，要按照酒店消防制度签署安全承诺书，明确客户责任（以备在发生安全事故时，酒店可规避责任风险，向客户进行索赔），并收取预防设施损坏保证金，宴会结束后，经酒店专业人员检查确认相关设施没被损坏后，退还保证金。进场布置及电路配置应提前一周告知，以便配合。施工时必须有酒店保安部、工程部的员工在现场监督指导。

（12）确定设施设备使用要求。酒店免费提供音响设备和话筒。若客户使用酒店 LED 屏幕与投影仪屏幕，需提供播放的影像资料，需知晓使用价格。若客户有演出自带设备，请客户告知设备电力总功率，设备插口接头型号规格，酒店应告知电费支付标准。筵席台面装饰物由酒店免费提供，舞台鲜花绿植费用由客户承担，告知绿化品种与价格。客户因活动运来的各项器材及物品，酒店仅提供场地放置，不负看管责任。宴会所需各项电器设备，需事先协商安装事项。电费依现场实际配线情况及用电量收费。一般小型电器可以直接使用宴会厅中所设置的插头。大功率电气设备不得私自使用宴会厅现场的普通电源插座，必须由酒店工程部另行铺设专用线路，客户不可擅自安装电路，以免造成危险。

（13）确定会场安全要求。布置会场时，严禁使用钉枪、双面胶、图钉、螺丝等任何可能损伤会场装潢及设备的物品。布置花卉时，要将塑料布铺设在地毯上，以防水渍及花卉弄脏地毯。宴会场所不得燃放爆竹、烟花等易燃物，也不得喷洒金粉、亮光片等吸尘器无法清除的物品。不准带入如瓜子等有壳类食品，造成宴会厅地毯不易清理。活动结束以后，应保持会场完好，如损坏酒店装潢或器材设备，客户需负赔偿责任。

（14）确定付款方式。商定付费方式（支票、刷卡、转账、现金）与日期限制。收取定金或预付款，开具收据，宴会结束后，凭收据抵扣宴会总费用，再开具正式发票。

（15）确定宴会指示立牌。酒店免费为客户提供指示立牌，以指引客人前往宴会厅。客户提供举办宴会的单位或个人的准确名称。

（16）确定各种细节要求。行动路线：汽车入店的行驶路线、停车地点、贵宾入店专用通道。礼宾礼仪：VIP 客人的红地毯、总经理的门前迎候、服务人员的列队欢迎、礼仪小姐的迎送献花等。有无宾客席次表、座位卡等。

（17）做好大型活动备案工作。国家规定如举办 500 人（各地情况不同）以上的活动，必须向当地公安机构备案；备案同时，做好大型活动应急预案。宴会如有国家重要领导人出席或有著名社会人士及影视娱乐名人参加，必须向当地公安机关报备，以利公安机关做好领导安全保卫与粉丝聚集防范工作。

（18）明确违约责任与赔偿。客人因故取消预订，应在规定的时间内通知酒店，若超过时间（如宴会前一天内）定金不予退还，有的甚至还要收取一定比例的宴会费用作罚金。酒店因故更改宴会预定时间和地点，必须事先征求客人意见，更改后的标准和条件应有一定的优惠并满足客人的需求；酒店因故取消预订也应赔偿两倍的定金费用。

（19）用公司或单位名义在合同上签字时，签字人必须拥有相应权力；否则由当事人承担本合同责任。

（四）确定宴会预订

1. 填写宴会预订文书

（1）宴会安排日记簿。一般筵席与小型宴会无须签订宴会合同，只需填写宴会安排日记簿。没有确定的宴会预订用铅笔写，便于修改；确定的宴会预定用水笔写。

（2）大型宴会预订单。填写内容详见案例 9-1。

案例 9-1　××酒店大型宴会预订单

预订日期		年　月　日　星期　　　　时　　　分		预订人		
客户地址				联系方式		
宴会名称				宴会类别		
预计人数			最低桌数		结账方式	
费用标准			每桌餐标		预收定金	
具体要求	宴会菜单				宴会酒水	
	宴会布置	台型				
		主桌				
		场地				
		设备				
确认签字				承办人		
跟踪处理				备　注		

2. 签订宴会合同

大型宴会、重要会议必须签订宴会合同，一式两份，经双方签字盖章后生效。合同主要内容有：宴会预订单位名称，预订人姓名，联系方式，宴会时间、地点、人数（含备用人数），宴会形式，餐费标准，宴会菜单，酒水饮料，装饰布置，特殊项目，赠送项目，付款方式（含预付款内容），违约责任等。各项内容经双方商洽后，由宴会销售员填写标准格式合同，签名后报上级审核。加盖酒店宴会销售部印章，请客户签字，盖企业公章。

3. 收取宴会定金

为保护客我双方权益，酒店要求客户预付定金，并对双方违约时的定金处置做出约定。定金一般不超过宴会总费用的 20%。如在原来预约宴会的客户付定金之前，另有其他客户欲预定同一宴会厅场地，接待人员应打电话给先预约的客户，询问其意愿，如果客户表示确实要使用该场地，就必须请其先缴付定金，否则将让与下一位想预约的客户。

任务二　实施宴会计划

（一）下达宴会任务

1. 填发宴会任务单

为方便、快捷地向酒店各个相关部门下达宴会任务，制作一份格式化的宴会任务单。任务单内容参照案例 9-2，详尽填写，没有遗漏，字迹清晰。填写完毕，经审核批准发送到酒店各个相关部门，各部门签收后，销售员复印存档。

案例 9-2　××酒店宴会通知单

发文日期	年　月　日		编　号	××××××	审批人	×××
宴会日期	×××年××月××日星期×		定金金额	××××元	收据单号	××××
宴会名称	×××××××喜宴		付款人	×××	付款方式	
宴会时间	17:00—20:00		客户名称		联系方式	
特殊要求	如需用刀叉的西方客人，有回族人、素食主义者等					

类型	地点	形式	标准	保证数	预估数	海报内容
结婚喜宴	国际宴会厅	围餐式	每桌 3000 元	50 桌	55 桌	××××××××

	西餐厨房	准备婚宴仪式用三层蛋糕		宴会部	宴会现场摆设： ×月×日×时花商进场布置；舞台中央是西式行礼台，右方置司仪台，左方置蛋糕桌与香槟台；主桌 1 桌 24 位，银餐具；客人自备香烟喜糖；场地布置图
各部门工作要求	中餐厨房	准备宴会菜单如下： ×××××××××××××含各道菜的大中小分量。 出菜：11 月 6 日 17:30 上冷菜，18:30 左右，根据客人要求上热菜			
	酒吧	准备酒水饮料	客房部	提供豪华套房一间，×月×日入住，×日退房	
	保安部	×月×日×时后协助花商进场布置；客人要求当日派员至会场保护礼金；当日宾客人多，疏导人流	工程部	行礼台话筒 1 支，司仪台话筒 2 支；准备配合各项程序的音乐播放	
	花房	客人自请花商布置，请多配合	美工	厅门口赠送喜宴冰雕一座	

预订业务员		附件	宴会台型图	备注	
发送部门	总经理　　餐饮部　　宴会部　　财务部　　工程部　　客房部 西厨房　　中厨房　　管事部　　餐厅部　　保安部　　采购部 花房　　美工冰雕　　其他				

2. 填写其他项目单

（1）自带酒水质量承诺书。

（2）动火单。详见确定宴会场地，布置签署安全承诺书的内容。

（3）出门单。客户在酒店活动结束时需要带走自带的大型物品，餐饮部开具出门单。

（二）宴会跟踪协调

（1）宴前跟踪。确保宴会按要求如期举行。① 客户方面。对宴会预订中尚未确认事项的客户，主动及时联系加以确认；对提前较长时间预订的客户，每隔一段时间主动与客人联系，以免发生变更。大型宴会举办前一周，再次确认宴会有无变更事项，若无变更按要求下达任务书；若有变更，及时通知各相关部门。② 酒店方面。仔细检查各项工作落实情况。

（2）宴前检查。大型宴会开始前一小时做宴会最后检查。检查内容详见模块七的内容。同时，请客户相关负责人提前到达检查，若有不满意之处，可立即协商更正。

（3）宴中协调。宴会进行时，负责酒店与客户之间的联系，保证宴会顺利进行。

（4）宴后追踪。宴会结束后，销售人员拜访或打电话给客户表达感谢之情，并追踪客户对此次宴会的满意度及酒店所需改进之处。如客户负面反馈较多，有误解之处可及时解释清楚；若情况属实，则诚恳道歉并努力改进。如客人反映的是正面的内容，可作为日后推广宴会的卖点。所有追踪信息均应记录在客史档案，为客户下次光临提供针对性服务。

（三）宴会预订变更

（1）宴会预订更改程序。① 热情接待。客户用电话或面谈要求更改订单部分内容，要热情接待，决不能怕麻烦、讨厌客户。② 认真记录。详细了解、记录更改项目、更改内容与处理方法。③ 确认变更。向客人说明有关更改后的处理原则，确认变更信息，填写《宴会更改通知单》。向客人表示感谢。④ 检查落实。将《宴会更改通知单》迅速送至有关部门，请接受者签字。检查更改内容的落实情况和更改后费用收取等事宜。

（2）宴会预订取消程序。① 问清原因。问清取消预订原因，力争挽留客人。如是大型宴会、大型会议等取消预订，应立即向经理报告。经理有责任与顾客沟通，对不能为其服务表示遗憾，希望以后有机会合作。② 记录原因。在该宴会预订单上盖上"取消"印，并记录取消预订日期和要求、取消人姓名以及预订员姓名。抽出该宴会预订单放到其他规定地方。③ 定金处理。按合同规定处理。④ 通告信息。填写《宴会预订取消通知单》，并及时通知各有关部门。

（四）酒店各相关部门落实宴会任务单

（1）餐饮部。组织本部门的餐厅部、厨房部（冷菜/烧烤/切配/炉灶）、管事部、库房等主管召开宴会预备会议，布置宴会准备工作，并协调相关部门工作。

（2）工程部。布置搭建配合、音响设备与电源配合等工作。

（3）保安部。做好当日车辆停放、现场保障、客户搭建的消防安全工作。

（4）营销部。安排美工做好指示立牌、会标等制作工作。

（5）客房部。布置PA做好宴会厅及周边公共区域与卫生间的保洁工作，布草房做好宴会当日的布草准备工作。

（6）行政部。做好车辆使用调度工作。

（7）财务部。开具预收定金收据。根据任务单上的客人付款方式，做好在宴会当日向客户收取宴会费用和开出发票的准备工作。

（8）人事部。做好人员调配工作，支援餐饮部的宴会运行工作；或向社会劳务公司租用临时工作人员。

（五）建立宴会客史档案

大型宴会、高档宴会、VIP宴会要建立宴会客史档案。内容有：预订资料（为以后业务提供历史资料）、宴会菜单（了解客人对菜肴的喜好，客人再次光临时可作参考）、服务人员（记录、考核员工工作状况）、营业收入（有利于做好每月宴会业务表，有助于分析宴会的收入和成本，使今后的宴会预算有一个数字依据）、员工反映（这是内行的反映，有现实意义）、客人反馈（负反馈可指出需要改进的地方，正反馈将增强服务人员的信心）、其他信息（如企业的周年庆典日、常客生日等，便于有目的地进行销售）等。

模块二　宴会成本管理

任务一　宴会产品定价

（一）宴会成本分析

（1）宴会产品价格构成。宴会产品价格=原料成本+费用+税金+利润。① 原料成本：由菜肴主料、辅料和调料等食材组成。② 费用：包括人工成本、管理费用、经营费用、财务费用等。③ 税金：包括营业税、城建税、教育费附加等。④ 利润：一定时期内营业收入减去成本、费用和税金后的余额。⑤ 毛利：餐饮产品价格中费用、税金和利润构成的部分，毛利=销售价格-产品成本（原料成本）。⑥ 毛利率：毛利在价格中所占的比例，毛利率=毛利÷销售价格×100%。毛利率的高低直接反映宴会的经营管理水平。

（2）宴会成本构成。① 原料成本。原料采购价格的高低、涨发率及出净率的多少直接影响菜品的成本及售价。原料成本率一般占40%左右，宴会原料成本率应低于普通餐饮原料成本率（注：企业团体单位宴会或私人婚宴等，客户一般都会提出优惠与赠送的要求，因此，酒店会要求厨师长将此类宴会的成本率控制在低于普通宴会（单桌或数桌）5%～10%，用于支付赠送项目的费用）。② 人工成本。宴会经营中所耗费的人工劳动的货币表现形式包括工资、养老金、失业金、医保金、公积金、住房补贴金及员工各种福利补助等。不同档次规格的宴会其人工成本是不一样的，除高档宴会外，从绝对值上来说，普通宴会尤其是大型普通宴会的人工成本相对低一些。普通宴会的服务员一般是一人一桌，普通大型宴会是一人多桌。同样，厨师的技术等级较低、人数较少（每位厨师可烹制10桌及以上，如50桌的婚宴只需数位厨师即可，故酒店的宴会厨房大多不配厨师或只配1～2位做宴会准备工作的厨师），如现在流行的婚礼会所和专做婚宴年会的餐饮公司等。③ 生产成本。宴会经营中的各种费用，如水电费、燃料费、设施设备、物料用品费、洗涤费、办公用品费、交通费、通信费、器皿损耗费、贷款利息等。宴会的生产成本高于普通餐饮生产成本。④ 销售成本。宴会菜品销售中的费用，如公关费、推销费、广告费等。

（3）宴会成本分类。① 变动成本，指成本总额随着业务量的增减变化而成正比例增减变化的成本。但是，其单位业务量的成本保持不变。在产品制造成本中，直接人工、直接材料都是典型的变动成本。② 固定成本，指成本总额在一定时期和一定业务量范围内，不受业务量增减变动影响而保持不变的成本。③ 可控成本。在短期内可以控制、改变其数额的成本，又称变动成本，如原料成本、人工成本，水、电、燃料费，低值易耗品，修理费，管理费，广告和推销费用等。④ 不可控成本。短期内无法改变的成本，又称固定成本，如折旧费、税费、贷款利息、租赁费等。

（4）宴会成本变化。据上海餐饮烹饪协会统计，酒店经营面临着"四高一低"的变化，即房租价格高、人工费用高、能源价格高、食材成本高、利润越来越低，这将成为酒店不可逆转的负担，同时还要承担食品安全、消费者投诉、媒体曝光的风险。因此，宴会成本控制显得尤为重要。

（二）宴会产品定价

1. 定价策略

（1）有目标。宴会价格是以酒店的市场定位来确定的，即是做高端人群，还是做大众百姓。这可以市场上同类品质酒店的市场价格做参考。根据宴会产品质量及市场竞争水平来决定不同宴会的销售价格。宴会价格要接近宴会市场的竞争价格。

（2）有标准。以根据酒店定位制定的宴会综合毛利率来定价。市场定位确定了宴会的价格范围，综合毛利率确定了宴会的食品成本和食材的选用。宴会毛利率太低，没有盈利；太高，缺乏竞争力。高星级宾馆、高档次宴会、高质量菜肴、高规格服务的毛利率较高；酒店独家创新特色宴、工艺复杂、技术性较强、名师主打的筵席毛利率较高。商务宴、公司宴比私人宴毛利率高；一般客户比常客户宴会毛利率高；西餐宴会比中餐宴会毛利率高；旺季宴会比淡季宴会毛利率高。毛利率在一定时期内应保持相对稳定，不能频繁做较大幅度的调动，否则有失酒店信誉。

（3）有策略。宴会定价要灵活。酒店需要争夺或扩大市场占有率时，宴会价格要略低于市场的宴会价格；酒店要显示宴会特点及质量，树立企业形象时，可将宴会价格定得高于市场宴会价格或高于竞争对手同档次的价格水平。对老客户的照顾、团体宴的优惠、新产品的开发等方面可区别对待。如开发新的宴会品种，其他酒店暂时没有或无法仿制（如满汉全席），在其价格无法相比的情况下，其毛利率可高一些。忠诚客户或桌数多、规模大的宴会，毛利率可低一些，可采取打折销售或赠送各种优惠等方式刺激客人消费。

2. 定价方法

（1）计划利润法。计划利润法即目标食品成本率，是酒店为获得预期的营业收入扣除营业费用后，获得一定盈利而必须达到的食品成本率。目标食品成本率可以通过分析上期营业记录或通过对下期营业的预算得到。

（2）贡献毛利法。宾客除了需支付其筵席菜肴的成本，还需平均分摊酒店的其他费用，如设施设备、环境气氛。可对酒店的营收进行预测，再确定每桌筵席菜肴对毛利的贡献。

（3）分类加价法。各类筵席的获利能力不仅应根据其成本高低确定，还需根据其销售量大小确定。不同标准的筵席菜肴使用不同的加价率，因而各种筵席的利润率高低是不同的。根据经验，高成本的菜式应适当降低其加价率，而低成本的菜式可尽量提高其加价率。

（4）售价毛利率法。这是根据筵席菜肴的标准食品成本和售价毛利率来计算筵席销售价格的定价方法。此法以筵席菜肴的售价为基础，即100%，从中扣除预期毛利所占售价的百分比即售价毛利率，剩下筵席菜肴成本占售价的百分比，又称内扣毛利率法。

（5）成本毛利率法。这是根据筵席菜肴的标准食品成本和成本毛利率来计算筵席销售价格的定价方法。此法以食品标准成本为基础，即100%，加上毛利占标准成本的百分比即成本毛利率，再以此计算筵席菜肴的销售价格，又称外加毛利率法。

（6）跟随法。这是以其他同类酒店的价格水平为依据，对筵席菜肴进行定价的一种方法。但盲目使用会忽视食品原料成本，容易造成亏损。

在实际定价过程中，应综合考虑以上方法。常用筵席价格定价，可先确定产品轮廓与价格，然后按预算营收的边际贡献确定外加毛利率或内扣毛利率，再来确定具体菜肴的主、副料的配比。

案例 9-3　"水晶虾仁"中的管理学[①]

上海静安宾馆的水晶虾仁蜚声海内外，数十年盛名不衰。上海数以千计的宾馆、酒楼，几乎家家都有炒虾仁这道菜，何以静安宾馆能够一枝独秀？其秘诀是管理。

（1）进料管理。水晶虾仁看起来透明度高、亮度足、大小均匀，尝起来脆度大、弹性足、味道鲜美，原因在于虾仁原料与加工工艺。虾仁取材于我国著名的产虾地——江苏高邮，每年六七月是捕虾黄金时节，鲜虾不仅质佳，而且价廉，如果错过这一时机，虾产量锐减，且肉体欠饱满，价格反而上涨。宾馆为降低成本、保证质量，采用集中采购方法。但那么多虾储藏在哪儿？宾馆决定添置一台大型冷藏柜，虽然一次性投资极大，但从长远来看可节约不少资金，也保证了原材料的质量。

（2）加工管理。为保证虾仁大小均匀，有着极其严格的定量标准。虾仁分大小两种，大的每 500 克 120 粒、小的每 500 克 150 粒，小于这一标准的一律不用。大的用于高档宴请，小的用于零点便席。清洗虾仁也有窍门。虾仁十分娇嫩，对水温要求甚高，水温稍偏高，也能导致虾仁变色，色泽和口感受到影响。所以清洗时，在水中必须放数块食用冰降温。上浆也很关键，浓度、时间大有讲究，太早或太迟，一次上浆过多或过少都会严重影响质量。

（3）价格管理。宾馆执行"看家菜低利出售"的规定，薄利多销。水晶虾仁是宾馆的看家菜，但并非是盈利"大户"，策略是以名菜带动副菜，以副菜创造效益。酒店每道菜的价格实行严格的成本核算，然后报计财部审核，经总经理批准后才能出台。

任务二　宴会成本控制

（一）原料成本控制

（1）菜单设计控制。根据原料的产地、季节、采购渠道、价格、主辅料的配备等因素，掌握每个菜肴的成本核算，对原料的毛拆净率、成本毛利率、售价的核算烂熟于心，设计各式标准菜单。若更换菜品，应在原料成本范围内更换。

（2）原料采购控制。原料采购坚持三原则：品质保证、价格公道、保障供应。应制定每一原料采购质量的规格和标准，如品种、产地、产时、品牌、等级、大小、个数、色泽、肥瘦比例、分割要求、包装、部位、规格、营养指标、卫生指标及新鲜度等。文字表达精练准确，避免使用含糊词语。严格按采购规格书采购各类菜肴原料；没有制定采购规格标准的原料，应以方便生产为前提，选购规格分量相当、质量上乘的物品，不得购进残次品原料。采购的所有原料其形状、色泽、水分、重量、质地、气味、成熟度、食用价值等均要符合宴会的菜品要求。采购要商户报价、市场询价、最终定价。要货比三家，以尽可能低的价格获得尽可能好的原料。验收人员要经常了解市场行情，认真核定进料价格，把好价格关。如发现供货价格明显高于市场，应及时阐明原因，或拒收、或按企业有关规定处理。缩短和优化原料供应链，减少中间环节。为减少占用仓库、防止盗窃、节省劳力，可合理确定各种原料的采购数量。根据酒店宴会量、资金情况、仓库条件、原料特点、市场供应状况等因素，定出最高库存量与最低库存量，既保证原料的正常使用又不会造成积压。

（3）物流运输控制。运输过程中，要做到生、熟分开存放；易变质的原料应用冷藏车运输，或尽量缩短运输时间，保证原料不变味、不变质；鲜活原料要保证空气流通，水产原料要给水充氧，确保成活率；装运原料的运输车、箱及容器每次要冲刷消毒，防止交叉

[①] 资料来源：王大悟，刘耿大. 酒店管理 180 个案例品析[M]. 北京：中国旅游出版社，2007.

污染。

（4）验收检查控制。严格依据采购规格书的标准，对所有原料进行全面仔细的检查，并正确填写进货日报表等有关表单。采购没有制定规格书的原料、或新上市的品种、或对质量把握不准的，要随时约请专业厨师进行认真检查，确保验收质量。对不符合要求的原料，应坚决拒收。检查验收内容：① 索取证照。② 数量。交货数量与订购数量、发货单原料数量是否一致，价格与报价是否一致。可数的原料必须逐一清点箱数、袋数、个数，计重原料必须逐件过秤。③ 质量。认真验收商标、产地、颜色、质地、鲜活程度、保质期、气味、规格、含水量、卫生状况等质量标准。整箱原料进行抽检。④ 价格。购货发票上的价格与供应商的报价、采购订货单上的价格是否一致。⑤ 保质期。要查看食品与酒水饮料的保质期。食品原料尽可能在保质期内使用完，酒水饮料一般是采用先使用后结账付款的押一付一的方法。在保质期快到时，仓保员和采购人员必须提前通知酒水供应商，调换这批保质期即将到期的酒水饮料。

（5）仓储保管控制。建立原料储藏保管、进库、出库、领料制度，食品原料变质、变味及过期食品的报废制度。各类干货库、冷藏室、冷库要符合安全、卫生要求，整齐、干净、通气、无虫害与鼠害。定期检查并记录各种设施设备的温湿度，温度分别为：干货库房18～22℃，酒水库房14～18℃，冷藏库0～4℃，冷冻库-15～-20℃。应有专职仓库保管人员，控制有权进入仓库的人员，专人保管钥匙，定期更换门锁。根据原料性质、贵重与否、存放时间及要求，分门别类、有序地分库保存，便于查找、补充、分发和保证质量。储存时间较长的水产品、肉制品等放入冷冻冰库，储存时间较短的原料放入冷藏库。海鲜类控制在-1～-3℃，奶制品与肉类控制在0～4℃，蔬菜食品控制在4～6℃等。入库的每批次的原料都应注明进货日期，坚持"先进先出"的原则，及时检查、清理、调整原料位置，始终保持清洁、卫生、安全，减少原料的腐烂或霉变损耗，防止发放不合格或变质原料。加强厨房已申领并暂存小库房（周转库）的原料管理。

（6）申领发放控制。建立申领制度，如领料单制度、专人领用制度、申领审批制度、领料时间与次数规定等。严格按制度领取原料。领料一律填写领料单，填写规范，字迹清楚。领料单必须一料一单。经审批后由专人领用，只准领用宴会菜肴加工烹制所需实际数量的原料。未经批准，不得领用任何菜肴原料。仓库保管员要仔细核实领料单，按照原料分类找到其存放位置，在永续盘存卡上正确填写发放日期、数量和现存量，并记录好领料单号码。最后逐项发放原料，并在领料单上签字以示原料付讫。

（二）菜品成本控制

（1）加工环节控制。原料加工直接关系到菜肴成品的色香味形及营养、卫生状况和成本控制。粗加工是对冰冻原料解冻，鲜活原料的宰杀、分拣、洗涤和初步整理以及干货涨发。深加工是对初加工的原料进行切割成形和浆腌。大型酒店由切配中心负责，普通酒店由配菜组负责。对成本较高的原料要进行加工试验，以确定最佳的加工方法。原料加工数量应以销售预测为依据，以满足生产为前提，留有适当的储存周转量。制定加工标准，如原料用料的加工数量、质量标准、干货的涨发标准、原料的出净率标准、刀工处理标准等。严格执行加工操作程序，保持食品原料应有的精确率。

（2）配料环节控制。原料要物尽其用，遵循"整料整用、大料大用、小料小用、下脚料综合利用"的配料原则，降低原料成本。制定配料标准，如用料品种、数量标准，主料、配料的投料量配制标准。根据标准食谱将菜肴的主要原料、配料及料头（又称小料）组合，供炉灶烹调。保证同样的菜名其原料配伍必须相同。配料人员必须养成用秤称量、论个计数的好习惯，而不能凭经验随手抓料，严禁出现用量不同或过量或以次充好的情况。每份菜肴的主料、配料、料头配放要规范，三料三盘。制定配菜工作程序，健全出菜制度，加强标准食谱培训，加强监督检查，严防和杜绝配错菜（配错餐桌）、配重菜和配漏菜现象发生。

（3）烹调环节控制。"鼎中之变，精妙微纤"，烹调是决定菜肴的色泽、风味、形态、质地质量和出菜节奏的关键。如烹调控制不力，会造成出菜秩序混乱，菜肴回炉返工率增加，客人投诉增多。加强对烹调厨师的操作规范、烹制数量、出菜速度、成菜口味、质地、温度，以及对失手菜肴处理等方面的督导、控制。要求厨师服从打荷派菜安排，按正常出菜次序和客人要求速度烹制出品。提倡一锅一菜、专菜专做。掌握好烹调时间与温度，力求不出或少出废品。按规定投放调料，不可随心所欲。开餐前，由专人批量集中兑制经常使用的调味汁，以便开餐烹调供各炉头随时取用，保持出品口味和质量的一致性。

（4）装盘环节控制。根据标准菜谱的制作程序和装盘要求，保证菜肴装盆的准确性。大型宴会有不少菜肴是成批烹制生产的，必须按规定装盘，否则会增加菜肴成本，影响毛利。

（三）酒水成本控制

（1）酒单设计控制。酒水饮料收入占酒店餐饮营收的20%左右。根据酒店目标市场的喜好和消费能力选择酒水品种，定价合理。酒单内容完整、印刷精美。

（2）酒水采购控制。专人负责酒水采购，严禁采购人员从事酒水销售工作、不定期更换采购人员，避免腐败现象产生。采用定期订货法控制采购数量，保持各种酒水存货量。控制采购价格，货比三家，选择同等质量价格最低的供应商。

（3）酒水验收控制。按照清单仔细清点酒水的瓶数、箱数；按箱进货，开箱检查瓶数是否正确。如有差异，验收人员应做好记录，按有关规定处理。要查对发票价格与供应商报价是否一致。发现质量、价格问题，验收人员应坚决拒收，并按企业的规定处理。严防购入假冒伪劣产品。

（4）酒水定价设计。确定酒店酒水综合毛利率，即各类酒水饮料毛利率相加后的平均毛利率。一般社会餐饮毛利率较低，高端酒店毛利率较高；自制饮料、鲜榨饮料与茶水的毛利率较高，而酒的毛利率较低；酒类中，高端酒毛利率稍低，普通酒毛利率稍高；进价低、销量高的酒水饮料毛利率可高些，反之则可低些；国产酒毛利率低，进口酒毛利率较高。社会餐饮普遍存在客人自带酒水的现象，酒店为了让客人尽量使用酒店的酒，可将酒水的毛利率定低一点。酒水部根据酒水综合毛利率设计各类酒水饮料的售价。如酒水综合毛利率为60%，酒水部可将一般饮料毛利率设定为65%，自制鲜榨饮料毛利率设定为70%，啤酒与国产红酒毛利率设定为60%，黄酒毛利率设定为60%，普通酒毛利率设定为55%，高端酒毛利率设定为50%。

（5）增加酒水销量。策划促销活动，方法有：特价和折扣。酒店与供应商合作举办啤酒节，双方共同让利；预订婚宴寿宴赠送酒水原料（厨师长在开菜单时就要将此成本考虑进去）；采用各种营销手段，将酒店自制冰饮、热饮、专用款饮料做成爆款。

（6）控制宴会赠送酒水。赠送酒水不能超出使用量设定的范围。按要求给每桌配好赠送的酒水饮料，不要全部打开瓶盖，客人用多少开多少；一桌客人喝完某种酒水饮料，可从其他桌上调用；宴会结束后，尽快把剩余没用过的酒水饮料回收库房。如客人把赠送酒水用完了，想继续使用，要及时与宴会举办方负责人联系，确定增加酒水的品种与数量，及时报给收银台，结账时收取费用。

（四）人工成本控制

制定劳动定额，控制人员数量，合理安排人力，加强员工培训，调动工作积极性。接下来就合理定岗定编做阐述。合理确定各岗位所需的技术等级员工。技术等级高工资也高，但酒店并不是以多用高技术的人员来保证产品质量的，而是合理安排各工种岗位的技术等级来实施节省人工成本的。如宴会厨房需要6位厨师进行烹调操作，一般安排1名高级工、2名中级工、3名初级工即可，而不是全用高级或中级工。现在厨房设备智能化提高了，出现了可控制温度、时间与翻炒等的烹调设备，如万能蒸烤箱、智能油炸炉、智能大型炒菜锅等，酒店可以机器代替人工操作，既节省人工又保证菜肴品质，这是今后厨房的发展趋势。2022年北京冬奥会运动员餐厅就采用了无人化厨房的模式，获得了良好的效果。

（五）能耗成本控制

（1）使用节能环保绿色设备与能源。所用锅炉、照明、空调、冰箱、冰库、洗涤、清扫等各种设备设施应节能、低碳、环保、绿色。选用环保、清洁、易操作的燃料。绿色管理、低碳运营。煤、电都可以加装智能节气节电设备，以达到节气节电的目的，如智能炉芯（可节气20%）、智能节电系统（真善美节电系统可节电30%）。

（2）电。各种电器要定时、定人管理。营业现场按不同营业时段、不同任务，采用调光开关、分段式开关控制灯光。宴会厅水晶灯应设置独立开关，以方便不营业时使用其他较省电的照明设备。后台区域尽量使用自然光、节能灯。空调采用分段调节式开关，宴前准备时段仅需启动送风功能。洗碗机装满盘碟后启动运转。灯具定期清理，提高照明度。厨房内将白天能利用自然光的区域与其他区域的电源分开，另设灯光开关。食物采取弹性集中储存方式，仅运转必要的冷藏、冷冻设备，注意温度调节。以各营业部门为单位，加装分表或流量表，以便追踪、考核各单位设施控制的成效。根据电力供应系统不同电价使用时段设定酒店各区域、各设备的管制用电。

（3）水。防止水龙头、水管漏水现象，特别注意各设施的衔接处及管道连接部分。公共场所使用感应式龙头，水量调至中小量。随手关水龙头，水龙头损坏尽快维修。各场所的清洁工作避免用热水冲洗。制定严格的节能节水规章制度和奖罚制度。

（4）煤气。使用时控制火势，养成非烹调时段随手灭火的习惯。及时维护炉灶等设备，防止因漏气或燃烧不完全而浪费燃料。定时清理煤气喷嘴，确保煤气燃烧完全。

（六）其他费用控制

培养绿色意识，养成节约习惯。严格控制宴会易耗品（如口布、台布、口纸、器皿损耗等）、各种管理费用的支出。做好餐具盛器损耗率、维修费、洗涤用品消耗率、清洁用品消耗率、办公用品消耗率控制。对造价较高的设备设施重点管理，专人负责，将维修费降到最低水平。

模块三　宴会生产管理

案例9-4　只要是"净雅"，就是要一个味儿！

某一天，正在某地净雅酒店吃饭的客人把服务员叫过来说："这个菜好像和我上次在山东净雅吃的口味不太一样。"这一问题引起了净雅餐饮公司领导的高度重视，在干部会上张总裁说："肯德基和麦当劳成功的秘诀之一就是标准化。让你在任何地方都能吃到相同口味的美食……"与会干部认为：炒菜这一行，由人掌勺，受主观性和习惯性因素的制约，很难达到标准化。"净雅要成为中国餐饮著名品牌，就必须实行标准化！"张总斩钉截铁地接着说，"一定要让客人无论在哪家店都能吃到相同口味的菜品！"此言一出，净雅菜品"标准化"战役拉开了帷幕。集团专门成立了质量小组，与山东省认证中心合作，导入质量管理体系。质量小组用了一年的时间编制出两万多字的质量体系标准，菜品采购、制作工艺、制作流程、产品研发等都有明确规定和严格的量化标准。集团领导把质量管理体系作为企业发展的头等大事，所有厨师和员工经过培训考核合格后才能上岗，严格执行、监控质量管理体系。反复抓，抓反复，多年的贯彻执行使净雅逐渐形成和完善了菜品的制作标准体系。面对客人"无论你到净雅哪家店都会吃到同样口味的菜品"的赞许，净雅人无不自豪。

任务一　宴会出品管理

（一）制定出品质量标准

（1）菜点原料标准：原料质量标准、原料配菜（主辅料搭配比例与分量）标准。

（2）原料加工标准：粗加工洗拣，分档取料标准，原料加工的刀工、刀法标准，原料腌渍、码味标准，原料上浆、挂糊、拍粉标准等。

（3）烹调操作标准：烹调加热时间标准、菜点烹调火力标准、过油温度标准、烹调投料顺序标准、调料投放数量标准等。

（4）成品质量标准：菜点成品色泽标准、成型标准、综合味感标准、质地标准、特殊效果（如拔丝菜，要求拔出的丝如金丝缕缕，细长不断）标准、餐具配用标准、菜点装盘装饰造型标准等。

（5）筵席菜点质量标准：宴会菜品的品种、数量（菜点的道数、每份的数量）、原料（主辅料比例与分量）、色泽、造型、口味、烹调方法、装盆、器皿和菜品特色及上菜顺序与节奏控制等菜点组合标准等。

（6）各种规格宴席的菜单标准：冷菜、热菜、汤菜、点心、甜品、主食和水果等格局，人均或10人桌餐标准，如300元/人或位、3000元/桌、席/10人餐标。

（二）制定标准菜谱

（1）宴会出品质量评判（参见项目四的内容）。通过人的视觉、味觉、嗅觉、触觉和听觉感官鉴定菜点的色、香、味、形、温、声、名、器、质、养、声、洁和意等方面的感受与评价。现在烹饪大赛通过四要素鉴定菜品品质：① 观感：色、形、器、动感（干冰、转动、沸腾，干鱿鱼薄片在热气中的舞动等）和寓意。② 味感：口味、香味。③ 质感：质地脆、嫩等口感。评判时，温度是菜品必备品质，热菜要热、冷菜要冷、冷冻菜要冰等，以发挥它们应有的味感与质感。④ 营养卫生：营养（荤素搭配、营养成分充足等）、卫生（器皿洁净、菜内无杂物和非食用材料、无公害与无污染等）。

（2）标准食谱。厨房生产每道菜点的全面技术规定，对厨房生产质量管理、原料成本核算与减轻现场督导等方面有诸多积极作用，包括标准菜谱、标准面点谱和标准酒谱（鸡尾酒、混合酒的配置酒以及自制饮料）。标准菜谱的内容应该统一、规范、明确，内容、格式见案例9-5。操作工艺叙述要简单易懂；所用原料的计量及操作工艺参数（如温度、时间）要准确；所用原料名称要具体，如醋，是用白醋还是陈醋、香醋，以及生产厂家、品牌；明确菜肴质量标准。制作程序：确定主、配料分量；规定调味料品种，试验确定每份用量；根据主、配、调味料用量，计算成本、毛利及售价；规定加工制作步骤；选定盛器，落实盘饰用料及式样；拍摄出品彩照；填制标准菜谱；按标准菜谱培训员工。

案例 9-5　标准食谱——菜肴生产质量标准书[①]

××酒店菜点标准

编码	30201022			菜点名称			干煸豆角			
项目	用料名称	单位	数量	食品原材料名称	单位	出成率/%	数量	单价/元	成本/元	
主料	豆角	克	300	豆角	克	90%	333	0.0070	2.328	
辅料	芽菜	克	15	碎米芽菜（小）	克	100%	15	0.0015	0.023	
	干辣椒	克	5	大红袍	克	90%	6	0.0286	0.159	
	姜片	克	5	生姜	克	99%	5	0.0023	0.012	
	蒜片	克	5	蒜米	克	99%	5	0.0040	0.020	
调料	油	克	75	色拉油	克	100%	5	0.0081	0.606	
	味精	克	2	玉香味精	克	100%	2	0.0086	0.017	
	盐	克	2	精盐	克	100%	2	0.0016	0.003	
	生抽	克	5	海天生抽王	克	100%	5	0.0057	0.028	

餐具名称	12 寸厚薄边四角长方盘
餐具编码	0203002
味型	家常味
单位成本/（元/份）	3.196
成本率/%	45
销售价格/（元/份）	7.10

成品特色

制作流程	用料标准	备注
1. 豆角切成 60 毫米的节 2. 锅炒油至 4 成；下豆角过油，炸去多余水；熟控油 3. 锅内留油；放入干辣椒节；下芽菜、蒜片、姜片、炒香；放入豆角煸炒；放入盐、味精、生抽后，继续翻炒均匀且成熟；起锅装盘	1. 主料：豆角 300 克 2. 辅料和调料：干辣椒节 6 克，芽菜 15 克，蒜片 5 克，姜片 5 克，精盐 3 克，味精 2 克，生抽 5 克，油 100 克	豆角要熟透

（三）宴会出品生产控制

（1）菜肴用料控制。要根据宴会规模和菜单内容进行科学测算和具体计划。选料讲究，对原料的不同等级、不同品种、不同部位以及新鲜程度等要做严格要求，用料不能以次充优，勉强凑合。投料比例严格按标准食谱执行。加强宴会原料的更新、变化的控制与管理。

（2）加工烹调控制。根据菜点成型要求，进行刀工处理；根据每道菜的特点，进行原料组配；根据不同菜点需要，适时做好腌渍、入味；根据烹调需要，做好挂糊、上浆、勾芡；调味做到准、正，符合味型。掌握好烹调时间，不过时，不欠时。掌握装盘艺术，选择适宜餐具，进行适当装饰。

（3）菜点上菜控制（详见项目七中宴会服务中有关上菜的内容）。

（4）菜点温度控制方法。① 制定烹制标准。明确每道菜的标准炊煮时间。② 根据客情烹制。掌握开宴时间，以免第一道菜过早烹制或迟迟不能上席。席间要根据宴会议程、

[①] 资料来源：王美萍. 餐饮成本核算与控制[M]. 北京：高等教育出版社，2010.

餐桌菜点多少、客人进餐速度，及时调整上菜速度与节奏。③ 加快上菜速度。精确计算厨房与餐厅的距离及气温情况，加快上菜速度，缩短上菜时间，保持菜肴热度。④ 使用适当器皿。餐具预温；铁板菜、煲仔菜采用保温器皿；汤类菜用固体酒精炉；一般菜肴用盖盖子的方法保温。⑤ 桌边料理加温。有些菜肴可采用客前烹制、桌边料理或加温来保温。

任务二　宴会服务管理

案例 9-6　从喜宴到奠宴①

　　某年，全国政协组织港澳台委员视察团到云南视察，下榻昆明一家四星级酒店。应接待单位要求，酒店特意把客人的一日三餐固定在富有浓郁喜庆色彩的风味宴会厅用餐。由于高山反应，香港佛教协会主席、一位七十多岁的老先生突发急病送进医院。下午 5 点，餐饮部得到老先生不幸去世的噩耗，他们及时调整宴会厅的布置与气氛，调整菜单。经过一个多小时的紧张工作，厅内大红宫灯已全部用白纸覆盖，墙上装饰的象脚鼓、弓弩上的红色绸带也被黑纱代替，万年青、翠柏等植物放进了宴会厅，穿着大红民族服装的服务员也临时换上黑色制服。刚布置好，客人便来到宴会厅就餐。视察团团长沉痛地向团员宣布了噩耗，全体团员肃立默哀，然后用餐，整个宴会厅沉浸在一片肃穆的气氛之中。酒店的体察入微和迅速应变获得了全国政协的赞扬。

（一）宴会服务质量内容

（1）服务形象。形象悦人：化妆上岗、服饰整洁。举止优雅：主动招呼、目光专注、三米微笑、行为规范。语言艺术："10 字"敬语（您好、请、谢谢、对不起、再见）、善于沟通。

（2）服务态度。核心服务观：做到满意，创造惊喜，赢得感动，产生信赖。心中有人，眼里有活儿。主动、热情、耐心、细致、周到。态度和蔼，语言亲切，动作敏捷，技能娴熟，行为礼貌。不仅为客人提供功能服务，更要提供富有人情味的心理服务；不仅要为客人提供一视同仁的标准化服务，"客人有要求的，按客人要求做；客人无要求的，按规范操作做"，避免客人不满意；更要提供让客人"满意、惊喜、感动、信赖"的个性化服务，使客人在生理上产生安全感、舒适感和方便感，在心理上产生亲切感、自豪感和新鲜感。"时刻准备着"，把服务做在客人需求提出之前。想客人之所想——标准化服务，让客人满意；想客人之专想——个性化服务，让客人惊喜；想客人之未想——超常化服务，让客人感动。

（3）服务技艺。高字对标，严字当头，实字托底，细字体现。熟悉业务知识，掌握操作规范，善于把握顾客心理，熟悉饮食风俗习惯，具备较强应变能力。宴会服务操作可用 16 个字来概括：托（餐具、酒水和菜点）与端（上菜），送与放（送菜单、账单、摆台、撤台），倒与斟（倒饮料、斟酒），分与派（分派菜肴），推与拉（推门、推车、拉座位），接与送（接送客人、引领席位），指与示（指路、示意），写与记（写席卡、记菜单）。每个环节都要求员工用适当的方式和熟练的技能来表现。

（4）服务方式。要根据不同地区、不同客人的风俗习惯，不同的宴会档次及服务对象，采取不同的服务方式。

（5）服务效率。工作效率高、服务速度快，要眼勤、手勤、脚勤，细心观察客人表情

---

① 资料来源：陈觉. 餐饮服务要点及案例评析[M]. 沈阳：辽宁科学技术出版社，2004.

及示意动作，及时主动地提供恰到好处的"七时"服务：① 准时服务：准时出发、准点到达，不能迟到。② 及时服务：按照工作时限要求及时为客服务，不能拖延。③ 限时服务：对服务项目进行限时，加快服务速度，提高服务效率。④ 省时服务：遵循活动规律，合理安排时间，减少不必要的手续，节约客人时间。⑤ 适时服务：根据客人要求进行服务，不要在不恰当的时候干扰客人。⑥ 足时服务：凡有工时定额的服务一定要足时，不能偷工减料减少时间。⑦ 延时服务：由于客人太多，在规定时间里完不成服务任务，就要特事特办，提前或延长服务时间，把所有的客人服务完毕。

（6）服务氛围。关注餐厅的灯光、空气、温度、湿度等，创造舒适、温馨的用餐环境，提供运转良好、方便安全的设备设施；保证包括服务人员的衣着卫生、个人卫生与菜肴卫生、环境卫生等餐饮卫生；注意防火、防毒，保障顾客人身安全；尊重客人隐私。

（二）宴会服务质量管控

（1）立规。根据酒店档次和市场定位，制定适合本酒店的宴会服务各岗位如迎宾、引座、点菜、传菜、酒水服务等全套的服务程序。规定每个服务环节的操作、语言、姿态、时间、用具、意外处理和协调等操作规范。

（2）培训。必须进行岗前培训，掌握岗位应知应会的基本知识与技能；持证上岗，不允许未经培训、没有取得资格证书的员工上岗操作。利用淡季和空闲时间加强继续培训。

（3）检查。围绕就餐环境、服务规格、仪表仪容和工作纪律四大内容制成检查表格，逐项检查打分。检查表既可作为常规管理的细则，又可作为竞赛评比或员工考核的标准。

（4）督导。管理人员应站在第一线各处巡视，观察、判断、监督、指挥员工按规范程序服务。发生各种突发性事情，现场指挥马上做出决策迅速处理。对少数不按规范、简化或改变服务规程的错误做法，要加强督导，及时纠错。方法：或提醒、或暗示、或批评、或用某种行为替代，切不可当着客人的面粗暴批评或长时间说教，以免影响正常服务。

（5）协调。宴会活动是最紧张、最繁忙的时刻，涉及部门多，牵涉内容广，上下环节复杂，各部门、员工之间的团队精神、默契配合十分重要。协调不力，导致某个环节脱节，会影响整个宴会的效果，造成损失或遗憾。

（6）反馈。通过质量信息反馈，找出服务工作不足，采取相应措施调整下一餐或以后的工作管理，以提高服务质量，使顾客更加满意。

任务三　宴会安全管理

（一）宴会卫生管理

质量、卫生和服务是餐饮业的三个基本要素，工商、卫生防疫等部门对卫生有"硬性"要求，酒店要高度重视，力求达到政府相关部门要求。

1. 食品卫生安全管理

（1）严格执行《中华人民共和国食品安全法》。① 食品原材料、半成品及成品的"四不制度"：采购员不买腐烂变质的原料，保管验收员不收腐烂变质的原料，加工人员（厨师）不用腐烂变质的原料，营业员（服务员）不卖腐烂变质的食品。② 食品安全卫生"四隔离"：生熟隔离，成品与半成品隔离，食品与杂物、药物隔离，食品与天然冰隔离。③ 食品安全"五措施"。一是保持清洁。餐前便后要洗手，洗净双手再下厨。饮食用具勤清洗，昆虫老鼠要驱除。二是生、熟分开。生、熟食品要分开，切莫混杂共保存。刀砧容器各归各，避免污染惹病生。三是烧熟煮透。肉禽蛋要煮透，贪吃生鲜是糊涂。虫卵病菌需杀尽，再度加热也要足。四是妥善保存。熟食常温难久藏，食毕及时进冰箱。食前仍需加温煮，冰箱不是保险箱。五是材料安全。饮食用水要达标，菜果新鲜仔细挑。过保质期不再吃，莫为省钱把病招。

（2）严把"四个关口"。① 把好选料关。决不使用国家明文规定的受法律保护或严令禁用的动、植物原料。选用无污染的绿色原料，确保原料绝对安全，无毒、无病虫害、无农药残留，严禁使用腐烂变质的物品；坚决禁止供应过期食品。采购符合卫生标准的原料。② 把好制作关。在储存、加工、烹制过程中，操作方式、生产环境要符合卫生、安全要求。对生产设备、工具、容器严格消毒，加强环境（包括厨房、餐厅、储藏室、冰箱等）卫生和员工个人卫生的控制。原料的腌制不能超时、添加剂的使用不能超标，控制烟熏、反复油炸或烧烤的食品。烹饪加工烧透烹熟；制作凉拌、冷菜时要将原料洗净消毒并科学配制。熟制之后菜点在切配改刀、装盘围边、菜肴造型时，一定要生、熟分开，严防交叉污染。③ 把好销售关。加强出品的销售环境、销售方式、售卖用具、服务员个人卫生等方面的卫生和安全管理。④ 把好服务关。由聚餐制向分餐制、自选式的各吃转化，一人一份，卫生方便，有助于缩短用餐时间，也有利于服务员实行规范化服务，提高服务档次，等等。

2. 环境卫生管理

环境卫生必须划片分工、包干负责，做到定人、定时间、定区域、定质量。① 厅内。要做到"凡是客人看得见的地方都要一尘不染"，做到玻璃窗、玻璃台面、器具"三光亮"，桌子、椅子、四壁、陈设"四清洁"。空气清新，无蚊无蝇。② 地面。天天清扫或吸尘，保持洁净。大理石地面定期打蜡上光，木质地面定期除旧蜡、上新蜡并磨光，地毯发现有污渍，应立即用擦布沾上洗涤剂和清水反复擦拭干净。③ 墙壁。定期除尘，定期用清水擦拭壁纸，灯具、挂画、装饰品保持洁净。④ 门窗。每周擦拭一次，无灰尘、污点。⑤ 家具。餐桌椅、工作台、转盘每餐用完及时清理，干净明亮，无灰尘油腻。桌布要一餐一换。⑥ 宴会厅休息室、卫生间。高度重视，定期清扫，保持洁净、卫生与雅致。⑦ 工作场所。保持包括厨房、备餐室、储藏室等工作场所室内外及四周环境清洁卫生。⑧ 公共场所。保持前厅、走道、公共卫生间、绿化带、停车场等场所的清洁卫生。

3. 餐具用品卫生管理

餐具完整安全，不能有破损，以免伤到客人；要有数量足够的可供周转的餐具。餐具卫生要一洗、二刷、三冲、四消毒（或一刮、二洗、三过、四消毒）。餐具消毒方法如表 9-1 所示。保证餐具无油腻、无污渍、无水迹、无细菌。餐具消毒后，都应放进卫生洁净的保洁柜中存放，以防二次污染。未经消毒或消毒不合格的餐具不可混放在一起，以免交叉污染。保洁柜应是不锈钢制品，柜门封闭严密，开启灵活，内部光滑洁净，不可有污垢。保持手部卫生，操作卫生。筷勺使用公私分清。

表 9-1　餐具消毒方法

方　　法	要　　求
煮沸消毒法	把餐具用温水洗净后装筐，放入开水中煮沸 15～30 分钟
蒸汽消毒法	将餐具冲洗干净，放置在密封蒸锅里蒸 15～30 分钟
高锰酸钾溶液消毒法	此方法只适用于消毒玻璃器皿和不耐热的餐具及部分水果。取高锰酸钾 5 克放入 5 千克水中，调成 1‰的溶液，将餐具置于其中浸泡 5～10 分钟，然后冲洗干净
漂白粉溶液消毒法	将 5 克漂白粉溶化在 10 千克水中，把冲洗过的餐具浸泡 5～10 分钟后，用清水冲去漂白粉
红外线消毒法	箱内温度达到 120℃，消毒时间 30 分钟
"84 消毒液"消毒法	效果最佳、最常用的消毒方法。将餐具残渣去净洗刷后，置于 5‰的溶液中浸泡 5 分钟，再用清水洗净

案例 9-7　麦当劳的洗手与随时清洁观念

麦当劳规定工作人员必须每小时至少彻底洗一次手、杀一次菌。制定了规范的洗手方法：先用刷子和洗手液将指甲缝中的污垢刷去，再将洗手液涂至手腕，按照"洗手七步法"反复揉擦，将污垢彻底清除；然后再撮取一小剂麦当劳特制的清洁消毒剂，放在手心，双手揉擦 20 秒钟，然后再用清水冲净。服务员经常相互提醒：你刚刚做了清洁打扫工作，手洗干净了吗？你刚刚把炸薯条从地上捡起来，赶快去洗个手；洗过抹布后，请记住洗手；请不要用手触摸头发，快去洗手……厨师们也说："只要离开过厨房，回来一定要先洗手消毒。"煎炉厨师每煎完一批肉饼，都不会忘记将炉边擦拭一遍，清洗飞溅到四周的肉汁，还要至少每小时把附近的地板擦拭一次。

4. 员工个人卫生管理

严格遵守国家及酒店制定的各项卫生制度，不打折扣，始终如一。做到人前人后一个样，检查不检查一个样，忙与闲时一个样。员工上岗必须持有"健康证"。若患上传染病或皮肤病要暂离一线服务岗位，或改做不与食品、顾客接触的工作，直到病愈方可恢复原来的工作。个人卫生做到"四勤"：勤洗手剪指甲、勤洗澡理发、勤洗衣服被褥、勤换工作服。工作前、大小便后、接触有病顾客或沾染污物后必须认真洗手消毒；每周剪指甲。上班前不能吃有刺激性气味的食物，保持口腔卫生。不许正面对着食品或顾客咳嗽、讲话，禁止随地吐痰；工作时不准口叼香烟，不准用手抹汗、挖鼻孔、擦鼻涕、抓头发、搔头皮、抠耳朵等，打喷嚏时要用手巾纸或手帕捂口。服务时要拿盘子边沿、玻璃杯底部和餐具把柄，手指不可接触食品。用消毒过的抹布擦餐桌和服务柜台，不可把餐巾、小毛巾当抹布用。掉落在地上的餐具必须重新更换清洁餐具。

（二）宴会安全管理

案例 9-8　防患于未然[①]

安港大酒店地处合肥市中心，人来人往，车流滚滚。某周六中午，王先生的儿子要在酒店举行婚宴，早上 10 点就将鞭炮摆到门口，准备热闹一番。当天有好几拨婚宴，放爆竹太多。酒店安保部门建议王先生注意安全，少放一些，王先生声称必须多放。在保障安全的前提下为了让客人满意，保安部员工协助客人摆放鞭炮，并把两台灭火器放在放鞭炮区域的边缘，以备应急。此时发现有 3 辆前一天晚上用餐未开走的车辆离放炮区域较近，为防止爆竹蹦到车上，保安部员工又拿来了灭火毯将车辆前部遮挡住。燃放爆竹时，保安部人员手持灭火器，站在旁边时刻关注爆竹燃放情况，以防突发事件发生。燃放结束，王先生对保安人员表示感谢，称赞酒店安保措施到位，庆祝气氛浓厚，也保障了车辆及人身安全。

（1）设施设备安全。餐厅装饰使用绿色安全建材，装修不合格的工程要坚决返修，决不能勉强使用。定期检查维修各种设施设备，发现隐患及时处理。严防天花板松脱掉落、灯具与壁画下坠、座椅不牢固、地面凹凸不平、地砖打滑等安全隐患。落地玻璃有醒目的标志，餐桌椅稳固牢靠，餐具完好无损。

（2）消防安全。防火"责任重于泰山"。酒店建筑要使用阻燃材料，有完善的消防安全器材和保安措施，房门与过道要有安全通道示意图，备有紧急安全通道；酒店要有消防预警机制，员工要懂得消防器材的使用和失火时疏散的消防常识，进行消防培训演习；加强

---

① 资料来源：由安徽合肥安港大酒店郑静提供。

各种易燃物品的使用和保管，防止电线老化、安装不合格、超负荷用电等引起的事故发生。

（3）人身财物安全。要保障客人人身财物安全，预防财物被盗、人身被打等事件。通道处、人员集散处要有摄像头，24 小时监视。要有贵重物品保管制度。员工要有防范意识，做到外松内紧，有义务看护、提醒顾客的物品，清场发现有顾客遗留物品，应及时上交有关部门处理。尊重、保护客人隐私，酒店的 App 不能过度采集客人私人信息。

（4）服务安全。加强服务员的业务技能培训和心理素质训练，提高员工业务水平。在餐桌之间的过道行走时应小心谨慎，小心推门，以免碰撞他人。为防止滑倒，员工应穿矮跟橡胶底鞋。食品或饮料洒在地上，要立即清除，如来不及清除应先在此放一把椅子提醒他人。装托盘时要合理，不要过满，高的、后用的物品放在靠近身体的一侧，矮的、先用的放在外侧，壶嘴和把柄要放在托盘的边沿之内；手端托盘超越他人时，应小声提醒对方，注意避让。上菜时，如遇客人正准备起身或做其他动作时或谈兴正浓时，应轻声招呼"对不起"，以免被客人碰翻菜盘。

模块四　大型宴会运行管理①

案例 9-9　中国南京第六届世界华商大会的"世界中餐第一宴"②

2001 年 9 月 16 日晚，为欢迎在南京召开的第六届世界华商大会的嘉宾，南京市人民政府在大会主会场——南京国际展览中心举行盛大欢迎晚宴。时任中国国务院副总理钱其琛与海内外华商和各界嘉宾近 5000 人出席了规模盛大的号称"世界中餐第一宴"的宴会。

在国际展览中心 2 楼 2.2 万平方米的巨大展厅中，整齐有序地摆放着 400 多张圆餐桌，主席台下是由 75 张长条桌拼成的宽 2 米、长 46 米，可坐 150 人的主餐桌。餐桌铺上洁白桌布，四周围着明黄桌裙，中央摆放色彩鲜艳的玫瑰饰品；座椅配上橘红椅套。地面铺着蓝黄相间的羊毛地毯，天棚张挂着上百面红黄两色彩旗，整个会场足以让人感到"华商第一宴"的宏大气势。宴会规格为 6 菜 1 汤，菜式以中餐为主、中西合璧，并体现出南京地方特色。第一道菜南京盐水鸭便是闻名遐迩的南京名菜，什锦团圆菜、富贵焗鳕鱼、瑶柱竹笋汤、美点齐争鲜，从菜名便可看出喜庆气氛。菜点由金陵饭店、状元楼大酒店、希尔顿国际大酒店、金丝利喜来登酒店、古南都饭店、玄武饭店、南京饭店和国际会议大酒店等指定酒店按菜单分别烹饪，然后用冷藏车与保温车送到宴会厅。宴会主桌菜肴由南京金陵饭店承办。整个用餐时间约一个小时左右。为确保准时送达，有警车给送菜车开道。菜送到后，厨师们迅速将菜一盘盘整理好交给跑菜员。宴会服务人员有 1000 多人，其中跑菜的男服务员就有 300 多人。餐桌服务的女服务员都是从各大饭店抽调来的业务尖子，统一穿着中式旗袍，盘髻，其服饰、胸花、皮鞋都由专家特别设计制作。旗袍面料选自杭州，黑底金花，与明黄色的桌裙、水红色的椅套相配衬，典雅大方，楚楚动人。考虑到席间华商们要起身走动，每张请柬后面还印着餐位平面图，使客人不致迷路。为了让不同宗教信仰的华商能同桌用餐，欢迎晚宴不上以猪肉、牛肉为原料的菜点，主要原料都是经农林部门特选的安全食材，从原料、烹饪、运输、装盘到出菜，全过程监测。按组委会与卫生部门的规定，冷菜必须被保藏于-5℃，热菜保存温度在 65℃以上。各指定酒店八仙过海，使用了多种保温装置，以确保菜肴新鲜与保温。

世界中餐第一宴的举办为我国大型中式宴会外卖开创了先例，并为多家酒店密切合作

---

① 资料来源：上海食文化研究会副会长张桂生的备课笔记。
② 资料来源：邵万宽. 美食节策划与运作[M]. 沈阳：辽宁科学技术出版社，2000.

承办大型中式宴会提供了很好的经验。

目前酒店经常举办的大型宴会有三种形式：中式圆桌宴会、自助餐宴会和工作餐宴会。本教材各项目的内容都以大型中式圆桌宴会（围餐式、位上式）的运行为例进行阐述，因此，本模块只对后两种大型宴会形式做阐述。

任务一 大型自助餐宴会运行管理

（一）大型自助餐宴会特点

1. 大型（含超大型、特大型、超特大型）宴会特点

（1）主题鲜明。宴会目的明确，主题鲜明，气氛热烈，程序复杂，活动多样。

（2）人数众多。少则数百，多达数千。菜品统一，服务一致。涉及面广，工作量大，参与部门多，协调要求高。

（3）菜品简洁。菜品道数不宜太多，每一菜品菜量可略增加。菜肴制作不宜太精细、太复杂，可设计一些提前烹调制作的菜肴，但又不影响菜肴的色泽及口味。充分利用厨房不同设备，采用不同烹调方法，避免因烹法单一而影响出菜速度。以主人及主宾的需求设计原料、口味、服务，同时兼顾大多数客人的饮食习惯。

（4）实施细致。根据菜单要求，采购、加工切配、烹调、上席、服务等工作每一环节要做细致、周密的安排。宴前，具体分工，责任到人，培训演练，各负其责，反复检查。宴时，走动巡视，协调督促，做到出菜速度不快不慢，菜肴质量不折不扣，上菜数量不错不漏，服务程序不乱不差，按质、按量、按时完成各项工作。宴后，认真总结经验，以利提高。

2. 自助餐特点

详见项目一中有关自助式宴会的内容。

3. 自助餐类型

（1）自助餐早餐。是酒店为住店客人（房费含早餐）提供的早餐的一种餐饮形式。设有专用餐厅、固定餐台。按酒店档次配备出品，食品丰盛，口味多样。用餐环境舒适，用餐时间宽松，深受客人的欢迎。锦江之星连锁酒店就打出"吃个好早"来吸引客人入住。

（2）自助餐宴会。除了就餐方式（自助式）外，具有圆桌宴会的基本程序，但用餐方式自由，简化了服务，如摆台、上菜、餐间服务等，适应面广，成为举办宴会的首选形式。

（3）自助工作餐。以自助餐方式做工作餐的一种餐饮形式，如会议工作餐等。菜点可预先制作，品种口味相对圆桌餐丰富，客人可即到即食，非常方便。避免了桌餐的一些短处，是会议活动工作餐的首选餐饮形式。

4. 大型自助餐宴会与普通自助餐的区别

（1）场地与设备设施不同。酒店在建造时就设置了早餐自助餐厅的固定场地与设备，大型自助餐宴会缺乏配套场地与设备，场地、餐台及一些设备都需临时布置制作。

（2）就餐人数多少不同。普通自助餐达到最低客流量即可开设；大型自助餐宴会人数多、菜量大、规模大、档次高，需要有较强的宴会策划能力与组织管理能力。

（3）客人就餐时间不同。普通自助餐客人陆续而来；大型自助餐宴会，客人同时集中而来。因此在菜单设计、菜点烹制、餐台与餐桌的布置上、菜肴的配置上，有其独特的特点，处理不好可能造成菜点供应不上而引起场面混乱。

（二）大型自助餐宴会菜单制定

详见项目五中自助餐宴会菜单规格的相关内容。

（三）大型自助餐宴会餐台布置

1. 自助餐餐台类型与特点

（1）按使用时间分。① 固定餐台。专门为自助餐餐厅设计建造，如酒店的自助餐早餐厅。根据餐厅面积与形状，精心设计并量身定制各种餐台。配置了烹调、冷冻、加热和油烟脱排机及给排水等设备，餐台功能与形式非常齐全。为方便客人就餐，设计了餐台下放置餐盘的搁架，有的餐盘搁架还能保温；有的设计了专门放置装饰艺术品的展示台等。为增加宴会气氛，常举办自助餐宴会的酒店，给特色餐台进行艺术装饰设计制作，如古典建筑凉亭或船形的捞煮台与点心台、茅草屋式的小吃台等。② 临时餐台。根据自助餐宴会的规模与要求临时布置的餐台。因没有油烟脱排与给排水的设备，只能使用电源设备做有限的现场食品烹饪。

（2）按功能分。① 主餐台。主餐台也称热菜台，摆放自助餐热炉，供应中西式热菜、汤羹与主食等。以前是用酒精炉来保温，现在用电炉、电磁炉或电加热的水槽，上面再放盛器。② 冷餐台。冷餐台也称冷菜台，摆放中西式冷菜。有的设置冷藏展示柜。③ 刺身台。刺身台也称冰台，餐台是冰槽，冰融化后由溢水孔排出，摆放海鲜刺身等。④ 中点台。摆放中式面点，有的面点品种需要保温，如虾饺、奶黄包等，要使用电热水槽式餐台。⑤ 西点台。摆放西点蛋糕，如是固定餐台使用冷藏展示柜。⑥ 切割台。用于烧烤食品，如烤肉、烤鸭等，也有的用烧烤切割车替代切割台。⑦ 捞煮台。供应中式面条、馄饨、涮食，需加热设备。有时厨房还会配置厨师进行现场表演，如拉面、刀削面、一根面等。⑧ 煎烹台。以西式平板炉的形式，供应煎制菜品，如煎牛排等，需要电源。⑨ 汤羹台。放置汤菜和甜品羹类，早餐摆放粥品。需要电加热汤煲。⑩ 水果台。摆放各种水果盘的餐台。⑪ 特色风味餐台。酒店为增加自助餐宴会的菜式品种，布置一两个风味浓厚的餐台，如拉面小吃、豆腐脑、煎蛋、烤鸭、烤牛排、烧烤餐台等。有厨师现场操作，增加宴会趣味性。靠近出菜口处布置，便于厨师进出厨房取料与烹制操作。⑫ 酒水台（详见下述吧台内容）。⑬ 餐具台。摆放供客人使用的餐具，如餐盘和筷子、调羹、刀叉等。餐桌上已经摆好餐具的，餐台只需摆放备用餐盘。⑭ 展示台（详见项目六的内容）。展示台又称主题餐台，放置主题食品艺术品，以突出宴会主题、烘托宴会气氛。宴会场地较大，可独立布置。展台形状可圆可方或其他形状，采用多层阶梯：上层摆放主题食品雕塑作品，中层摆放如船点艺术、花色工艺冷盘，下层摆放食品，以西点为主，如各式蛋糕等，也可摆放冷菜或热餐炉。如宴会场地有限，主题餐台的功能可合并到综合自助餐大餐台，餐台要面对宴会厅入口处，或面对舞台区域。⑮ 工作台（详见下述内容）。

（3）按摆放菜点内容分。① 综合餐台。根据宴会厅场地、设备设施的情况和就餐人数的多少，把全部餐台合并成一个综合自助餐大餐台。将热菜、冷菜、点心、水果都集中布置在一个大餐台上，以节省场地。宴会场地有限的酒店一般都会选择这种形式。② 分类餐台。仅摆放某一类菜点的餐台（详见按功能分类的餐台）。

2. 自助餐餐台布置依据

（1）取餐线。餐台取菜的边线长度。① 人均取餐线。每位客人的取餐线长度为 40 厘米。② 标准餐台取餐线。餐台四周取餐线为 20 米左右。③ 总取餐线。宴会所有餐台取餐线的总和，即 0.4 米×客人总人数÷2 批次（客人分两批次轮流取餐）。

（2）标准餐台。能摆放一组供 100 人（超过 500 人时可按 150 人设计）就餐的菜品、四周取餐线达 20 米左右的餐台。

（3）标准餐台出品规格。一组菜品规格为：热菜 8 个（采用双格内胆热餐炉，长度至少 2.8 米。汤羹菜可布置在一起）、冷菜 8 个（至少 1.8 米）、点心 8 个（至少 1.8 米）、水果 4 种、酒水饮料若干种以及餐具，台面占位 9 米左右。

（4）摆菜取菜方式。不同的摆菜与取菜方式，其取餐线长度是不一样的。① 双边取菜式。第一种是两边摆菜两边取菜（见图 9-1、图 9-2 和图 9-3），餐台两边各摆一组菜，客人两边取菜；第二种是中间摆菜两边取菜（中间直排一组热菜，见图 9-4），餐台中间摆一组菜，客人两边取菜。独立餐台四边都可取菜，餐台周长都是取餐线。② 单边取菜式。单边摆菜单边取菜（单边横摆如图 9-5 所示，单边斜摆如图 9-6 所示），餐台靠墙布置或有人操作的餐台，单边摆一组菜，客人单边取菜，按一边长度计算取餐线。

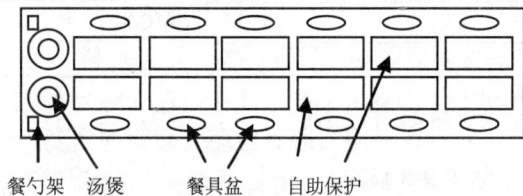

图 9-1　两边各摆一组热菜、两边取菜

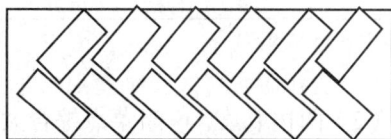

图 9-2　两边各斜摆一组热菜、两边取菜

图 9-3　两边各斜摆一组热菜、两边取菜

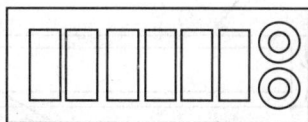

图 9-4　中间直摆一组热菜、两边取菜

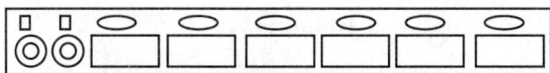

图 9-5　单边取菜、横摆一组热菜

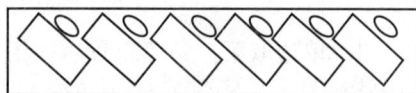

图 9-6　单边取菜、斜摆一组热菜

（5）设备规格。① 标准条形会议桌。长 1.8 米、宽 0.5 米、高 0.75 米。便于进行不同方式的组合，拼接成各种形式的餐台。② 热菜餐炉。长 66 厘米、宽 49 厘米、深 46 厘米，内胆分为单格、双格、三格（后两种内胆主要使用于 100 人及以下的自助餐宴会，以下设计均以可盛放两种菜品的双格内胆为准）。使用灵活，横竖向不同摆放呈现不同长度，便于计算在餐台上的位置尺度。镜面不锈钢制成，有的配上金色炉架和把手，显得富丽堂皇，非常气派。圆形餐炉造型美观，但盛放容量较小，常用在自助餐早餐厅固定餐台。

3．标准餐台布置方法

（1）方案一：布置 5 组连接的 3 张会议桌拼成的餐台，长 9 米、宽 1.5 米。餐台两边摆菜，两端各摆餐具，两边取菜，取餐线为(1.8×5+0.5×3)×2=21 米。可同时容纳 50 位客人取菜，每位客人第一次取菜 5 分钟，10 分钟之内 100 位客人取菜完毕。

（2）方案二：如场地有限，布置 4 组连接的 3 张会议桌拼成的餐桌，长 7.2 米、宽 1.5 米。两边摆菜，两边取菜，取餐线为(1.8×4+0.5×3)×2=17.4 米，可供 44 人同时取菜。酒水台和餐具台另行布置，可增加取餐线。

（3）方案三：布置 5 组连接的 2 张会议桌拼成的餐台，长 9 米、宽 1 米。中间摆菜，两边取菜，取餐线为(1.8×5+0.5×2)×2=20 米。将 8 只热菜餐炉竖向放成一排，长度 4 米；冷菜水果区 2 米和点心区 2 米；两头餐具各占 0.5 米。这是自助工作餐最常用的方法。

4．综合大餐台布置方法

大型宴会因赴宴人数多，宴会厅空间大，为营造气氛和节省空间，可把多组标准餐台集合在一起，组成综合大餐台。

（1）两边取菜、两组热菜综合大餐台（见图 9-7）。

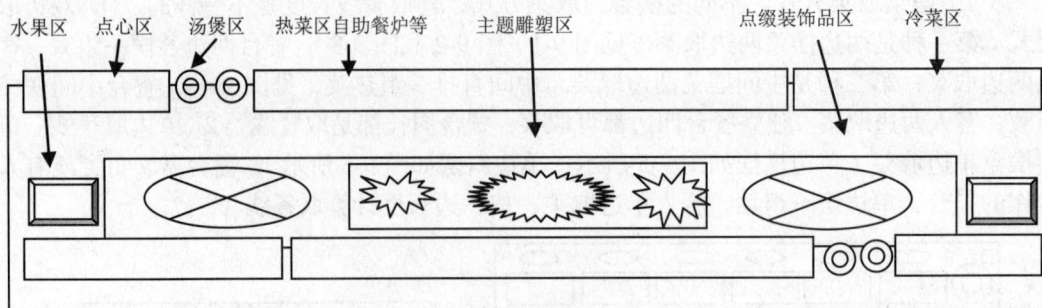

图 9-7　两边取菜、两组热菜综合大餐台

（2）两边取菜、一组菜点综合大餐台（见图 9-8）。

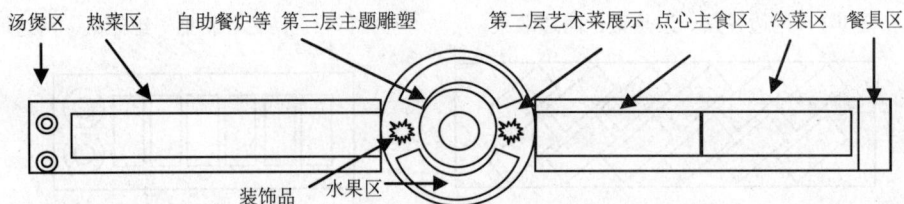

图 9-8　两边取菜、一组菜点综合大餐台

（3）单边取菜、贴墙布置、一组菜点综合大餐台（见图 9-9）。

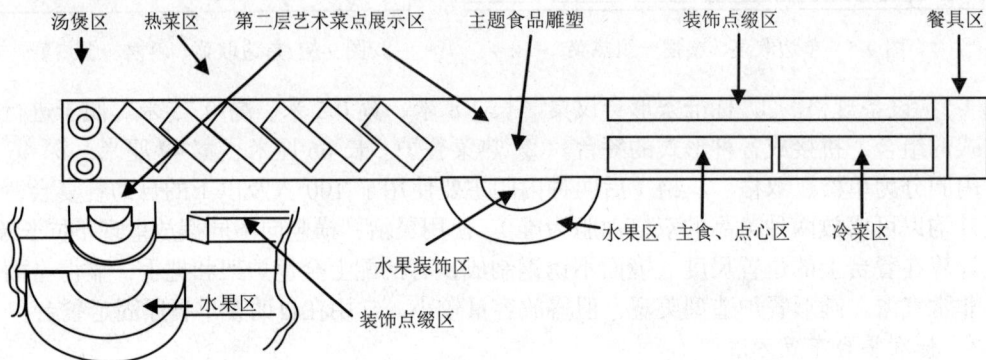

图 9-9　单边取菜、贴墙布置、一组菜点综合大餐台

（4）柱子布置法（双柱布置法见图 9-10、单柱布置法见图 9-11、凹凸角布置法见图 9-12）。

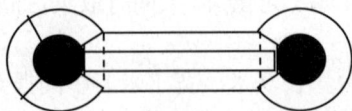

图 9-10　双柱布置法　　　　图 9-11　单柱布置法　　　　图 9-12　凹角、凸角布置法

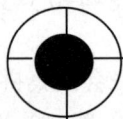

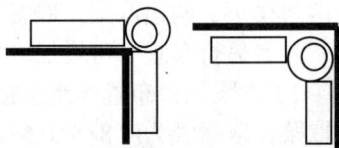

5．综合大餐台台形

（1）一字形餐台（见图9-13）与官帽形餐台（见图9-14）。主餐台为长条形，按宴会厅形状顺长布置。餐台中间布置长条高展台（高度为30厘米）。热菜餐炉分为两组，分别放在高台两边。冷菜放在客人入口处那一头，点心水果放在另一头。官帽形餐台中间做展示台。

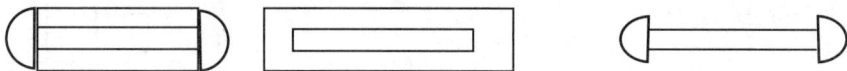

图9-13　一字形餐台

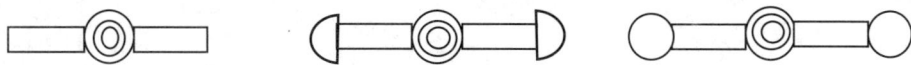

图9-14　官帽形餐台

（2）T形餐台（见图9-15）。两条主餐台一纵一横布置。在纵横交接处布置展台，热菜餐炉布置在横向两边台上，横向餐台对着宴会厅入口处。

（3）V形餐台（见图9-16）。两条主餐台从一点形成一个夹角向两个方向布置，相交点摆放一个圆桌。圆桌布置在宴会厅入口处，热菜餐炉两边均衡布置。

（4）U形餐台（见图9-17）。布置成二纵一横台型。横向餐台中间布置展台，热菜餐炉在两边纵向餐台做均衡布置。可在纵横餐台拼接处空出1.2米空间，方便通行。

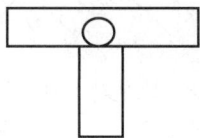

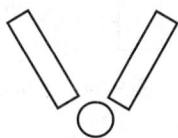

图9-15　T形餐台　　　　　图9-16　V形餐台　　　　　图9-17　U形餐台

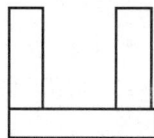

（5）工字形餐台（见图9-18）。布置成二横一纵的台型。纵向餐台中间布置展台，也可布置在靠宴会厅入口处的纵横餐台的交接处。热菜餐炉布置在纵向餐台展台的两边，也可在两边横向餐台做均衡布置。

（6）十字形餐台（见图9-19）。两条主餐桌直角交叉布置成一横一纵的台型，中间可以是方台或圆台相接，布置展台，适合于长、宽距离相近的宴会厅。长方形宴会厅，中间放置圆桌，两条餐台相互靠拢，形成X形餐台造型。热菜餐炉放在一条直线餐台上。直线形餐桌可不与中心展示台并拢，中间空出1.2～1.5米的宽度，供两人并排通过，方便客人交流。

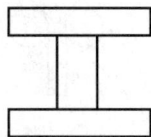

图9-18　工字形餐台　　　　　　　　图9-19　十字形餐台

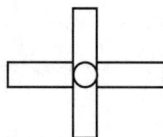

（7）艺术形餐台。如宴会厅很大，可布置具有创意性的艺术台型：如三角形（见图9-20）、车轮形（见图9-21）、万字形（见图9-22。佛教的吉祥符号，顺时针旋转，也可称风车型）、梅花形（又称五星形，见图9-23）、飞机形（见图9-24）、曲桥形（见图9-25。如一头加龙头、另一头加龙尾的泡沫雕塑，就是祥龙造型主题餐台）、串灯笼形（见图9-26）、蛇形（见图9-27）、红灯笼形（见图9-28）、古钱币形（见图9-29，针对银行和金融公司设计的特殊主题台形）、牌花形（见图 9-30，为国际 A 级桥牌大赛庆功晚宴设计的特殊主题台形）等。

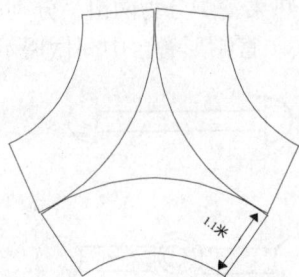

图 9-20 三角形餐台　　　图 9-21 车轮形餐台　　　图 9-22 万字形餐台

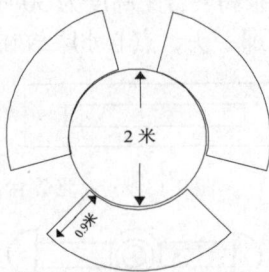

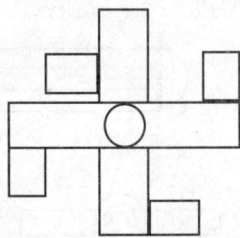

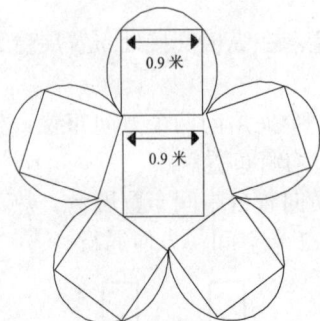

图 9-23 梅花形餐台　　　图 9-24 飞机形餐台　　　图 9-25 曲桥形餐台

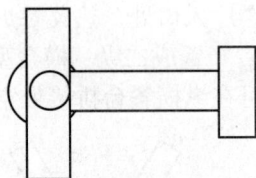

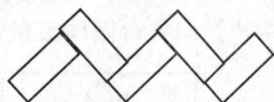

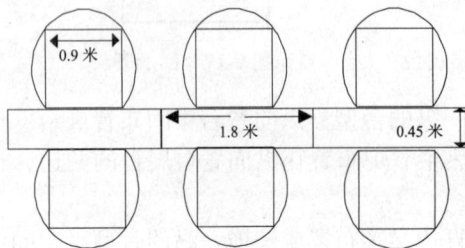

图 9-26 串灯笼形餐台　　　　　　图 9-27 蛇形餐台

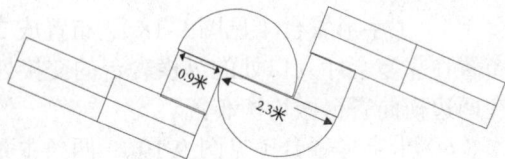

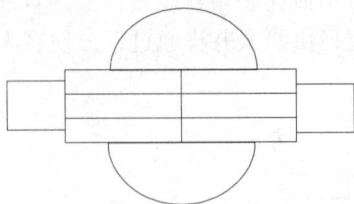

图 9-28 红灯笼形餐台　　　图 9-29 古钱币形餐台　　　图 9-30 牌花形餐台

6. 酒水吧台布置方法

酒水吧台也称吧台，摆放各种酒水饮料。独立布置，位置靠近宴会厅入口处，便于客人进门取用饮料。大小以放得下所有酒水饮料和方便操作为准。布置方式有三：一是靠墙布置，酒水员在台外操作；二是离墙一米左右布置，酒水员在台内操作；三是有条件的场地成中空环岛形布置，或矩形（见图 9-31）或圆形（见图 9-32 和图 9-33）的环绕式吧台，酒水员在内操作，客人在四周取用酒水饮料。在吧台中心处搭建一个多层矩形或圆形的酒品艺术展示台（见图9-34和图9-35）。为方便酒水员的进出，可在吧台四周开口。

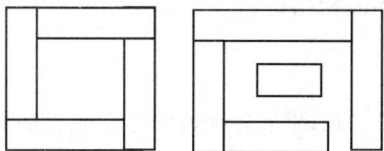

图9-31　方（长方）形吧台　　　　图9-32　圆（椭圆）形吧台

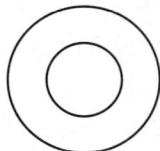

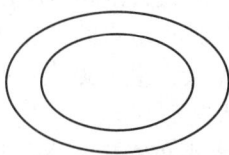

图9-33　圆（椭圆）形开口吧台　　　图9-34　艺术形圆形吧台

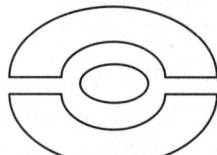

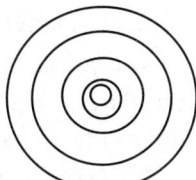

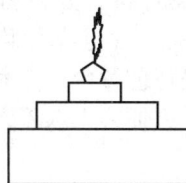

图9-35　艺术形吧台中心的展示台

7. 工作台布置方法

（1）备餐台。供宴会服务员使用，存放备用的餐具、餐巾纸、牙签与服务员的服务工具等（详见项目六的内容）。

（2）回收台。有两种形式：一种是供客人使用。在宴会就餐区设置高约1.1米、直径0.6米的圆台，供客人临时摆放酒杯与餐盘或用过的餐具，适用于不设座位的自助餐宴会、鸡尾酒会。另一种是供员工使用。布置在就餐区传菜通道外面，回收台旁边放置两个干湿垃圾桶，以及餐具回收车及存放干净托盘的托盘架等。服务员把使用过的餐具用托盘送到这里，放在回收台上后，再拿一个周转备用托盘，继续台面服务。回收台由管事部负责，将餐具清理掉餐余垃圾后，分类摆放在餐具回收车上，送到洗碗间清洗消毒；将托盘擦干净，放在托盘架上供服务员换用。

（四）大型自助餐宴会台型布局

1. 宴会面积指标（人均面积×总人数）

（1）普通圆桌宴会面积指标（详见表2-2不同用途、不同档次餐厅的人均餐座面积指标）。人均1.3平方米。宾馆采用10人座的1.8米标准圆台（社会餐饮大多是1.6米圆台），就餐占地面积为10平方米；通道面积按餐桌面积30%～40%计算。

（2）设座自助餐宴会面积指标。人均1.95平方米。自助餐宴会的餐台、餐桌、菜单、上菜、就餐形式、服务等与圆桌式宴会不同，除了人均就餐面积，还需增加摆放出品的餐台面积，按人均就餐面积的50%计算。

（3）不设座自助餐宴会面积指标。（按设座10%计算，如超过10%，人均面积相应增加）。由3部分构成：①餐台面积：0.65平方米/人×总人数；②人际社交面积：0.5平方米/人×总人数（酒会客人以社交为主，人均站立交谈距离为 0.75 米）；③ 少量嘉宾、老年设座面积：1.95 平方米/人×座位数（注：上述面积指标数仅供参考，实际操作要以宴会厅实际面积与形状及设备设施来确定）。

2. 整合宴会场地

酒店有大型办宴场地，宴会布置相对简单，但绝大多数酒店没有能容纳千人以上就餐的特大宴会厅，可采用扩展整合法来设计场地。

（1）整合宴会厅周边场地。如上海新锦江大酒店试营业典礼，有 1100 人参加自助餐开幕晚宴，酒店就把三楼大宴会厅与楼面整合起来布置。又如上海光大国际酒店曾在一个 3000 人的超大宴会厅，通过整合周边场地举办过 4000 多人的超特大型自助餐晚宴。再如浙江某宾馆把二楼的 500 人大宴会厅、350 人多功能宴会厅和 4 个会议室（60 人×3+100 人）与客人休息区及通道（可容纳 400 人）整合，联通起来举办千人大型宴会。

（2）设置分会场。大宴会厅作为主会场，其他区域视面积大小布置几个分会场。可在同一楼层的小宴会厅、客人休息区设置；也可对楼梯进行装饰，在相邻的楼上或楼下的不同楼层布置。主会场可用现代的影视电子传播设备连接各分会场的电子显示屏，使各分会场都能看到主宴会厅里的活动情况。主会场布置展示台与若干组热菜餐台，分散布置冷菜台与点心台，多设置如切割台、捞煮台与煎烹台等特色餐台，扩大取餐线的长度，分散客人集中取餐的压力。在各分会场可设置综合大餐台，方便客人取餐，也方便服务员操作管理。

3. 划分就餐区域

（1）餐台区域。按照宴会场地设计若干就餐区域，每区域设置 1 组或多组标准餐台，以此类推。餐台设计首先要确定热菜区域，然后再考虑其他餐台。如 400 人就餐应同时上 4 组 8 个热菜，需要 16 只双格热餐炉。根据场地情形，可单独布置 4 组热菜台，或在宴会厅展台两边各设置成一字形或 V 形的综合大餐台；或以展台为中心，布置成十字形综合大餐台。冷菜台、点心台与水果台根据菜点数量与盛器而定，汤羹台、切割台、捞煮台、煎烹台可独立布置。

（2）取菜动线。从宴会厅入口处开始，按冷菜、热菜、汤菜、点心、水果、特色餐台的顺序设置各类餐台。为避免拥挤，现场操作台应独立设置。西点造型漂亮，无须保温，餐台设置在宴会厅进口处。酒水应专设酒吧台，鸡尾酒会应为宾客调制鸡尾酒。

4. 设计宴会台型布局（参照中式宴会台型设计要求）

（1）不设座大型自助餐宴会台型布局。采用站立式就餐。不用大圆桌与椅子，四周可摆少量椅子，供女宾和年老体弱者使用。分区域设立小服务台，台上摆放纸巾等简单用品，供客人使用。若空旷区域较大，餐台布局要松散，但相互间要有呼应。舞台设计要小，即使有演出也是独奏类的节目。不设主宾席；若设主宾席，可在厅室的前方摆上几组小餐桌，也可摆大圆桌或长条桌作为主宾席。

案例 9-10　不设座大型自助餐宴会台型布局设计之一（见图 9-36）

3 个综合大餐台设计成"三羊开泰"，是为迎"羊年"到来而举行的企业团拜宴。由于人数较多，采用的是无座式自助餐。突出主桌，只在主桌设置座位。厅房中心与近主席台处留有较大的空间。餐台斜放是为了在餐台中心开始取菜后能顺势向两边闪开。餐台位置靠近入口，客人进入餐厅即可取餐。由于没有演出，主席台较小，通过两边摆放大型绿色植物来拉大主席台的感觉。主席台对面摆放大型花台，通过花台的造型反映主题。沿墙壁摆放的椅子是为年老客人准备的。

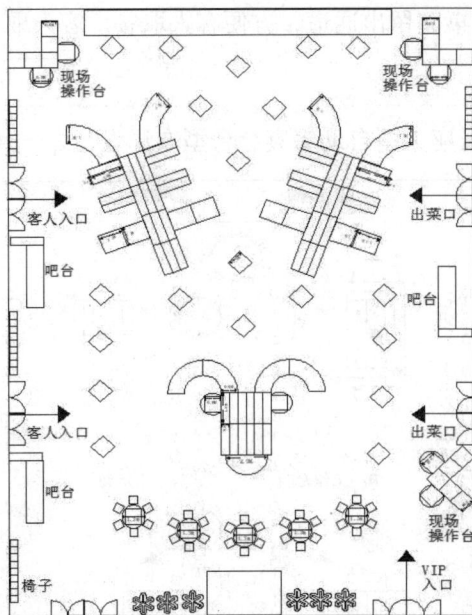

图 9-36　不设座自助餐宴会布局设计之一

案例 9-11　不设座大型自助餐宴会台型布局设计之二（见图 9-37）

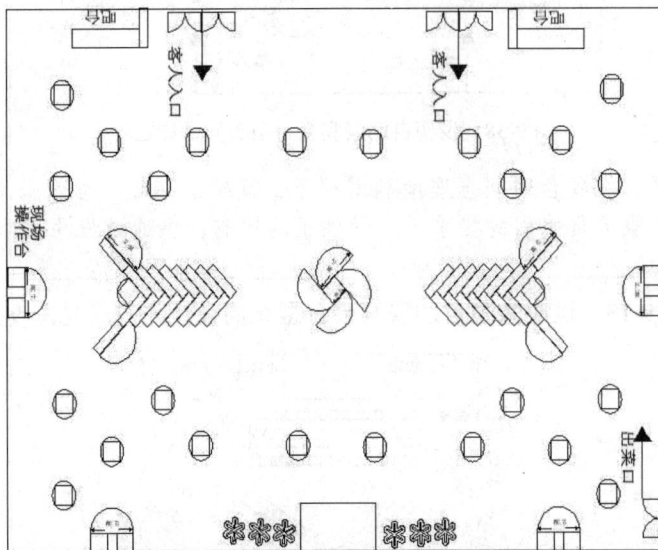

图 9-37　不设座自助餐宴会布局设计之二

布置两组综合大餐台，以横向排列较好，竖向设计会使主席台的位置显得逼仄，取菜台较为拥挤。主席台背景墙较长，通过摆放绿色植物与两边搭建立体装饰台来弥补。设计"一"字形餐台时，应注意客人取完菜后有个顺势拐弯的设计，不要 180 度后转。

（2）设座大型自助餐宴会台型布局。① 餐桌形式。按就餐人数在厅内布置若干小圆桌、方桌或 10 人圆桌；主桌用 12~24 人大圆桌或长条桌。② 就餐区域。无论何种台型布局，餐桌摆放在宴会厅四周。餐桌与餐台间距不低于 1.8 米，以保证取餐客人与就餐客人互不干扰。人流交汇处应在取菜口上，而不能在取菜处的尾部，客人手持盛满菜肴的菜碟，穿过人群是不安全的。餐桌间留出通道，方便客人取餐。客人取菜路线应与厨师加菜路线分开。

案例 9-12　设座大型自助餐宴会台型布局设计之一（见图 9-38）

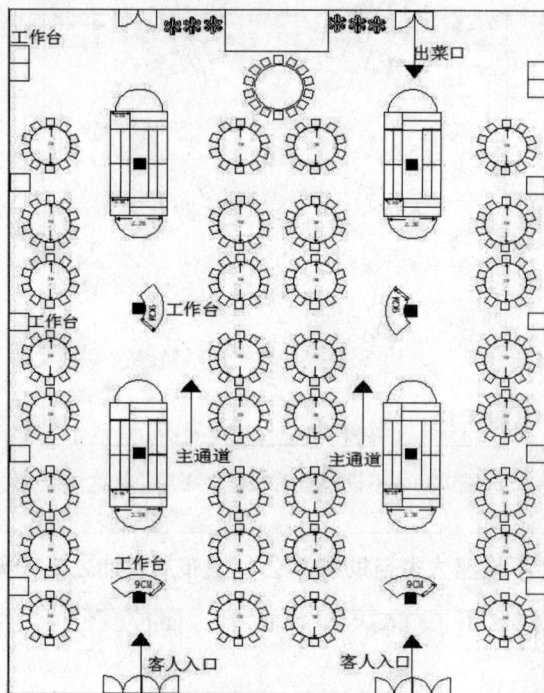

图 9-38　设座自助餐宴会台型布局设计之一

宴会厅有柱子，在餐台中间合理地利用柱子，节省了空间。酒水采用上桌服务，没设酒水台，但设计了服务员使用的接手桌。受柱子的影响，主通道设为两条。

案例 9-13　设座大型自助餐宴会台型布局设计之二（见图 9-39）

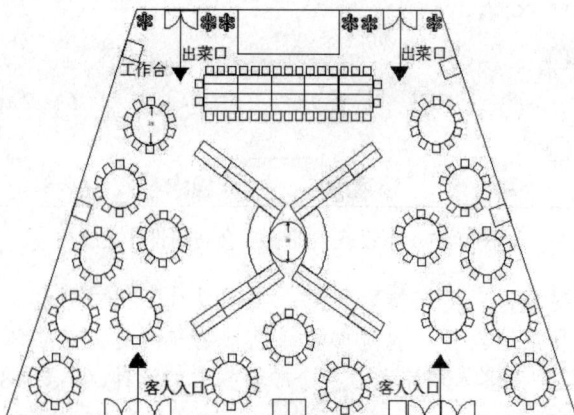

图 9-39　设座自助餐宴会台型布局设计之二

为了解决人少厅大的矛盾，将餐台设计在宴会厅中间，通过 X 形餐台设计，把宴会厅按客人的需求有机地分割为 4 个部分（梯形宴会厅）。

（五）大型自助餐宴会服务程序

1. 宴前准备

（1）布置餐台。设置各类餐台，按要求铺台布、围台裙。每个区域设置一个备餐台。

（2）布置主桌。一般不设置主桌；如需设置，可取中式或西式台面形状与台型，按宴会要求简化铺台，如不布置垫盆、味碟、汤碗等，需要时再送上，安排专人服务。

（3）布置餐桌椅与摆放客用餐具。按照台型设计布置客用餐桌椅，各桌摆放桌号牌。客用餐具为 25 厘米的平圆盘（10 寸盘）、筷子、刀叉（供外宾使用）、调羹、汤碗，按宴会任务单 1.5 倍人数做准备，放置在固定餐台下的搁板上；如无搁板，小型宴会在标准餐台两头各码放一摞餐盘，大型宴会为方便使用与分流客人，应分几处摆放。

（4）餐台上菜。宴会开始前，在餐台摆放菜点。① 选用盛器。用热菜餐炉（保温）、银盘、镜盘、竹篮等盛器盛装不同出品，色彩协调，美观整齐。② 按类摆放。先摆冷菜，用保鲜膜封好，用冰块保凉；再摆成本较低的热菜，用热餐炉保温。为降低成本，限制热主菜的种类。汤汁、调味品摆在相关菜肴旁。③ 艺术摆菜。菜点摆放错落有致，富有艺术性。方法有：利用台阶式器皿、利用有脚垫底架的器皿、利用金属架与玻璃搁板的组合搁架，也可在餐台台布下垫放高低不同的纸盒，布置成阶梯形餐台。④ 摆放餐具。在每炉（盘、煲、桶）菜点前放置叉、勺、夹、大号调羹、汤勺、蛋糕铲刀等取菜公用餐具以及垫盆或搁架。热餐炉金属手柄上扎块口布，既美观又防烫。

（5）装饰展示台。根据宴会主题设计制作食品艺术作品和花草绿植，如需搭建背景墙支架与声光设备，与工程部协调安装。餐台中央展示台摆放大型装饰物；餐台菜肴之间选用小型装饰品，如鲜花植物、面粉制品、小工艺品。饰物摆放要艺术。

（6）时间要求。宴会正式开始前 20 分钟开始出冷菜、点心、水果，厨房开始烹制热菜；服务员为热餐炉加热水，盖上炉盖，开启电源加温。宴会开始前 5 分钟，上完所有宴会出品，布置好宴会装饰物品。宴会开始，立即打开热餐炉盖，请客人取菜。

（7）全面检查。宴会主管认真检查餐前各项准备工作。服务员列队站位，迎接客人。

2. 宴中服务

（1）迎宾入座服务。设座西式酒会，入座后为每位客人斟倒冰水，询问是否需要酒水饮料。主办单位等全部客人就座后宣布宴会正式开始，致辞并祝酒。

（2）主桌嘉宾服务。① 酒水服务。由酒水服务员将酒水车推至桌边做侍酒服务，或把多种酒水饮料装在托盘请嘉宾选饮。② 菜点服务。由服务员将宴会主菜点用托盘端给嘉宾供其选用。主办方特为嘉宾准备的如汤羹菜、甜品、点心与水果端到主桌，提供位上式服务。

（3）巡视服务。服务员必须坚守岗位，自始至终为客人提供主动服务。员工分成两部分，一部分为客人送酒、饮料及食品；一部分负责收拾空杯碟，保持餐桌、餐台的整洁。巡视中，不得从正在交谈的客人中间穿过。若客人互相祝酒，要主动送酒。客人取食品时，主动递上餐盘，向客人推荐和分送食品。经常注意餐台上的菜点，一旦菜量不够，及时通知厨房补充。保持公用餐具清洁，看到沾上调味汁和菜肴，及时更换或擦净。当第一波客人取完菜点后，及时整理各盛器里的菜点，清洁落在餐台上的菜点与汤汁，保持餐台整洁和菜点美观。维持取餐秩序，提醒客人不要顺手拿走取餐用具。餐台应有厨师值台，负责向客人介绍、推荐加送菜肴和分切肉车上的各类烤肉，及时添加菜肴，检查食品温度，回答客人提问。

（4）补菜服务。厨房各类出品分两次上菜，主菜、蔬菜分 3 次上菜。取菜高峰是前10 分钟，第一次菜点尽量多装一点。如有菜点取完，要立即补上第二份菜点。但是，热门菜取完，要控制节奏，稍后再上第二份。热门菜肴全部用完，用其他备份菜补上，不要让热餐炉"开天窗"。第二份热菜点与备份菜点放在备餐区保温车（柜）中待用，第二份冷菜和水果放在备餐区冷藏柜中待用。

（5）餐桌服务。及时撤走客人使用过的餐具，保持餐桌整洁。将撤下的餐具及时送到餐具回收处，初步整理后，送到洗碗间清洗消毒。

3. 宴后收档

关闭热餐炉电源，或盖灭酒精炉火，统一收起，注意不要被酒精炉余热烫伤，要按要求收撤脏餐具。把剩余菜点拿回厨房，由厨师处理。其他各种任务详见项目七的内容。

任务二　大型工作餐宴会运行管理

（一）大型工作餐宴会特点

（1）简。宴会程序简化，会场布置简洁，服务内容简便，宴会菜单简要，就餐时间简短，就餐形式简捷。这是现代交往中经常采用的一种非正式宴请，适用于举行各种规模不同的会议与活动的工作用餐，以及公司内部领导利用进餐时间（早、中、晚均可）商洽工作，边吃边谈，省时简便。形式有圆桌围餐式工作餐与自助（餐）式工作餐（详见上述内容。小型自助餐餐台如图 9-40 所示，工作自助餐餐台如图 9-41 和图 9-42 所示）。

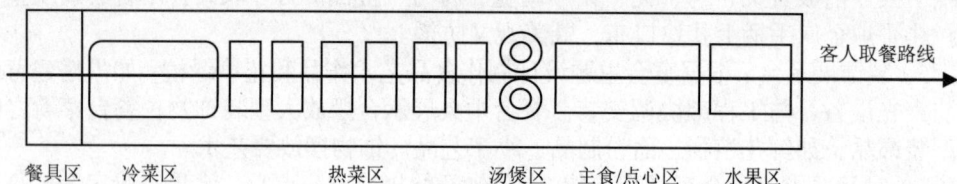

图 9-40　小型自助餐餐台图

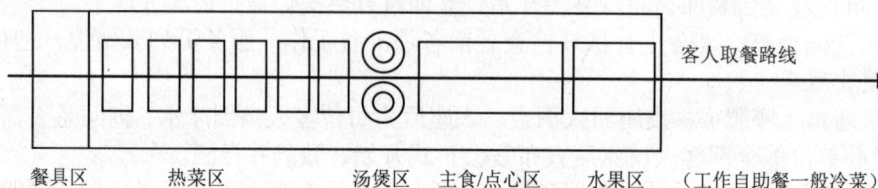

图 9-41　工作自助餐餐台图 A

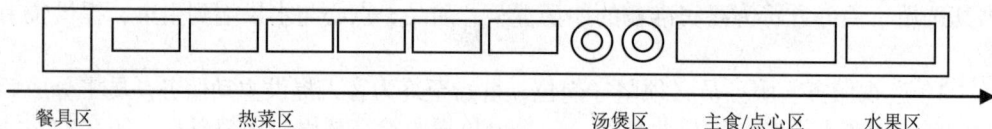

图 9-42　工作自助餐餐台图 B

（2）异。就餐人数少则数十、多则数千，规模可大可小，人数可多可少。客人口味各异，众口难调。解决方法：一是菜肴兼顾各种风味，菜点口味略重，酸、辣、甜、咸味型周全，炸、炒、烧、溜、烩、蒸、汤烹法多样，能满足各地区客人饮食需求；二是准备 3 种调料：辣酱（酒店可自行采购辣椒酱，由厨师重新加料熬制）、醋（米醋、香醋都可，不要使用甜味的果醋）、蒜头（把新鲜大蒜去皮剥成蒜瓣）放在餐台，由客人自行取用。

（3）短。会议一结束，客人集中到达宴会厅，人流特别密集。就餐时间短，一般在1 小时之内，若有的客人需要休息，午餐半小时左右就结束了。要求上菜速度快。热菜大多为能预制成半成品与成品的，能迅速出菜。

（4）低。因为是工作餐，餐标一般较低。会议组织者会将餐费统一安排，在第一天与最后一天的晚餐搞得丰盛一些，上冷菜与酒水；平时菜点品种简单，原料普通。菜单为 4 冷菜（如餐标低也可不设）、8 热菜、2 点心、1 汤羹、2 主食（米饭、汤面）、1 水果（如餐标低也可不设）。快速烹调，不做盘饰。

（二）大型圆桌围餐式工作餐宴会程序

1. 宴前准备

（1）厨房准备。宴会开始前，先将部分菜点进行预制，如焯水、过油、预炸等。宴会开始前 20 分钟，烹制前 3 道菜肴，放入保温柜中待用；汤羹菜烹制完送到备餐区，盛入汤碗。把调料与米饭送到备餐区。

（2）餐厅准备。按中式圆桌大型宴会进行简单摆台。宴会开始前 5 分钟，将前 3 道菜和 3 个调味料端上桌面。客人入座，上茶水。开始用餐，上配有大汤勺和饭勺的汤羹菜、米饭。若有冷菜，宴前 5 分钟先上桌面。客人入座食用后，上保温箱里的前 3 道热菜，再上米饭、汤羹菜。接着上其余的热菜。

2. 宴中工作

（1）厨房烹饪。宴会开始后，烹制后几道菜点，先烹制蒸菜炸菜，再烹制蔬菜。点心穿插其中，再上主食，最后上水果。一般在 20 分钟到半小时内将菜点全部上完。

（2）宴中服务。服务较为简单。及时上其他菜点与撤盘，及时添加米饭与汤菜，如客人临时需要购买酒水或其他饮料等，及时为客人服务，注意收费与开票。

3. 宴后收档

按照大型宴会回收工作流程收台。如后面还有宴会，按照下一个宴会任务单要求，布置新的台型。

任务三　大型宴会翻台

许多酒店没有专设大会议厅，大型会议只能在大宴会厅举行，需要把会场改为宴会，或把宴会改为会场，这种场境换置称为宴会翻台。它具有时间紧、工作量大的特点。

（一）翻台准备

1. 设备准备

在宴会厅的备餐处或会议厅旁的过道处布置几个工作台，设立翻台准备区。把会场设备与用品，如会议布草及布草车、水杯茶杯及杯筐车和周转箱、折叠条形会议桌，或者宴会设备与用品，如折叠式宴会桌、台面、餐具、酒具杯具、桌布，盘架车、杯筐车、布草车、餐桌运送车和转盘车运送至翻台准备区待用。

2. 人员准备

将翻台人员分成若干组别，负责翻台的具体工作。以下为各组的具体任务。

（1）会场翻宴会。杯具组：回收会场杯具，摆放宴会杯具；布草组：回收会场布草，发放宴会布草；餐具组：回收会场会议用品，进行宴会铺台摆位；翻台组：撤走会场条形会议桌、叠放餐椅，摆放餐桌。

（2）宴会翻会场。组别与任务详见项目七大型圆桌宴会收台工作的内容。

（二）翻台程序

1. 会场翻宴会

（1）撤出会场。会议结束，各组人员按"水杯与会议用品—台布—餐椅（5 张一叠，两组靠拢摆放在现场）—会议桌"的顺序先后撤出。翻台组把会议桌送至宴会仓库存放；杯具组将杯具送往洗碗间清洗；布草组、餐具组把会议台布根据铺放的形式叠起收拢，以方便下次会议铺台，与会议用品送至库房整理存放。

（2）布置宴会。翻台组将餐桌迅速送入宴会场地，按台型摆放；布草组分发台布；铺台组铺台布；翻台组把台面转台送至各宴会桌摆放；铺台组餐具摆台；翻台组放下椅子，铺台组摆放到位；杯具组分发杯具，铺台组摆台，也可在准备区将每桌的杯具放在托盘里，由服务员取后摆台。

2. 宴会翻会场

（1）撤出宴会。按"酒杯具—餐余垃圾—台面餐具—餐盘盛器—大餐具—转盘—台布口布—餐桌"的回收撤走顺序进行。详见项目七大型圆桌宴会收台工作的内容。

（2）布置会场。翻台组运送桌椅到宴会厅，按照会场台型要求布置会议桌椅及主席台；布草组铺设台布；台面餐具组或宴会服务员铺台布、摆放会议用品；杯具组摆放水杯。

（三）翻台操作方法

1. 收放折叠式宴会圆台桌

（1）放开宴会桌。把桌子运到摆放位置，将桌子一边竖着着地。右手拉开一边桌腿，用脚将桌腿踩直至 90 度，听到弹簧绷直声即可。左手再拉开另一边桌腿并踩直。人向后退，双手拉住桌面，以打开的桌腿为支点，使之立于地面。

（2）收起宴会桌。人站在收拢桌腿的一面，左手扶住桌面，右手抓住收放桌腿铁条横杠，用力向外拉起。一边桌腿松动弯起时，顺势以另一边桌腿为支点，前行一步将桌面掀起，使其一边着地。再将弯曲的桌腿按至收起位置，用右脚踩另一边桌腿控制横杠，桌腿弯曲后，左手抓住桌腿，按至收起位置。桌腿收起后，滚动宴会桌，运送或放在宴会桌运送车上。在滚动桌面时，要略向自己倾斜，控制好滚动速度，注意安全。

2. 叠放宴会椅

宴会椅叠放数量以 7 把为宜，这时的高度与重量正好符合人体的高度和力量，便于安全操作与运送。有的叠放到 10 把，位高、量重，叠放和运送既不方便，也不安全。如不翻台，有椅套的应先摘去椅套，然后再叠放，避免椅套污染与损坏，延长椅套使用寿命。

3. 收放折叠式条形会议桌

（1）放开会议桌。把会议桌的一端立于地面，右手扶住桌子上端，左手向下掰开桌腿，用脚将桌腿踩到弹簧绷直的位置，右手抓住另一边桌腿。以打开的桌腿为支点，人向后退，顺势拉开桌腿使弹簧绷直，再将会议桌腿放下摆正。

（2）收起会议桌。左手扶住会议桌，右手抓住会议桌一边的控制桌腿收放弹簧铁条横杠，用力拉开使桌腿弯下。然后顺势前行掀起会议桌，放下桌腿，用脚踩踏另一边的控制横杠，左手顺势抓住桌腿放置收起位置。以会议桌一角为支点，旋转贴于身旁，人往前行倾倒会议桌，右手夹住提起会议桌即可。

4. 铺、撤会议桌台布

会议桌的台布有两种，一种是台套形的，酒店专为会议桌量身定做，用于小型会议。另一种是长条形的，长 5～8 米不等，宽 1.5 米左右，用于大型会议。大型会议桌要用 4 张 1.8 米的条形会议桌连接而成，需要长条形台布铺台。台布可用平绒布料制成，可不用经常清洗。两人一组撤收会议桌台布，两人走到会议桌的尽头，共同拉起台布的一头，走向会议桌的另一头，使台布自然叠起；然后再从另一头将两层台布拉起，走向中间；以此类推，最后再横向叠折两次。铺放会议桌台布时，将叠好的台布放到各个会议桌的中部，按同样的方法反向操作,两人一组把台布层层展开,拉平铺放。

思考训练

研讨分析

案例9-14 扬州京江大酒店喜宴市场开发之道①

喜宴市场被酒店称为"甜蜜金矿",成为星级酒店收入的重要来源,还能带动客房、康娱等部门的联动销售,尤其是地处三、四线城市的国内品牌酒店,喜宴带动效应更加突出。

设施和环境是吸引喜宴客人的先决条件。扬州京江大酒店有4个分别可接纳20~70桌的宴会大厅,停车位超过2000个,可满足多层次宾客的需求;有11年的喜宴经营经验,有很强的区域品牌号召力。酒店充分发挥自身优势,将喜宴打造成价位贴近市场、服务温馨、菜肴精致的独特品牌。

精心设计主题喜宴,重点抓住婚宴、宝宝宴、寿宴、乔迁宴、纪念宴、聚会宴、谢师宴等品种,针对每种主题在布置、摆台、装饰、菜肴上开展不同设计,如中式婚宴渲染喜庆、隆重、祥和,西式婚宴体现浪漫、典雅、纯洁,宝宝宴突出童趣、可爱、家庭。

(1)创新喜宴菜肴。菜品以本地淮扬菜结合海鲜产品,确定每道菜肴的标准及外形;增加蒸菜比例,保持菜肴出品美观度与营养;倡导大型宴会菜肴的现场烹制,优化流程,保持菜肴温度;用吉祥词代替传统菜名,统一使用印有喜庆标识的系列餐具。

(2)提供延伸服务。提供统一设计的桌牌、菜单、席卡、喜帖、红包、椅背飘带、口布、湿毛巾等;针对本地喜宴开餐时间较迟的现象,免费提供宴前小食;对新人赠送具有扬州传统文化的特色袋、打包盒、打包箱;提供装饰喜庆的婚房;婚庆周年寄送贺卡,宝宝宴给予优惠,等等,让宾客尽享人生珍贵一刻的尊荣。

(3)设立喜宴管家。沿袭传统婚礼中"总管"与现代酒店"金钥匙"的服务理念,喜宴管家全程设计、协助、代办喜宴的一切事务,使喜宴每个细节无缝对接,提供专业温馨服务,包括婚房布置、礼品与酒水搬运、礼仪公司协调、席位引领、菜肴跟踪、打包送客等。

(4)成立喜宴接待中心。与礼仪公司、影楼、酒水喜糖供应商、化妆公司等合作,定点展示多元化组合产品,提供一站式服务,包括喜房预订、花车租赁装饰、婚纱租用、礼仪服务、喜宴策划、新人化妆、定做礼服等,组成多套特色喜宴产品。合力抱团、借帆远航,联合开发市场。与喜庆网站联合,通过第三方进行宣传;与知名婚纱店、礼仪公司合作,利用酒店设备、场地优势,结合专业婚宴整体策划,把每一场婚宴打造成经典。定期举办"婚礼秀",除宣传酒店婚宴外,又为其他专业公司与供应商提供展示机会。设计"喜宴图文专辑"宣传册,在合作伙伴经营场所相互派发、共同促销。

(5)注重情感营销。结合社区公益活动,到成片住宅小区做喜宴专题促销;邀请潜在顾客到酒店免费试菜、参观;通过微信、微博、企业公众号、抖音等平台宣传酒店喜宴,争取更多的潜在消费顾客群。制作喜宴指南、喜宴场地布置及菜肴录像,通过播放与实地查看,给宾客直接的视觉感受。

研讨:宴会出品、服务、环境、营销之间的内在关系。

---

① 资料来源:周国飚. 扬州京江大酒店喜宴市场开发之道[N]. 中国旅游报,2013-12-18.

操作实训 ●——

1. 情境演习：进行电话预订、面洽预订、预订变更、预订取消等模拟演习，掌握预订全过程的流程与技巧。

2. 实战演练：登门拜访一个客户，推销某个宴会产品，然后交流心得体会。

3. 通过对酒店宴会客人的分析，研讨如何对客史档案进行收集、管理与使用。

4. 聘请酒店餐饮经理或行政总厨介绍酒店控制宴会成本的措施、保证宴会出品质量的措施与提高服务质量的措施。

5. 收集某家酒店宴会销售管理、成本管理与出品管理的各种制度与表格。

6. 实战演练：掌握大型自助餐宴会餐台的布置程序与方法。

7. 实战演练：掌握大型宴会与会议的翻台操作程序与技能。

项目十　宴会文化知识

学习目标

知识目标：

1. 认知饮食文化基础知识与中国饮食文化的特征与特色。
2. 认知中国菜系流派的特点。
3. 了解中国宴会现存弊端与宴会守正创新的发展趋势。
4. 知晓中国各民族、各地区、各节庆的饮食习俗。
5. 掌握中、西式宴会礼仪。
6. 了解中国古代名宴知识。

能力目标：

1. 灵活运用宴饮知识设计宴会环境、宴会摆台、菜品品质与为客服务。
2. 遵循中、西宴会礼仪，能规范宴会进餐行为。
3. 从中国古代、当代与历史文化名宴案例中汲取精华。

导入案例

中国国宴的变迁

1949 年 10 月 1 日晚，中华人民共和国中央人民政府在北京饭店举行新中国"开国第一宴"。第一次盛大国宴的菜品风格以淮扬菜为主，质朴、清鲜、醇和，包括 7 个冷菜（4 荤 3 素）、6 个热菜（4 荤 2 素）、1 个汤，甜食是八宝饭，酒水是茅台和黄酒，烟为中华烟。中外宾客对菜点给予高度评价。"开国第一宴"为国宴的精炼简约定下了基调，国宴规格为 1 组冷菜、6 菜 1 汤、3 点心、1 主食加 1 水果，菜式精炼，口味以南北适宜的淮扬菜为主，根据出席对象的不同，进行适当调整。

新中国成立初期，为展现新中国的大国气派，我国欢迎来访国宾的宴会常达 50 多桌，除邀请来访国宾一行外，还邀请外国驻华使节夫妇、外交团等 20 多桌，加上中方陪客，济济一堂；而每年例行的国庆招待会多达三五千人。1959 年人民大会堂建成以后，国宴通常在人民大会堂宴会厅或钓鱼台国宾馆举行。宴会举办时间通常在国宾抵京日的当晚或次日晚上 6 点 50 分或 7 点。席上，宾主双方都发表讲话，讲话稿要译成英、法、俄 3 种文字。菜点基本上都是清淡爽口的淮扬菜，冷菜 6 道、热菜 4 道；每位客人面前各摆大、中、小酒杯 5 个，用酒主要是中国茅台酒及其他名牌酒等，桌上还摆放着橘子水、矿泉水等。

1978 年 9 月后，外国国家元首、政府首脑访华，中方不再通知各国驻华使节参加迎送；

为来访国举行的国宴只邀请来访国驻华使节和使馆部分外交人员出席，宴会规模缩小了一半。1979 年中粮酒业长城葡萄酒自主研发酿造出了中国第一瓶干白葡萄酒，1984 年酿出第一瓶干红葡萄酒，中国葡萄酒逐渐出现在国宴餐桌上。2008 年的奥运国宴上，配餐的正是长城桑干酒庄酒，它和那些中西合璧的菜式实现了完美的搭配。

从 1984 年开始，对国宴的餐标做了明确规定：正国级的领导人举办宴会，餐标为每人50~60 元，如果宴请少数重要外宾，则掌握在 80 元以内，其他依次类减。菜点为：中餐 4菜 1 汤，西餐 2 菜 1 汤，最多为 3 菜 1 汤；酒水不再使用如茅台等烈性酒，根据客人习惯上啤酒、葡萄酒或其他饮料。同时要求宴请外宾的次数不宜过多。

改革开放以来，国家进行了礼宾改革。国宴菜式改为 1 组冷菜、4 菜 1 汤（有的只用 3菜 1 汤或 2 菜 1 汤）、2 中点、1 西点、1 主食加 1 水果的规格，既节省经费、物资，又节约时间、人力。国宴规模通常为 7~8 桌，一般只邀请国宾随行人员、来访国驻华使节及该使馆主要外交官，中方仅有关部门领导参加。如果所有出席者不超过 50 人，餐台使用长条桌或马蹄形桌。国宴全程时间为 1 小时之内，而过去的国宴通常要花 2~3 小时。实行分餐制，既减少浪费又卫生方便，也便于服务员提供规范化的服务。餐具为筷子与刀叉。"国宴体现的是一个国家的姿态和信心。"对于那些远方来的客人来说，在餐桌上，已经感受到了完全不同的改革开放后的新中国。

模块一　中国宴会文化

任务一　源远流长，博大精深

（一）中国饮食文化内涵[①]

1. 饮食文化的含义

中国饮食是一座取之不尽、用之不竭的宝藏，中国被世界誉为"烹饪王国"。中国烹饪术被孙中山先生誉为"中国在世界上最可骄傲之术"。著名作家陆文夫先生说："饮食是一种文化，而且是一种大文化。所谓大文化是因为饮食和地理、历史、物产、种族、习俗和社会科学、自然科学的各方面都有关联，我们简直可以从饮食着手研究人类社会经济与文明的发展。"教育家蔡元培先生说："我认为烹饪属于文化范畴，饮食是一种文明，可以说是饮食文化。烹饪既是一门科学，又是一种艺术。"

饮食文化是人们在长期的饮食实践活动中创造出来的物质财富和精神财富的总和。从物质文化角度讲，是指食物原料的生产、加工和进食的方式；从精神文化角度讲，是指在食物原料的生产、加工和进食过程中的社会分工及其组织形式、价值观念、分配制度、道德风貌、风俗习惯、艺术形式等内容。

2. 饮食文化发展历程

（1）饮食文化的历史分期。饮食文化是随着人类诞生而来的文化，是文化的分支之一。饮食文化分为"生食文化"和"熟食文化"（或烹饪文化）。熟食文化分为使用天然火和学会人工取火两大阶段，或分为陶烹阶段、金属烹饪阶段及现代烹饪三大阶段。烹饪方法分为直接熟烹法（如烤烙、石燔、包烧、炕煮、塘煨）和使用介质（如各种烹饪炊器具）

---

① 资料来源：华国梁，马健鹰. 中国饮食文化[M]. 长沙：湖南科学技术出版社，2004.

熟烹法两种。

（2）人类饮食的心路历程。笔者认为人类饮食的心理历程经历了四个发展阶段，用形象的语言概括为：第一阶段用"肚子"吃。进食的目的是果腹、填饱肚子；饮食的方式是茹毛饮血、生吞活剥。第二阶段用"嘴巴"吃。发现了火与调味品，进食的目的在于品味，满足口福。第三阶段用"眼睛"吃。通过多种感官全面享受美食，饮食进入审美阶段。第四阶段用"脑子"吃。膳食平衡、营养合理，达到身心健康之目的。

（二）中国饮食文化的特色

1. 中国饮食文化的特征

（1）源远流长，曲折萦纡。中国饮食文化与中华民族的历史紧密联系在一起。考古与历史文献已经证实，中国饮食文化发端于 180 万年前的中国古人类，千万年来传承环节连续，积淀发展深厚，稳定性强，生命力旺盛。由于中华民族基础庞大、延续历史长久，所以饮食文化的结构体系稳定，发展持续旺盛。把华夏五千年文明史视为五千年饮食文化史，似乎也不算太夸张，但它的成长之路却曲折萦纡，历经磨难。中华饮食文化是古老悠远的，同时也是大器晚成的："南食""北食"直到唐宋时期才逐渐分野，土豆、玉米、番茄、辣椒等食材直到明代才传入，"四大菜系"直到清初才成型，而当"八大菜系"隆重登场时，中国封建时代已经走向了尾声。

（2）博大精深，世无伦比。涉猎领域广阔，内涵博大精深，层面丰富多彩。在食材、烹调、菜式、服务、习俗、审美等方面形成了独特的风格，特色鲜明、流派纷呈，引领世界烹饪风骚。中国 56 个民族形成了 56 种风味流派，一起构成了中华民族的饮食文化，以其独特的风格屹立于世界饮食文化之林。

（3）兼收并蓄，海纳百川。中国宴饮文化具有极强的融合力与旺盛的生命力。历史上，中原饮食文化一直处在同周边"胡""番""蒙""满"等饮食文化的相互影响与吸收中。直到现在，中国饮食融合世界各民族饮食于一炉，善于学习借鉴外来饮食文化并加入中餐特色，广取博收，取精纳粹，古为今用，洋为中用，敢于创新，勇于开拓，不断发展壮大自己，在相互鉴赏学习的基础上融合创新。

2. 中国饮食文化特色

李曦先生在《中国烹饪概论》中，把中国饮食文化特色归纳为重食、重养、重味、重利和重理 5 个方面，笔者在此基础上提出了"八重"特色。

（1）重食。古人曰"民以食为天"，足见饮食对国人的重要性。吃的广泛：天上飞的、地上爬的、水里游的、土里长的，食材广博，原料多样。吃法多样：烧、煮、烘、焖、炸、烤、烩、爆、蒸、炖、煨等烹法达百种。吃的繁荣：菜系林立，风味繁复，名特佳肴成千上万，风味小吃成百上千；民族食艺、食风、食味别具情调。吃的艺术：烹艺之巧妙，膳食之繁盛，调味之精益，肴器之华贵，堪称举世无双，独树一帜。美食、美味辅之以美器，三者和谐统一，浑然天成。吃的典雅：御宴排场之豪华，宫筵礼仪之庄重，宴会氛围之典雅，筵席菜品之考究，使宴会成为盛会。吃的效益：官场之交接，人际之沟通，食疗之精道，延年益寿之成效，益神健体之功能。

（2）重味。"味道至上"，食为味之本，味为食之魂。中国人以味为衡量食品质量的第一标准。古代将烹饪风味流派称为"帮口"，口者，就是口味，这是区别不同饮食风味流派的重要标志，构成各种菜系的基础。就人的低级生存需求而论，有食不求有味；但就饮食高级的生活要求而言，重味必出美食。"五味调和百味香"，不同滋味的巧妙结合，使食品具有"口弗能言，志弗能喻"的"精妙微纤"滋味。品味，是一门审美艺术，不但要品食品之味，还要品环境、人事之味，也就是我们常说的"味外之味"。

（3）重养。先秦以降，中国饮食与养生、医疗结合得更为紧密，两汉时期谶纬之学与仙道之风盛行，饮食养生的风气远较宴席间的觥筹交错更吸引士大夫阶层。摄食养生，以五谷为养、五果为助、五畜为益、五菜为充的古代养生理论为依据保养人体"六脏"。医圣孙思邈借扁鹊之语道出真谛："不知食宜者，不足以存生也。"国人的"不时不食"顺应春生夏长秋收冬藏，出于对自己五脏六腑养护的初衷，对食物的温、热、寒、凉四性保持足够敬畏。自古药食同源，食能疗饥，亦能治病，中医的"药补不如食补"的亦食亦药的吃法是非常有功效的。

（4）重利。求福避祸的心态从菜肴的命名就可以反映出重利取向。春节酒席上，江西奉新大获岭一带的农家必上两道菜：一道是"长吉"，即白糖拌柑橘；一道叫"有余"，即油炸鲤鱼。扬州人过年时必吃"安豆"（豌豆苗），寓意"平平安安"，水芹菜寓意"路路通"，二者寓意"心想事成，万事如意"。江西农村称猪头为"神户"、猪舌头为"招财"、猪耳朵为"顺风"。又如"子孙饽饽""长寿面""消灾饼""发糕"等米面食品的名称无不流露出老百姓祈福禳灾的心理。

（5）重礼。其实中国人与食物最早的联结不是味道，而是礼仪。《礼记》所言"夫礼之初，始诸饮食"，大意是"礼仪制度和风俗习惯始于饮食礼"。文献记载，周代已形成一套相当完善的饮食礼仪制度，从迎送客人、坐席方向、席位排座、箸匙排列，到上菜摆菜、敬酒派菜、进食就餐等方面都有完整的、严格的程序与规范。古人强调："设宴待嘉宾，无礼不成席。"食礼，成为礼仪中的重要组成部分，教子食礼，以饮食教化，筷子头上也能出孝子，对社会产生了重要影响。

（6）重情。中华民族是讲究人伦亲情的民族，中国人待人接物的法则是"情—理—法"，以情为先，所重在理，法是底线。情从"心（好心）"从"青（美好）"，为"心之美者"。情靠社交活动表现、增强，人际关系互动在中国最好的方式是吃喝。朋友的"朋"字，不是两个月亮，而是两块肉的意思，因此，朋友是臭味相投的人。钱锺书在其著作《吃饭》中说的"把饭给自己有饭吃的人吃，那是请饭；自己有饭可吃而去吃人家的饭，那是赏面子"，说的就是这个道理。

（7）重和。中华饮食具有"抒情"功能，是因为"饮德食和、万邦同乐""声一无听，物一无文，味一无果"（《国语·郑语》）、"和如羹焉"（《左传》）的哲学思想和由此而出现的具有民族特点的饮食方式。和谐是相互尊重、相互包容后的你中有我、我中有你，求同存异，包容共享。饮食文化的价值体系包括了在饮食消费中所产生的价值观念与行为准则，是社会的政治、经济及思想意识的反映。无论是滕王阁"胜友如云""高朋满座"的盛筵伟钱，还是王羲之的兰亭聚会、欧阳修的醉翁亭宴、苏东坡游于赤壁之下的舟中之宴等，都竭力追求物质与精神、生理与心理等方面的完美统一，体现了与宴者的价值观念与审美情趣。

（8）重政。饮食之道、为人之道、谋国之道，在某种层面上是相通的。饮食对中国古代政治活动的作用重大，《尚书》中称"食"为"八政"之首。从某种意义上说，吃喝也是改变历史的一种力量。历史上，一朝之始往往能休养生息、节俭尚廉，等到日子好过了，奢华之风便愈演愈烈。当然，奢华的讲究总离不开吃，虐食之风盛行，像鱼须汤、鱼唇宴、雀舌羹、燕子腿、猩猩唇、黑豹胎都曾登上饭桌。美食多属庙堂豪门，摆在普通百姓饭碗里的永远只是最普通的食物。饥饿常常使百姓饥不择食，使他们揭竿而起，一呼百应，其实所要的不过是一餐饭而已。所以，每到此时，一个王朝也就走到了尽头。老子在《道德经》里说："治大国如烹小鲜。"吃饭，看似轻松平常，却承载着历史的重量。古往今来，宴会更是与政治密切相关，饭桌传奇地改变了历史，筷子诡秘地涂改了史书，见诸廿四史中的风雨硝烟往往都是在宴会上得以解决的，众多历史文化名宴也证实了宴会在中国历史上承担了太多的社会政治功能。

案例 10-1 "爱国让你想起了什么？"

2013年国庆期间，中央电视台推出街头系列采访"爱国让你想起了什么？"的节目。央视记者询问了社会各界约两千余人对爱国的看法。除了普通百姓，也采访了一些名人，如作家王蒙、冯骥才等。王蒙回答了爱国的缘由："第一我们喜欢唐诗宋词，第二我们喜欢中华料理。唐诗宋词代表中国心，中华料理代表中国腹，我们对祖国的感情是心腹的感情。"

（三）中国宴会文化构成①

1. 宴会文化技术体系

宴会文化技术体系是指中华民族在长期的饮食生活实践中形成的技术的、器物的、非人格的、客观的文化成就。

（1）烹饪原料广博。中国先民早在9000年前就成功种出了粟（小米）、黎（黄米）、稻等谷物；西周时期，有文字记载的可食用植物种类已达130多种；明代弘治年间食谱上的食物多达1300种，仅香料就有28种；清朝见于各种书籍的食材接近3000多种；发展至今，中国菜所用原料有上万种，从粮食作物、蔬菜水果到动物性食物，从陆地到山区，从地上到天上，从河里到海里，应有尽有。但"粮多肉少"的局面奠定了中国人主辅的饮食结构。调味品有多种味料和调味方法。咸、酸是最早关注的滋味，春秋时期齐国就设置了"煮盐官"。魏晋南北朝时用粮食发酵而成的酱油、醋和豉（现代的酱）是中国美食史上的第一次跨越。

（2）宴会餐具精美。经考古发现，我国的餐具早在新石器时代已基本齐备。商周时期，出现了青铜器餐具。春秋战国时期，餐具从祭祀中独立出来。秦汉以后，由于制造技术的发展和铜器、漆器的大量使用，器具制作的技术更加先进，器具工艺更加精细，各种图案纹饰更加形象逼真、色彩艳丽，器物向以轻薄的漆器为主的方向发展。唐代出现了矮条桌和交椅，铺桌帷，垫椅单，开始使用瓷器餐具。明清筵席餐具强调配套成龙，雕琢精美的红木家具八仙桌、大圆桌、太师椅、圆鼓凳都用到筵席上，主宾背后放雕漆或螺钿屏风，斜对面摆穿衣镜，以示尊重。台布椅套缝制讲究，不少还用丝绸锦缎刺绣而成。台面装饰已由摆设装饰物发展成看席，与吃席并列。美食美器，相映生辉，更显高雅。

（3）烹饪工艺精湛。刀功精细，刀法多样。刀法有批、切、锲、斩等，原料成形有丝、片、块、段、条、茸、末、荔枝花、麦穗花等，加强了成菜观赏性和艺术性。精于火候，技法多样。现代烹法有百种之多，如炒、炸、爆、熘、煎、烹、烧、焖、煮、摊、涮等；爆又可分为酱爆、油爆和莞爆；甜菜烹制还有拔丝、挂霜和蜜汁。烹调是一种技术，更是一种文化，它超越了维持生存的作用，不仅果腹、维持生命，更满足了人们的精神追求，与美术、音乐、舞蹈、戏曲、文学等并列成为中华文明艺术殿堂中的艺术瑰宝。

（4）饮食出品纷繁。我国的食谱庞大而精致、严整而瑰丽，菜点成千上万、数不胜数，以独特精美的色、香、味、形闻名于世。不同菜点组合上席，使筵席成为"菜品的组合艺术"。宴会出品可用多、精、美、奇、妙五个字来概括。

---

① 资料来源：华国梁，马健鹰. 中国饮食文化[M]. 长沙：湖南科学技术出版社，2004.

（5）风味流派众多。北宋四大饮食风味流派萌芽，至清代成形。除地域风味外，民族、素食、市肆、寺观、民间等风味形成。保健、养生的食疗成为体系。中国林林总总的民族、地域等风味流派及其饮食风俗，使中国的饮食文化成为世界文化画卷中最具魅力的一页。

2. 宴会文化价值体系

宴会文化价值体系是指中华民族在长期的饮食生活实践中形成的规范的、精神的、人格的、主观的文化成就。

（1）宴会内容博大精深。中华宴饮文化有着漫长的发展历程、深厚的文化积淀和稳定的结构体系，是一部源远流长、起伏有致、环节完整、从未间断的历史。宴会是精神文明和物质文明的重要表现形式，蕴含着文化、科学、艺术与技能，是饮食文化的集中体现。宴会文化内容涵盖物产原料、烹调技术、烹调原理、营养卫生、食疗理论、饮食美学、饮食心理以及历史典故、民情习俗、宗教信仰、文学艺术等。这些要素相互结合、相互作用，构成物质文化、技术文化和精神文化三个层次的饮食文化系统。

（2）宴会形式多种多样。从古至今出现了举不胜举的各种主题、各种形式的宴会。如游宴（备酒果登高或携馔肴聚集于名胜之地饮宴游乐，官宦和文人学士多有此好。历代不少诗人的优秀作品，都是在游宴时兴致所至、命笔而成的）、船宴（设宴于游船上，宫廷和官府多用这种形式饮宴。五代时，后蜀主孟昶的花蕊夫人有《宫词》百首，记船宴的就有八首。南宋都城临安的"湖船"，即举办船宴的场所。清顾禄《桐桥倚棹录》、李斗《扬州画舫录》等书都有船宴的记载）、军宴（《资治通鉴》记：唐"延心知之，因承勋军宴"，说的便是宴于军中的宴会）、曲宴（多指宫中私下举行的筵宴，礼仪较为简单，参加的人也不多，吃喝都较随意，可以像曹植诗中描绘的"缓带倾庶羞"）、高宴（泛指盛大的宴会）、玳筵（以玳瑁装饰坐具的盛宴）、金华宴（富丽的酒宴）、琼筵（珍美的筵席）、玄熟（帝王的御宴或道教称仙境的宴会）、红筵（即盛宴）、玄宴、幽宴（在幽静处所举行的宴会）等。

（3）宴会礼仪严整完备。从宴请方到赴宴方、从设宴开始到宴会结束的全过程、从就坐到进餐等方方面面形成了一套完备而严整的宴会礼仪（详见本项目的礼仪内容）。

（4）宴会审美自成体系。宴会消费追求良辰、美景、可人、韵事、美食五大客观条件，形成宴会审美与情趣的核心部分，而且宴会审美在一些情况下变为其他审美的从属部分。

（5）宴会理论贴切深透。中国宴饮文化涉猎学科门类繁多，内容丰富精深，既兼容又特别，历代相传又推陈出新，堪称独秀于世。从西汉到清末，烹饪专著书籍有几百部。曹操编著的《四时食制》是中国第一部独立饮食著作，以后影响较大的有《居家必用事类全集》《易牙遗意》《宋氏养生部》《遵生八笺》《饮馔服食笺》《调鼎集》《食宪鸿秘》等，元代御医忽思慧的《饮膳正要》集食疗理论之大成，清代"食圣"袁枚的《随园食单》完成了饮食文化从经验向理论的最终蜕变，是集南北美食大成之作，为中华美食的发展开启了新的纪元。

（四）中国菜系流派[①]

1. 中国菜系的形成

菜系是一个地区的饮食经过漫长历史演变而形成的一整套独特的烹调体系，它以有别于其他地区的独特的烹饪手法、特殊的调味品和调味手段、众多的烹饪原料为重要标志。丰富多彩的物产食材、悠久的烹饪文化历史传统和饮食习俗，大批具有匠心、精于烹饪的

---

① 资料来源：刘敬贤，邵建华. 新编厨师培训教材[M]. 沈阳：辽宁科学技术出版社，1994；周晓燕. 烹饪工艺学[M]. 沈阳：辽宁教育出版社，2006；华国梁，马健鹰. 中国饮食文化[M]. 长沙：湖南科学技术出版社，2004.

技术人才，精湛的烹饪技术及其广泛的普及，有相当数量和规模的本菜系的风味餐馆，得到广大民众的普遍认同和高度赞扬，这些是菜系形成的主要因素。

2. 中国菜系的主要流派、特点及名菜

（1）山东菜系。山东菜系简称鲁菜或齐鲁风味，是我国烹饪技术发源地之一。受儒家学派膳食观念影响较深，具有官府菜的饮馔美学风格。① 济南菜。北起德州，南到泰安，东到淄博等地。菜肴讲究清鲜、脆嫩和纯正的口味，以咸鲜为主，具葱香蒜味及麻酱风味等，精于制汤菜。传统名菜：芙蓉鸡片、锅塌豆腐、油爆双脆、九转大肠、糖醋黄河鲤鱼、拔丝金枣和蜜汁三果等。② 胶东菜。福山、烟台和青岛等地多产海鲜，讲究原汁原味、清淡鲜嫩，精于清蒸、烤、葱烧、扒、爆、炸、溜和挂霜等。传统名菜：清蒸加吉鱼、绣球干贝、烤大虾、葱烤海参、扒原壳鲍鱼、油爆海螺片、软炸鲜贝、炸溜贻贝和挂霜丸子（香蕉）等。③ 孔府菜。孔子家乡曲阜菜肴。体现了孔子“食不厌精，脍不厌细”的食道精神，以历代帝王祭祀孔子所沿用的菜肴为主。传统名菜：孔府一品锅、诗礼银杏、带子上朝、玉带虾仁、怀抱鲤、御笔猴头、武熘肉片和冬菇烧蹄筋等。

（2）四川菜系。四川菜系简称川菜或巴蜀风味。“尚滋味，好辛香。”以小煎、小炒、干烧、干煸见长，以味多、味广、味厚著称。调味多用三椒（辣椒、胡椒、花椒）和鲜姜，味重麻、辣、酸、香，有“一菜一格、百菜百味”之誉。① 成都菜（上河帮）。历史上曾是蜀地中心，突出麻味，精于小炒、小烤等。传统名菜：麻婆豆腐、樟茶鸭子、夫妻肺片、锅巴肉片、宫保鸡丁、回锅肉和赖汤圆等。② 重庆菜（下河帮）。历史上曾是巴地中心，口味偏辣，精于小炒、干烧和干煸等。传统名菜：鱼香肉丝、干烧岩鱼、干煸牛肉丝、毛肚火锅、清蒸江团和枸杞牛鞭汤等。③ 自贡菜（小河帮）。川西北的少数民族聚居地，口味以麻辣并重，精于小煎、白煮和小炒等。传统名菜：小煎鸡米、水煮牛肉和骆驼肉等。

（3）江苏菜系。江苏菜系简称苏菜、淮扬菜或苏扬风味，是华东地区肴馔典型代表，具有清鲜平和、咸甜适中、口味淡雅的特点；以刀法精妙而闻名，擅长炖、焖、煨、焐和烤等烹调法。① 淮扬菜。扬州为中心的淮河流域，素以“三把刀”而闻名，菜刀为最著。水产品丰富，口味以醇厚为主，精于吊汤和火工。传统名菜：“扬州三头”（蟹粉狮子头、拆烩鱼头和扒猪头）、醋熘桂鱼、三套鸭、大煮干丝、炒软兜长鱼（鳝）、炝虎尾和蛤蜊汤（天下第一鲜）等。② 南京菜。口味以醇和为主，精于烹制鸭子（盐水桂花鸭、板鸭和叉烧鸭）和焖炖烤等。传统名菜：桂花虾饼、炸虾球、凤尾虾、松鼠鳜鱼和蛋烧麦等。③ 苏锡菜。口味以咸甜为主，精于烹河鲜，精于炸、溜、蒸和烧等烹调法。传统名菜：碧螺虾仁、雪花蟹斗、香脆太湖银鱼、镜镶豆腐、阳澄湖大闸蟹等。④ 徐海菜。徐州至连云港，口味以鲜咸为主，精于炖、爆、烧、溜、炸和蒸等。传统名菜：霸王别姬、爆乌花、红烧沙光鱼、彭城鱼丸和沛公狗肉等。

（4）广东菜系。广东菜系简称粤菜或岭南风味，是华南地区肴馔典型代表，讲究五滋（清、香、脆、酥和浓）六味（鲜、咸、甜、酸、苦和辣）。① 广州菜。珠江三角洲平原和部分沿海地带，口味清新鲜醇，精于清蒸、软炒、烩、烤和焗等烹调法。传统名菜：香滑鲈鱼球、烤乳猪、烩蛇羹、菊花龙虎斗、鼎湖上素和脆皮鸡等。② 潮州菜。潮汕平原，口味以清醇香浓偏甜为主，喜用鱼露、沙茶酱和梅膏等调味料。传统名菜：烧雁鹅、豆酱鸡、红烧鲍鱼、葱姜焗肉蟹、明炉烧螺和太极素菜羹等。③ 东江菜。东江菜又称客家菜，梅县、东莞和惠州等地，口味以酥软香浓、偏咸重油为主，少海鲜多野味，精于炖、煲、焗和酿等。传统名菜：东江镶豆腐、东江盐焗鸡和什锦煲等。④ 港式粤菜。口味生猛、鲜淡、清美，具有热带风情和滨海饮食特色，同时吸收西方、东南亚饮食特色。

以上 4 种菜系合称为我国著名的“四大菜系”。

（5）湖南菜系。湖南菜系简称湘菜或潇湘风味，以水产和熏腊原料为主，品种丰富，味感鲜明而富有菜肴个性。刀工精妙，味形俱佳；擅长调味，麻辣著称；烹调煨靠为主。受楚文化熏陶，以"辣""腊"驰誉中华食坛。① 湘江流域菜。长沙、湘潭、衡阳等区域，口味鲜香酥软，擅长煨、炖、腊、炒和蒸等。传统名菜：红煨鲍鱼、清炖牛肉、腊味合蒸、麻辣仔鸡和酱汁肘子等。② 洞庭湖区菜。口味清淡鲜嫩；擅长烹制湖鲜和水禽，多用煮、烧和蒸等法。传统名菜：蒸钵菜（青龙戏珠）、冬笋野鸭、红烧甲鱼、冰糖湘莲和荷叶蒸鱼等。③ 湘西山区菜。湖南西部土家族和苗族聚集地区，口味以浓厚乡土气息为特色；擅长烹制山珍野味和各种腌腊制品，多用烧、焖、炒等法。传统名菜：红烧寒菌、油辣冬笋尖、板栗烧菜心、湘西酸肉等。

（6）浙江菜系。浙江菜系简称浙菜或钱塘风味。选料细嫩鲜特，口味清新鲜嫩，形态清雅细腻。注重原味，鲜咸合一；擅长烹制海鲜湖蟹，有炒、炸、烩、溜、蒸和烧等近20种烹法。① 杭州菜。口味清鲜爽脆、淡雅细腻；擅长烹制湖鲜家常菜，有烧、焖、溜、烩和炒等法。传统名菜：东坡肉、油焖春笋、西湖醋鱼、宋嫂鱼羹、龙井虾仁和叫花童鸡等。② 宁波菜。口味以咸鲜为主，兼具浓厚乡土气息；擅长烹制海鲜，有烧、烩、煮和蒸等法。传统名菜：锅烧鳗、黄鱼羹、雪菜大汤黄鱼、三丝拌蛏和奉化摇蚶等。③ 绍兴菜。口味以咸鲜兼具乡村风味；擅长烹制河鲜家禽，有焖、溜、烧和煮等法。传统名菜：雪菜干烧焖肉、糟熘虾仁、白鲞扣鸡和清汤鱼圆等。④ 温州菜。以海鲜入馔，口味清鲜，淡而不薄；以轻油、轻芡，重刀工的"二轻一重"为特色。传统名菜：三丝敲鱼、爆墨鱼花、马铃黄鱼、双味蛳蜯、橘络鱼脑和蒜子鱼皮等。

（7）福建菜系。福建菜系简称闽菜或八闽风味，以烹制山珍海味而著称。风味特点是清鲜、和醇、荤香、不腻，注重色美味鲜；擅长于炒、溜、煎、煨、蒸炸等。口味偏甜、酸、淡。特别讲究汤的制作，其汤路之广、种类之多、味道之妙，可谓一大特色，素有"一汤十变"之称。① 福州菜。具有清鲜、淡爽和偏于甜酸等口味特点。讲究调汤，汤鲜、味美，汤菜品种多。擅长用红糟作配料制作各式风味特色菜。传统名菜：佛跳墙、荔枝肉、醉糟鸡、糟汁川海蚌、炒西施舌和酸辣海鲜羹等，以及锅边糊、肉蛎饼等小吃。② 闽南菜。厦门、漳州和泉州等地区，讲究作料，善用甜辣。传统名菜：橘味加力鱼等。③ 闽西菜。具有咸辣和浓郁的山区特色。传统名菜：东壁龙珠、爆炒地猴等。

（8）安徽菜系。安徽菜系简称皖菜、徽菜或皖徽风味，擅长烧、炖、蒸，少用爆、炒菜，重油、重酱色、重火功。馄饨鸭、大血汤和煨海参等安徽菜式曾一度风靡上海滩。① 皖南菜。以烹制山珍野味著称，具有原汁原味、风味古朴典雅的特点，擅长烧、炖，讲究火功，喜用火腿佐味，冰糖提鲜。传统名菜：红烧头尾、清炖马蹄鳖、黄山炖乳鸽和腌鲜鳜鱼等。② 沿江菜。芜湖、安庆及巢湖等地区，具有酥嫩、鲜醇、清爽和浓香等口味特点；擅长红烧、清蒸和烟熏等法，尤以烹调河鲜、家禽见长，烟熏技术别具一格。传统名菜：毛峰熏鲥鱼、清香砂焐鸡和无为熏鸭等。③ 沿淮菜。蚌埠、宿县和阜阳等地区的淮北平原，具有质朴、酥脆、咸鲜和爽口等口味特点；擅长烧、炸和熘等法。传统名菜：符离集烧鸡、葡萄鱼、奶汁肥王鱼和香炸琵琶虾等。

除上述八大菜系外，其他著名的风味流派如下。

（1）北京菜系。北京菜系又称京菜或燕京风味，来源于宫廷菜、官府菜、清真菜和改良的山东菜。选料考究，调配和谐，以爆、烤、涮、熘、扒见长，菜式门类齐全，酥脆鲜嫩，汤浓味足，形质并重。以"烤鸭"和"仿膳菜"为代表，吸收了华夏饮食文化的精粹。传统名菜：北京烤鸭、涮羊肉、三元牛头、黄焖鱼翅、罗汉大虾、柴把鸭子、三不粘、白肉火锅等。

（2）湖北菜系。湖北菜系又称鄂菜或荆楚风味。由汉沔风味、荆南风味、襄郧风味和鄂东南风味四大流派。以水产为本，鱼菜为主；擅长蒸、煨、烧、炸、炒，习惯鸡鸭鱼肉蛋奶粮豆合烹，鱼氽技术冠绝天下；菜肴汁浓芡亮，口鲜味醇，重本色，重质地。传统名菜：清蒸武昌鱼、腊肉炒菜苔、红烧鲴鱼、冬瓜鳖裙羹、荆沙鱼糕、沔阳三蒸、瓦罐煨鸡汤、江陵千张肉等。

3. 中国菜肴风味类别

（1）民间风味，俗称"家常菜"。乡土气息浓郁，家常普通原料，以炒、烧、蒸、煮和焖为主。名菜：回锅肉、东坡肉、麻婆豆腐、糖醋排骨和梅干扣肉等。

（2）市肆风味，俗称"餐馆菜"。制作精细、用料讲究、烹法多样、风味独特。名菜：北京烤鸭、叫花童鸡、佛跳墙、宫保鸡丁、烤乳猪、扒熊掌和黄焖鱼翅等。中国近代名餐馆有全聚德、便宜坊和东顺来等百年老店。

（3）官府风味，俗称"官宴"。官僚、士大夫的家庭菜肴，由家厨制作。用料讲究，注重原汁原味，讲究器具环境的美感享受。名菜有：

孔府菜：一品豆腐、带子上朝和诗礼朝杏等；广东谭家菜：黄焖鱼翅、蚝油鱼肚、草菇蒸鸡和红烧鲍鱼等；随园菜：冬瓜燕窝、煨乌鱼蛋和鸡汤煨芋羹等。

（4）宫廷风味，俗称"御膳"。皇宫食用菜肴，由民间名厨烹制。原料多为各地进贡珍品，烹法以北方为主、南方为辅，讲究营养搭配和养生之道。著名筵席有周宫的"周八珍"、清朝的"满汉全席"，名菜有：溜鸡脯、龙须驼峰和烧鹿筋等。

（5）寺院风味，俗称"素菜"。道、佛的宫观寺院庙烹制的植物性原料的菜肴。我国的素食文化源远流长，历史悠久，别具一格，独树一帜。① 三个特点。一是禁用荤腥，清净用料，以五谷杂粮、豆制品、豆腐、蔬菜、菌类、干果等为原材料。二是刀工精细，善于仿形，技法全面。三是口味素净鲜香，清淡爽口。② 两大方向。全素派与以荤托素派。③ 三大流派。民间素菜、宫廷素菜与寺院素菜。④ 五种形式。一是卷制类：如素鸡、素鸭。二是卤制类：如素什锦、香菇面筋。三是炸制类：如香椿鱼、小松肉。四是造型类：如整鸡、整鸭。五是模仿类：如宫保鸡丁、糖醋鲤鱼等。⑤ 名菜。罗汉斋、鼎湖上素、雪积银钟、混元大菜、三姑守节、魔芋豆腐等。

（6）清真风味。① 沿革。起源于唐代，发展于宋元，定型于明清，近代形成完整体系。我国的回族、维吾尔族、哈萨克族、塔塔尔族、塔吉克族、乌兹别克族、柯尔克孜族、撒拉族、东乡族、保安族 10 个少数民族的肴馔都属于清真菜系列。② 流派。有 3 路：西路（含银川、乌鲁木齐、兰州、西安）、北路（含北京、天津、济南、沈阳）、南路（含南京、武汉、重庆、广州）。③ 特色。一是饮食禁忌严格。禁血生，禁外荤，不吃肮脏、可怖、凶恶和未奉真主之名而屠宰的动物。忌讳左手接触食物。二是选料严谨。西路和北路选料用牛、羊、粮、豆，擅长烹制羊肉菜肴；南路选料用鸡、鸭、蔬、果。三是工艺精细，菜式多样。擅长煎炸、爆熘、煨煮和烤炙；本味为主，清鲜脆嫩与肥浓香醇并重；讲究菜形和配色，餐具多为淡绿彩瓷；生熟严格分开，甜咸互不干扰。④ 代表菜。葱爆羊肉、清水爆肚、焦熘肉片、黄焖牛肉、抓羊肉条、麻辣羊羔肉、烤全羊、烤羊肉串、全羊大菜、砂锅羊头、羊蹄哈尔巴、炸羊尾、羊肝排叉、白扒鸡肚羊、瓢馅牛尾、袈裟牛肉、一品芙蓉虾、清炒驼峰丝、奶汤银丝等。

（7）食养风味，俗称"药膳"。突出营养保健的食养机理，烹调多以炖、煨、清蒸、煮和炒为主。名菜：① 补阴虚：清蒸甲鱼、冰糖燕窝、冬虫夏草全鸡和海参扣肉等。② 补阳虚：十全大补汤、虫草老鸭汤、海马童子鸡、双鞭壮阳汤、人参焖鹿尾、青虾炒韭菜等。③ 润肺：川贝雪梨炖猪肺、冰糖银耳等。

（8）仿古风味。挖掘、新创古书记载的菜肴，如西安的仿唐膳、松江和苏州的仿红楼宴席等。名菜：驼蹄羹、遍地锦装鳖、老蚌怀珠、鱼翅烩蛏干和乌龙戏珠等。

任务二　自信自强，守正创新

（一）传统围餐式宴会"八失"弊端

（1）数量失俭。受"食有余"传统观念的影响，国人宴请以筵席丰盛、排场阔绰为体面的排场观念，以丰盛为尊敬、以简朴为不礼的消费观念，导致宴会食品数量过多，浪费惊人。一桌筵席出品规格高，菜点道数多，食材原料达几十种之多，大大超过赴宴者的进食量。而宴会上菜的规矩往往是大菜垫后，所以绝大多数宴会，尤其是公款宴会在散席时，席上整盘满碗的鸡鸭鱼肉基本未动，只能作泔水废弃。宴会重"宴"不重"会"，以菜肴、酒水的贵贱和多少来衡量办宴者的情感之深浅，如有会而无宴或筵席不够水准，被讥之为小气、抠门；满席佳肴即使吃不完倒掉也不为耻；若碗盘朝天，认为不敬，甚至遭到嘲讽，办宴者感到有失大方，赴宴者也觉有失斯文。

（2）食材失常。竭力追求菜肴名贵丰盛，场面奢华气派，食材以搜奇猎异、暴殄天物为贵，片面追求奇珍异馔。上自"周代八珍"，中至唐代"烧尾宴"，下至清代"满汉全席"，及至现代一些商家推出的"豪门宴"，所用原料稀少珍贵、稀奇古怪。如"烧尾宴"中的"凤凰胎"（烧鱼白）、"升平炙"（羊舌、鹿舌合烤），"满汉全席"中的"虎丹""豹胎""狮乳"，等等。一些店家为了招徕某些用公款吃喝的"遍食客"，想方设法，绞尽脑汁，什么东西稀罕就做什么，什么东西古怪就用什么，把中国宴会推到追奇猎异的歧途。

（3）结构失调。菜品结构存在"四重四轻"的不科学倾向：重酒水、轻食品；重菜肴、轻主食；重荤菜、轻素菜；重奇珍异馔、轻日常食品。食材以珍为盛、以稀为贵、以荤为主，满席皆为山珍海味、鸡鸭鱼肉，素菜极少。大凡宴会，往往只饮酒、吃菜，不进主食，或象征性地吃一点；暴饮暴食、酗酒斗酒等不文明的饮食行为导致高蛋白、高脂肪、高热量、高盐分，蔬菜类、淀粉类摄入偏少，结构失调，严重影响膳食结构的平衡。

（4）营养失衡。"过剩的营养摄取，贫瘠的膳食知识"，这是中国国民膳食的两个极端。饮食中，脂肪、蛋白质、糖类的摄取量大大超标，而人体所必需的维生素、矿物质又严重缺乏，形成人体所需的各种营养素比例严重失调，使很多人患上如高血脂、高血糖、高血压等"富贵"病。医学家们还发现，常吃筵席的人往往出现头晕、头痛、血压偏高、厌食、消化不良、腹泻等症状，这种"宴会综合征"的病症日趋增多，不利健康长寿。

（5）程序失简。宴会排场奢侈，礼仪程序繁复。饮食无休，时间冗长，少则一两个小时，多则三四个小时，宝贵时间尽耗于杯盏之间，既不利于身体健康，也不符合"时间就是金钱，效率就是生命"的新时尚。

（6）共餐失洁（详见项目七中有关合餐制弊端的内容）。

（7）陋习失礼。主人为表殷勤好客，常用自己的筷子"热情"为别人夹菜，客人若推辞谢绝，被认为不领情。这样既浪费也不卫生，又使客人失去选择的自由。强劝饮酒、强行灌酒，"感情深，一口闷；感情浅，慢慢舔""关系铁，不怕胃出血"的劝酒辞令勃然而兴；猜拳罚酒，强迫硬灌，更近野蛮。席上各种酒醉失态事端频生，轻则谵言妄语，洋相尽出，举席哄笑；重则呕吐醉倒，扔杯砸盏，动起拳脚，不欢而散；更有甚者，诱发疾病或暴病猝倒，乐极生悲；酒驾、醉驾导致交通事故频发，家破人亡。

（8）消费失度。① 大吃大喝、铺张浪费。舌尖上的浪费触目惊心。讲排场、摆阔气、大手大脚、奢侈浪费的现象时有发生。宴会结束，餐桌上的剩余菜品成为"厨余"垃圾，盛宴变成"剩宴"。2015年我国城市餐饮业仅餐桌食物浪费量就相当于3千万～5千万人一年的食物量。2018 年《中国城市餐饮食物浪费报告》披露，中国餐饮业人均食物浪费为每人每餐 93 克，浪费率为 11.7%。城乡宴会浪费惊人：婚宴浪费 40% 以上，各类"事件性宴聚（生日、升学、谢师、晋升宴）"浪费 30% 左右，商务宴请浪费 30%~40%，朋友聚餐浪费 40% 左右，大型聚餐浪费 38%。② 公款宴请、极度奢靡。舌尖上的腐败更是令人心痛。公款吃喝、豪宴盛席造成的奢侈风气是引起人民群众强烈不满的腐败现象的焦点之一，人们对这种"公费一席宴，农家一年粮"的骄奢，对这种摆"土豪阔气"的挥霍，已经到了怨声载道和不能容忍的地步。党的十八大以后，中央严令禁止，取得了显著效果。

（二）新时代宴会发展"八化"趋势

2021 年餐饮行业经历了新冠肺炎疫情后的复苏，逐步恢复到稳步增长的态势。业态边界逐渐消失，餐饮产业正迎来新一轮的品牌更迭浪潮。传统认知中的正餐与快餐、中餐与西餐的界限正在逐渐消融，品类分化、融合趋势明显，餐饮企业呈现"正餐快餐化""快餐小吃化""小吃正餐化""餐饮食品化""食品餐饮化"（预制菜）、线上线下一体化的发展趋势变化。宴会也出现了许多新的特点和发展趋势。

（1）安全化（详见项目四中的相关内容）。酒店要从食品原材料的生产、采购、运输、储藏、加工、烹调与销售、服务等所有环节，加大食品安全管理，保证提供给客人的产品是绝对安全卫生的，这是让客人在就餐中产生安全感、获得感与幸福感的首要条件。

案例 10-2 上海首推饭店食材原料追溯①

上海餐饮企业正在推行食品安全追溯系统。一道看似再普通不过的梅干菜扣肉，其主料、辅料甚至调料都有明确的"出身"。饭店烧制所需的食材从何而来？用量多少？是否符合食品安全？顾客在点菜时，通过触摸屏、电子菜谱可以随时查询到菜品原料、食品的"身世"，包括栽培食材的厂家、资质证书、加工工厂的精确地址，乃至沿途采用的运输方式，都能凭借追溯系统一一揭秘。

（2）营养化（详见项目四中的相关内容）。自然、健康、简单、清淡、均匀、适量的饮食是 21 世纪人类的时代要求。人在基本生活得到满足以后，将更重视预防疾病、增进营养、保证健康。要求宴会食品必须是健美食品（预防肥胖以及胆固醇升高、保持人体生态平衡的食品）、绿色食品（安全、无害、受污染少、绝对新鲜的食品）与营养食品（能补充人体所缺乏的各种微量元素，具有增强体力和开发智力作用的产品）。

案例 10-3 西安唐华宾馆推出富硒茶宴②

为了弘扬中国茶文化，宾馆打造了独具特色的"陕西富硒茶宴"。富硒茶宴将富硒茶的营养成分融入菜品，开发出了绿茶土豆筋、富硒河上鲜、茶皇蒜香鸡、汉江小河虾、红茶麻食、富硒酱面等菜品，让各种食材充分发挥养生进补的功效。

（3）绿色化。宴会反映一个民族的文化素质，绿色宴会新风将蔚然成风。党中央、国务院要求："大力弘扬中华民族勤俭节约的优秀传统，大力宣传节约光荣、浪费可耻的思想观念，努力使厉行节约、反对浪费在全社会蔚然成风"，必须警惕餐饮中"舌尖上的浪费"。为此，餐饮业要积极响应和主动参与绿色餐饮、文明餐桌行动，从采购、配送、储存到加

---

① 资料来源：陈里予. 上海首推饭店食材原料追溯[N]. 新闻晨报. 2013-12-10.
② 资料来源：晁瑞. 西安唐华宾馆推出富硒茶宴[N]. 中国旅游报. 2016-09-16.

工、销售，提升全链条绿色化水平，营造"珍惜食品、适量点菜，剩余打包、杜绝浪费"的文明用餐氛围。如在点菜过程中通过服务员提醒、设立提示牌等形式，引导客人合理消费，文明就餐，适量点菜，够吃即可，不要误导客人超量点菜。服务接待时，推出菜量适度、品种单纯、选料普通的各类菜单。就餐人数少时，提供小份菜或半份菜，规格从俭。采用分餐制服务方式，一人一份，控制菜量，卫生方便，不用互相礼让，有助于缩短用餐时间，也便于实行规范化服务。推行公筷公勺，不使用一次性餐具。提供剩菜打包服务。

案例 10-4 联合国请吃环保宴会[①]

法新社报道，为 2015 年年底在巴黎举行的联合国气候大会造势，呼吁现代饮食注重节俭理念，9 月 27 日在联合国总部招待各国领导人的午餐上，出现的全部菜肴原材料均采用被丢进垃圾桶的"废料"。"吃的不是牛肉，而是喂牛的玉米。"其中一款蔬菜汉堡，食材是榨取蔬菜汁后所剩的残渣，搭配的薯条是用被用作动物饲料的玉米粉制作的。烹饪这顿午餐的是美国著名厨师巴伯和卡斯。获悉联合国气候大会信息后，卡斯想出了把"垃圾"变午餐的金点子。他说："大家虽然一致同意大会的环保理念，但除了一小部分环保人士，厨余垃圾中的可食用部分却不会被讨论。"因此，他们决定用这些食材烹制这顿午餐，以期警示现代餐饮中的严重浪费现象及其对气候变化的影响。联合国秘书长潘基文在午餐后对记者说，这一餐提醒大家，食物制作过程中产生的废弃物"经常是气候变化问题中被忽视的一个方面"。巴伯希望这种午餐能够逐渐发展成为一种饮食文化。"我们并没有通过一种空洞的演讲来宣传，而是为世界领导人提供一顿可口佳肴，让他们向本国民众传达这一信息。"

（4）特色化。没有特色的宴会不能吸引顾客，更没有市场竞争力；没有文化内涵的宴会很难给顾客留下美好的印象，也不能显示出宴会的档次及民族风格。宴会应有地方风情和民族特色，酒店要根据本地区及酒店的特点精心设计、潜心打造主题独特、风味别具的宴饮产品。宴会食品向经济实惠、营养保健、丰富多彩、边吃边看、方便食用方向发展；宴会专用菜肴、点心、饮料、茶果将逐步出现并入席；民族菜、会议菜、旅游菜、疗养菜、太空菜、航海菜、军旅菜、健美菜、防老菜、药膳菜以及特殊工种的保健菜和高海拔地区人群的特需菜，都将在宴会中争得一席之地。白酒的用量会逐步减少，取而代之的将是葡萄酒的流行。科学合理的分食制逐步得到弘扬。新的宴会形式和各种创新宴会将不断出现，中外结合的宴会和仿制国外宴会已经出现，中餐西吃等菜式将会越来越受欢迎，历史名宴被有组织地仿制，茶话会形式普遍被采纳，等等。

案例 10-5 国宴如何变家宴？[②]

上海东湖集团旗下的 6 家国宾馆将"国"字的四周去掉，拆掉了"高大上"餐饮围墙之后，变成了寻常百姓都可以品尝的"玉"。西郊宾馆把国宾宴改良成名人宴，把特色菜点复制出来，把国宴环境再现出来，把希望探究国宴秘密的中高端宾客请进国宾馆，品尝还原国宴氛围的"名人宴"，一年餐饮营收高达 1 个亿。锦江饭店内的"甬府"总共 100 多餐位、9 间包房，年营收达 3600 万元，创下中国单体餐厅最高纪录。其高利润的秘诀就是质量+品牌。产业化经营，工匠化制作，品牌化发展。上海东郊宾馆接待过的海外贵宾名册就有一大摞，品牌价值不言而喻。利用东郊品牌，走大众消费路线，采用生鲜、健康、特色食材，推出与"菌"相约系列，用菌菇食材主打健康料理；夏天推出"盛虾"美味；秋天卖起了小龙虾，引来了众多的年轻白领。在酒店的"护城河"搞起了"捕捞节"，半小时累

---

① 资料来源：刘曦. 联合国请吃环保宴会[N]. 新闻晨报. 2015-09-29.
② 资料来源：丁宁. 国宴如何变家宴? [N]. 中国旅游报. 2016-09-16.

计捞起 250 千克鱼，半小时内全部卖完。中秋节自制的 6000 个"鲜花月饼"5 天卖光。西郊宾馆推出"皇家下午茶"，瑞金宾馆推出"蚝门盛宴"，虹桥迎宾馆的"清凉一夏"，东湖宾馆的"老上海味道"主打海派文化牌。

（5）美境化。意境和氛围在宴会中显得越来越重要。宴会环境自然化，不拘室内，走向室外，向大自然靠拢，在湖边、草地上、树林里举办湖边宴会、草地宴会、树林宴会等，营造与大自然相接近的浪漫氛围，让人们感受大自然的温馨，满足回归自然的渴望。餐厅氛围高雅化，倡导绿色、文明、礼貌、典雅的新型宴会格调，餐厅将由重装修转为重装饰，注重高雅情调，给宾客以生态美的艺术享受。

案例 10-6　空中餐厅吃饭有点美，有点晕[①]

上海浦东四季酒店推出的悬挂在 50 米高空的晚宴轰动了上海滩，价格是一位 8888 元。整个餐桌是一个金属平台，通过钢索与后方一台巨大的起重机连接。大餐桌可 360 度旋转，四周共 22 个座位，每个座椅可左右 180 度旋转。餐桌椅参照赛车座椅标准设计，兼顾了安全性和舒适性。客人采取实名制就餐，由专职安全人员给食客系上四点式安全带，这一环节需 2 分钟。被"绑定"座位后，除了手脚、头可以自由活动外，躯干部分基本活动受限。一切就绪，一声令下，餐桌缓缓上升，2 分钟的上升过程非常平稳，几乎感觉不到上升，到达 50 米最高点静止。整个餐厅只有一个透明的顶盖，四周空荡荡的，斜风吹在身上，非常惬意。系上安全带的两名大厨为大家烹调、上菜。如果视线集中在眼前美食，那和普通餐厅没啥两样。不过往后或往下看，都是虚空一片，有些眩晕的感觉。就餐时要特别注意不能让身前的物品滑出餐桌，任何一件东西从 50 米高空坠下，杀伤力都不可小觑。空中餐厅卖点是边看边吃，滨江美景近在眼前，脚下世纪大道川流不息，高楼鳞次栉比。晚上还能看到东方明珠、上海中心的灯光秀以及陆家嘴的都市夜景。菜单包括 1888 元的下午茶、3888 元的午餐和 8888 元的晚宴。所有菜都用电磁炉烹制。晚宴菜单是 9 道菜：深海鱼籽酱配花菜泥和海虾汤、深海蟹肉卷加白萝卜配热情果、法国黑松露配各式时令蔬菜、海鲜鲈鱼配襄荷拌青柠汁、香煎冰岛黑鳕鱼配西瓜和香草时蔬、法式肥鸭肝配草莓大黄酱和黑醋、嫩煎伊比利亚猪肉配甜洋葱和番茄、法式荔枝马卡龙配焦糖杏子和树莓酱、巧克力炸弹配鲜红浆果和香草沙司。

（6）精品化。促进中国宴饮文化深化发展的关键是形成精品文化。一般来说，物质消费是有止境的，而文化消费是无止境的。客人在宴饮中的生理需求将减少，而社会意义、心理成分显得越来越突出。世界旅游城市联合会专家委员会魏小安先生提出了"饮食精品文化十六字"的理念：色、香、味、形、滋、养、温、声、器、饮、度（对菜点品种和数量的把握）、名（一是连锁经营；二是名店号、名厨师、名菜品的一致性；三是要形成品牌筵席；四是独特菜单风格；五是名实结合，名实相符）、境（环境干净宁静，境界洁静精微）、服（有文化的服务是锦上添花，少文化的服务败人食兴）、和（餐饮最高境界，达到和谐、和美、和合）、续（售后服务或后续服务，既是饮食经营的延伸，也是饮食文化的延伸）。详见项目四的内容。

案例 10-7　道教名宴——天师八卦宴[②]

天师八卦宴是道教名山江西龙虎山历代"天师"宴请宾客、举行道教活动时的名席。

---

① 资料来源：殷立勤. 空中餐厅吃饭有点美，有点晕[N]. 新闻晨报. 2014-06-28.

② 资料来源：饶勇. 现代饭店营销创新 500 例[M]. 广州：广东旅游出版社，2000.

八卦宴使用的桌子必须是八仙桌，并按乾、坤、坎、离、震、艮、巽、兑设定八个席位。宾客按身份尊卑依次入座。八仙桌中央摆放最具道家饮食特色的八宝饭，周围是小巧精致的冷菜，组成一幅形似八卦的图形。冷菜为本地特产，有寿星饼、百子糕、南瓜子、冬瓜糖、南瓜干、榨菜干、茄子干、柚子皮等，酸、甜、苦、辣、咸五味俱全。上菜讲究方位和顺序，必须按设定的八个方位轮番而上。先上八冷，之后八热，热菜为天师板栗烧鸭、八卦豆腐、天师豆腐、泸溪鳜鱼、芙蓉蛋白等。热菜体现出浓郁的道教文化色彩和别具一格的地方特色。此外，还有八道大菜，分别用猪、鸡、猴（猴头菇）、兔（用白色果品精雕而成）、龙（用被称为乌龙的海参代替）、虎（本地特产虎斑鳜鱼）、蛇、马（名贵中药海马）等食材精制而成。

（7）休闲化。在追求时效和经济效益的"快"时代，人们享受到了"快"所带来的高效和便利；但快节奏的生活给人们的身心造成了一定的健康问题。人们提出了回归自然、享受生活的"慢生活"理念。放慢节奏，放松心情，享受休闲生活，如慢阅读、慢餐饮、慢运动和慢旅游等。1986 年，一位叫 Carlo Petrini 的意大利人为了反对麦当劳在罗马开业，创立了"慢食"以对抗快餐，并渐渐成为一个世界性的运动，成为一种生活方式或生活哲学。在国际上，慢餐运动提倡者不仅有组织，还有宣言，将"6M"作为基本原则：meal（美食）、menu（菜单）、music（音乐）、manner（礼仪）、mood（气氛/格调）、meeting（聚会/交流）。不难看出，慢餐其实是在强调一种放慢脚步、慢慢品味食物美味的优质生活方式。

案例 10-8 一道菜一个故事，"故事宴"沪上首现[①]

孔祥熙当年的别墅——上海孔家花园推出首场"故事宴"，吸引了许多食客的眼球。台前说故事的是上海滑稽剧团的"清口"演员，席上每上一道菜，就有演员说上一段"清口"，菜是见所未见，故事也是闻所未闻。10 道美食配上 10 段独家故事，听听吃吃，可静静地享受两个多小时的美食文化。一道"马家沟芹菜拼赛熊掌"的前菜，说的是一段与其相得益彰的宋美龄与"民国黑官膳"的奇闻；另一道"红娘自配"，用的食材是大明虾与辽参，讲的则是西太后与名厨梁会亭的清宫轶事；最后上双拼点心"牛乳莲子羹"和"黄鱼春卷"时，演员则说了长年高血压却享年 88 岁的孔祥熙的"食疗养生经"。孔家古法菜，一菜一故事，实际上由来已久。为了让食客更好地享受博大精深的餐饮文化，他们采用每人一份的上菜方式，每道菜从选材、制作到搭配、装盘，精心设计和考量。与此同时，邀请上海人喜欢的滑稽演员编写故事脚本，从选编到讲演，精心策划。15 分钟一道菜，整场宴会吃上两个多小时，这是许多都市人向往的"慢生活"节奏。

（8）创新化。中国宴饮文化是在兼收并蓄、海纳百川，古为今用、洋为中用，学习借鉴外来饮食文化，融合世界各民族饮食于一炉，不断发展壮大。改革开放新时代，在食材、烹法、出品、餐具、装盘、风味、业态、就餐方式、宴会形式、服务方式等方面，中华饮食文化在与世界各国文化碰撞中，在博采众长的过程中得到进一步的完善和发展，保持不衰的生命力。信息革命将引发全球餐饮革命。随着当今科技的迅猛发展，未来餐饮业中互联网、大数据的广泛运用也将成为必然。在目前计算机设备、自动化设备和信息网络的运用基础上，涵盖餐饮与宴会的促销、订货、库存和发放管理、销售分析、客户分析、营业数据、财务结算及员工考核等多个方面的功能。网上预订、云端支付、外卖快递不断涌现，通过新技术的集成使订餐和支付流程更简单，更方便。顾客甚至可以定义自己的菜品，添

---

① 资料来源：张谷微. 一道菜一个故事，"故事宴"沪上首现[N]. 新闻晨报. 2014-05-08.

加和删除成分。全球餐饮业的智慧经营与管理的发展趋势，将大大提升餐饮企业的运行效率，并将最终改变餐饮行业的面貌。

案例 10-9　5D 美食音乐喜剧《公主的盛宴》饕餮开席[①]

2013 年 10 月，被称为"史上最好吃的舞台剧"《公主的盛宴》在具有浓郁老上海气息的"共舞台 ET 聚场"正式开席，成为上海的一个文化旅游新品。《公主的盛宴》讲述的是一个用爱唤醒味蕾的故事。从小失去母亲的公主尝尽天下美食还是食不知味，却因为一道平淡无奇的家常料理找回了味觉，因为它是爱的味道。

《公主的盛宴》将饮食文化与戏剧表演完美融合，通过独一无二的美食互动打造融"视、听、嗅、触、尝"于一体的舞台剧，现场观众用眼看表演、耳听音乐、手触食物、鼻闻芳香、嘴尝美食，创立了国内前所未有的剧场体验。演出现场，3D 投影技术的应用让人体会到了人画互动的趣味。舞台中央演员潜心烹饪的身影缓缓垂落于前方的纱幕，3D 技术展现了御膳房内各式各样的食材。演员与纱幕上的投影融为一体，而纱幕上的图案也随着演员的动作进行着各种变化。两个与真人同样大小的人像被投影到纱幕上，真假之间天衣无缝的配合使这出烹饪秀更添魔幻气息。剧中神厨们向来宾施展了独具特色的刀工比拼，这些精湛的"厨艺"运用武术、街舞、杂技、Beat-box 等多种形式，通过夸张的动作和动感的口技将美食制作过程传神地表达出来，令观众耳目一新。同时，舞台剧引入了"食物香氛系统"，剧场内，似乎随处都飘着食物的香味。剧场大堂设有"美食集市"，供应各式各样的西式甜点以及具有老上海特色的零食糕点，吃货们不仅可以参与新奇好玩的美食活动，并且能够在演出开始前过足嘴瘾。演出中，观众即使只是坐在台下，各色小食也会端到你的眼前。

模块二　宴会习俗礼仪

任务一　中国饮食习俗

（一）中国各地区饮食习俗

1. 中国各地区的口味特点

《全国口味歌》："安徽甜、湖北咸，福建浙江咸又甜，宁夏、河南、陕甘青，又辣又麻外加咸，山西醋、山东盐，东北三省咸加酸，黔赣两湘辣子酸，又辣又麻数四川，广东鲜、江苏淡，少数民族不一般。"港澳粤人口味清淡，喜咸鲜、脆嫩的菜肴；京津人喜稍咸微浓菜肴；四川、湖南喜辣，江浙喜甜，西北喜酸，华北喜咸的口味喜好分野。还有南甜北咸、东辣西酸、东淡西浓；南爱米、北爱面，沿海城市多海鲜；辣味广为接受，麻辣独钟四川；劳力者肥厚、劳心者清甜；少者香脆刺激、老者巴嫩松软；秋冬偏于浓厚、春夏偏于清淡；等等，这些大体表明了各地的口味特点。

2. 中国内地各地区饮食习俗

（1）东北地区。主食大米。口味喜咸辣。爱喝白酒，以祛风寒。夏秋季蔬菜较多，冬天以大白菜为主。白菜炖猪肉、松花江的鲤鱼是当地人最爱吃的佳肴。

（2）京津地区。主食面食。饮食特点是"肥冬素夏"：冬天寒冷干燥，爱食味道浓厚

---

① 资料来源：高磊. 5D 美食音乐喜剧《公主的盛宴》饕餮开席[N]. 新闻晨报. 2013-10-10.

的菜肴，以滋补身体；夏天喜食清淡、素净的菜肴，凉菜、汤菜较受欢迎。当地人爱吃羊肉及鱼、虾等海味。

（3）鲁冀地区。主食面食，最爱吃饺子，有"好吃不过饺子"的说法。口味重、略咸辣，爱吃大蒜、大葱。青岛、烟台人爱吃海味。

（4）陕甘宁晋地区。主食面食。山西的面条、陕西的烙饼最为出名，有"一面百吃"之誉和"烙饼像锅盖"之称。爱吃羊肉。山西人爱吃带醋味的菜肴，"无酸不下饭"，山西老醋闻名全国；还爱食带辣的菜肴，把红辣椒用油炸成油辣子，几乎每日必食，形成了酸辣的口味特点。

（5）湘赣地区。以大米、糯米为主食，偶尔也吃面食，但有"吃面吃不饱"的心理。爱吃鱼虾，不爱吃海味。爱吃辣椒，用以调味、开胃。爱在菜里放豆豉以助味，爱吃豆腐和熏腊肉类。

（6）苏锡沪常地区。以米饭为主食。东海有海鲜，江湖有河鲜，阳澄湖大闸蟹驰名全国，四季蔬菜常有。苏州、无锡人口味偏甜。上海人口味追求时鲜，适应性较强，乐于接受不同口味、原料、烹饪方法的菜肴，但要求制作精细，质量上乘。

（7）浙江宁绍地区。以米饭为主食。爱吃鱼、虾、海鲜与经风干腌制的海味，形成了咸中带鲜的口味特色。爱吃新鲜时蔬，喜欢喝汤。

（8）闽粤地区。以米饭为主食。福建人有吃"面线"的爱好，其面细如棉线，颇为爽口，是当地特色食品。喜爱河鱼、海鲜。广东人爱吃野味，口味清淡，菜肴要求生脆、爽口，不爱吃油腻、辛辣、炖烂的食品；有饮茶习惯，早上起来先喝茶，饭前、饭后也要喝茶。

（9）安徽地区。米食、面食兼吃。口味甜咸适中，并稍带辣味。皖南人喜欢吃鱼。冬天爱吃牛、羊肉，春秋季爱吃猪肉，夏天爱吃冷面。有吃饭前喝汤的习惯。以酿酒闻名，男子大都爱喝酒，特别是淮北地区。

（10）四川地区。爱吃米饭，也吃面条，如担担面。爱吃鱼、肉等荤菜。泡菜是家中必备之物。喜吃辣椒，因其有除湿去寒、促进血液循环的功能。

3. 中国港澳台地区饮食习俗

（1）香港。"食在香港。"食肆有酒楼、茶楼、餐厅、茶室、快餐店、自助餐厅、冰室、粥面店、大排档、甜品店、凉茶铺等，菜式有西菜、日菜、东南亚各式菜。香港厨师擅集各家之长，融会贯通，推陈出新。饮茶是富有特色的早餐方式，午餐简单，很少招待客人，晚餐讲究，恪守粤式传统饮食习惯，偶然添加些半中半西的菜式，如牛扒、沙律。消夜是晚上的小食。近来甜品已不太流行了。

（2）澳门。粤港澳饮食习俗很相似，澳门有一些葡萄牙人由于信奉天主教或基督教，因而饮食习俗受天主教或基督教的影响。

（3）台湾。高山族菜有一千余年历史。以大米为主食。日常饮食简单，节日喜庆时多用丰盛酒菜宴请客人。春夏之交、秋冬之际，多以中药炖煮动物性食品提神补身。嗜酒，祭祀神明、宴请客人必备良酒。菜肴多用味精、砂糖等调味。街头巷尾有各种各样的点心摊，多是乡土饭菜，酒楼饭店经营川、粤、京、津、苏、浙、湘、闽等地风味饭菜。食料取自本岛所产的动植物，技法有蒸、烤、煮、腌、拌等。口味偏好酸、香、肥、糯，饮食带有热带风情。名菜有三元及第、芥菜长年、香烤墨鱼、萝卜缨菜、干贝烘蛋、芋头肉羹、南瓜汤、发家鸡、蒜苔熬鱼、黄笋猪脚、金玉满堂、土豆烧肉等。

（二）中国传统节日饮食习俗[①]

中国传统节日约有一百五十多个。除去地区性、行业性节日及已经衰落或转化成日常

① 资料来源：吴忠军. 中外民俗[M]. 大连：东北财经大学出版社，2007.

的节日外，全国各地区、各民族至今仍然盛行的主要传统节日及饮食习俗如下。

（1）春节。春节是历史最悠久、形式最隆重的传统节日，俗称过年。农历腊月二十三（有些地区是二十四）就拉开过年的序幕，各家用麦芽糖等物祭送灶神，称为祭灶或过小年。此后各家打扫房屋、购买年货、准备节日新衣和食品等。"年三十"因旧岁至此夕而除，故又称"除夕"。全家团聚，吃年夜饭，饮分岁酒。年夜饭中都会有鱼，寓意年年有余。晚辈要向长辈行礼辞岁，长辈则给晚辈压岁钱。人们彻夜不眠，谈笑娱乐，欢度良宵，叫作"守岁"。北方人吃饺子，需在守岁时包，辞岁时吃。年糕谐言"年高"，预祝新的一年步步高，有大吉大利之意。南方人吃汤圆。饺子和汤圆中有的包有小钱等物，谁吃到谁就会有好运。正月初一燃放鞭炮、拜年，初二探亲访友，初五迎财神。

（2）元宵节。农历正月十五是一年中第一个月圆之夜，称为"元宵"。此节是一个以游乐为主题的节日，可视为中国的狂欢节。特定的食品是吃汤圆（南方叫汤团，北方叫元宵），象征着家人团圆和睦、生活幸福美满。

（3）清明节。农历三月、公历4月5日前后。这是一个融合了古代寒食节民俗而发展起来的传统节日。寒食节在清明前一天或两天，民众于此日禁火、吃冷食，并插柳于门，以纪念春秋时期晋国人物介子推。清明节吃冷食，如苏沪一带人们吃用糯米粉、豆沙馅做成的青团子，晋南万荣一带人吃凉面、凉粉、凉糕，即为寒食之遗意。

（4）端午节。农历五月初五。此节起源有纪念屈原之说。端午包粽子、饮雄黄酒（雄黄古为中药材，含有对人体有害的砷，今人已不再饮）。遍及南北各地的活动是驱邪避瘟，如以雄黄酒洒墙壁、地面，涂儿童耳鼻面额，在室内焚烧白芷等，以草药煮水浴身。南方滨水之处，行龙舟竞渡。

（5）中秋节。农历八月十五。中秋是团圆的象征，特定食品是月饼。月饼的形式如圆月，图案也与月相关，如嫦娥奔月、银河明月、犀牛斗月、吴刚伐桂、白兔捣药等。月饼品种很多，广式、京式、苏式、宁式、潮式最为著名。中秋之夜各家在月下陈列月饼、瓜果等物祭月拜月，祭拜完毕，全家人团聚饮宴，按人数将月饼分切成块，边吃边观赏圆月。

（6）重阳节。农历九月初九。人们有赏菊之举，插茱萸或簪菊、饮茱萸酒或菊花酒，以辟恶气、御初寒，延年益寿。吃重阳糕，"糕"谐音"高"，寓意步步登高。

案例 10-10　领导人在国际会议宴会上都吃些什么？

不重奢华和技巧，重品质、民族特色和文化传播，已成为当今国际会议餐饮的潮流。国际会议餐饮的一大挑战，就是来宾的文化习俗、宗教信仰、口味习惯各不相同，这就需要调和众口。为了照顾伊斯兰教的习俗，并考虑到大部分宾客的习惯，牛肉是使用频次最高的肉类原料，绝对不能使用野生动物，动物内脏也是不宜使用的。对于各位领导人的个人禁忌和口味喜好也要尽量照顾。2002年墨西哥会议期间，主办方向与会的四百多名高官通过每人一台的平板电脑询问喜欢的菜品和口味。2005年韩国釜山会议期间，主办方费尽心思了解到时任美国总统小布什不吃羊肉、猪肉，亦不喜欢吃西蓝花，但喜欢吃中餐；俄罗斯总统普京特别喜欢吃新鲜蔬菜和鱼肉，不吃羊肉，不喝含酒精的饮料。此外，食材吃起来必须方便，不能影响宾客吃相，味道也不能影响他人。那些要用手抓、用牙撕，吐骨头（刺）的食物，难登大雅之堂。中国作为餐饮大国，自然会在饮食文化特色上做文章。2001年上海会议的晚宴上，每道菜都做得像一幅画，独具东方韵味。如"荷花时蔬"，其中的菜肴本是我国江南家常风味的油焖茭白，但它盛在节瓜雕刻的精美玉船之上，航行于黄瓜汁渲染出的碧水之中，有蔬菜刻出的红荷绿叶白藕相伴，一幅江南水景的图画令宾客叹为观止，不忍下箸。值得一提的是，中国的多数菜肴为热食，刚出锅的菜肴香味和口感都令人满意，一旦温度下降，香味、脆度、硬度都会快速变化。因此，凡是大型宴会，都必须精确计算时间和距离，以便掌控菜肴温度。跑菜员必须熟悉路线，互不妨碍，用最短时间到达位置。在上海会议的晚宴上，冷盆从生菜开始制作到嘉宾享用不超过 3 小时；热菜烧制基本上 10 分钟完成一道，大多数热菜 1 小时内制作完成，只有汤用了 4 小时文火煨成。为了防止点心变凉，从装盘到上桌只用了 5 分钟。

任务二　中外宴会礼仪

（一）中国宴会礼仪

1. 中国古代宴会礼仪

《周礼》云：“以飨燕之礼，亲四方之宾客。”“燕礼”属西周五礼中嘉礼之一。“嘉”为美、善之意，即加强人际关系、联络感情的礼仪。

（1）迎送入座礼仪。《礼记·礼运》云：“夫礼之初，始诸饮食。”古人强调“设宴待嘉宾，无礼不成席”。宴会礼仪程序是：主人折柬相邀，到期迎客于门外；客到，相互问候，请入客厅小坐，敬以茶点；导客入席，坐北向南，面向大门。中国古代以左为尊。席中座次，以左为上首座，客左主右；相对者为二坐，首坐之下为三坐，二坐之下为四坐。二宴席相向陈设，左席为上、右席为下。以长幼、辈分、职位来安排席位。即使不太讲究的宴席，也要将重要客人安排于面对正厅门的席位，农村则以向南正中者为首坐。客人坐定，由主人敬酒让菜，客人以礼相谢。宴会结束，导客入客厅小坐、上茶，直至辞别。

（2）上菜礼仪。菜肴位置、饮食器具摆放都有陈文规定。如饭食放在用餐者左方，肉羹放在右方，脍炙肉食放在稍外处，带骨肉的菜放在净肉左边，醢酱调味品则放在靠近面前的位置；酒浆放在近旁，葱末可放远一点；如有肉脯之类，还要注意摆放的方向，左右不能颠倒。酒壶酒樽摆放时，要将壶嘴面向贵客。端菜上席不能面向客人和菜肴大口喘气，与客人说话必须将脸侧向一边，避免呼气和唾沫溅到盘中或客人脸上。上菜时“鸡不献头、鸭不献掌、鱼不献脊”。上整鱼时，要求鱼尾指向客人，因为鲜鱼肉由尾部易与骨刺剥离；上干鱼则正好相反，要将鱼头对着客人，干鱼由头端更易于剥离。冬天的鱼腹部肥美，摆放时鱼腹向右，便于取食；夏天则背鳍部较肥，所以要将鱼背朝右。

（3）饮酒之礼。主宾共餐，主人要待客宴饮，引导陪伴。客人坐定后，主人必敬酒，客必起立承之，也有客人回敬之礼。陪伴长者饮酒，酌酒时须起立，离开坐席，面向长者拜而受之。长者表示不必如此，少者才返还入座而饮。如果长者举杯一饮未尽，少者不得先干。长者如有酒食赐予少者，他们不必辞谢。发展到现代，斟酒由宾客右侧进行，先主宾，后主人，先女宾，后男宾。酒斟八分，不得过满。每上一道菜，主人必殷勤让菜，表示待客恭敬。宾客餐毕起身，复让至客厅小坐、上茶，寒暄告别。

（4）三爵之礼（详见案例 10-13）。

（5）进食之礼。“虚坐尽后”，要坐得比尊者、长者靠后一些，以示谦恭；“食坐尽前”，进食时要尽量坐得靠前一些，靠近食案，以免不慎掉落的食物弄脏了坐席。“食至起，上客起，让食不唾。”宴会开始，菜肴端上来时，客人要起立；在有贵客到来时，其他客人都要起立，以示恭敬。主人让食，要热情取用，不可置之不理。“客若降等，执食兴辞。主人兴辞于客，然后客坐。”如果来宾地位低于主人，必须双手端起食物面向主人道谢，等主人寒暄完毕之后，客人方可入席落座。“主人延客祭，祭食，祭所先进，殽之序，遍祭之。”进食之前，等菜肴摆好之后，主人引导客人行祭。食祭于案，酒祭于地，先吃什么就先用什么行祭，按进食的顺序遍祭。“三饭，主人延客食胾，然后辩殽。主人未辩，客不虚口。”“三饭”指客人吃三小碗饭后便说饱了，须主人劝让才开始吃肉。宴饮将近结束，主人不能先吃完而撤下客人，要等客人食毕才停止进食。如果主人进食未毕，"客不虚口"，"虚口"指以酒浆荡口，主人尚在进食而客自虚口，便是不恭。"卒食，客自前跪，彻饭齐以授相者。主人兴辞于客，然后客坐。"宴饮完毕，客人自己须跪立在食案前，整理好自己所用的餐具及剩下的食物，交给主人的仆从。待主人说不必客人亲自动手，客人才住手，复又坐下。"共食不饱"，同别人一起进食，不能吃得过饱，要注意谦让。"共饭不泽手"指同器食饭，不可用手，食饭一般用匙。

2. 中国现代宴会礼仪[①]

（1）赴宴礼仪。接受主人宴请，要准时到达。注意服饰的整洁和仪容仪表的端庄。寻找自己的座位就座。餐桌上的第一道毛巾是擦手用的，不要擦脸；最后一道毛巾是用来擦嘴的。餐巾用来擦嘴部与手部，勿用餐巾擦汗和擦餐具。就餐时，取菜不要太多。自己不爱吃的菜也不要拒绝，可取少量。吃东西把嘴闭上，喝汤不要出声。如汤太烫，不要用嘴吹。嘴上塞满食物不要与他人说话。吃剩的菜、骨头、鱼刺、用过的餐具都应放在盘内。吃鱼不能翻身。饮酒时即使不喝也应将杯口在嘴边碰一碰。吃水果削皮时刀口朝里，不要大口啃，切忌边吃边吐。用水盂时，沾湿手指轻轻洗刷。牙签剔牙时用手掩住。不可中途退席。忌敲筷、掷筷、叉筷、插筷、舞筷，筷子不指向他人。主人说宴会结束，客人才可离席。告别时向主人表示感谢，过一二天后电话感谢。

（2）中西宴会礼仪的交流融合。近代引进西餐宴会礼仪，使中餐礼仪更加科学合理。座次借鉴西方礼仪以右为尊的法则，服务方式、斟酒上菜也从宾客右侧进行。上菜顺序依然保持传统，先冷后热、先炒菜后大菜、点心穿插其中、最后上甜品。上每人份菜或派菜，席间小点和小吃顺序应先宾后主；上全鸡、全鸭、全鱼等整形菜，不能头尾朝向正主人。宴会开始时，主人必敬酒，客人必起立承之。宴会服务中引入分菜、换碟、上汤、敬酒等方式；酒斟八分，红葡萄酒斟五分满，白葡萄酒斟六分满。这些程序不仅可以使整个宴饮过程和谐有序，更使主客身份和情感得以体现和交流。

（二）西欧宴会礼仪[②]

（1）抵达。① 服饰。西式宴会一般安排在夜晚，有严格的格式与程序，对出席人员的服装、化妆、行为举止有严格的要求。一般宴会穿着大方得体、舒适随意即可；如果请柬注明正装出席，那就要穿得隆重。② 准时。各种活动都按预定时间开始，迟到是很不礼貌的。③ 礼品。忌讳接受过重的礼物，一是欧美人不看重礼品本身的价值，二来法律禁止送礼过重。应邀家宴，可向女主人赠送少量鲜花。吃完饭后，应向主人特别是女主人表示特别感谢。④ 挂衣帽。抵达宴请地点后，先到衣帽间脱下大衣和帽子，然后前往主人迎宾处，主动向主人问好。

（2）入座。应在进入宴会厅前了解自己的桌次，看清席位卡，对号入座；或听从主人安排，端庄就座，不可随便乱座。如邻座是长者或妇女，应主动协助他们坐下。就座要端正，背部紧贴椅背。不可将两手放在餐桌上等菜，也不可将随身携带的物品如皮包等放在餐桌上。不可在餐桌前化妆、擤鼻涕、打嗝。将餐巾展开放在膝上，餐前勿用餐巾或餐纸擦餐具，仅在进餐时擦嘴，餐后应将餐巾放在盘子的右边。

（3）刀、叉、匙使用法。① 摆台。西餐正餐，刀叉数目与菜的道数相等，按上菜顺序由外至里排列，刀口向内。摆好餐具不可任意移动，刀叉不可相互撞击而发出声响。用餐时按顺序由外向里取用。② 餐刀。右手拿刀，将刀柄顶端置于手掌中，以拇指抵住刀柄的一侧，食指按在刀柄背上，其余三指顺势弯曲。用刀时，刀刃不可向外。用刀将食物切

① 资料来源：华国梁，马健鹰. 中国饮食文化[M]. 长沙：湖南科学技术出版社，2004.
② 资料来源：陆永庆，王春林，郑旭华. 旅游交际礼仪[M]. 3版. 大连：东北财经大学出版社，2006.

成小块，然后用叉送入口中。切菜时，不要撞击盘子而发出声响。刀除了切割食品，还用来帮助将食物拨到叉齿上进食。③ 餐叉。左手用叉；不用刀只用叉时，才可右手拿叉。叉齿向下，可单独用于进食或取食。吃肉类和吃色拉可共用一把叉。吃面条不可用叉挑，要用叉卷起来送到嘴里，不可以用嘴吸。④ 摆放。每道菜吃完后，将刀叉并拢平排放在盘内，以示吃完；未吃完，刀叉应成"八"字形放在盘上，刀刃必须朝向内。自己用过的刀叉，不能叉别人的食物。⑤ 餐匙。持法与叉相同，但手指务必持在匙柄上端。叉匙并用取食时，叉的指法和刀叉并用时相同。除喝汤外，不要用匙进食。

（4）进餐。① 取菜。盘中食物不要取得太多，吃完再取。如遇本人不能吃或不爱吃的菜肴，当服务员派菜或主人夹菜时，不要拒绝，可取少量放在盘中，并说"谢谢! 够了"。对不合口味的菜，切勿显露厌恶表情。② 吃肉。切一块（不能切得太大，以可入口为宜，并剔除骨头）吃一口，吃完再切，切勿一次切好才入口。③ 吃鸡、龙虾。不可用手拿着吃，必须用刀将骨头去掉后一块块地切了吃。经主人示意，才可用手撕开吃。欧美人以鸡胸脯肉为贵，不能按中国人习惯以鸡腿敬客，以免失礼。④ 吃鱼。把鱼刺清理干净才能进口。鱼不可翻过来吃，要吃完上片后，用刀叉把鱼骨去掉再吃下片。已经入口的肉骨和鱼刺，不可直接吐入盘中，要用叉接住后轻放盘中。水果核应吐在手心，再放入盘中。⑤ 喝汤。只能用汤匙舀着喝，不要啜，不能端起汤碗喝。如汤太烫，待凉后再喝，切勿用嘴吹。⑥ 吃面包。汤上来后，才可取面包吃，用手掰成小块送入口中，不可拿整块咬。抹黄油与果酱时也要先将面包掰成小块。⑦ 其他。闭嘴咀嚼食物，不要舔嘴唇或发出声响。不能狼吞虎咽，也不能一点儿不吃。当主人劝客再添菜时，如有胃口，添菜不算失礼。控制食量，不吃得过饱，进餐打嗝是最大禁忌。未吃完的菜、用过的餐具、牙签都应放在盘内，切忌放在桌上。剔牙时，用手或餐巾遮口。中途不可早早离席，用餐场所不许抽烟。

（5）交谈。吃饭是交流感情的好机会，但咀嚼时不要讲话，无论是主人、客人或陪客都应主动与同桌人交谈，特别是左右邻座。不要只同熟人或少数几人说话。邻座如不相识，可先自我介绍。谈话时应轻声，避免高声喧哗，更不允许猜拳行令。别人讲话时，插话是很不礼貌的。谈话话题要广泛，切忌低级下流。

（6）祝酒、敬酒。在主宾致辞与祝酒时，要暂停交谈和用餐，注意倾听。碰杯时，先在主宾之间进行，人多时可以同时举杯示意，不必逐一举杯。当有人为你斟酒或提议碰杯时，不要随意拒绝，即使不能喝，也应有所表示，将杯在唇上碰一碰，以示敬意。碰杯时要将酒杯举到略低于视线，目视对方致意，稍稍压低杯沿，低于对方杯口，以示尊重。干杯时，不要一饮而尽，尤其是葡萄酒要慢慢喝，细细品味。女士在喝酒前要把口红擦去，以免把唇印留在杯口，既不雅观又影响酒的口感。要控制酒量，切记饮酒过量。

（7）吃水果。去核削皮切成小块的水果可用叉或牙签取食，吃一块取一块，不可连取多块同吃。如是整只水果，应先用水果刀切成多瓣，用刀去皮、核，用手拿着吃。

（8）喝咖啡。① 握杯。右手拇指与食指握住杯耳，轻端杯子用嘴喝。不可双手握杯，或将手指穿过杯耳握住杯身。一般只需端杯，不必端碟。若距桌子较远，或站立、走动时，左手端碟，右手持杯而饮。匙用来搅拌牛奶或糖，不能用来舀咖啡，也不可放在咖啡杯里，不用时，可平放在咖啡碟里。② 喝。不可俯身就近杯子去喝，不可用吸管吸食。饮时入口要少，不能一饮而尽。一杯咖啡可喝十来分钟，分为十来口慢慢地喝。杯数要少，不应多于两三杯。

（9）用水盂。吃带有腥味或怪味的食品，如鱼、虾、野味等，均配有柠檬，可用手将汁挤出滴在食品上，以去腥味。遇有上鸡、龙虾或水果时，上洗手盂，两手轮流沾湿指头，轻轻刷洗，然后用餐巾或小毛巾擦干。

（10）冷餐会、酒会取菜。遵守秩序排队取菜，以公用餐具（忌用自己的餐具或直接用手）取菜。取完即退，方便他人。"每次少取"，不能图省事一次取用过量，装得太满。根据自己食量，可以多次取餐，但须光盘，不能剩菜。在周围客人未取到第一份菜时，不要急于去取同样的第二份菜肴。只许在现场享用美味，绝对不可将食物携带回家。

（11）纪念品。如主人赠送纪念品，客人应表谢意。除此以外，各种招待用品（如糖、水果、烟等）都不能带走。

（12）打包。酒店零点吃剩的菜，可"吃不了兜着走"。

（13）宽衣。社交场合，无论气温多高，都不能当众解开纽扣，敞开外衣。小型便宴，如主人请客人宽衣，男宾可脱下外衣，搭在椅背上。

（14）告辞。宴会结束，男主人将客人送至大门口，客人应对主人的盛情款待表示感谢。在出席私人宴请后，第二天以便函或名片（现在用电话、微信）表示感谢，一般致谢信写给女主人，若男、女主人都是你的挚友，则致谢信写给两人。

（15）意外处理。沉着应对。如餐具碰出声音，可轻轻向主人或邻座婉言道歉；餐具摔落请服务员另配一副；酒水打翻溅到邻座身上，应表示歉意，协助擦干；如对方是女士，可将干净的餐巾或手帕递上，由她自己擦干。

模块三　中国名宴简介

任务一　中国古代名宴简介

案例 10-11　周代八珍宴

记载于《周礼·天官》的周代八珍宴是我国现存最早的一张完整宴会菜单。周天子在进餐时"食用六谷，膳用六牲，饮用六清，羞用百有二十品，珍用八物，酱用百有二十瓮"。此菜单由 6 菜 2 饭组成，是为周朝皇帝食用而烹制的。"珍用八物"是当时 8 种珍贵食品与高超的烹饪方法。

（1）淳熬：肉酱盖浇饭。将煎好的肉酱放在旱稻做出的饭上，再淋上热油。

（2）淳母：肉酱黄小米盖浇饭。将煎好的肉酱放在黄米做的饭上，再淋上热油。

（3）炮豚（tún）（煨烤炸炖乳猪）、炮牂（zāng）（煨烤炸炖羊羔）。

两个菜做法相同，原料不同，一为乳猪、一为羊羔。取乳猪、母羊羔，宰杀后剖开腹部，去掉内脏后塞满枣，用芦苇裹起来，外涂黏泥，放在火上烧烤。等泥烤干，剥下，去掉皮上灰膜，再抹上调好的米粉糊，放在油锅里炸。炸好后切成片状，配好香料，放于鼎里。又把小鼎放在大汤锅里，用慢火连续炖 3 天 3 夜。然后用酱醋调味食用。

（4）捣珍：烧牛、羊、鹿里脊。取牛或羊、鹿、麋、獐的里脊肉，先反复捶打，再去掉筋膜。烹熟，刮去外膜，使肉柔软。再用酱醋等调味食用。

（5）渍：酒醉牛羊肉。取用刚宰杀好的新鲜牛羊肉，逆着肉的纹路横向切成薄片，放在好酒中浸渍一天，加酱、醋、梅酱等调料食用。

（6）熬：五香牛肉干。将牛肉捶松，除去筋膜，铺在芦帘上，洒上剁碎的桂皮和生姜细末，再用盐腌制，晒干后可食用。

（7）肝膋（liáo）：网油包烤狗肝。取狗肝一副，用狗的网油把狗肝包起来，然后沾湿放在火上烤。待外表全部烤成焦黄色，不必加香蓼（liǎo）即可食用。

此份菜单深刻地影响了后世宴会的命名方法，八珍成为珍贵食品的代名词。根据地区和物产的不同，陆续出现了名目繁多的八珍宴（如动物八珍、山八珍、水八珍、海八珍、禽八珍和草八珍等）、八珍菜（八珍鱼翅、八宝辣酱等），很多筵席以八道菜肴为组合数量，如八热炒、八冷菜、八大菜。

案例 10-12　战国楚宫宴

屈原《楚辞·招魂》和《大招》详细记载了反映荆楚宫廷饮食习俗风貌的宴会。"室家遂宗，食多方些。稻粢穱麦，挐黄粱些。大苦醎酸，辛甘行些。肥牛之腱，臑若芳些。和酸若苦，陈吴羹些。胹鳖炮羔，有柘浆些。鹄酸臇凫，煎鸿鸧些。露鸡臛蠵，厉而不爽些。粔籹蜜饵，有餦餭些。瑶浆蜜勺，实羽觞些。挫糟冻饮，酎清凉些。华酌既陈，有琼浆些。归反故室，敬而无妨些。"从屈原记述的战国楚宫宴的情景中可以看到为外出归家的亲人设宴的盛况，全家欢聚在故乡，品尝着精美的食物。主食有大米、小米、新麦和高粱。菜品有煨得又烂又香的肥牛腱子肉、用切好的菜和肉做成的吴国式的汤羹、炖鳖裙、烤羔羊，调味用的新榨的甘蔗浆，酸味熬大雁，清炖野鸭盛在缸里。油煎天鹅肉，煎得又酥又黄。卤鸡用火烤，还上一道龟羊汤。做菜五味并用，甜酸咸甘辣，口味多样。味道浓郁、烹调精细，吃了不伤肠胃。点心用米面煎成饼，糯米和白面扭成环，然后浇上蜂蜜。酒在筵席进行中穿插着上案，有冰酒、吴国善酒酿、馨香的白曲酒。酒味很醇，有玉色清沥的春酒与昂贵蜜酒。献酒的酒具名为羽觞，精雕细漆。为了解酒还有酸梅汤。回到老家来啊，不要在外游荡。这份菜单表明荆楚烹饪技术精湛。后世酒宴中的荤素搭配、菜点搭配、菜酒搭配与此一脉相承，沿用至今。

案例 10-13　先秦酬酢宴

先秦酬酢宴是我国有文字记述的最早强调饮食礼仪的一种宴会。宴会有献宾之礼。燕礼开始，主人辞谢下堂，宾随主下。主人在斟酒之前，先下堂洗手、洗酒具，以示尊重和洁净。双方洗毕，一起上堂。先由主人取酒爵到宾客席前请敬，称为"献"；宾拜谢过后接过爵入席坐下做食前祭祀，意在纪念先世创造这些食物之人。宾祭毕，将爵中之酒饮尽，称赞酒的甘美，拜谢主人，主人答拜。次由宾还敬，称为"酢"。再由主人把酒注入觯或爵后，先自饮而后劝宾客随着饮，称"酬"。合起来称为"一献之礼"，又称"三爵之礼"。如今宴请也有叫酬酢的。主宾的献酬礼完成后，国君自上而下地为臣下进酒劝饮，即所谓"四举旅酬"。整个过程如同接力赛，一环扣一环，紧凑而热烈。同时，乐师奏乐。程序漫长而繁复。在《礼记》中有着宴会程序的记载，首先饮酒，然后吃肉菜，最后吃饭，与现在的程序大致一样。对菜点摆放的顺序与位置也做了详细的记载。如在有 16 种菜肴的宴会上，菜肴被分别排成 4 行，每行 4 个；带骨的菜肴放在座位的左边，切的纯肉放在右边；饭食靠在食者左方，羹汤则放在右方；切细的和烧烤的肉类放远些，醋和酱类放近些，葱姜等作料放在旁边；酒与饮料和羹汤放在同一方向。如果陈设干牛肉脯等，那就弯曲的在左，挺直的在右。

案例 10-14　文会宴

文会宴又称文酒会、文字饮，是中国古代文人借饮酒吟诗、作文、会友进行文学创作和相互交流的一种方式。形式自由活泼，内容丰富多彩，追求环境雅致和文学情趣。文会一词最早出现在《论语·颜渊》"君子以文会友"，历史上许多著名的文学和艺术作品都是在文会宴上创作出来的。如曹操、曹丕、曹植父子就常和文人聚宴，曹植曾写过《箜篌引》，著名的《兰亭集序》就是晋朝的王羲之在兰亭一次名为"祓禊"的大规模文人集会上写的，与会者曲水流觞，临流赋诗，各抒胸臆。唐代李白、杜甫、白居易等诗人常和文友聚宴，留下许多佳作。文会之风直到清代还在盛行。文会宴特点：一是追求雅致的环境和情趣。如王羲之等人的兰亭集会就是在"崇山峻岭、茂林修竹、清流激湍"的环境中举行的。据《开元天宝遗事》记载，唐玄宗时的文臣苏颋与李义在八月十五晚于宫中直宿，"诸学士玩月，备文酒之宴"。当时"长天无云，月色如昼"，苏颋便建议撤去灯烛，在月光下欢宴。二是把饮宴与交流诗文结合起来。文会的主旨是以文会友，饮宴只是手段，起调节气氛的作用。据《扬州画舫录》记载，清朝扬州的诗文之会常在小玲珑山馆、休园中举行，"至会期，于园中各设一案，上置笔二、墨一、端砚一、水注一、笺纸四、诗韵一、茶壶一、碗一、果盒茶食盒各一"。另外有珍美酒肴供应。与会者诗写成后，可刻印出交流，还可听曲娱乐，气氛活跃。

案例 10-15 唐代烧尾宴

唐朝初期社会安定，经济发达，四邻友好，举国上下一派歌舞升平的繁荣景象。有"冠盖满京华"之称的国都长安，更是财富集中、人才荟萃、中西方文化交流的中心。"烧尾宴"就是这个时期丰富的饮食资源和高超的烹调技术的集中表现。烧尾宴是唐朝士子们初登荣进或官位升迁而举行的宴会，是我国庆贺宴的代表。何谓烧尾？一说：当时流行"鱼跳过龙门后，天上会有火焰将其尾巴烧掉，使之改换新颜成真龙"。二说：士人升迁，地位变化，但劣根犹存，尾巴仍在，所以要把它烧掉。及第或晋升立竿见影就能改变命运，相当于鲤鱼跳龙门，于是唐朝流行烧尾宴。据《封氏闻见录》记载，唐代凡书生首次做官，或做官得到升迁，亲友部属前往祝贺，主人必须设盛宴招待客人，同庆同贺，谓之"烧尾"。另据《辨物小志》说，有朝廷大臣被提拔升官或封侯加爵，要"献食于天子"，也称"烧尾"。

最著名的烧尾宴是唐中宗景龙三年即公元709年，长安杜陵人韦巨源被任命为尚书左仆射，而恰好又遇上了过年的当口，于是这位与皇上媳妇同姓而又善于拍马的当朝权贵，在除夕当天大摆数百道菜肴的烧尾宴宴请唐中宗。《清异录》"韦巨源食谱"中记载了一份不完全的宴请皇帝的烧尾宴食单，美味陈列，佳肴重叠，其中奇异菜点58种，所列食品名目繁多，水陆杂陈。品种有饭、粥、点心、脯、鲊、酱、菜肴、羹汤等。菜单取名华丽，制法不同，风味多样。如饭食、面点达二十多种，有单笼金乳丝（笼制酥点）、曼陀样夹饼（烤炉饼）、御黄王母饭（多味盖浇饭）、婆罗门轻高面（由西域传入的笼蒸面）、火焰盏口（花色点心）、唐安（斗花膏饼）、汉宫棋（煮印花圆面片）、巨胜奴（酥蜜寒具）、贵妃红（加味红酥）、生进二十四气馄饨（花形、馅料各异）、见风消（油浴饼）、水晶龙凤糕、天花饆饠、素蒸音声部、生进鸭花汤饼等。菜肴有白龙臛（治鳢肉）、乳酿鱼、葱醋鸡（入笼）、吴兴连带鲊、八仙盘（剔鹅作八副）、仙人脔（乳沦鸡）、箸头春（炙活鹑子）、五生盘、遍地锦装鳖（羊脂、鸭脂）、汤浴绣丸（肉糜治、隐卵花）等。取材有山珍海味、家畜飞禽。北方的熊、鹿、驴；南方的狸、虾、蟹、蛙、鳖。如用活虾炙煎的"光明虾炙"，用羊、鹿舌合拌的"升平炙"，用活鹌鹑炙成的"奢头春"，鱼白烹制的"凤凰胎"，鱼子制成的"金栗平"，鳖配上羊油、鸭蛋制成"遍地锦装鳖"，以及"蒸腌熊掌""暖寒花酿驴""冷蟾儿羹"等。最霸道的菜只能看不能吃，这种工艺菜被称为"看菜"。这道看菜名为"素蒸音声部"，是用素菜和蒸面做成一群蓬莱仙子般的歌女舞女，唱歌的、跳舞的、弹琴的、鼓瑟的，共有 70 件，一应俱全，是何等的华丽壮观。"同心生结脯"是韦仆射亲自督阵设计出来的溜须拍马菜，将生牛肉切成薄片，打一个同心结，风干后成为肉脯，寓意将自己和皇帝的心暧昧地连接起来，用这种方式献媚也是千古第一人了。一道"水炼犊"更是让唐中宗李显赞不绝口。用整只小牛清炖，要求"炙尽火力"，把肉炖烂。这道菜先不说要用多大的锅盛装小牛，光是将整只小牛炖烂所需的柴火不知要多少。这顿除夕豪门盛宴让中宗皇帝回宫后两天没吃饭，对韦家的烧尾宴念念不忘。不过第二年的六月，这位皇帝就被自己的媳妇韦皇后和女儿安乐公主毒死在皇宫，这顿烧尾宴算得上早到几个月的"断头饭"了。

案例 10-16　升学宴①

（1）鹿鸣宴。升学宴古代已盛行，还有"文科"与"武科"之分。文科中榜后，要举行鹿鸣宴专场宴会。《鹿鸣》本是描写周天子宴请群臣的场景，后被引申为贵族宴会宾客。据《新唐书·选举志》记载，鹿鸣宴是唐代地方官员为本地新科举人举办的一种宴请，时间一般安排在发榜次日。宴会上要先演奏《诗经》中的《鹿鸣》之曲，随后朗读《鹿鸣》之歌，显示某公才华横溢。以鹿为喻以展示君子旷达的胸怀，是要中榜的寒窗学子心怀感恩。明清时，每逢乡试发榜第二天，各省巡抚主持鹿鸣宴，宴请考官和新科举人，席间唱《鹿鸣诗》，跳魁星舞，以示庆贺。明万历年间，有个叫徐显卿的官员请画师画了一套 26 页的画，记录下人生中 26 个重要时刻。其中就有一幅《鹿鸣彻歌》图。

（2）琼林宴。起源于宋代，是皇帝宴请新科进士的宴会，因最初在琼林苑举办而得名。琼林原为宋代名苑，在汴京（今开封）城西，宋徽宗政和二年以前，在琼林苑宴请新及第的进士，相沿统称为琼林宴。后一度改为闻喜宴，元明清称"恩荣宴"。

（3）曲江宴。农历三月初三是上巳节，传统中这一天人们要在水边"修禊"——洗涤污垢，祭祀祖先。上巳节是唐代三大节日之一，而唐新科进士正式放榜之日恰好就在上巳之前，因此会举办大型游宴，且因为皇帝亲自参加而显得格外隆重。筵席设在长安东南角的曲江，大家一边观赏曲江边的春色，一边饮酒作诗。"轩车双阙下，宴会曲江滨。金石何铿锵，簪缨亦纷纶。"（唐代李泌诗）。由于新科进士会赴宴，因此也称为"探花宴"。为了讨个好彩头，樱桃是宴会中不可缺少的，此时正值樱桃成熟的季节，历史上把这个宴会又称"樱桃宴"。

（4）鹰扬宴。武科考乡试发榜后设的宴会。鹰扬取自《诗经》，是威武如鹰飞扬之意，既是对新科武举人的勉励，又是考官们的自诩。清制，武乡试发榜后，考官和考中武举者要共同赴宴庆贺，其宴就称为鹰扬宴。

（5）会武宴。武殿试传胪后宴请进士与兵部。殿试不同于乡试，故会武宴的规模比鹰扬宴要气派得多，排场浩大，群英聚会。

今天的谢师宴、升迁宴等多带有它的遗风，但是却赋予了它新的含意，带有祝贺、期望、重温教诲的内涵。

案例 10-17　宋代皇寿宴

皇寿宴兴于唐、盛于宋，是为皇帝庆贺生辰的宴会。宴会程序：开宴时钟鼓齐鸣，乐曲高奏，以示开始，然后以饮 9 杯寿酒为序，将祝寿礼仪、菜肴美点和文娱节目有机穿插起来。第 1 杯寿酒：唱"中腔"，跳"雷心庆"舞，在笙管笛箫的伴奏下百官献寿。第 2 杯寿酒：同上，节奏渐慢。第 3 杯寿酒：杂技表演，同时奉上 4 道菜。第 4 杯寿酒：杂剧、

---

① 资料来源：李小米. 升学宴在古代已盛行，还有"文科""武科"之分[N]. 燕赵晚报，2016-05-19.

小品表演，上炙子骨头，索粉、胡饼佐饮。第 5 杯寿酒：琵琶独奏与舞蹈表演，上群仙炙、天花饼、莲花肉饼等菜点，宴会再掀高潮。第 6 杯寿酒：蹴鞠比赛，上假鼋鱼和蜜浮酥奈花。第 7 杯寿酒：歌舞杂剧表演，再上炊羊胡饼与炙金肠。第 8 杯寿酒：唱"踏歌"（中国踢踏舞），跳舞，再奉假沙鱼、独下馒头、肚儿羹。第 9 杯寿酒：相扑表演，上水饺和簇竹下饭，乐起，叩谢圣恩。宴会气氛热烈隆重，音乐、舞蹈、体育竞技交映生辉，宴饮、娱乐互相穿插，结合完美。规模宏大，参加者有万人以上，以彰与民同乐之意。

案例 10-18　中国史上有菜单可查的最丰盛的筵席

绍兴二十一年（公元 1151 年）十月，宋高宗赵构临幸清河郡王张俊府第，张俊大摆筵席，侍奉高宗，成为中国历史上有菜单可查的最丰盛的一桌筵席。南宋人周密在《武林旧事》中不仅列举了席间的 200 多道菜，连上菜的顺序也记录下来，其中 41 道菜使用鱼、虾、蜗牛、鹅、猪肉、羊肉、鸽肉做原料，使用煎、烤、炸、煮等方法做成；另有 42 道菜为水果和蜜饯，9 道菜为各种材料熬制成的粥品，29 道菜为干鱼，还有 15 种饮料、19 种糕饼、59 种点心。奇怪的是这份食单没有提及茶，因为茶在唐朝是稀罕的奢侈品，甚至在北宋也不常见。

案例 10-19　元代诈马宴

诈马宴是元代宫廷或亲王在重大政事活动、盛大节庆举行的宴会，又名质孙宴或着衣宴。"诈马"是波斯语外衣的直译，"质孙"是蒙古语颜色的直译。诈马宴摆全羊大菜，用象舞助兴，欢宴 3 日，不醉不休。参宴者必须穿皇帝赏赐、由穆斯林工匠织造的用织金锦缎缝制的"质孙服"，一日一换，颜色一致。大宴上，皇帝还常给大臣赏赐，有时也商议军国大事。诈马宴的问世，有着复杂的经济、政治、文化、军事、民族、风俗背景。其一，元朝统治者崇尚武功，喜爱狩猎，重视宴乐。举凡新皇即位、群臣奉尊号、帝王寿诞、册立皇后和太子、诸王朝会，或元旦、祭祀、春搜秋狝等重大活动，均要举行诈马大宴庆贺，每年约计 10 余次，每次一般是 3 天。其二，质孙服是分等级的，按权位和功劳由皇帝赏赐，这是一种政治殊荣，没有质孙服就不能参加诈马宴。天子质孙服，冬 10 等、夏 15 等；百官质孙服，冬 9 等、夏 14 等。其三，质孙服的色彩崇拜反映了蒙古王公的治国方针。蒙古族的传统宗教——萨满教认为白色代表善，故元代以白为吉色，质孙服也以白为贵。红色是当时的国教——喇嘛教的颜色标志；黄色象征着生养万物的土地；蓝色代表青天和神明；青色则与蒙古族的图腾——苍狼有关；绿色在伊斯兰教中象征着和平。因此质孙服有红、黄、蓝、青、绿诸色，在不同场合分别使用，说明元朝对各种宗教实行的是宽容、利用政策。其四，制作质孙服的衣料——织金锦缎是中亚、波斯著名的纺织品，镶嵌着玉石、珠宝，多由回族商人从西域等地贩来。说明元朝重视回民，丝绸之路依然畅通，中国与波斯、中亚之间有着密切的科学文化技术交流。这种大宴展现蒙古王公重武备、重衣饰、重飨宴的习俗，较之宋皇寿筵气派更大。一种宴席同时用波斯语、阿拉伯语、蒙古语、汉语命名，并流传下来，这在中国筵宴史上是绝无仅有的，因此很有研究价值。

案例 10-20　扬州盐商奢靡盛宴

乾隆盛世，两淮盐业鼎盛，大清王朝四分之一的财政收入来自扬州。《清朝野史大观》记载："乾嘉间，扬州盐商豪侈甲天下，百万以下者皆谓之小商。"对盐商的富有，连乾隆也感叹："富哉商乎，朕不及也。"正史记载，乾嘉年间，支持朝廷镇压白莲教，盐商捐输军需白银 3000 万两以上。乾隆前后 6 次南巡，主要花费均是盐商出钱，光是吃住，就耗资 600 多万两白银。扬州盐商骄奢淫逸，将大量的金钱花费在造园林、养戏子、享美食上，其中美食是重中之重。扬州盐商对饮食异常讲究，每逢宴饮，不仅规模盛大、排场奢华，其食材选料之精、做法之奇也鲜有能及者。据《清稗类钞》记载，"百鱼汤"用的是"鲫鱼舌、鲢鱼脑、鲤鱼白、斑鱼肝、黄鱼鳔、鲨鱼翅、鳖鱼裙、鳝鱼血、鳊鱼划水、乌鱼片"等各色鱼类之尖鲜处；"炒绿豆芽"用的是肥嫩笔直的绿豆芽，为保证新鲜，从采摘到制作完成不超过三个小时，再将肉末用针尖一点点嵌进豆芽的细茎之内，最后煎炒成菜；"鸡粥白菜"的做法：抽去白菜帮的丝，并将每片白菜帮剖开加入剁成粥状的鸡肉，再合拢恢复成原状，放入用十只母鸡的中翅和腿骨熬成的汤中慢慢煨制；"韭黄肉丝"需要用十只猪的脸　肉切成丝方能做一盘；等等。盐商们追求味觉和视觉的享受，着重饮食的规模、排场，关注菜色的新颖和食具的精美，形成了自己独特的饮食文化，并对扬州饮食乃至淮扬菜系产生了不可小觑的影响。可以说，今天淮扬菜的江湖地位，完全是扬州盐商们一手奠定的。

案例 10-21　清代康乾盛举千叟宴

千叟宴是我国清代朝廷为在全国弘扬敬老之风，为年老的重臣和社会贤达人士举办的一种尊老宴会。参加宴会的都是 60 岁以上的朝廷重臣和社会贤达人士，宴会规模超过千人。据文献记载，清代共举办过 4 次千叟宴：第一次在康熙五十二年（1713 年）康熙皇帝花甲大庆时举行，赴宴者 4240 人，意在"享祚绵长，与民同乐"。第二次在清康熙六十一年（1722 年）康熙皇帝亲政 60 年时举办，赴宴者 1000 余人，席上康熙作《千叟宴诗》，群臣奉和。第三次在乾隆五十年（1785 年）举办，当时《四库全书》编成，年过七旬的乾隆喜得五世元孙，赴宴者 3900 余人，还有少数民族和属国使节中的老者参加，均得乾隆的赏赐。第四次在嘉庆元年（1796 年）举办，在年逾八旬的乾隆举行"归政大典"的前夕，赴宴者 5900 余人，106 岁的熊国沛和 100 岁的邱成龙被赏六品顶戴，8 名 90 岁以上的乡民被赏七品顶戴。4 次"千叟宴"均由礼部主持，光禄寺供置，精膳司部署，准备工作冗繁。首先，各地申报参加宴会的人员要列出履历与功绩，逐层审批后由皇帝钦定。再行文知会，限令宴会半月前进京，操练进宫、面圣的礼仪，宴会结束后再由专人护送回籍。仅此一项，前后便须忙碌年余。其次，需要准备大量服装、食品及宴会器具、礼品等。其中仅赏赐的物品就有恩赉、诗刻、如意、寿杖、朝珠、缯绮、貂皮、文玩、银牌等数十种，多达万余件。最后，台面布置、菜点制作、礼仪训练、安全保卫、接待服务、人役调配，动用的军民达数万之众。刘桂林《清代宫廷大宴·千叟宴》记录的菜单：一等席面：火锅 2 个（银锡各一）、猪肉片 1 个、羊肉片 1 个、鹿尾烧鹿肉 1 盘、羊肉 1 盘、荤菜 4 碗、蒸食寿意 1 盘、炉食寿意 1 盘、螺丝盒小菜 2 个、乌木筋 1 只，另备肉丝烫饭。二等席面：火锅 2 个（俱为铜制）、猪肉片 1 个、羊肉片 1 个、羊肉 1 盘、烧肉 1 盘、蒸食寿意 1 盘、炉食寿意 1 盘、螺丝盒小菜 2 个、乌木筋 2 只，另备肉丝烫饭。宴会其礼之盛，可谓空前绝后。宴会分成二等，分别接待王公贵族、一二品大臣、高寿老人、外国使节与三至九品官员和其他老人。仪程井然，开宴前，全体人员在指定位置肃立静候。然后高奏中和韶乐，皇帝出轿升座。再奏丹陛大乐，众人分班行三跪九叩和一叩之礼，依次入席。接着奏丹陛清乐，"就位进茶"，每人饮毕留下玉杯，叩头谢恩。再下面是"展揭宴幕"，即给皇帝献上菜点、果奶 15 品后，再揭开 800 余桌的席布。以后又经过更为琐细的"奉觞上寿"，才能正式开席。紧跟其后的是一品大员和 90 岁以上的老人在御座前下跪，接受皇帝亲赐的卮酒；其他王公大臣接受皇子、皇孙、皇曾孙的敬酒和献食，一般官员和老人接受侍卫的敬酒。饮毕酒杯也归各人所得，又要叩头谢恩。然后执盒上膳，开始吃饭，其间笙歌不停。宴毕再行一跪三叩礼，皇帝在中和韶乐声中回宫，众人垂首恭送，再去领赏。赏赐亦分等级，同样多次叩头谢恩。老人们离京时也是如此，走一路叩一路，直到家门。

案例10-22 清代满汉全席[①]

满汉全席始于清代中叶，是我国一种具有浓郁民族色彩的巨型筵宴。最初，官场中宴请嘉宾，先吃满菜席，再上汉菜席，谓之"翻台"，盖宾客中有满族和汉族，以适应不同饮食习惯之故。而"翻台"的结果，致使制作满席和汉席的厨师间相互展开竞赛，并汲取对方所长，以求席桌更为精美，嗣后，人们遂将两席的馔肴去芜存精拼一席，故有"满汉全席"之名。康熙大帝南巡，驻扎扬州，始设满汉全席；乾隆皇帝6次南巡，扬州官绅接驾依然用满汉全席。从此满汉全席声名远扬，各地竞相仿制，列为接待京城钦差、百官的必备宴会。扬州满汉全席堪称中华第一满汉全席，在原料选择、烹调方法、工艺技法、菜式设计、器皿选用、进餐程式等方面，上承八珍、下启名宴，集烹饪之大成。"满汉席"最早出现在文献当中是乾隆年李斗的《扬州画舫录》，《调鼎集》《随园食单》《扬州竹枝词》等书多有记载。由于历史原因，有正式记录的满汉全席菜单已经遗失。目前在坊间，关于满汉全席有各种说法，不一而同。有的说起源于北京，萌芽于宫廷，创始于乾嘉年间；有的说其滥觞于扬州，诞生在官场，为迎接乾隆南巡文武大臣而设……而清代美食家袁枚在《随园食单》中就以官场菜记录之。满汉全席是我国筵宴发展史上的一个高峰，以菜点精美、礼仪讲究、场面豪华在国内外享有盛名。

（1）选料广，工艺精。用料档次高、广而博，以燕窝、鱼翅、烧猪、烤鸭四大名菜领衔，汇集了四方异馔和各族珍味，从山珍海味、奇禽异兽到名贵菌蕈、上品蔬果，如鲍鱼、熊掌、飞龙、驼峰、麋鹿、猴头菇、人参、发菜、竹荪菌等无所不包，应有尽有。菜品被称为"无上上品"。

（2）风味兼，满汉集。菜点集满汉两族之精华于一席，兼容南北饮食文化底蕴。满席具有北方游牧民族特色，以牛羊肉为主，兼收山珍野味，风格质朴，因技法偏重于烧烤，因而又名"大烧烤席"；汉席以淮扬风味为主，荟萃江南风味精华，以江鲜、河鲜、海鲜为主，技法多样，风格雅丽，清新多姿。

（3）规格高，菜品多。菜品丰富多彩，冷荤、热炒、大菜、羹汤、茶酒、饭点、果品、蜜饯成龙配套，多而不杂，丰而不俗。大小菜肴多达108种，其中南、北菜各54种，面点大小花色品种44道。各种佳肴美点加在一起，多的有182种，少的也有64种。一餐不能尽食，要分多次进餐。

（4）菜带菜，席套席。全部菜品以几道主菜为轴心，分门别类组成若干小、精、全的席面，有节奏地依次推进，如同百鸟朝凤、众星捧月。后来人们把其中某些小席抽出略加调整、充实就变成燕菜席、鱼翅席、烤鸭席、乳猪席。

（5）程式繁，礼仪重。有着严谨的礼仪、程序和格局。官府中举办满汉全席时，首先要奏乐、鸣炮、行礼，然后服务人员要按"亮、安、定、收"四大程序进行工作。

（6）"出身好"，来头大。满汉全席是美味佳肴、山珍海味的代名词，虽说皇家宴请没有鲍参翅肚，不过是清末流行于官外的各种版本（如扬州式、京式、粤式、川版、晋式、鄂式、豫式、港澳式等）的满汉菜肴而已，但毕竟荟萃了各地的饮食精华。满汉全席一直被餐饮界推崇为中国筵席的经典之作，名师们以有机会亲自参与制作此宴为豪。

北京仿膳饭庄的满汉全席是1978年仿膳饭庄应日本富士贸易株式会社的请求，由清宫"抓炒王"的高足王景春制作，菜品有100多种。王师傅身怀绝技，曾举办满汉全席多次，

---

① 资料来源：汪朗. 满汉全席并非宫廷大宴[N]. 解放日报，2013-10-04.

蜚声食坛。随着时代的发展，满汉全席已由繁变简，摈除了不必要的排场，简化了接待礼仪。如现在北京"仿膳饭庄"承办的满汉全席已改进为每天 2 次进食，每次 6 道大菜（取意"六六大顺"），每道大菜随配 2～4 道副菜（意为"带子上朝"），既满足了餐饮市场的需要，也使满汉全席走向民间、走向大众。

案例 10-23　慈禧 60 大寿万寿宴

万寿宴是清朝帝王的寿诞宴，是内廷大宴之一，后妃王公、文武百官，无不以进寿献寿礼为荣，其间名食美馔不可胜数。如遇大寿，则庆典更为隆重，各菜系派专人专司，衣物首饰、装潢陈设、乐舞宴饮一应俱全。光绪二十年（公元 1894 年）十月初十慈禧六十大寿，于光绪十八年就颁布上谕，寿日前月余，筵宴即已开始。仅江西烧造的绘有万寿无疆字样和吉祥喜庆图案的各种釉彩碗、碟、盘等瓷器，就达 29 170 余件。整个庆典耗费白银近一千万两，在中国历史上是空前绝后的。其菜单是：丽人献茗：庐山云雾。干果 4 品：奶白枣宝、双色软糖、糖炒大扁、可可桃仁。蜜饯 4 品：菠萝、红果、葡萄、马蹄。饽饽 4 品：金糕卷、小豆糕、莲子糕、豌豆黄。酱菜 4 品：桂花辣酱芥、紫香乾、什香菜、虾油黄瓜。攒盒 1 品：龙凤描金攒盒龙盘柱。随上：五香酱鸡、盐水里脊、红油鸭子、麻辣口条、桂花酱鸡、番茄马蹄、油焖草菇、椒油银耳。前菜 4 品：万字珊瑚白菜、寿字五香大虾、无字盐水牛肉、疆字红油百叶。膳汤 1 品：长春鹿鞭汤。御菜 4 品：玉掌献寿、明珠豆腐、首乌鸡丁、百花鸭舌。饽饽 2 品：长寿龙须面、百寿桃。御菜 4 品：参芪炖白凤、龙抱凤蛋、父子同欢、山珍大叶芹。饽饽 2 品：长春卷、菊花佛手酥。御菜 4 品：金腿烧圆鱼、巧手烧雁鸢、桃仁山鸡丁、蟹肉双笋丝。饽饽 2 品：人参果、核桃酪。御菜 4 品：松树猴头蘑、墨鱼羹、荷叶鸡、牛柳炒白蘑。烧烤 2 品：挂炉沙板鸡、麻仁鹿肉串。膳粥 1 品：稀珍黑米粥。水果 1 品：应时水果拼盘一品。告别香茗：茉莉雀舌毫。

任务二　中国文化名宴简介

案例 10-24　先秦全牛宴

公元前 627 年某天，郑国商人弦高赶着牛到洛邑去卖，偏巧遇到了准备进攻郑国的秦国大军。有着很高敏感性的弦高当即决定冒充使者，行缓兵之计。于是他以国家外交官身份奉上牛皮 4 张、猛牛 12 头以犒劳秦军。他对该军指挥官孟明视说："我们大王听说贵军过来非常高兴，派我先带些薄礼打打牙祭。另外，我们准备好了住处和保卫人员，希望大家玩得开心。"同时，私下派人速回郑国汇报，做好防范。孟明视吃好全牛宴，见郑国已有准备，下令撤军，回去的路上顺便把滑国灭了。然而夹在中间的晋国新上任的大王在秦军路过崤山时，将秦军一锅端了。全牛宴成了秦军的断头宴，这就是历史上有名的崤之战。

案例 10-25　楚庄王太平宴

春秋战国时期，"一鸣惊人"的楚庄王大宴群臣，将宴会命为太平宴，直到太阳落山还未结束。庄王见群臣意犹未尽，命人点上蜡烛，继续上菜，意欲欢度今宵，还叫来许姬和姜氏为大家轮流敬酒。群臣受宠若惊，起身拜谢。不料一阵怪风吹灭所有蜡烛，有一位臣下乘黑欲非礼许姬，许姬情急之下将此人帽缨揽在手中，于是该人"惊惧放手"。许姬回到庄王身边密报此事，请求核对帽缨查人。庄王听罢大声命令："且慢掌灯，酒喝到这份上，咱们也别管什么君臣礼仪了。来！大家尽情畅饮，顺便把那讨厌的帽缨摘了吧。"待百官摘去帽缨，蜡烛才点燃，照亮宴会，大家都在猜测庄王用意何在。太平宴散会之后许姬对庄王颇有微词，庄王答曰："我把大家叫来喝酒，是想沟通感情。酒后失态谁都会发生，查办那人也易如反掌。那样走个形式，保全了你的名节，却伤了大家的心，花这么多钱的宴会白张罗了。我们这么恩爱，用得着计较那些吗？"许姬也深明事理，听罢不禁叹服。数年后晋楚争霸，在一场关键的战斗中，庄王看到一士冲杀敌阵，忘死作战。阵前问他："我并没有厚待你，为什么甘心为我送死？"那人道出真相："大王，我就是几年前在太平宴上非礼许姬的混蛋，您得到证据却故意没有治我的罪。我当万死以报主恩。"说罢又冲入阵地，帮助楚国扭转了战局。后代文人心生感慨，把太平宴改为"绝缨宴"，并赋诗一首："暗中牵袂醉中情，玉手如风已绝缨。尽说君王江海量，蓄鱼水忌十分清。"

案例 10-26　秦末鸿门宴

《史记·项羽本纪》记载：秦末群雄并起，公元前 206 年，刘邦率军十万进咸阳自立为王，并封关拒绝其他义军入内，激怒了迟到一步的西楚霸王项羽。项羽随即率军四十万进驻鸿门（今陕西临潼）以示威胁。由于兵力对比悬殊，刘邦只好前往鸿门谢罪。项羽见其卑躬屈节，消气后设宴相待。鸿门宴上，虽不乏美酒佳肴，却也暗藏杀机。项羽的亚父范增一直主张杀掉刘邦，一再示意项羽发令，但项羽犹豫不决。范增不愿放虎归山，遂命项庄舞剑，伺机刺杀刘邦，项伯为掩护刘邦也拔剑起舞。危急关头，刘邦的妹夫樊哙带剑执盾闯宴，以大嚼生猪肉、大饮烈性酒的气势震慑项营将士。项羽见此人气度不凡，问来者为何人，当得知为刘邦的参乘时，即命赐酒，刘邦以上厕所为由趁机骑着快马逃脱。张良入门为刘邦推脱，说刘邦不胜酒力，无法前来道别，现向大王献上白璧一双，并向大将军范增献上玉斗一双。不知深浅的项羽收下了白璧，气得范增拔剑将玉斗撞碎。此后，"鸿门宴"就被视作杀机四伏的谈判宴，变成"宴无好宴，会无好会"的代称。司马迁从政治斗争的角度描述此宴，对宴会的陈设、肴馔及礼仪几乎未做什么介绍，所以鸿门宴的菜单和程序至今仍是一个难解之谜。

案例 10-27　南唐《韩熙载夜宴图》

南唐李煜即位后，鸩杀了一些北方来的大臣，猜忌心同样也落在了韩熙载身上。韩熙载是北方人，其父被后唐明宗所杀，遂逃奔南方。李煜即位时，他已经是三朝元老，名望很重。为了明确韩熙载是否忠心，李煜命画家顾闳中潜入韩家了解。不过，在政坛打滚多年的韩熙载已是惊弓之鸟，他预见南唐将被北方统一，灰心于政事，选择了一贯的花天酒地来表达自己"既不会出仕，也不会出事"的心迹。顾闳中不愧是名家，将韩熙载的夜宴场景尽揽在心，《韩熙载夜宴图》问世了，后来名列十大传世名画之一。比起历来的大宴宾客，韩家夜宴算不上突出，有美食美女、文人政客、歌舞管弦。听弦、赏舞、小憩、清吹、别离，侍婢们殷勤为乐，门客们与妻妾打成一片，唯独主人公愁眉紧锁、面有难色。就是这样一次平凡之宴，埋藏着主人公复杂的心情。这是一场回天无力的夜宴，韩熙载是在夜夜笙歌的风流场里等待亡国的丧钟。

案例 10-28　宋太祖杯酒释兵权

宋太祖赵匡胤建立宋朝后，于公元 961 年的一天在宫中宴请宿将石守信、王审琦等人。酒至半酣，他突然令一旁伺候的太监撤去，语重心长地说了一番话："我老赵有今天全是各位的功劳，现在天下安定，你们又忠心耿耿，我本该在皇帝位置上好好干下去，但我也有难处，当年你们把龙袍披在我身上，我才迫不得已冒着骂名当这个皇帝。现在你们有那么多的部下，要是再把龙袍披在你们身上，你们想不干，行吗？"众人听罢顿感大祸临头，一时磕头如捣蒜："我们都是粗人，没考虑到这些。请皇上明示！"说到此，赵匡胤亮出底牌："这样吧，大家劳累一辈子，该享受一下富贵了。你们出权，我出好处，票子、房子、妻子、车子随便你们拿，到地方去做个闲官不是更好？"众人纷纷同意，回家整理行李去了。次日上朝，与宴武将们纷纷递上辞呈，称自己年老多疾，请求告老还乡。赵匡胤见状心花怒放，于是"无奈"予以恩准，收回兵权，大加赏赐。史上把这次未动干戈的权力交接称为"杯酒释兵权"。一场平淡无奇、崇尚简朴的宴会堪称宴会之最高境界。在一代开国天子的手中，宴会回归了它应有的本色——沟通、交易、双赢。

案例 10-29　孔府家宴

孔子"食不厌精，脍不厌细"的饮食名言代代相传，孔府孔氏子孙在饮食方面较圣人有过之而无不及，因此，经过历代厨役的劳动，创造了独具特色的孔府宴会饮食与日常家餐。清朝乾隆时代，孔府菜成为官府菜。一类是孔府家宴，用于接待贵宾、上任、婚丧喜寿时的特备筵席。遵照君臣父子的等级，筵席有不同的规格。一等家宴是用于接待皇帝和钦差大臣的"满汉全席"，按清代国宴规格设置，使用全套银餐具，上菜196道，全是山珍海味。喜庆寿宴，在筵席上有4个用米面做成的柱体"高摆"，像支粗大的蜡烛，外面用各种干果拼成图案和"寿比南山"字形，每柱一个字摆在银盘上，成为筵席的特殊装饰品，庄重高雅。孔府菜中有不少掌故，"孔府一品锅"是衍圣公为当朝一品官而得名；"带子上朝""怀抱鲤"寓意辈辈为官、代代上朝。"神仙鸭子"是大件菜，为保持原味，将鸭子装进砂锅后，上面糊一张纸、隔水蒸制。为了精确地掌握时间，在蒸制时烧香，共3炷香的时间即成，故名"神仙"。相传这是被逼出来的，衍圣公要求此菜做成立即趁热上桌，不得延误，要熟烂，又要准时，厨师想出点香计时的方法，成为烹饪中的美谈。孔府有一种与火不接触的独特自烤菜。如烤花篮鳜鱼：把炮制干净的鳜鱼调味、造型后，网油，再包面饼，把鱼包封严密，放在铁钩上，下用木炭火两面烤熟，其鲜味不失，色白而嫩。食者知其味，不知其法，曾是孔府秘不外传的名菜制法。烤鸭、烤乳猪，孔府都列为宴席菜，被称为"红烤菜"，指烤出的菜红润光亮。孔府筵席菜肴丰富多彩，选料广泛，技法全面，餐台布置豪华，至今在孔府还保存有一套清代制作的银质满汉席餐具，计404件，可上196道菜。孔府筵席风格独特，具有严谨庄重、讲究礼仪的风格。筵席环境是中国传统的庭院建筑，回廊环绕，花木繁茂，幽雅安静，有时筵席是与唱戏同时进行的。孔府的另一类菜肴是"家常菜"，从米粥、煎饼、咸菜、豆腐到豆芽、香椿、鸡蛋、茄子，这些来自民间的常食小吃，经过孔府厨师的精巧制作，成为孔府的独特菜品，其原则是"精菜细作，细菜精炒"。

案例 10-30　红楼宴

曹雪芹在《红楼梦》里描述了众多丰富多彩的饮食文化活动，为我们描绘了一个完整的红楼宴饮文化体系，如表10-1所示。

表 10-1　红楼宴饮文化体系

分　类	具　体　体　现
规模	有小宴、大宴、盛宴
时间	有午宴、晚宴、夜宴

分 类	具 体 体 现
主题	有生日宴、寿宴、增寿宴、省亲宴、接风宴、家宴、合欢宴、诗宴、灯谜宴、梅花宴、海棠宴、螃蟹宴等
季节	有中秋宴、端阳宴、元宵宴等
地方	有劳园宴、太虚幻境宴、大观园宴、大厅宴、小厅宴、怡红院夜宴等
菜品	有几百种描写详尽、色香味俱佳的菜品，吸收融合了满汉文化、南北文化
文化	有各种宴会诗、祝酒辞和劝酒令

　　根据中国古典名著《红楼梦》中对宴会与菜肴的描写而研制的筵席称为红楼宴。坐落于北京中山公园内西侧今雨轩的红楼宴，包括红楼大宴、红楼盛宴、红楼家宴、红楼生日宴、红楼季节宴5种。特点是每道菜都有出处，菜的整体风味与淮扬菜接近，兼有北菜风味，清淡爽口，甜而不腻，每道菜都是色香味形俱佳。吃饭前用铜盆净手，上菜后聆听服务人员介绍这道菜出自《红楼梦》的哪一回，什么人物吃过。这时顾客品尝的就不仅仅是菜肴了，连带着把红楼文化也温习了一番。最为著名的红楼宴是江苏红楼宴，是在扬州名厨和红学家及美食家的指导下，以《红楼梦》所描写的菜肴为依据而创造出来的名宴佳肴。它集红楼菜之精华于一席，融观赏、品尝、谈菜为一体，给人以知识上的享受（菜单详见项目四的红楼宴菜单）。

案例 10-31　江苏泰州宾馆的"梅兰宴"[①]

　　京剧艺术大师梅兰芳先生是江苏泰州人，1994年江苏泰州宾馆为了纪念梅先生100周年诞辰，推出了梅兰宴。菜品选择梅先生日常菜点和1956年春回乡演出时所喜食的部分名菜名点，共有21道菜肴，9道点心、小吃和粥品，根据不同季节，分别选择。此宴的热菜、汤菜、甜菜均以梅兰芳先生在各个时期所演出过的18个优秀京剧剧目命名，寓意深刻，品味高雅，从菜单到菜肴、从餐具到氛围都成了文化精品。梅兰宴菜单如下：冷菜：天女散花。主盘为梅兰争妍，外围10只花碟，分别是山花肴蹄、茭白白兰、凤尾月季、紫菜卷花、醋香大丽、鸭脯理菊、心地睡莲、素鸭菊花、牡丹鹅颈、绣球芦笋。热菜：龙凤呈祥、玉堂春色、霸王别姬、贵妃醉酒、双凤还巢、桂英挂帅、锦枫取参、断桥相会、嫦娥奔月。汤菜：游园惊梦。甜菜：碑亭避雨。点心：金玉良缘、清炸玉笋、玉脂长寿。水果：时果拼盘。其他的回乡喜食有：红玉擂鼓、牛郎织女、黛玉怜花、艳容斥君、太真外传、奇双巧会等菜肴，以及清蒸狮子头、松子酥鸡、八宝刀鱼、鲜肉蟹点、海陵烧饼、四季烧麦、双色麻饼、三鲜熬面、鱼汤刀面、韭黄春卷、五味干丝等以及核桃粥。整个筵席主题分明，独具特色。冷菜围绕"天女散花"主题，用肴肉、茭白等各种菜料组成了10朵艳丽的花卉，一花一菜，一菜一味，恰如其分地表现了天女从空中洒落朵朵鲜花之意境。整席菜点以淮扬风味为主调，发扬了用料考究、制作严谨、刀工精细、注重火候、追求本味、清鲜平和、菜品雅丽、形质兼美等特点。采用多种烹调方法精心制作，有炝、卤、腌、拌、炒、爆、炸、熘、烧、烩、焖、蒸、糟等各种传统工艺，有些菜要运用好几种烹调方法来完成。菜点婀娜多姿的装盘形态，圆润清丽的风味特色，与梅派艺术有异曲同工之妙，含义深蕴，充分体现了梅派艺术的雍容华贵的气派。使食家"看菜名忆戏情，观景象听其声，赏菜型明其意，视色彩闻其香，品其味入其境"，沉浸在浓郁的文化氛围之中。菜点造型新颖独特、生动形象，每道菜造型各异。其特点是采用围、配的技艺，以菜围菜，这种组合装盘的手法，既有宫廷菜的风格，又有传统菜的形式。例如，"霸王别姬"早已成为一道地方名

① 资料来源：华国梁，马健鹰. 中国饮食文化[M]. 长沙：湖南科学技术出版社，2004.

菜，而在梅兰宴中，其在用料、制作、造型、装盘的工艺方面与之完全不同。其做法是将甲鱼切块，运用泰州传统制法，调入五香味，进行红烧。在甲鱼壳上做出霸王的脸谱，绣球鸡盖在甲鱼肉块四周，间隔放上菜心，既反映了人物性格，又突出了虞姬之美。这种独特的装盘艺术，在造型上把菜肴与京剧紧紧连在一起，给人留下深刻的印象。

筵席设在泰州宾馆的梅兰厅，厅内陈设极为考究，环境典雅，情调和谐。两边有大幅梅花、兰花玻璃屏，墙壁上陈挂着梅先生不同时期的生活、戏装照片，摆放镶有"梅"字和梅花图案的椅台。每上一道菜，影像屏上就出现与之相适应的梅先生演出的精彩片段，并介绍制作该菜的含义和风味特色。身着朵朵梅花旗袍、举止彬彬有礼的服务小姐在席间频频微笑，规范而细致地为客人服务。客人们一边举杯品饮，一边欣赏梅派的高雅艺术，令人心旷神怡、浮想联翩，全部感官都沉浸、陶醉在美的艺术享受之中。这种菜戏合一的整体表现形式在中国宴饮文化史上尚属首例，是烹饪百花园中的一朵奇葩。

案例 10-32　三大素席名宴之一——厦门南普陀素宴

我国传统素席可分为寺院素菜、宫廷素菜与民间素菜三个流派。寺院素菜讲究"全素"，禁用五荤（大蒜、小蒜、阿魏、慈葱、茖葱）调味，且大多禁用蛋类。供帝王享用的宫廷素席追求奇珍的用料、考究的烹调技法和美观的外形。民间素席追求用料广泛，美味而经济。全素派与以荤托素派是我国传统素菜发展的两大方向。全素派追求清净用料，绝对排除肉类、蛋类"小五荤"，甚至乳类制品。以荤托素派力求好的味道，用料广泛，可用蛋类。而现代科学的素食以仿真为风格，可谓神形兼备，以假乱真，它的美味堪与荤食大菜相媲美，甚至更胜一筹。福建厦门南普陀寺的素宴源于供佛素斋。匠心独运的菜肴遵循佛教饮食传统宗旨，坚持素菜素料，素菜制作，素菜素名。选料严格，选用植物油、面类、豆类、蔬菜、蘑菇、木耳和水果为原料，经过厨师的精工巧制，每道菜都有不同的味道、不同的主题。质地纯美，加工精细，讲究色、香、味、形、神、器，含有丰富的营养成分。菜谱命名雅致，别有情趣，如丝雨菰云、半月沉江、香泥藏珍、罗汉上蔬、南海金莲等。这些独具风味的素菜曾激起许多知名人士的豪情雅兴。文学家、诗人郭沫若畅游南普陀寺品尝素菜时，当即题诗吟咏；中国佛教协会会长赵朴初也将他特别赞赏的一道菜肴命名为"丝雨菰云"。

案例 10-33　三大素席名宴之二——扬州鉴真素宴

鉴真和尚为唐代佛教分律学高僧，住持扬州大明寺讲经传律。应日本僧人荣睿、普照、玄朗邀请，鉴真东渡扶桑弘法，历时 10 年，6 次东渡 5 次失败，历经波折终成始愿。宋代欧阳修、苏东坡在任扬州太守时，常在大明寺平山堂设诗文酒会。"坐花载月""风流宛在""过江诸山到此堂下，太守之宴与众宾欢"等匾额、楹联集中反映其时盛况。历代文人视参与平山堂雅集为平生快事，韩琦、梅尧臣、王安石、秦少游、孔尚任、王士祯、朱彝尊、袁枚、曹寅、卢雅雨、郑板桥……都在此风雅吟唱。因此，大明寺的素宴带有宫廷素菜的韵味。现代的鉴真素宴，是淮扬素宴的一个组成部分，特点是素有荤名，素有荤味，素有荤形。鉴真素宴菜单：

冷菜：主盘松鹤延年围碟、素鸭脯、素火腿、素肉、炝黄瓜、拌参须、萝卜卷、发菜卷、果味条。热菜：宫灯大玉、炒素鸡丁、三丝卷筒鸡、芝麻果炸、金针鱼翅。大菜：罗汉上素、醋熘鳝丝、三鲜海参、烧素鳝段、蟹粉狮子头、干炸蒲棒、香酥大排、扇面白玉。甜菜：八宝山药。汤菜：清汤鱼圆。点心：人参饼、草帽蒸饺、春蚕吐丝、果汁蹄莲。水果：时果拼盘。

案例 10-34 三大素席名宴之三——上海功德林素宴

功德林素食创于 1922 年，当年杭州常寂寺高维均法师见上海佛教寺院很多，信佛者日增，便命徒弟赵云韶在上海开一家供应正宗菜斋饭的"功德林"素菜馆（取佛门"慈悲为怀，功德无量"之意）。为适应上海素食食客的口味，从江、浙聘来名厨，取扬帮精工细作之特，集各帮精华锦翠之长，形成独特的素菜风味。擅长用烧荤菜的方法制作素菜，将蔬果笋和面筋豆制品做成鸡鸭鱼虾形状而又口味清香，色、香、味、形俱全，如烤鸭、清炒虾仁、糖醋鳜鱼等。比如炒鳝糊，用上等冬菇，剪成鳝鱼条状，拌菱粉油炸，再浇以热油，清香味美，滑润爽口。炒虾仁用土豆制作，用面粉拌匀入油锅炸，再配以冬菇、红萝卜丁、青豆，煸炒后浇麻油，看去真如虾仁，色鲜味美。用豆腐皮制成的素火腿、素鸡等菜肴都具有肥糯甘香的特点。尤其是名菜八宝鸭，将去皮蒸熟的通心莲、笋肉、水发香菇、松子肉、核桃肉、蘑菇、青豆、胡萝卜等均切成绿豆般大小，用麻油加姜汁、料酒、味精、糖等在锅中炒匀，拌入糯米饭，成为八宝陷心，再用豆腐衣卷包陷心成为鸭腿状，鸭身、鸭头、鸭颈等用豆腐衣捏成。成形后放入油锅炸至外脆内软，再用香菇汤、酱油、糖等作料勾薄芡，淋麻油后即成。每道素菜都是精心设计的，素菜荤烧可谓达到了乱真的地步。菜肴口味清淡、鲜嫩、爽滑，受欢迎的名品有五香烤麸、茄汁鱼片、三鲜鱼片、糖醋黄鱼、罗汉全斋、金镶豆腐、奶油芦笋等。因听说佛祖释迦牟尼从小饮牛乳长大，又请来西餐厨师帮助设计出奶油蛋糕、色拉、浓汤等西式素菜，使功德林日常的一百多品食谱又添一品，引来外国侨民品尝。

案例 10-35 全聚德烤鸭宴

始建于 1864 年的"全聚德"是北京市著名的老字号餐馆，全聚德烤鸭及其独具特色的饮食文化已成为中华饮食文化的重要组成部分，常作为中国筵席的代表享誉海内外，有"不吃烤鸭席，白来北京城"之说。烤鸭席以烤鸭为主菜，辅以舌、脑、心、肝、胗、胰、肠、脯、翅、掌、蹼等制成的冷热菜式和点心，"盘盘见鸭，味各不同"，故名全鸭席。烤鸭采用挂炉、明火烧果木的方法烤制而成。皮质酥脆、肉质鲜嫩，飘逸着果木清香，鸭体形态丰盈饱满，全身呈均匀的枣红色，油光润泽，配以荷叶饼、葱、酱食之，腴美醇厚，令人赏心悦目，回味无穷。风味以北京菜和山东菜为主，兼有宫廷风味和清真风味，还吸收了南方各省的烹调方法。全聚德的全鸭宴共有鸭菜两百四十余种，每一种都有独特的制作方法。特色菜点有：卤鸭胗、盐水鸭肝、麻辣鸭膀丝、罐焖鸭丝鱼翅、烩鸭四宝、鸭舌乌鱼蛋、水晶鸭宝、火燎鸭心、干烧四鲜、鸭三白、雀巢鸭宝、黄油煎鸭肝、青椒鸭丁、干烧鸭脯鲍鱼、小鸭酥（此为面点，形如小鸭，外皮层多，质感酥松，馅心细腻甜香，枣味突出）、鸭丝春卷、鸭油萝卜丝饼。

任务三 中国地方特色宴简介[①]

案例 10-36 洛阳水席

洛阳水席是河南省洛阳市传统名宴，始于唐代洛阳寺院为承应官府而办的花素大宴，后被引进官府成为官席，再辗转流传到民间，逐步形成荤素参半的格局。筵席整体格调保持完整，历经千年而不失传。此席美称很多，因其头菜是用特大萝卜仿制的牡丹状燕窝，

---

① 资料来源：贺习耀. 宴席设计理论与实务[M]. 北京：旅游教育出版社，2010.

风味奇异，曾博得武则天的赞赏，故名"牡丹燕菜席"；因当地有家"真不同饭店"供应水席五十余年，技艺精熟，众口交赞为"真不同水席"；洛阳人逢年过节、婚丧寿庆都习惯用此席款待宾客，又称"豫西喜宴"。其特点如下。

（1）有汤有水。取名"水席"，一是当地气候较为干燥，民间膳食多用汤羹。此席全部热菜都带有汤汤水水，用汤盘或汤碗盛装，有点类似烩菜，民间称为"汤炒"；二是二十四道肴馔顺序推进，每吃完一道菜，撤席后再上一道，像流水一样连续不断。

（2）灵活多变。席单可以依据原料、季节和客人口味相应变化，翻出不少花样。有荤有素（素菜荤做）、有冷有热、有咸有甜、有酸有辣。标准灵活多变、可高可低、可简可繁、可粗可细、可丰可俭，因人而定。

（3）程序严格。水席全席共设24道菜，包括8个冷盘、4个大件、8个中件、4个压桌菜。上菜先后顺序严格，一大件带两中件入席，名曰"带子上朝"，搭配合理。最后鲜汤压桌，名为送客汤，表示菜已上毕。

案例10-37 两淮长鱼宴

长鱼即黄鳝，《诗经》中有捕鳝的生动描述，清代徐珂的《清稗类钞》对两淮长鱼席有翔实记叙："同光年间，淮安多名庖，治鳝尤有名，胜于扬州之厨人，且能以全席之肴，皆以鳝为之，多者可至数十品。盘也，碗也，碟也，所盛皆鳝也。而味各不同，谓之曰全鳝席。号称一百有八品者，则有纯以牛羊豕鸡鸭所为者合计之也。"其时，淮厨治鳝多有绝妙之处，口碑广为流传。两淮长鱼宴菜单：

冷菜：炝虎尾、炸酥鱼、炝班肠、姜丝鳝鱼、卤荔枝鳝鱼、炝麻线鳝鱼。炒菜：软兜鳝鱼、生炒蝴蝶片、熘鳝鱼圆、银丝鳝鱼。大菜：红酥鳝鱼、煨脐门、乌龙凤翅、荷包鳝鱼、抽梁换柱、粉蒸鳝鱼、叉烤鳝鱼方、锅贴鳝背、干炸鳝鱼卷、爆鳝卷、酥炸脆鳝、清汤绣球鳝鱼。

案例10-38 荆楚鱼席

湖北有"千湖之省"的美称，独特的地理环境形成了鄂菜以"水产为本，鱼鲜为主"的特色，以团头鲂、鮰、鳜、鳡、鲫、青鱼、鳝、乌鳢、春鱼、甲鱼十大名贵淡水鱼作为烹饪原料，拥有数百种风味鱼菜，几十种风味鱼席，鱼的烹饪技术冠绝天下，成为中华食苑中一朵瑰丽的奇葩。湖北鱼席源远流长，在《楚辞·大招》中开列的筵席单中就有河鲜菜式，已初具河鲜席的雏形，成为我国鱼席的源头。现今湖北鱼席有两种类型，一种是单料全鱼席，即整桌筵席只用一种鱼作为主料，如武汉鱼席、汉川鳢鱼席、江陵鳝鱼席、沔阳青鱼席、鳜鱼席等；另一种是多料鱼席，以鱼和其他水产品为主料，以禽、蛋、肉、奶、蔬、果、菌、笋等为辅，如大中华鱼席、老通城鱼席等。单料鱼席工艺精湛，多料鱼席富于变化。多数鱼席以少量名贵、稀异鱼菜"领衔"，较多的乡土鱼菜相辅，既高低兼顾，又使鱼席有一定的知名度。鱼类等水鲜原料的质地大都柔软细腻，含水量大，因此对火候的把握要求较高，鱼菜不适用炖、煨等时间长的烹调方法。做菜受到一定的限制，制作鱼菜可在技法上变换花样，可用剞花、氽炸、茸糊、塑型等，如一尾鳜鱼通过特殊的刀工处理，可以变幻出松鼠、金狮、葡萄、菠萝等图案或鱼丸、鱼糕、鱼片、鱼丝、鱼粥等菜式，不仅"形变"，而且"味变"，使整个鱼席异彩纷呈。

案例10-39 四川田席

田席是四川农村民间为红白喜事而设的鱼席，因设在晒场或农家院落中而得名。田席形式多样，有"九大碗""肉八碗""七星剑"，还有九个围碟、四个热炒、九碗正菜等品级更高一些的筵席。其中"九大碗"最为普遍，九是一个美好的数字，九九长寿、天长地"久"，因此"九大碗"成了乡村田席的代名词。所用动物性原料以猪肉为主，配以鸡、鸭、鱼及蔬菜。烹调方式以蒸为主，能够批量生产、规范制作。因田席规模不等，常有客人因路远或有事不能及时赶到，于是采用"流水席"的就餐形式，即只要8个客人坐满四方桌（八仙桌）就开一席，也有的采取"翻台"的形式。

清代的"九大碗"田席配有围碟。大菜：大杂烩、酥肉、折烩鸡、银鱼、羊肉、笋子肉、海带肉、红肉、烧白。围碟八个：花生米、甘蔗、桃仁、橘子、排骨、盐蛋、鸡杂、羊尾巴。

清代的"肉八碗"席单为：围碟八个：核桃仁、花生米、甘蔗、樱桃、熏蛋、排骨、高丽肉、香干肉丝。大菜：大杂烩、慈姑鸡、大酥肉、海带肉、茗笋肉、蒸肉、烧白、红肉。正宗川菜食单，是先大菜后围碟，系正宗开法，"肉八碗"席单则是先围碟后大菜，这前后颠倒的顺序是改正派开法。

"七星剑"即七碗菜，菜式是：白煮肉、白菜焖鱿鱼、樱桃肉、盐白菜炒肉丝、炒猪肝、吊子杂烩、鸭血火锅。"七星剑"为正式大席之前的筵席，故用不着将正席前一顿搞得那么丰盛，以不浪费、够吃为原则，菜肴种类少一些，级别自然也要低一些，但菜肴的味道要好，且适于下饭。

花夜酒和出阁宴也属于四川农村的田席范畴，很有地域特色。花夜酒一般是以"七星剑"的形式安排的，这种形式已在当地流传多年了。花夜酒是四川等地汉族家庭女儿出嫁前夜置办的庆贺酒席，主要是招待媒人、亲眷与邻里，旨在为女儿送行。出阁宴也叫打发酒，是川西农村姑娘出嫁之日娘家所设的庆贺筵席，大都采用田席九大碗形式，以蒸扣菜式为主，已经流传一千余年了。

传统意义上的田席在今日已经发生了很大变化。随着生活水平的提高，在乡下吃"田席"还是在城里吃"海鲜酒楼"感觉已差不多了。普通农家的田席菜单：

冷菜：红油鸡块、炸麻圆、胡豆拌折耳根、泡顺风。热菜：鱿鱼什锦、爆炒麻辣虾、红烧鸡兔、白汁青鳝、香辣虾、炝锅蟹、青笋烧鸡翅、豆瓣武昌鱼、泡椒墨鱼仔、火锅黄腊丁、蒸五香油烫鸭、白果炖鸡、甜烧白、咸烧白、东坡肘子。饭菜：蒜苔肉丝、跳水泡菜。

案例 10-40　金陵船宴

金陵船宴是江苏南京市秦淮河上的游宴。金陵船宴自古有之，唐诗人杜牧有"烟笼寒水月笼沙，夜泊秦淮近酒家"的名句，描述十里秦淮数百画舫灯火璀璨、昼夜不绝与银河争辉的盛况。与姑苏船宴、太湖船宴相比，金陵船宴另是一番景象。第一，客人上船多在晚饭以后，边打牌，边听歌，边请酒，边消暑，正宴多在子时，三更之后方散。第二，时兴中式冷餐酒会，一桌8～10道菜预先陈列，客人随用随取，可早可晚，没有时间限制。第三，讲究人各一份的分食制，皆用小碟盛放，要求精致、清秀、素雅、注重造型与命名。第四，游客们多轮流做菜，有多少客人上船就包上多少天，每晚的菜式不可重复，技术难度较大。第五，在大型的边杆船上，常特邀名店中的名厨轮番主理，同行之间竞争激烈，彼此争奇斗艳。

案例 10-41　山东阳谷乡宴

鲁西平原古城阳谷，民风淳朴，乡宴讲究。阳谷乡宴是齐鲁风情的饮食文化的生动体现，如同陈年佳酿，甘美醇香。当地流传的顺口溜形象地概括了阳谷乡宴的特色："茶食果子先打底（来客后奉茶点。小宴是一杯清茶，两道进门点心；大宴则摆出四干碟、四鲜碟、四果碟），递酒安席三、二、一（宾主起立连干三杯叫"桃园三结义"；然后坐下小叙，略品菜肴再饮两杯，这是"好事要成双"；稍后再干一杯为"一心要敬你"，六杯下肚方可开怀畅饮），三碗四扣八铃铛（菜式组合，三碗即整鱼、整肉、整鸡鸭三大件，扣为四蒸碗，八铃铛指六热炒二汤），琉璃丸子露绝技（只有会做琉璃丸子的厨师方可操办乡宴，如这道菜做砸了，3年之内不得操刀办席），文腹武背有讲究（上鲤鱼时的礼节，文士相聚则鱼腹朝向主宾，武士相聚则鱼背朝向主宾，为了使人不产生"文人相轻"的错觉和"鱼腹藏剑、存有歹意"的误会），鸡头鱼尾大吉利（上菜顺序为鸡鸭开头、猪肉居中、鲤鱼收尾。鸡者，吉也，开席报喜；鲤者，利也，收席见彩，故而祥和开泰，皆大欢喜）。

案例 10-42　太原全面席

"世界面食在中国，中国面食在太原。"太原全面席是中国名特宴席之一，由太原市太原面食店推出，全席菜面、饮料共计 56 种，洋洋大观。席间观赏刀削面、揪片、剔尖表演，显现"味压九州美食乡，山珍海味难比鲜"的神韵。

案例 10-43　纳西族三叠水

三叠水来自于云南少数民族纳西族的地理环境现象，水由上往下一层一层流。对各层水的使用有非常严格的规定：第一叠是喝的，第二叠洗食品，第三叠洗衣服。三叠水宴会菜单也象征着秩序与规范的礼仪活动：第 1 叠：迎宾礼。果脯：6 样；蜜饯：6 样；点心：丽江粑粑、小月饼、米酒汤圆、玉米粑粑。第 2 叠：风味小吃。风干露、炸乳扇卷、炸水蜻蜓、火夹乳饼、酸辣小干鱼、玉湖鸭蛋、风味吹肝、油煎凉粉、家制香肠、云腿蛇皮菜、鸡丝粉皮卷、蛋酥蚕茧、炸粉皮、炸干腐。第 3 叠：热烈欢聚。天麻炖脑花、刺尖菜炖火腿脚、雪水红鳟鱼、鲜辣大红肉、白参鸡、火丝树花菜、绿色蛇皮菜、风味龙抓菜、白峰菌煮豆腐、百年好合、韭菜粉皮、小瓜煮洋芋、丽江火锅、丽江风味水焖粑粑（辣子酱）、酥油茶、水果拼盘。

案例 10-44　江苏吴江宾馆"江南运河宴"

中国大运河流经华中、华北、华东三大地区，串联了北京、天津两个直辖市以及河北、河南、山东、安徽、江苏、浙江六省。无论是隋唐大运河、京杭大运河还是浙东大运河，每一段所涉及的区域，其美食风味必定是各不相同的。江苏吴江宾馆根据运河两岸的美食风味创造了"江南运河宴"，其菜单是：油爆河虾（河虾剪去须脚及额剑，爆炒过的河虾通体红色，十分喜庆，再以盐、糖及少许白酱油等调味收汁）、大三元汤（是"四河汇集"地的标志性菜肴。将单一的鸡、鸭等大件炖作底汤，以虾圆、鱼圆和蛋圆指代三元，即古时乡试解元、会试会元、殿试状元，此取心想事成、拔得头筹之意）、红烧河鳗（河鳗为游鱼类，喻交通不阻隔。红烧虽属烹饪手法，但油、糖、绍酒和鱼脂肪产生的酯香及复合味，是江南独特的记忆）、黄豆猪爪（猪爪是怕脂肪爱胶原蛋白者的首选，二物久焖，黄豆酥香、猪爪软糯黏嘴）、清炒丝（煸炒出香味，弹牙爽口的鳝丝是吴江吃客的爱好）、素味什锦（香菇、木耳、黄花菜、油面筋以及香豆腐干等七八种素料，素油炒制）、糖醋排骨（肋排炸酥，其味"酸而不酷、甘而不腻"，是厨祖订下的规矩，始见于《吕氏春秋·本味》）、运河三鲜（以肉皮，民间俗称龙肠、猪肚、肉圆以及两三样蔬菜组合而成的烩菜，鲜香是其固有品质）、酱蒸菜干（吴江农户春季采摘之菜薹，焯水晒干，使用前浸水回原酱香、菜香逼人）、清蒸鳜鱼（保留传统江浙清蒸鱼，采用先给底味及余烫工艺，作头尾两头翘如船形，味质色形齐全）、菜卤风物（以隔年雪里蕻咸菜卤作为媒介物和调味品，原料可荤可素）、香煎馄饨（清嘉庆年间编撰的《调鼎集》被誉为清代食谱大观，其点心部言苏州馄饨："用圆面皮。淮饺用方面皮。"馄饨如家常先制熟而煎或以水油生煎，皆为江南风味）。十二道运河风味所用食材为河虾、鲢鱼、鸡蛋、鸭蛋、夹心肉、草鸡或麻鸭、河鳗、猪爪、黄鳝、肋排、鳜鱼、肉皮、猪肚、猪后腿肉、黄豆、香菇、木耳、黄花菜、油面筋、蘑菇、白笋片、香豆腐干、芋艿毛豆结、花生等江南水乡之常见，烹饪技法亦为易学的爆、炖、烧、焖、炒、炸、烩、蒸、煮、煎。有菜有点，有荤有素，味型丰富的十二道运河风味是游子的乡愁、吃客的娇味器。

案例 10-45　其他地方特色宴

中国地域辽阔、历史悠久，在几千年的历史长河中，留下了很多非常有特色的名宴名席。如根据地域特产创制的泰山药膳宴、泰山野菜宴；湖北麻城的三道面饭（烧麦、汤面饺、发糕）；岭南蛇宴以万蛇、金蛇、三锦索蛇和乌梢蛇等的肉、皮、肝做主料，配以鸡鸭鱼肉、山珍海味与蔬果药材，调制出多种蛇羹，组成筵席，深受两广、闽南与港台人的欢迎；根据民间流传的"八仙故事"创制的八仙宴；根据古代著名文学家的饮食文化艺术而开发的东坡宴、板桥宴；安徽安庆是黄梅戏的发源地，当地开发了黄梅文化系列，其中有黄梅宴；根据中国古代文学作品开发的三国宴、西游瓜果宴；根据我国历史创制的唐千秋宴、徐州汉宫宴。还有许多宗教筵席如大乘佛教有灵隐寺素席、小乘佛教有布朗族的赕什拉筵席、道教筵席有全真派的武当山混元大席、道教正一派的养生席、青城山道菜宴、宁夏清真十大碗等宴席。

思考训练

研讨分析

案例 10-46　烹饪绝活中的文化意味

上海锦江集团北京昆仑饭店烹饪大师赵仁良兼学京、川、淮扬、闽、上海等各帮烹饪技法，同时对西餐、西点制作也颇有研究，达到了挥洒自如、炉火纯青的境界。赵大师说："做菜要讲究文化意境，好的厨师就是半个艺术家，做菜是艺术创造的过　程，是一种精神享受。"赵大师的菜肴总会有新变化。他的拿手菜"蛋煎鳕鱼"借鉴了西餐蛋煎鱼的烹饪方法，将食材改用肉质肥嫩的银鳕鱼，不用沙司，以适合中国人的口味，配以土豆条、黄瓜片等使之营养互补，成为一道典型的中西合璧佳肴。水晶虾仁的上浆、火候都极见功力，晶莹如玉，入口爽脆而富于弹性，回味清甜。传统的油爆虾油重味浓，减去了酱油，看起来清清爽爽，味道清淡却鲜美十足。泰炉飘香、鸳鸯吞鱼翅、迷你冬瓜盅、火焰鹿肉串、佛手瓜瑶柱、全翅煮干丝……都是倾倒中外宾客的菜肴精品。他指导徒弟打造的高档、昂贵的"金秋蟹宴"，就是精美的艺术创作过程，其中的蟹肉珍珠水饺更是一绝，直径小到 8 毫米，堪称极致。赵大师的文化意境延伸到餐具艺术，或一菜一器，或组合成套，注重"衬托主题、协调氛围，凸显品位、展现意境"的艺术构思和技术创新。

操作实训

1. 调查研究：通过资料、访谈了解不同地区的宴饮习俗，掌握饮食宜忌习俗。

2. 小品表演：扮演中国客人赴中式宴会的进餐礼仪；扮演中国客人赴西式宴会的进餐礼仪。掌握文明进餐礼仪。

3. 知识竞赛：内容为菜系知识、菜品风味知识、中国传统节日饮食习俗知识、中西进餐礼仪知识。

4. 名宴知识竞赛：能列举中国古代名宴、文化名宴、中国地方特色宴会的内容。

参考文献

[1] 刘敬贤，邵建华. 新编厨师培训教材[M]. 沈阳：辽宁科学技术出版社，1994.

[2] 宋锦曦. 筵席知识[M]. 北京：中国商业出版社，1995.

[3] 陈光新. 中国筵席宴会大典[M]. 青岛：青岛出版社，1995.

[4] 蒋一骦. 酒店服务180例[M]. 上海：东方出版中心，1996.

[5] 方爱平. 宴会设计与管理[M]. 武汉：武汉大学出版社，1999.

[6] 张永宁. 饭店服务教学案例[M]. 北京：中国旅游出版社，1999.

[7] 李任芷. 旅游饭店经营管理服务案例[M]. 北京：中华工商联合出版社，2000.

[8] 邵万宽. 美食节策划与运作[M]. 沈阳：辽宁科学技术出版社，2000.

[9] 饶勇. 现代饭店营销创新500例[M]. 广州：广东旅游出版社，2000.

[10] 苏伟伦. 宴会设计与餐饮管理：经营的艺术与个性化管理[M]. 北京：中国纺织出版社，2001.

[11] 许顺旺. 宴会管理：理论与实务[M]. 长沙：湖南科学技术出版社，2001.

[12] 陈金标. 宴会设计[M]. 北京：中国轻工业出版社，2002.

[13] 布纳德·斯布拉瓦尔. 宴会设计实务[M]. 大连：大连理工大学出版社，2002.

[14] 周宇. 宴席设计实务[M]. 北京：高等教育出版社，2003.

[15] 王晓晓. 酒水知识与操作服务教程[M]. 沈阳：辽宁科学技术出版社，2003.

[16] 马开良. 餐饮管理与实务[M]. 北京：高等教育出版社，2003.

[17] 侣海岩. 饭店与物业服务案例解析[M]. 北京：旅游教育出版社，2003.

[18] 张纯渝. 巴国布衣中餐操作手册：装修[M]. 成都：四川大学出版社，2003.

[19] 国家旅游局人事劳动教育司. 导游知识专题[M]. 北京：中国旅游出版社，2004.

[20] 鞠志中，叶伯平. 宴会设计[M]. 长沙：湖南科学技术出版社，2004.

[21] 周明扬. 餐饮美学[M]. 长沙：湖南科学技术出版社，2004.

[22] 周晓燕. 烹饪工艺学[M]. 沈阳：辽宁教育出版社，2006.

[23] 华国梁，马健鹰. 中国饮食文化[M]. 长沙：湖南科学技术出版社，2004.

[24] 朱水根. 烹饪原料学[M]. 长沙：湖南科学技术出版社，2004.

[25] 陈觉. 餐饮服务要点及案例评析[M]. 沈阳：辽宁科学技术出版社，2004.

[26] 邵万宽. 现代餐饮经营创新[M]. 沈阳：辽宁科学技术出版社，2004.

[27] 叶伯平，邱琳琳. 职业点菜师[M]. 北京：中国轻工业出版社，2006.

[28] 陆永庆，王春林，郑旭华. 旅游交际礼仪[M]. 3版. 大连：东北财经大学出版社，2006.

[29] 吴忠军. 中外民俗[M]. 大连：东北财经大学出版社，2007.

[30] 国家民委政策法规司. 少数民族风俗与禁忌[M]. 北京：民族出版社，2007.

[31] 国家民委政策法规司. 少数民族宗教信仰与禁忌[M]. 北京：民族出版社，2007.

[32] 王大悟，刘耿大. 酒店管理180个案例品析[M]. 北京：中国旅游出版社，2007.

[33] 陈文生. 酒店经营管理案例精选[M]. 北京：旅游教育出版社，2007.

[34] 丁应林. 宴会设计与管理[M]. 北京：中国纺织出版社，2008.

[35] 周妙林. 宴会设计与运作管理[M]. 南京：东南大学出版社，2009.

[36] 周妙林. 菜单与宴席设计[M]. 北京：旅游教育出版社，2009.

[37] 杜建华. 酒店餐饮服务技能实训[M]. 北京：清华大学出版社，2009

[38] 甘华蓉. 餐饮管理与实务[M]. 北京：对外经济贸易大学出版社，2009.

[39] 贺习耀. 宴席设计理论与实务[M]. 北京：旅游教育出版社，2010.

[40] 李勇平. 餐饮服务与管理[M]. 4版. 大连：东北财经大学出版社，2010.

[41] 马开良，杨柳. 现代厨政管理[M]. 北京：高等教育出版社，2010.

[42] 叶伯平，杨柳. 餐饮企业人力资源管理[M]. 北京：高等教育出版社，2010.

[43] 李勇平，杨柳. 餐饮企业流程管理[M]. 北京：高等教育出版社，2010.

[44] 汪志君. 餐饮食品安全[M]. 北京：高等教育出版社，2010.

[45] 王美萍. 餐饮成本核算与控制[M]. 北京：高等教育出版社，2010.

[46] 罗旭华，王文惠. 餐饮企业品牌经营[M]. 北京：高等教育出版社，2010.

[47] 杨欣. 餐饮企业信息管理应用实务[M]. 北京：高等教育出版社，2010.

[48] 沈涛，彭涛. 菜单设计[M]. 北京：科学出版社，2010.

[49] 罗旭东. 酒店管理论语[M]. 深圳：海天出版社，2012.

[50] 王秋明. 主题宴会设计与管理实务[M]. 北京：清华大学出版社，2013.

[51] 朱承强. 饭店管理实证研究：从投资决策到经营管理[M]. 上海：上海交通大学出版社，2013.

[52] 罗旭东. 火爆餐饮[M]. 深圳：海天出版社，2013.

[53] 王志民，许莲. 餐饮服务与管理实务[M]. 2版. 南京：东南大学出版社，2014.

[54] 国家旅游局人事司. 导游知识专题（修订版）[M]. 北京：中国旅游出版社，2014.

[55] 叶伯平. 宴会概论[M]. 北京：清华大学出版社，2015.

[56] 叶伯平. 宴会设计与管理 [M]. 5版. 北京：清华大学出版社，2017.

[57] 马开良，叶伯平. 酒店餐饮管理[M]. 2版. 北京：清华大学出版社，2018.

[58] 叶伯平. 旅游心理学[M]. 3版. 北京：清华大学出版社，2019.

[59] 蒋洪. 寻找美食家[M]. 上海：上海书店出版社，2018.